现代土壤资源学

陈建国　梁小翠　主　编
蒋端生　党　鹏　副主编

电子科技大学出版社
University of Electronic Science and Technology of China Press
·成都·

图书在版编目（CIP）数据

现代土壤资源学 / 陈建国, 梁小翠主编. — 成都：
电子科技大学出版社, 2023.2
ISBN 978-7-5647-9987-8

Ⅰ.①现⋯　Ⅱ.①陈⋯ ②梁⋯　Ⅲ.①土壤资源
Ⅳ.①S159

中国版本图书馆CIP数据核字(2022)第236400号

现代土壤资源学
XIANDAI TURANG ZIYUANXUE
陈建国　梁小翠　主编

策划编辑　　杜　倩　李述娜
责任编辑　　杨梦婷

出版发行　电子科技大学出版社
　　　　　成都市一环路东一段159号电子信息产业大厦九楼　　邮编　610051
主　　页　www.uestcp.com.cn
服务电话　028-83203399
邮购电话　028-83201495

印　　刷　石家庄汇展印刷有限公司
成品尺寸　185mm×260mm
印　　张　20.5
字　　数　500千字
版　　次　2023年2月第1版
印　　次　2023年2月第1次印刷
书　　号　ISBN 978-7-5647-9987-8
定　　价　98.00元

前　言

　　21世纪20年代，社会对基础科学的研究和教育提出了新的要求。土壤学作为基础科学之一，也要与时俱进，不断发展。土壤学家和土壤教育家开始思考：未来的土壤学如何发展？未来的土壤学教育应如何开展？

　　土壤学的兴起源于农业生产的需要。农业生产中要实现作物丰收首先要有一个良好的生长环境，而这个生长环境就是土壤。因此，早期的土壤学理论研究集中于如何为作物生长提供良好的水肥气热环境。所以土壤的性质，包括土壤组成、物理性质、化学性质及生物化学性状成了土壤学研究的核心问题。同时，为了便于政府管理农业土壤，学者们在土壤性质研究的基础上，逐渐开始了土壤分类研究。当前，大部分高等院校涉农专业土壤学课程教学仍是以上述内容为重点。但随着社会的发展，人类活动对环境造成了严重的破坏，人们逐渐认识到土壤不仅是植物生长的基础和农业生产的基础，同时还是陆地生态系统赖以维持的基础，保护好土壤资源是人类社会可持续发展的根本。因此，20多年来，各种环境背景下土壤的过程机理成了土壤学界的研究热点。在上述研究的基础上，逐渐形成了土壤的地学背景、形成过程、土壤退化及污染过程等理论体系。

　　土壤基础理论研究领域随着人类社会实践活动的丰富不断拓宽，相关研究成果及内容不断快速积累，土壤学理论范畴不断拓宽，与其他众多学科不断交叉融合，形成了内容丰富、基础性与应用性兼备、新的研究模块不断涌现的新的土壤学。迄今，土壤学研究内容涉及地质学、地理学、大气学、气象学、水文学、生物学、植物学、植物营养学、微生物学、生态学、化学、热力学等学科领域。基于土壤科学研究的勃兴，对既往丰富的研究成果进行总结十分重要，因为这是推动土壤学教育发展的基础。但当前主流的土壤学教材在总结丰富的土壤学成果时，综合性与系统性不足，内容繁杂，教师用来教学难把握重点，学生学习往往"只见树木，不见森林"，从总体上很难领会并掌握土壤学原理。

　　此外，当前普通高等院校中的各涉农专业，如生态、环境、水土保持等专业的其他课程设置的数量普遍较多，土壤学课程安排的学时却较少，这更增加了学生掌握相关土壤学内容的难度。因此，为了在有限的学时内让学生较好地理解和掌握土壤相关原理知识，根据专业需要，重新编写一本完整反映当前土壤学主要成果、内容系统性强的土壤学教材十分必要。

　　素质教育不仅应向学生传授课程理论知识，更要紧的是要让学生学会利用所学的知识和方法发现问题、分析问题以及解决问题，同时学会高效率地自学、有目的地深入研究问题。要达到这个目标，一是在教学过程中要教授学生如何运用土壤学研究中特有的思维方式去分析生态现象、环境现象及人类社会中存在的农业问题和环境问题，二是要增加学生参与实践、实验和参与讨论的机会，三是须激发学生研究与自学的热情。

基于上述原因，我们决定编写新的土壤学教材。在本书中，一是将系统观、系统内部过程机制观、与过程机制相联系的可持续发展观，及过程机制涉及的多学科交叉、融合、综合的知识与现象贯穿始终；二是在原理表述的基础上结合实例及图片进行说明，便于学生深入理解；三是在每一章节都设置了一些学生力所能及的实验、实习和讨论，还列出了一些供学生课外阅读的文献和有关的思考题，便于学生自学或复习时参考。

一、框架与体系

本书按以下四个部分编写。第一部分，在全球区域尺度，基于地球表层系统，阐明地表系统中大气圈、水圈、生物圈与岩石圈相互作用催生岩石风化产物；大气圈、水圈、岩石圈与生物圈相互作用催生有机质；岩石风化产物与有机质有机结合形成土壤圈的过程。第二部分，在气候区域尺度，基于气候区域生态系统，阐明气候区域生态系统中各系统组成因子相互作用、相互影响形成主要土壤类型的过程，并在此基础上论述土壤的分布规律。第三部分，在土壤微观尺度，基于土壤微系统，阐明土壤的微过程，包括土壤的水气热过程（物理过程）、土壤的化学过程、土壤的生物过程。第四部分，基于社会－自然系统，阐明在人类因子影响下农业土壤的形成过程、现代土壤的污染过程，并提出了土壤污染的防治办法。全书从不同尺度系统入手，按照"系统结构→结构交界面→交界面上各结构要素间的物质－能量循环→循环产物"的顺序依次展开对土壤的各种自然过程原理、相关基本知识的阐述，内容由宏观到微观，由理论到应用，符合学生的认识规律和教育科学的规律。

二、特色与创新

传统的土壤学教材，尽管注意到要系统科学地论述某些土壤学问题，但却没有从不同尺度系统地对土壤学原理进行分析研究；尽管已经注意到土壤学的综合性，并注意到了大气、水、岩石、历史、地形、人类等因子对土壤形成的综合影响，但很少将各种土壤学原理综合为不同层次的过程机理。传统教材内容的编撰往往从以下几个方面展开：土壤的地学基础，意在交代土壤的地球表层环境背景；土壤的性质，即土壤的物理、化学、生化性质，目的是介绍土壤是什么、有何功能；土壤分类及分布，介绍土壤在陆地表面的类型和分布，目的是便于人类社会有组织地利用和管理土壤资源；土壤质量，介绍生产植物土壤的等次优劣及其受人为因子影响的原理，目的在于告诉人们如何正确利用和保护土壤资源。传统教材编撰的思路不外乎交代两个问题：土壤是什么？怎么利用土壤？在这样的思路指导下，传统土壤学教材中编撰的内容较散乱，缺乏贯穿教材始终的主要学术线索，总体上没有形成一个完整体系。传统教材由于缺乏完整的逻辑纲要，学生学习难以从总体上把握土壤学精髓，如盲人摸象，学习效果较差。

为解决上述问题，本教材将土壤学内容归纳入三个不同尺度级别的自然系统和一个社会－自然复合系统，以不同系统中的土壤过程为主线梯次展现土壤学相关内容，将系统思维和过程思维有机结合，能有效启迪学生的研究学习思维，培养学生提出问题、分析问题、解决问题的能力。本书以系统为背景，以系统中的土壤过程为主干，以土壤过程相关的自然现象和应用知识为枝叶，线索分明、内容丰富、图文并茂、探幽解疑、奇趣横生，有利于教师重点教学、学生自主学习。

三、目的与要求

本书重点阐述不同系统层次土壤学过程机制，兼论土壤基础理论的应用，为区别于以往教材，将本教材命名为《现代土壤资源学》。本书主要为普通高校生态学专业本科二年级学生学习土壤学课程而编写，也适合作为农学、林学、环境学、水土保持学、生物学等本科专业土壤学课程使用教材，同时也可作土壤学专业学生及与土壤相关的研究人员、管理人员、规划人员学习参考用书籍。

本书各章由陈建国主笔，梁小翠统稿，蒋端生负责知识点审核。中南林业科技大学王光军教授给本书的编写提出了宝贵意见，在此表示感谢。教材相关内容主要参考了李志洪教授等编写的《土壤学》、吕贻忠教授等编写的《土壤学》、洪坚平教授等编写的《土壤污染与防治》、林大仪教授编写的《土壤学》、潘根兴教授编写的《地球表层系统土壤学》、王建教授等编写的《现代自然地理学》，在此一并向以上各位编者致以敬意。

在教材的正文部分，中文字体分两种：宋体和仿宋。宋体文字表述土壤学过程的机理机制，属主干理论内容；仿宋体文字表述与土壤过程机理机制相关的实例、现象，属知识性内容。两种内容以不同字体分开表述能使读者阅读时更轻松愉悦。特此说明。

在编写的过程中，限于编者的专业水平，书中出现错误或不足在所难免，在阅读使用时敬请读者包涵。

陈建国

2023 年 2 月

目　　录

第四篇　社会－自然复合系统背景下的土壤演化

第一章 绪 论

人类生活在陆地表面，对土壤有一定的认知，明白土壤是产出食物、清洁水源、制作瓷陶用具和建筑材料等的"那团复杂东西"。这些认知来自生活和生产实践活动时对土壤的感性观察和思考，如人们能见到草木是生长在土壤里的，都知道生产粮食、蔬菜离不开土壤，人们喝的水也经过土壤过滤净化，人们产生的部分垃圾回归土壤后又能化解于无形无害，人们的住所也都建在土壤之上，等等，因此自古以来人们都视土壤为至宝。在中国上古时期，人们认为，土壤之所以能生育万物是因为土壤由一位被称为"后土"的司土神明妥善地管理着，因此"后土"在人们祭祀序列中的地位与主管"四时"的神明"皇天"相当。到了中古时期，人们对土壤功能的思考渗入了更多唯物因素，当时人们普遍认为土壤中存在一种看不见的"生气"，这种"生气"能使土壤具备产出植物、生养万物的能力。

现代的普通人大多也与古人一样，对土壤的认知也是零碎的感性认知，从感性认知中各自推出的结论虽不一定是古人的"司土"神祇或"生气"，但也都没有得到理性升华。例如，对于土壤是怎么产生的，土壤里的物质是如何循环的，怎么理解土壤的演化，人类应该如何正确利用土壤等问题，没有多少人能正确回答，而提供这些问题的答案正是本书编撰的意义所在。

本章将以本书的理论主线——系统理论来简介土壤的形成、土壤物质循环，并从资源应用的角度提出人类正确与土壤资源相处的建议。

第一节 土壤的系统属性

抓一把泥土，我们能真切地感受到，土壤其实就是一团物质。但理性告诉我们，土壤除了物质属性外，它又是有序结构体，这种结构体内部存在某种内在机制，具有独特功能。换句话说，它是一种具有特殊功能的系统。

我国著名科学家钱学森认为，系统是由相互作用相互依赖的若干组成部分结合而成的，是具有特定功能的有机整体，而且这个有机整体又是它从属的更大系统的组成部分。

显然，土壤具有系统属性。

一方面，从土壤团聚体层次观察土壤，可以发现土壤颗粒通过不同的物理、化学、生物机制按照一定秩序构成了以土壤颗粒骨架、土壤孔隙为主要结构要素的有序土壤微系统，在这个土壤微系统中时刻不停地发生着其独有的物理、化学、生物过程，进行着物质、能量循环。

另一方面，通过观察土壤剖面，我们可以看到无数相似结构的土壤微系统结合在一起形成某一土层，同一土层内具有相同的土壤过程（生物、化学、物理过程）；不同土层之间由于分布位置上下殊异，上层土壤物质随重力水的淋溶作用向下迁移，而土壤气体则由下层向上层土壤扩散，由此加深了土壤剖面不同土层的分化，不同土层则共同构成了土壤单体系统。

土壤单体系统与其所在的独特气候、地理、生物环境单元共同构成气候局域陆地生态系统。放眼更广大区域，可知无数气候局域陆地生态系统共同组成区域陆地生态系统，区域陆地系统的结构体之一的土壤子系统则是由无数土壤单体系统组成的土壤多体系统。土壤多体系统与其环境背景——大类型气候、地理、生物单元系统共同完成区域陆地生态系统的物质、能量循环。

放眼全球，整个地球表层是一个更大的系统，它由岩石圈、水圈、大气圈、生物圈、土壤圈组成。这里的土壤圈则是陆地表面无数土壤多体的集合。上述五大圈层之间交换物质、能量，共同完成地球表层系统的物质、能量大循环。

从系统的角度认识土壤，既能把握土壤的物质属性，又能把握土壤的系统过程特性，因此这种学习认知方法对认识了解土壤非常重要。

一、从地球表层系统的宏观尺度认识土壤

地球表层系统是指位于地球表层的空间系统，由岩石圈、水圈、大气圈、生物圈和土壤圈共同构成。五大圈层之间相互作用、相互协调、共同发展，一起完成地球表层系统的物质、能量循环。例如，来自太阳的光能要转化为贮存在生物圈中的生物能，除了需要生物圈里的植物叶绿体获取光能的过程外，还必须有来自岩石圈的矿质元素及来自水圈的水分经历土壤圈环节的转化过程，以及植物从土壤中吸收矿质元素和水分的过程。因此土壤圈是地球表层系统物质、能量循环不可缺少的环节。

土壤圈不是地球形成之始就存在的，早期的地球只有岩石圈、水圈、大气圈三大圈层，生命最早形成于水圈中的海洋，之后向陆地、大气层拓展才逐渐形成生物圈。在岩石圈、水圈、大气圈、生物圈的共同交界面上，不断地发生物质、能量、信息交换，最终在它们的交界面上形成新的物质集合体，这就是土壤圈（图1-1）。土壤圈的形成反过来又影响岩石圈、水圈、大气圈、生物圈，丰富和改变了地球表层系统的物质、能量循环，加速了各大圈层物质能量流动，改变了各大圈层内部结构及物质流和能量流。例如，土壤圈的形成使大气圈、水圈交错渗透入土壤圈，也使得生物圈物种更加丰富，陆地生物量更加庞大，生命体生存的环境更加优渥。

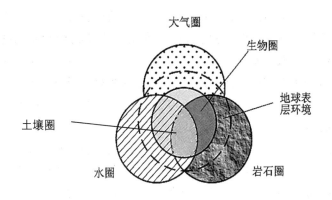

图 1-1　土壤圈与各圈层间的关系

（一）土壤圈与大气圈的关系

大气圈是环绕地球的空气层，是由气体、尘埃等微粒物质组成的混合体。气体主要由氮、氧、氢和两种气态化合物——二氧化碳和水蒸气组成。随着高度增加，地球离心力逐渐加大，吸引力减小，空气越来越稀薄。大气层在不同高度的组成成分和物理性质差异很大，从地表到高空，大气圈可分为五层，即对流层、平流层、中间层、暖层和散逸层。

土壤微系统中存在众多土壤孔隙，在土壤孔隙中土壤空气是土壤的三相组成中的气相，有其自身的组成特点和作用，与大气在近地球表层进行着频繁的气体交换和平衡。

土壤空气的组成是经常变化的，其变化可分为两种相反的过程，即气体的浊化过程和更新过程。土壤空气的浊化过程是指土壤中的 CO_2 含量增多，而 O_2 含量减少的过程。土壤空气的更新过程是指土壤中 CO_2 不断排出，而大气中的 O_2 进入土壤的过程。两个过程的不断交替，促使土壤空气与大气交换。由土壤向大气排出 CO_2 和由大气向土壤输入 O_2 的气体交换作用，称为土壤呼吸。土壤除向大气释放 CO_2 外，还释放某些微量气体，如甲烷 (CH_4) 和氮氧化物 $(NO_2$ 和 $NO)$ 等，这些气体被称为温室气体，是导致全球范围内气候变暖的重要原因之一。温室气体释放与人类的耕作、施肥、灌溉等土壤管理活动有密切的关系，土壤是这些气体的储库，清楚地了解其源（产生来源）和汇（消耗去处）的关系，最大限度地减少人为农业活动中温室气体的释放，已成为当今全球共同关心的环境保护问题之一。

显然大气圈是土壤圈中的气相物质的来源，同时土壤圈又为大气圈提供组成物质。

（二）土壤圈与生物圈的关系

地球上所有的生物群落及有机环境组成了生物圈。生物圈是指生活在地表上的动物、植物和在空气、水体、土壤和岩石中的动物、植物、微生物组成的圈层。生物和地壳表层的物质互相作用，相互影响，一起发展、演化着，也是一种外力地质作用因素。

地球表面的土壤圈与生物圈有十分密切的关系，它不仅是高等动植物乃至人类生存的基地，也是地下部分微生物的栖息场所。土壤微生物生存环境在地球上所有生存环境中，包含单体数量最多、生物多样性最复杂，而且生物量最大。土壤微生物主要有如下几个方面的作用：调节植物生长的养分循环；产生并消耗 CO_2、CH_4、NO、N_2O、CO 和 H_2 等气体，影响全球气候的变化；分解有机废弃物，是新物种和基因材料的源和库。土壤中还有使动物、植物和人类致病的病原微生物。土壤是微生物生活的大本营，目前已知的微生物绝大多数都是从土壤中分离、驯化、选育出来的，但只占土壤微生物实际总数的 10% 左右，而已在工业、农业、医学诸方面应用的微生物只有数百种。因此，挖掘土壤微生物资源有极大的潜力。

土壤为绿色植物生长提供水分、养分、气、热量、扎根条件和对毒害物质的缓冲与屏蔽，正是由于这些土壤肥力的特殊功能，使陆地生物与人类协调共存，生生不息。不同类型的土壤养育和维持着不同类型的生物群落，形成了生物的多样性，也为人类提供了各种可开发利用的资源。

土壤圈服务于生物圈，同时也是生物圈营造的产物。生物圈在陆地上通过物质能量循环，生物的遗体及代谢产物形成的有机质与岩石风化产物有机结合形成土壤物质，因此生物圈是土壤圈的物质来源之一。

（三）土壤圈与水圈的关系

地面上的水体占整个地表面积的 71%，以海洋水、陆地水和陆地附近海洋上的冰等不同形态包围着地壳，形成水圈。水圈的全部体积约为 $1.4 \times 10^9 \ km^3$，其中海洋水约占 98.1%，冰约占 1.6%，陆地水约占 0.3%。水在海洋、陆地、空中和地下之间形成无休止的循环，它是改变地表形态、外力地质作用的因素之一。

水是地球系统中连结各圈层物质迁移的介质，也是地球表层一切生命生存的源泉。虽然水是地球上最丰富的化学物质，但全球的淡水资源不足，我国可利用的淡水资源更少，淡水资源不足已成为限制工农业生产发展的主要障碍因子。除湖泊、江河外，土壤是能保持淡水的最大储库。土壤水是土壤的最重要组成部分之一，是自然界水分循环的一个重要分支。大气降水或灌溉水进入地面，一部分可能通过地表径流汇入江河湖泊，另一部分则入渗成为土壤水。土壤水还能进一步下渗，补充地下水（即所谓内排水），另外在有植被的地块，根层周围土壤水经作物根系吸收并由叶面蒸腾，以及地面水分蒸发等途径又回到大气中。由于土壤的高度非均质性，影响了降雨在地球陆地和水体的重新分配。形成土壤剖面的土层内各种物质的运移，主要是以溶液形式进行的，也就是说，这些物质同液态土壤水一起运移。所以，土壤水影响土壤中许多化学、物理和生物学过程，势必影响元素发生地球化学行为及影响水圈化学成分。

在土壤 - 植物 - 大气连续系统中，植物生长所需的水分及其有效性，在很大程度上取决于土壤的理化和生物学过程。因此，土壤水在自然环境中有着许多收支水流过程，为农业生产管理提供依据。土壤水是作物吸水的最主要来源，也是自然界水循环的一个重要环节，处于不断地变化和运动中。

土壤水存在于土壤孔隙中，是土壤的组成部分之一，它是土壤的液相成分，因此水圈也是土壤圈的物质来源。

（四）土壤圈与岩石圈的关系

土壤的主要组成物质是岩石风化后的风化物，特别是岩石经化学风化后形成的次级风化物——黏土矿物。岩石露出地表与大气接触，受到各种自然因素的影响，在温度、水、生物等外力作用下，遭到破坏逐渐变成碎屑状的疏松物质，形成覆盖于地表的一层松散物质层，即风化壳。风化壳的发育随着时间的推移，因受到生物气候条件的影响，其元素和黏粒均有不同程度的上下垂直运移。在运移过程中，风化壳的物质组成在剖面上将发生分异。这种分异将会决定土壤母质发育的类型和特点，给后来的成土过程和土壤的性状带来深刻的影响。

从地球的圈层位置看，土壤位于岩石圈和生物圈之间，属于风化壳的一部分。虽然土壤的厚度一般只有 1～2 米，但它作为地球的"保护层"，对岩石圈起着一定的保护作用，可减少其遭受各种外营力的破坏。

（五）人类活动与土壤圈的关系

现代社会人类的农业活动已直接深刻影响着土壤圈的组成和功能，而工业生产、居住生活、基础设施建设等人类活动也直接影响或通过对其他圈层的影响间接影响土壤圈。通过深刻认识土壤圈运行机制及其与大气圈、水圈、生物圈和岩石圈相互作用的机制，人类可以调整自己的行为，来达到对土壤资源的可持续利用，做到与自然的协调发展。

二、从不同气候区域的中观尺度认识土壤

在地球陆地表面，我们会发现，不同的气候区域环境下土壤的外观特征不一样。例如，在我国的南方土壤呈红色，而在最北方土壤呈黑色，在南北之间的中原地区，土壤则呈棕色；在我国东部，土壤质地黏重，而在我国西部，土壤则多是砂质土壤。

不同地区土壤差别为何这么大呢？原因就在于不同地区的气候和地理环境不一样。不同的气候环境下，岩石圈、大气圈、水圈、生物圈在它们的共同交界面上物质和能量的交换途径和交换通量都不一样，最终导致它们交界面上形成的产物——土壤的外观及本体性质都不一致，从而表现为地表土壤类型的多样性。例如，在我国的南方由于高温多雨，致使岩石风化以化学风化为主，原生矿物中的盐基离子大量流失，土壤中大量留存铝铁，因为留存的氧化铁呈红色，故土壤外观呈红色。在我国北方温带地区，特别是在东北地区，由于气温低，土壤湿度高，植物留存于土壤中的分解产物——有机质大量保存，因有机质为黑色，故土壤外观呈黑色。在我国东部湿润地区，因为气候湿润，岩石化学风化强烈，风化产物以次生黏土矿物为主，故土壤黏重；在我国西部地区，气候干旱，岩石风化以物理风化为主，风化产物以砂粒或砾石形式的原生矿物为主，因而土壤砂性强。

不同地理气候环境下形成不同陆地生态系统，如草原生态系统、森林生态系统、湿地生态系统、荒漠生态系统。不同陆地生态系统，具有相对应的土壤类型，而土壤则是相应生态系统的环境因子之一。例如，不同森林生态系统下的不同类型山地土壤，不同草原生态系统下的不同钙积层土壤，以及沼泽湿地生态系统下的不同水成土壤。

土壤在陆地生态系统中起着极重要的作用，主要包括：保持生物活性、多样性和生

产性；对水体和溶质流动起调节作用；对有机、无机污染物具有过滤、缓冲、降解、固定和解毒作用；具有贮存并循环生物圈及地表的养分和其他元素的功能。土壤生态系统的功能主要表现在系统内的物质流和能量流的速度、强度及其循环和传递的方式上，这种功能如通过人工调节则形成人工生态系统。

三、从土壤微系统的微观尺度认识土壤

土壤微系统是土壤的功能基础。土壤微系统中的孔隙及土壤骨架表面是土壤化学、生物、物理过程的功能空间。植物吸收的矿质养分需要在土壤孔隙及土壤颗粒表面转化成离子态才能被吸收，植物吸收的水分也主要是土壤孔隙中的土壤水，植物能扎根并直立于土壤是由于植物根系穿行于土壤孔隙并紧附于土壤颗粒。土壤养分的转化是土壤微生物过程、物理过程及化学过程的综合结果。

人类的生存基础是农业生产，而绿色植物的生产是农业最根本的任务。绿色植物生产的机理是把太阳能转化为化学能，其原理是通过叶片中的叶绿素作用光能，把输入的二氧化碳、水分转化成糖，这就是光合作用。光合作用可用如下方程式表示：

$$6CO_2 + 12H_2O \xrightarrow{\text{叶绿素}+\text{光}} C_6H_{12}O_6（糖）+6O_2+6H_2O$$

通过光合作用形成的糖分转运到其他植物器官，与植物体内的其他成分结合，再经过复杂的有机转化过程，形成植物不同器官的组成物质，维持植物的新陈代谢。

绿色植物生命的续存需要五个基本要素：阳光、合适的温度、空气、水和矿物质养分。这五大要素中，水和矿物质养分主要从土壤中吸收，根系呼吸所需氧气及根系生命活动所需热量（适合的土壤温度）也从土壤中获取。植物扎根土壤中，能挺立于地表，经受风吹雨打而不倒，也是由于土壤给予的机械支撑作用。以上说明，植物的生存以土壤的存在为先决条件，而从某种意义上说，陆地表面土壤的出现和演化与植物生存和进化同步存在。

（一）土壤的营养库作用

高等植物吸收的营养元素必需的有 16 种（国际公认的），它们分别是碳（C）、氢（H）、氧（O）、氮（N）、磷（P）、钾（K）、钙（Ca）、镁（Mg）、硫（S）、铁（Fe）、硼（B）、锰（Mn）、铜（Cu）、锌（Zn）、钼（Mo）和氯（Cl）。上述元素在植物体内的含量相差较大，按在植物体内含量的多少，将上述必需的营养元素分为大量元素、中量元素、微量元素，其中碳、氢、氧、氮、磷、钾归为大量元素；钙、镁、硫、硼归为中量元素；铜、铁、锰、锌、钼、氯归为微量元素。高等植物正常生长所吸收的营养元素，除碳、氢、氧可从空气中以二氧化碳及从土壤中以水的形式吸收外，其余 13 种必需元素都须从土壤中吸收。也就是说，植物养分主要依赖土壤提供，所以这些养分也被称为"土壤养分"。

土壤学把土壤肥力定义为土壤为植物良好生长所具备的综合条件的能力。土壤养分是土壤肥力的最基本物质基础，因此土壤养分含量的高低是评价土壤肥力的主要内容。当前，在土壤学界对土壤肥力的狭义定义仍是土壤养分的供给能力，可见土壤作为植物矿质

养分提供者的重要地位。

（二）养分转化和循环作用

养分在土壤中存在的形态多样，如不同元素都存在无机态和有机态。对植物来说，植物根系能直接吸收的养分形态主要是存在于土壤水中的水溶态和被土壤颗粒吸附的交换态，这称为有效态养分。而那些有机态、难溶态养分不能被植物根系直接吸收利用，称为"迟效态养分"。在土壤微系统环境中，通过特定的物理、化学过程，难溶态养分可转化为水溶态、交换态，有机态养分也可通过特定的生物过程转化为水溶态和交换态。同样，水溶态、交换态养分也可通过一定的物理、化学、生物过程转化为难溶态和有机态。这些养分的转化过程都是在土壤微系统环境中完成的。

在土壤微系统环境下，通过土壤孔隙及其中的土壤水、空气、土壤胶体表面电荷等介质，土壤养分可完成大部分物理、化学过程，实现土壤养分的物理、化学转化。除此外，土壤微系统中还存在大量土壤微生物，通过微生物地转化，土壤有机态养分可分解转化成无机态养分，甚至有的难溶态养分通过微生物转化也可转化为有效态养分。在特殊的养分缺乏环境下，这种养分的转化途径甚至是某些植物吸收养分的特别途径。例如，在缺磷环境下，依靠微生物将难溶态磷转化成水溶态磷是松、杉类乔木吸收磷的主要途径。正是地球表层系统内各种土壤养分的复杂转化过程，实现着土壤营养元素与生物之间的循环与周转，保持了生物的周期生息与繁衍。图1-2是土壤中氮素循环示意图，氮素在土壤中的相互转化特别重要，它关系到氮素在土壤中的保存和对植物供给等两大问题（即保氮和供氮）。土壤中的有效氮通过微生物的吸收同化，把矿质态氮变为有机态氮，从而避免流失，这对土壤中氮素的保存有利，被视为保氮机制之一。相反，土壤氮素的矿质化过程是把有机态氮转变为速效性氮，被看作是一种供氮机制，这对作物供氮有利，但若供应过量也可能增加氮的损失。

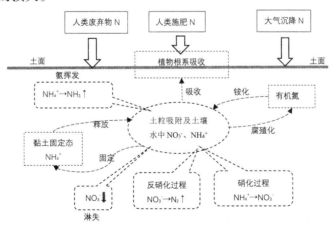

图1-2 土壤中的氮素循环

（三）水分涵养与对植物的供给

土壤是地球陆地表面具有生物活性和多孔结构的介质，有很强的吸水和持水能力。

自然界的水通过降雨或灌溉等途径进入土壤中，被土粒吸附或由于毛管张力存在于土壤孔隙之中，即为土壤水。据统计，地球上的淡水总贮量约为 3.8×10^7 km³，其中被冰雪封存和埋藏在地壳深层的水约 0.35×10^7 km³。可供人类生活和生产的循环淡水总贮量只有约 4×10^6 km³，仅占总淡水量的 10% 左右。在约 4×10^6 km³ 的循环淡水中，除循环地下水（占 95.12%）和湖泊水（占 2.95%）超过土壤水（1.59%）外，土壤贮水量明显大于江河水（0.03%）和大气水（0.34%）的贮量。必须指出的是，只有土壤水资源才能被植物吸收利用，其他一切水资源（如降水、地下水等）只有转化为土壤水的形式，才能促进植物的生长发育。土壤水并非纯水，而是稀薄的溶液，不仅溶有各种养分、盐分等溶质，还有胶体颗粒悬浮或分散于其中。例如，在盐碱土中，土壤水所含盐分的浓度就相当高，以至于使植物正常生长受到危害。

土壤水与空气共同存在于土壤孔隙中，互为消长并影响到土壤的热量状况。土壤的雨水涵养功能与土壤的理化性质和植被覆盖度有密切的关系。农业生产中要根据这一特点调节土壤水气状况，一般砂性土保水性差，要注意灌水补墒，而黏性土通气性差，则应注意排水通气。灌水量和灌水次数也要因土而异：砂性土保水力弱，灌水要"少量多次"，切忌大水漫灌，造成土壤水、肥流失；而黏性土保水性强，灌水量可适当大些，次数少些。灌水应根据土壤的蓄水能力，一般灌水量应尽可能不超过田间持水量。

（四）对生物的支撑作用

绿色植物在土壤中生根发芽，根系在土壤中伸展和穿插，获得土壤的机械支撑，保证绿色植物地上部分能稳定地站立。

除让陆地植物扎根和提供机械支撑外，土壤中还拥有种类繁多、数量巨大的生物群。土壤中的生物类型也具有多样性：有多细胞的后生动物，单细胞的原生动物，真核细胞的真菌（酵母、霉菌）和藻类，原核细胞的细菌、放线菌和蓝细菌及没有细胞结构的分子生物（如病毒）等。

土壤生物是土壤具有生命力的主要成分，在土壤形成和发育过程中起主导作用，也是评价土壤质量和健康状况的重要指标之一。特别是土壤微生物的作用十分重要，它参与前文所述的几乎所有的土壤养分转化过程。土壤中微生物按照来源不同，可分为土居性（土生土长的）和客居性（外来的）两种类型。土居性微生物由于长期生活在土壤中，对土壤环境有较强的适应性，当土壤环境变得恶劣时，能存活下来，环境好转时又能重新繁殖。而随污水、淤泥、动植物残骸和人、畜粪便等进入土壤的客居性微生物在土壤中只能短时间生长、繁殖，由于适应性、竞争性差而不能在土壤中持久存在。若客居性微生物和土居性微生物有互生互利关系，则客居性微生物存活时间变长或可定居，若两者为拮抗关系，则客居微生物可能很快消失。这是当前涉及微生物肥料和农药有效性问题的研究和攻关热点。

第二节 土壤的资源属性

资源是自然界能为人类利用的物质和能量基础，是可供人类开发利用并具有应用前景和价值的物质。土壤资源可以定义为具有农、林、牧业生产力的各种类型土壤的总称，属固定性自然资源，是国土的主要组成部分，也是不可代替的生产资料。在人类赖以生存的物质生活中，人类消耗的约80%以上的热量、75%以上的蛋白质和大部分的纤维都直接来源自土壤。所以，土壤资源和水资源、大气资源一样，是维持人类生存与发展的必要条件，是社会经济发展最基本的物质基础。

土壤作为一种资源，具有如下自然经济特点。

一、土壤资源的再生性与质量的可变性

自古以来，无论在自然条件下还是人为生产条件下，土壤都支持着天然植物（自然森林和草原）和栽培作物的生产，从而繁衍了野生动植物资源和家畜家禽，为人类提供了衣、食、住、行的生活条件。土壤作为资源，不同于其他资源，如矿产资源、煤、石油等的开采利用总有枯竭之时，土壤资源用之不尽。土壤本质的特征是肥力，只要科学地对土壤用养结合，不断补偿和投入，完全有可能保持土壤肥力的永续利用，而且随着科学技术进步，还可能使土壤肥力得以提高，从而使单位面积生物生产能力得以保持。从这一意义讲，土壤资源永远没有枯竭之时，与光、热、水、气资源一样被称为"可再生资源"。人类就是利用了土壤具有再生作用的特点，繁衍了世世代代，人类未来仍然要依赖于土壤的再生作用生存和发展。但在破坏性自然营力作用下，或人类违背自然规律，破坏生态环境，滥用土壤，高强度、无休止地向土壤索取，土壤肥力将逐渐下降和破坏，这就是土壤质量的退化。在人类历史上，这样的例子是很多的，由此造成的恶果主要有五个方面：一是土壤侵蚀，二是土壤沙化，三是土壤盐碱化，四是土壤污染，五是土壤肥力退化。这些问题在我国各地都有不同程度的存在，如我国黄土高原及南方红壤丘陵地严重水土流失；西北、内蒙古风蚀使土壤沙化；华北平原农地盐碱化；东北垦区黑土肥力退化；城镇郊区及工矿区附近土壤受到严重污染等。造成这些问题的原因是土壤资源开发利用上的盲目性，只顾眼前的短期效益以及国家法律不够健全和贯彻不力。因此，从这一意义上讲，土壤资源的质量是具有有限性的，保护土壤资源应是全社会乃至全人类义不容辞的重要责任。

二、土壤资源数量的有限性

人类只有一个地球，就人类社会的历史而言，土壤的数量不会增加。从数量来看，土壤资源是有限的自然资源，又是不可再生的自然资源。在地球表面形成1 cm厚的土壤，一般需要300年或更长的时间，在石灰岩上则需要1 000年的时间，所以它不是取之不

竭，用之不尽的资源。表面上看，我国的土壤资源丰富，土地总面积占世界陆地总面积的1/15，仅次于俄罗斯和加拿大，居世界第三位。但我国耕地面积小，耕地后备资源不足。我国现有耕地约为1亿公顷（1公顷=100 000平方米），占土地总面积的10.4%，人均耕地面积不足0.1公顷，仅为世界人均耕地的29.2%。我国是世界上人口最多的国家，且农业历史悠久，绝大部分平原和盆地的土地已辟为耕地，质量较好的耕地后备资源所剩无几。据调查统计，在现有未利用的土地资源中，可作为农、林、牧用地的土地资源总共约1.25×10⁸公顷，而其中适于作农田的土壤仅为0.13×10⁸公顷，且主要分布在寒冷的黑龙江和干旱的新疆及内蒙古东部，因此想从未利用土地资源中开辟更多的耕地是较困难的。

我国的土壤资源由于受海陆分布、地形地势、气候、水分配和人口增加、工业化扩展的影响，耕地土壤资源短缺，后备耕地土壤资源不足，人均耕地面积可能将继续下降。所以，土壤资源的有限性已成为制约经济、社会发展的重要特性，有限的土壤资源供应能力与人类对土壤（地）总需求之间的矛盾可能将日趋尖锐。

三、土壤资源空间分布上的固定性

早在19世纪末，俄罗斯的土壤学家道库恰耶夫创立了土壤形成因素学说，他根据在欧亚大陆所做土壤勘察工作的资料，首先提出了土壤是地理景观的一部分，又是地理景观的一面镜子，它清晰地反映出水分、热量、空气、生物、地形和时间对母质长时期综合作用的结果，并总结出自然土壤的五大成土因素：母质、气候、地形、生物和时间。覆盖在地表的土壤，虽然各有独特的母质、气候、生物、地形和时间等成土因素，以及不同的人类生产活动的影响，并分别占有一定的空间，但各成土因素，尤其是生物、气候以及地质因素，它们都具有特定的地理规律性。因此，土壤类型在空间的组合也必然呈现有规律地变化，这也就是土壤分布的地理规律，亦即土壤分布的地带性。土壤地带性包括土壤经、纬度地带性（也称"水平地带性"）、垂直地带性（指高山或高原土壤分布）和区域地带性（指由于地形或地质地貌学特征引起的变异）。土壤地带性分布概念简单分述如下。

（1）土壤纬度地带性：它是指土壤分布带与纬度基本上平行的分布规律。

（2）土壤经度地带性：土壤水平带因其所在大陆的外形、山脉走向、风向、海拔等地理因素的不同和干扰，使之偏斜于纬度圈而与经度基本上相平行，称为经度地带性。

（3）土壤垂直地带性：随着山体海拔高度地增加，在一定高度范围内，其温度随之下降，湿度随之增高，植被及其他生物类型也发生相应的变化。这种因山体的高度不同引起生物气候带的分异所产生的土壤带称为土壤垂直地带性。

（4）土壤区域地带性：它是在土壤纬度带内，由于地形、地质、水文等自然条件不同，其土壤类型各异，有别于水平地带性土壤类型，因而显示出土壤分布规律的区域性，称为土壤区域地带性。人类的耕作活动改变了土壤的性状，也影响了土壤的空间分布，如黄土高原长期使用土粪形成的土粪土，干旱与半干旱地区长期灌溉发育的灌淤土，各地长期水耕农田发育的水稻土，都是人为耕作活动的结果。根据土壤资源空间分布上具有的这种特定的地带、地域分布规律，人们可以按土壤资源类型的相似性划分若干土壤区域。将相似土壤划在同一区，与其他土壤分开，并按照划分出的单位来探讨土壤组合的特征及其发生和分布规律性，因地制宜地合理配置农、林、牧业，充分利用土壤资源，发挥土壤生产潜力，从而进行土壤资源区划和土壤资源评价。

第三节　土壤的环境属性

土壤不仅为植物的生长提供了资源和环境条件，为动物提供了生活环境，还直接为我们人类提供了居住和生活的环境；而我们人类活动所产生的90％的污染物还需土壤来承担。可见土壤作为环境要素的组成部分，对人类的生存发展是十分重要的。

土壤作为环境要素，除了作为建筑物和交通运输的地基外，对稳定和缓冲环境变化也发挥了重要作用。

提到土壤缓冲性，通常是指土壤抗衡酸、碱物质，减缓pH值变化的能力。我们知道，如果把少量的酸或碱加到纯水中，则水的pH值立即变化。但加入土壤则不然，它的pH值变化极为缓慢，这就是土壤对酸碱的缓冲性。土壤因施肥、灌溉等增加或减少土壤中 H^+、OH^- 离子浓度时，土壤酸度变化可保持在一定范围内，不致因环境条件的改变而产生剧烈的变化。这样，就为植物生长和土壤生物（尤其是微生物）的活动，创造了一个良好的、稳定的酸碱环境条件。

事实上，土壤不仅仅具有抵御酸、碱物质并减缓pH值变化的能力，从广义上而言，土壤是一个巨大的缓冲体系，对营养元素、氧化还原、污染物质等同样具有缓冲性，具有抗衡外界环境变化的能力。这主要是因为土壤是一个包含固、液、气三相多组分组成的开放的生物地球化学系统，包含了众多的、以多种方式进行相互作用的不同化合物。土壤在固液界面、气液界面发生的各种化学、生物化学过程，常常具有一定的调节能力。所以，从某种意义上讲，土壤缓冲性不只是土壤对酸碱变化的一种抵御能力，还可以看作是一个能表征土壤质量的指标。对进入土壤的污染物能通过土壤生物进行代谢、降解、转化、清除或降低毒性，起着"过滤器"和"净化器"的作用，可以保护地下水水质，减缓污染物对大气的污染，并为地上部分的植物和地下部分的微生物的生长繁衍提供一个相对稳定的环境。

土壤能接收的污染物的数量也是有限的，若过多污染物进入土壤，就会造成土壤的污染。虽然全世界现已存在大面积被污染的土壤，但对污染土壤的治理，并不像治理大气和水污染那样得到重视。在未来，应该加强对土壤污染的研究，提出治理污染土壤的有效措施，使人类生活在一个良好大气、水和土壤环境中。

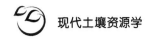

第四节　土壤资源学课程的学习方法

地球表层系统中土壤圈过程是土壤资源形成的地理背景，气候区域生态系统背景下的土壤形成过程是不同土壤的形成机制，土壤微系统过程是土壤物质能量循环的内在机制，土壤资源合理利用则是人类与土壤环境和谐相处的根本目的。因此，作为生态学专业的本科课程，以上内容应是土壤资源学课程要讲授的主干知识。

生态学专业需要通过本门课程的教学活动完成以下授课任务：一是熟悉掌握以土壤圈、土壤形成为主要内容的土壤地学过程机制，二是熟悉土壤内部过程机制，三是熟悉以合理利用土壤资源为主要内容的土壤资源利用基础。非土壤学专业的学生要在有限学时内完成对以上内容的学习无疑具有很大难度，那么用什么方式才能更好更有效地对这些课程进行学习呢？

不论是地学过程还是土壤学过程，其发生演化都是在一特定系统中完成的，该系统有特定的结构，在结构界面上发生物质能量的输入和输出，物质能量循环经过长时间的过程后系统的相（空间结构和位置）发生变化（时空变化），这就是地学及土壤学的过程机制。因此，只要把握好对象系统，洞悉系统结构，理清结构界面，理解界面上发生的物质－能量循环，认识循环产生的结果（相变），就能正确学习上述自然过程的形成和演变。

 **思考题**

1. 如何从不同空间尺度理解土壤的系统性？

2. 怎么理解"系统结构→结构界面→界面上的物质－能量循环→循环结果"为主线的土壤过程叙事思路？

第一篇

地球表层系统背景下土壤圈的形成过程

一、地球表层系统

地球表层系统是指由位于地球表层的岩石圈、水圈、大气圈、生物圈、土壤圈共同组成的复杂综合系统。其中，岩石圈是指地球表层中由固体岩石组成的圈层；水圈是指地球表层中由不同形态的水组成的圈层；大气圈是指由气体组成的、环绕地球的圈层；生物圈是指地球表层所有生物组成的圈层。生物圈穿插于大气圈、水圈、岩石圈之中，三大圈层交界面也是生物最活跃、生物密度最大的空间。地球表层系统四大圈层的交界面上不断进行着物质和能量的交换，在岩石圈表面岩石发生风化，产生风化产物；与此同时，生物圈在大气圈、水圈、岩石圈的环境背景下的生物循环产生有机质，岩石风化产物与有机质复合形成土壤物质，土壤物质在陆地表面形成土壤圈。土壤圈形成于岩石圈的陆地表面，土壤圈的存在改善了生物的生存环境质量。

地球表层系统的结构具有以下四方面特征。

第一，垂直分层。从岩石圈到水圈、大气圈、生物圈，都具有这个特征，如岩石圈从外到内分别是地壳、地幔、地核，大气圈圈层内部由地表到外太空分别是对流层、平流层、中间层、暖层、散逸层。水圈也可分为大气气态水层、陆地固态水层、陆地淡水层、海洋咸水层。圈层垂直分层与地球的重力有直接关系。

第二，水平分异。水平分异是指在水平方向上的差异，如不同地区气候差异，不同地带水圈分布的差异，这些都属水平分异现象。水平分异现象是地球表面物质分布不均造成的。

第三，立体交叉。立体交叉现象是指岩石圈、水圈、大气圈、生物圈并非完全分开的，而是相互交叉、相互渗透的，在空间上构成了一个立体交叉的结构。例如，水圈中溶解了大气成分，大气圈中又有气态水，岩石圈中的孔隙、洞穴中同样有水与气。这种结构的形成缘于地表物质、能量的分布不均及物质之间性质上存在一定亲和性。圈层间的立体交叉现象直接导致圈层之间交界面的复杂性，这是圈层间物质–能量交换的环境基础。

第四，多级嵌套。这种特征是指地球表层系统可以划分为不同空间尺度的系统。如陆地可划分为不同洲，各洲还可划分为不同国家，各国家还可进一步划分为不同的次级行政地域。由此可知，该特性也是地球表层系统的系统属性。

二、地球表层系统结构体间的交界面

上述的地球表层系统的"立体交叉"特征对应于系统结构圈层间交界面的立体空间性状。地球表层系统结构体是指各组成圈层，圈层间的交界面是指圈层间主体物质的相邻面，如岩石圈与水圈的交界面可以是海洋水体与岩石圈相接的海床，可以是河流水体与陆地相接的河床，也可以是大气降水与陆地相接的陆地面；水圈与大气圈的交界面可以是海洋水体与大气相接的海平面，也可以是大气圈中水气分子与空气分子相邻的交界面；岩石圈与大气圈的交界面可以是陆地固态物质与气态物质相接的一切相邻面。陆地表面既是岩石圈与水圈的交界面，也是岩石圈与大气圈的交界面，同时还是水圈与大气圈的交界面，因此陆地是岩石圈、大气圈、水圈共同的交界面。

生命体的存在需要以能量驱动下的特定生命物质不断循环为前提，然而各种生命物质来源于各个圈层，如生命物质所必需的碳、氮元素来自大气圈，氢元素来自水圈，氧元素来自水圈和大气圈，其他矿质元素则来自岩石圈，因此只有在三大圈层的交界面，这些来自不同圈层的生命组成元素才有机会相遇并结合形成生命体，故而三大圈层的交界面是生物圈存在与演化的基础环境。例如，海洋生物，一方面需要海水作为最基本的生存环境；另一方面也要来自大气、溶于海水中的氧及来自陆地、溶于海水中的矿物质，因此海洋生物主要集中于海洋表层。又如陆地植物，它们一方面需要吸收 CO_2 作为光合作用原料，需要 O_2 进行呼吸作用；另一方面还需吸收水分及矿物质，因此它们离不开三大圈层的共同交界面——陆地。总之，生物圈存在于岩石圈、大气圈、水圈的交界面，是三大圈层在交界面上物质－能量循环的产物。

岩石圈、大气圈、水圈、生物圈共同的交界面是陆地上生长陆地植物的土壤圈。土壤圈的形成与四大圈层物质－能量的交换有关。

三、圈层间交界面上的物质－能量交换

在地球表层系统结构圈层间的交界面上，物质－能量交换的途径主要有以下三种形式。

第一，物理途径。物理途径是指圈层交界面上不同圈层通过摩擦运动使不同物质、能量相互渗入，造成交界面各自物理状态发生改变。例如，大气运动产生的风与岩石摩擦，使表层岩石破碎，新的空气进入岩石孔隙，破碎的砂石尘埃进入大气；大气运动产生的风与海洋水体摩擦，在海洋表面翻起滔天巨浪，使海水中同时也溶入了大气成分，水也部分蒸发，形成水蒸气进入大气。圈层间摩擦动力源自圈层内不同空间物质能级存在差异，物质往往从能级高的区域向能级低的区域迁移，如大气圈中大气运动动力主要源于地表辐射的热源，又如岩石圈中地幔物质的运动是从温度高的区域向温度低的区域运动。

第二，化学途径。化学途径是指圈层交界面上不同圈层物质相遇发生化学反应，形成新的物质、改变原来形态的过程。例如，大气圈中通过降水，水分与陆地岩石相遇，水分子水解产生的 H^+ 渗入岩石的矿物中，与矿物中的部分矿质元素发生同晶置换，相应矿质元素流失，导致原生矿物结构被破坏，形成新的次生矿物。这种情况下，原来的岩石也因内部结构改变而崩溃，这就是岩石的化学风化。

第三，生物途径。如前所述，生物生存于岩石圈、大气圈、水圈的交界面上，它们把来自不同圈层的物质吸收于生物体中合成新的生命物质，生命过程完成后这些生命物质又以新的形式回归于圈层的界面空间，生命物质在好气条件下分解为水、CO_2、盐基离子、有机质；在嫌气条件下分解成水、还原性气体、矿物质、有机质。界面空间原本含量稀少的矿质元素通过生命过程得以富集。以上是界面空间生物途径的主要过程。

四、四大圈层共同交界面物质－能量交换的产物

岩石圈、水圈、大气圈、生物圈的共同交界面是存在于陆地上的土壤圈。在四大圈层的共同交界面，岩石圈、水圈、大气圈之间发生物质－能量交换，产生风化产物（包括物理风化产生的碎粒和化学风化产生的次生矿物和水溶性离子）；生物圈与岩石圈、水圈、大气圈相互作用，一方面促进岩石的风化（生物物理风化、生物化学风化），另一方面通过"吸收物质→合成生命物质→分解生命物质→分解产物进入界面环境"的生物循环过程，向界面空间输入有机质及富集生命必需的矿质元素。风化产物与有机质共同组成土壤的骨架物质，从而形成土壤圈；生命必需矿质元素的富集提高了土壤的肥力。

各圈层的交互作用推动了圈层的演化。以原始地球早期为例，很长一段时间表层系统只有岩石圈、水圈和大气圈，在这三个圈层的交界面时时刻刻都存在频繁的物质和能量交换，经过长期过程的积累，它们的界面上逐渐演化形成生物圈。生物圈的形成反作用于前三大圈层，例如，真核细胞生物中的叶绿体通过光合作用逐渐改变了大气圈、水圈中的物质组成，使原始大气中的甲烷、二氧化碳、氨含量逐渐降低，氧气、氮气含量逐渐增加；水圈中溶解氧含量也逐渐增加，导致水中异养生物在后期爆发式增长；陆地生物形成和扩展，陆生生物残体腐殖化形成有机质；另外，发生在岩石圈陆地的岩石生物风化作用加剧，促进原始土壤的形成。在后期，随着生物圈生物多样性的不断完善，在岩石圈、大气圈、生物圈、水圈的共同界面上，岩石风化物与有机质有机融合形成了新地质时期以来对动植物生存具有重大意义的土壤圈。土壤圈的形成改善了陆上生物的生存环境，从而促进生物圈、大气圈、水圈、岩石圈的演变。

该篇主要阐述岩石圈、水圈、大气圈、生物圈的交互作用及形成土壤圈的过程，内容包括三章，即第二章、第三章、第四章。第二章介绍岩石圈的结构组成、岩石圈的运动对岩石圈表面的塑造，第三章介绍大气圈、水圈、生物圈结构组成及运动，第四章分别介绍大气圈、水圈、生物圈对岩石圈的作用与风化产物的形成，岩石圈、大气圈、水圈对生物圈的作用及有机质的形成。

第二章　土壤圈的物质基础——岩石圈与岩石

　　岩石是土壤形成的最初物质来源，对岩石背景知识的了解是认识土壤的必由路径。

　　在地球表面，岩石分布于地球表层中的岩石圈。固体地球呈层状分布，最上一层是地壳，地壳下面是地幔，地幔包裹着的核心部分是地核。地壳是由刚性的岩石组成的，它分为陆地壳和洋地壳。地壳与地幔之间的交界面称为莫霍面，地幔顶部为橄榄岩层，橄榄岩层下是流动的炽热岩浆，它是主要的地幔物质。地幔与地核之间的界面称为古登堡面。岩石圈包括地壳与地幔顶部的橄榄岩层。固体地球的层状结构如图2-1所示。

　　固体地球的结构好似一枚鸡蛋，地壳犹如鸡蛋的外壳，地幔犹如蛋壳下的蛋清，地核则似鸡蛋最中心的蛋黄，因此固体地球是由一个不同状态与不同物质的同心圈层所组成的球体。地球内部不同结构的划分是根据地震波传播速度的不同来划分的。地质学者发现，地球内部存在着几个地震波传播速度明显变化的界面：在大陆地区平均33 km的地下，纵波速度由7.6 km/s向下突然增加到8.0 km/s，这个界面称为莫霍洛维奇不连续面，俗称"莫霍面"；另一个界面位于地下2 900 km的地方，纵波速度由13.32 km/s向下突然降低为8.1 km/s，横波至此则完全消失，这个界面称为古登堡不连续面，俗称"古登堡面"。此外，在地下10 km的地方，还存在一个次级的波速变化的不连续面，纵波速度由6.0 km/s向下增加到6.6 km/s，横波速度则由3.6 km/s向下增加到3.8 km/s，这个界面称为康拉德面。由莫霍面、古登堡面将固体地球划分地壳、地幔和地核（图2-1），康拉德面进一步将地壳划分为上地壳和下地壳。固体地球最外层的由固态岩石组成的圈层即为岩石圈。岩石圈包括全部地壳（陆壳和洋壳）和上地幔顶部的橄榄岩层（莫霍面以下，软流圈以上），它是一个力学性质基本一致的刚性整体。岩石圈的结构和性质决定了地球表层的结构与轮廓，并与地球的外部圈层相互作用，构成了地球表层系统。

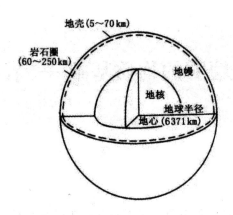

图 2-1 固体地球的层状结构

岩石是土壤的主要物质来源。岩石圈的元素组成、矿物及岩石的类型决定了土壤的最基本性质。本章从岩石圈或者地壳的组成元素、矿物和岩石及岩石圈的运动等四个方面来展现岩石圈的物质特征。元素是岩石的物质基础，元素化合形成矿物，矿物结合又形成岩石。

第一节 岩石圈的组成

一、地壳的化学元素组成

化学元素周期表中的大部分元素在地壳中都能找到，其中，硅（Si）、铝（Al）、氧（O）、铁（Fe）、钠（Na）、钙（Ca）、钾（K）和镁（Mg）八种元素的质量分数占地壳总元素的98%以上，其余元素加起来不到2%。

从表 2-1 可以看出，地壳中氧的质量百分比接近50%，硅约占1/4，铝约占1/13。未进入地壳的元素含量很低，元素之间的差异很大。

表 2-1 地壳中主要元素的质量分数

单位：%

元　素	克拉克和华盛顿 （1924）	费尔斯曼 （1933—1939）	维诺格拉多夫 （1962）	泰勒 （1964）
O	49.52	49.13	47.00	46.40
Si	25.75	26.00	29.00	28.15
Al	7.51	7.45	8.05	8.23
Fe	4.70	4.20	4.65	4.63

元　素	克拉克和华盛顿 （1924）	费尔斯曼 （1933—1939）	维诺格拉多夫 （1962）	泰勒 （1964）
Ca	3.29	3.25	2.96	4.15
Na	2.64	2.40	2.50	2.36
K	2.40	2.35	2.50	2.09
Mg	1.94	2.25	1.87	2.33
H	0.88	1.00	—	—
Ti	0.58	0.61	0.45	0.57
P	0.12	0.12	1.01	0.11
C	0.09	0.35	0.02	0.02
Mn	0.08	0.10	0.10	0.10

对于整个岩石圈的元素组成，氧含量为 60.4%，硅为 20.5%，铝为 6.2%，氢为 2.92%，钠为 2.49%，铁、钙、镁、钾含量分别为 1.9%、1.88%、1.77% 和 1.37%，其他元素占比皆小于 1%（图 2-2）。显然，对于地壳而言，岩石圈底部橄榄岩层的氧（O）和氢（H）含量较高，而硅、铝、铁、钙、镁和钾的含量较低。

就整个固体地球而言，铁的质量百分比为 35%，氧为 30%，硅为 15%，与地壳中的数据完全不同（图 2-3）。这表明固体地球地核和地幔中的主要元素是铁。

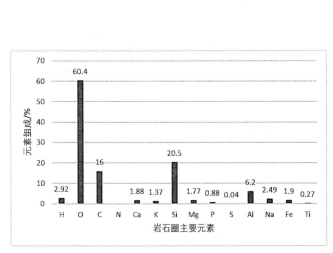

图 2-2　岩石圈主要元素含量　　　　图 2-3　固体地球元素与地壳质量分数对比

二、矿物成分

地壳中不同的化学元素在不同的地质作用下不断结合，形成不同的矿物。

矿物是在各种地质作用下形成的具有相对稳定的化学成分和物理性质的均相物质，是构成岩石的基本单位。

矿物是组成地壳岩石的物质基础，是人类生产和生活物料的重要来源之一。自然界中约有 3 000 种矿物，其中最常见的只有 50 或 60 种，而构成岩石的主要成分只有 20 或 30 种。作为岩石主要成分的矿物被称为造岩矿物，它们约占地壳质量的 99%。最常见的造岩矿物有长石、石英、云母、角闪石、辉石、橄榄石、方解石等。

（一）原生矿物的结构类型

构成岩石的矿物称为造岩矿物。在内生条件下的造岩作用影响下构成岩石的矿物称为原生矿物。由于其结构特性和基本成分的差异，不同类型的原生矿物的抗风化能力不一样。除方解石外，上述主要矿物均为硅酸盐矿物。各种硅酸盐矿物在结构上有共性，也有差异。其共同点是基本结构单元相同，即均为硅氧四面体。硅氧四面体由一个硅离子和四个氧离子组成（图 2-4）。硅离子位于被四个氧原子包围的四个边的中心腔内，称为中心离子。由于硅离子为 +4 价，氧离子为 –2 价，每个氧离子只需要一个价电子与硅离子结合，另一个价电子是自由的。硅氧四面体可表示为 $[SiO_4]^{4-}$。四个氧原子中的每一个都带有负电荷。它可以通过离子键与阳离子结合，也可以通过共用氧原子的方式与相邻四面体的硅结合。这样，就形成了不同类型和性质的原生矿物。一般来说，硅酸盐矿物的结构可以从简单到复杂分为以下五种类型（图 2-5）。

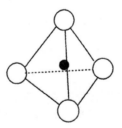
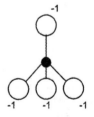

图 2-4 硅氧四面体的基本构造

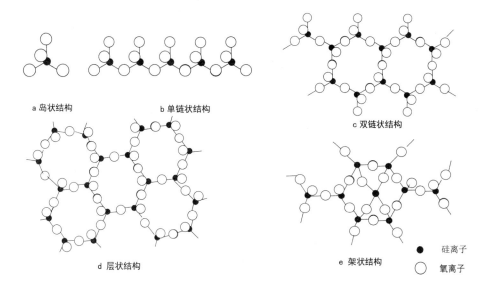

a 岛状结构　　　　　b 单链状结构　　　　　c 双链状结构

d 层状结构　　　　　e 架状结构

● 硅离子
○ 氧离子

图 2-5　硅酸盐矿物的构造类型

1. 独立四面体构成的矿物

独立四面体构成的矿物指四个氧离子不为独立四面体金属所共有，其分子式为 $[SiO_4]^{4-}$，其余四个负价被 Mg^{2+}、Ca^{2+}、Fe^{2+}、Al^{3+} 等中和。橄榄石矿物就是这样的结构，如图 2-5（a）所示。橄榄石根据中和负价的阳离子的种类不同，可分为镁橄榄石（$Mg_2[SiO_4]$）和铁橄榄石（$Fe_2[SiO_4]$）。橄榄石矿物结构简单，易风化。

2. 四面体单链矿物

四面体单链矿物中每个四面体有两个氧原子与相邻四面体共用，通过共用氧原子的链接形成四面体单链，其分子式为 $[Si_2O_6]^{4-}$，其负价被 Ca^{2+}、Mg^{2+}、Fe^{2+} 等中和。辉石矿物会形成这种结构，如图 2-5（b）所示。根据负价中和阳离子的类型不同，辉石包括镁辉石（$Mg_2[Si_2O_6]$）、铁辉石（$Fe_2[Si_2O_6]$）和钙辉石（$Ca_2[Si_2O_6]$）。辉石矿物的结构比较简单，易风化，风化后能释放出铁、镁、钙等养分。

3. 四面体双链矿物

四面体双链矿物由两条图 2-5（b）的单链平行组成，每个四面体的两个或三个氧原子与相邻的四面体共用，因此其分子式为 $[Si_4O_{11}]^{6-}$，如图 2-5（c）所示。这种结构的矿物有 $\{Ca_2Mg_5[Si_4O_{11}]_2(OH)_2\}$（透闪石）、$\{Ca_2Fe_5[Si_4O_{11}]_2(OH)_2\}$（阳起石）等角闪石类矿物，与后面提到的石英、长石相比，这类矿物较易风化，风化后能释放出镁、钙、铁等多种养分。

4. 四面体片层构成的矿物

四面体向平面发展，形成片状六边形结构。每个四面体中底层的三个氧离子与相邻的四面体共用，每个四面体中剩余的氧原子与重叠的铝八面体共用，同时中和其负电荷，其分子式为 $[Si_4O_{10}]^{4-}$，如图 2-5（d）所示。云母、滑石和各种黏粒矿物中的

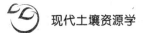

硅片属于这种结构。在云母矿物中，常见的有白云母 $\{KAl_2[AlSi_3O_{10}](OH)_2\}$ 和黑云母 $\{K(Mg, Fe)_3(AlSi_3O_{10})([OH], F)_2\}$。白云母抗风化能力较强，所以土壤中常出现细小的片状颗粒；黑云母易被风化，其中的钾释放后形成其他黏粒矿物。

5. 四面体架状结构矿物

四面体架状结构矿物由四面体组成，形成三维框架形状。每个四面体的每个氧都与相邻的四面体共用，其分子式为 $[SiO_2]$，无残留负价态，因此其中没有阳离子，如图 2-5（e）所示。石英和方石英属于这种结构。如果石英中部分四面体中存在的 Si^{4+} 被 Al^{3+} 取代，会产生负价态，可以被 Ca^{2+}、Na^+、K^+ 等阳离子中和，形成长石矿物。长石矿物的种类很多，如钠长石（$Na[AlSi_3O_8]$）、钙长石（$Ca[Al_2Si_2O_8]$）、钾长石（$K[AlSi_3O_8]$）等。石英和长石是岩石中最常见的两种矿物，它们的结构相对稳定，抗风化能力强。因此，土壤中的残留物更多。

（二）原生矿物的种类和性质

1. 长石

长石属于钾、钠、钙、镁的无水铝硅酸盐矿物，是广泛存在于岩石中的相对稳定的矿物。常见的长石有钾长石（$K[AlSi_3O_8]$）（图 2-6）、钙长石（$Ca[Al_2Si_2O_8]$）和钠长石（$Na[AlSi_3O_8]$）。钾长石含有 $10\% \sim 13\%$ 的 K_2O 和 $3\% \sim 5\%$ 的（$CaO + Na_2O$）。长石是构成地壳的最重要的矿物类型，常见于火成岩、沉积岩和变质岩中。其具有瓷器般的光泽，硬度为 6，完全二分。正交解理的正长石（$KAlSi_3O_8$，钾长石），多呈肉红色；斜交解理的斜长石多呈淡灰白色（图 2-7）。

几乎所有的长石都是钾长石、钠长石和钙长石，化学分子式分别为 $K[AlSiO_3O_8]$、$Na[AlSiO_3O_8]$ 和 $Ca[Al_2SiO_3O_8]$。长石晶体大多呈板状，或沿特定晶轴延伸的板柱状。双晶现象在长石中很常见，长石有玻璃光泽，无色透明，但常因杂质而染成黄色、褐色、灰色等颜色。解理完全至中等，解理角为 $90°$，相对密度在 $2.56 \sim 3.39$。

钾长石，$K[AlSiO_3O_8]$ 或 $K_2OAl_2O_3 \cdot 6SiO_2$，又称"正长石"，含有板状或柱状晶体，岩石中常为短柱状颗粒，具有不完整的结晶形态。红色、淡黄色、淡黄白色、玻璃或珍珠光泽，半透明，硬度为 6，有两组正交解理（故名正长石），相对密度 $2.56 \sim 2.58$。鉴别特征：肉红、黄白等颜色，晶体短柱状，解理完全，硬度高（刀刻不动）（图 2-6）。

斜长石，钠长石 $Na[AlSiO_3O_8]$ 和钙长石 $Ca[Al_2Si_2O_8]$ 组成的同构混合物，是细小的柱状晶体或板状晶体，在晶面或解理面可见薄而平行的晶纹；大多数是岩石中的板状和细小的柱状颗粒。颜色是白色至灰白色、浅蓝色、浅绿色、玻璃状或半透明。硬度 $6 \sim 6.5$，两个解理面斜交（约 $86°$，故名斜长石），相对密度 $2.60 \sim 2.76$。鉴别特征：细柱状或板状，白色至灰白色，解理面有双晶纹，刀刻不动（图 2-7）。

图 2-6 钾（正）长石

图 2-7 斜长石

2. 云母

云母属于钾、铁、镁的铝硅酸盐矿物。白云母 $K\{Al_2[AlSi_3O_{10}](OH)_2\}$ 和黑云母 $\{K(Mg，Fe)_3[AlSi_3O_{10}]([OH]，F)_2]\}$ 在岩石中很常见。白云母中的 K_2O 含量约为 10%，含（$FeO+Fe_2O_3$）2%～3%，MgO 0%～3%；黑云母中 K_2O 含量为 6%～9%，Fe_2O^3+FeO 含量约 23%，MgO 含量约 9%。白云母比黑云母更抗风化，但两者都不是最容易风化的，因此很容易在土壤的细沙中看到云母碎片。云母矿物质在风化过程中可以释放出更多的营养元素，如钾、铁和镁。

云母为拟假六方柱状或晶体片状，通常呈片状或鳞片状。单向极完全解理，易剥成光滑、半透明的柔韧薄片。具有玻璃光泽和珍珠光泽，硬度 2～3，成分复杂多样，常见的有黑云母、白云母和金云母（图 2-8）。常见于酸性岩浆岩、砂岩和变质岩。

图 2-8 金云母

常见的矿物种类有黑云母、白云母、金云母、锂云母等。云母晶体通常呈片状。云母的颜色随着化学成分的变化而变化，随着铁含量的增加而变深。玻璃光泽，解理面有珍珠光泽，绢云母有丝绢光泽。莫氏硬度一般为 2～3.5，相对密度为 2.7～3.5。解理完全。

大块云母可用作电绝缘体。

3. 辉石类和角闪石类

辉石类和角闪石类矿物一般称为铁镁矿物，是铁、镁、钙的硅铝酸盐，多呈黑色或深绿色。辉石 $\{Ca(Mg，Fe，Al)[(Si，Al)_2O_6]\}$ 和角闪石 $\{Ca_2Na(Mg，Fe)_4(Al，Fe^{3+})[(Si，Al)_4O_{11}](OH)_2\}$ 含量非常丰富。辉石矿物含 Fe_2O 32%、FeO 5%～10%、CaO 16%～26%、MgO 12%～18%；土壤中闪石含 Fe_2O_3 5%、FeO 10%、CaO 10%～12%、MgO 12%～14%。在这两类矿物中，铁、镁、钙的含量非常高，风化时可

以释放出更多的矿质养分。

辉石的成分与角闪石相似，但含有较多的铁、镁，不含氢氧根离子。其中，普通辉石为短柱状，中等解理，解理面双向正交，绿黑色，硬度 5 ~ 6，相对密度 3.2 ~ 3.6；通常带有角闪石、橄榄石和斜长石，多出现在超基性或基性火成岩中（图 2-9）。

辉石晶体呈短柱状，横截面为方形或八角形。聚集体通常呈颗粒状或放射状。辉石具玻璃光泽。颜色范围从白色、灰色或浅绿色到绿色、黑色、棕色甚至黑色，随着铁含量的增加而变深。相对密度 3.2 ~ 3.6。普通辉石是火成岩中非常常见的造岩矿物，尤其是基性和超基性岩，是一种高耐火材料，也可用作宝石（翡翠）。

角闪石成分复杂，变化也大。常见的是普通角闪石，呈长柱状或条纹状，深绿色至黑色，硬度 5.5 ~ 6，相对密度 3.1 ~ 3.3，完全双向解理，相互斜交，质脆（图 2-10）。常见于中性、酸性火成岩和一些变质岩。

角闪石晶体呈双链正交结构，晶体呈拉长柱状或纤维状，颜色为深绿色。玻璃光泽；解理方向与柱面平行，解理面之间的夹角接近 124° 和 56°，这是角闪石的重要识别特征。莫氏硬度 5.5 ~ 6。相对密度 2.85 ~ 3.60。

4. 橄榄石类

橄榄石的分子式 $(Mg, Fe)_2[SiO_4]$，是铁和镁的硅酸盐，呈橄榄绿色。橄榄石含有 0% ~ 3% 的 Fe_2O_3、5% ~ 34% 的 FeO 和 27% ~ 51% 的 MgO。由于橄榄石是由独立的四面体组成的矿物，容易风化，所以在土壤中很少见，风化后能释放出镁、铁等养分。

橄榄石为颗粒状，橄榄绿色，玻璃光泽，硬度 6.5 ~ 7，质脆（图 2-11），是超基性岩和基性岩的主要矿物。

图 2-9　辉石　　　　图 2-10　角闪石

一般化学式为 $R_2[SiO_4]$，岛状晶体结构。橄榄石通常是绿色的。晶体呈短柱状，常形成粒状聚集体。富镁者颜色浅，多呈黄色；富铁者颜色深，有玻璃光泽，断口有油脂光泽。莫氏硬度为 6 ~ 7，相对密度随着铁含量的增加而增加，为 3.3 ~ 4.4。

橄榄石是上地幔形成的主要矿物，也是陨石和月球表面岩石的主要矿物成分。作为主要的造岩矿物，它普遍存在于基性和超基性岩浆岩中。无瑕的橄榄石晶体可作宝石。

5. 石英

石英（SiO_2）是一种氧化物矿物，广泛分布于土壤中。在砂和粉砂颗粒中，石英的含量可达 70% ~ 90%。石英是一种极其稳定的矿物，具有很强的抗风化能力（图 2-12）。

石英化学成分中的 SiO_2 含量接近100%，基本不含植物营养养分。在一般土壤中，石英砂颗粒可以增强土壤的透气性和透水性。

大陆地壳中石英的含量仅次于长石，在各类岩石中也很常见。结构简单，无解理，壳状断口，具有典型的玻璃光泽，硬度为7，相对密度2.5～2.8。石英在自由生长时结晶成六面锥体，但在结晶岩中，由于晶体演化的空间限制，它们都具有不规则的形状。石英不易风化。

石英是最重要的造岩矿物之一，广泛分布于火成岩、变质岩和沉积岩中，是花岗岩类岩石、片麻岩、片岩、砂岩和一些砾岩、砂的主要成分。

石英用途广泛，可用于制造石英谐振器、滤光片、光学材料，其中的玛瑙、宝石可作工艺品材料。最纯的普通石英被大量用作玻璃、磨料、硅质耐火材料和陶瓷配料。

图 2-11　橄榄石　　　　　　　　图 2-12　石英

6.磷灰石

磷灰石的主要成分是磷和钙，包括氟磷灰石 $\{[Ca_5(PO_4)_3F]\}$、羟基磷灰石 $\{[Ca_5(PO_4)_3OH]\}$ 和氯磷灰石 $\{[Ca_5(PO_4)_3Cl]\}$ 等。土壤中磷灰石含量极少，但在风化过程中可以逐渐释放出植物营养所必需的磷。

上述造岩矿物可分为两类：第一类是浅色矿物，包括石英、长石、白云母，颜色浅，密度相对较低，铁和镁含量较少；另一类是深色矿物，包括橄榄石、辉石、角闪石和黑云母，颜色较深，密度较大，因富含铁和镁而得名。两者加起来占地壳的80%以上。

此外，其他常见的造岩矿物还有方解石、白云石和各种黏土矿物，它们是一些沉积岩中的主要造岩矿物。

三、岩石组成

矿物在不同地质作用下以一定方式结合形成的集合体称为岩石。岩石是构成地壳和地幔的主要物质。岩石是地质过程的产物，也是地质过程的主体。因此，各种地质构造和地貌研究的主要对象都是岩石。岩石中矿物的晶粒粗细、晶体发育程度、形状和颗粒间的关系等特征称为岩石的结构。岩石中矿物的常见形状、厚度、空间关系和配合方式则称为岩石的构造。结构和构造是识别岩石的重要特征。

岩石按成因分为火成岩、沉积岩和变质岩。变质岩来源于沉积岩和火成岩。根据变质母岩的性质，火成岩占整个地壳岩石成分的95%，而沉积岩仅占5%；然而，沉积岩约占据整个地球表面积的75%，而火成岩仅约占地球表面积的25%。

（一）火成岩

1. 岩浆作用和火成岩的概念

目前，一般认为火成岩有两大类，一类是由岩浆形成的火成岩，另一类是由非岩浆形成的火成岩，如花岗作用岩化形成的花岗岩。火成岩的物质来源是岩浆，所以火成岩也即岩浆岩。岩浆凝结形成的火成岩，在地壳总体积中约占65%。

岩浆位于上地幔和地壳深处，在高温下呈黏性，主要物质是熔融的硅酸盐液体，还含有丰富的挥发成分（高温水蒸气等气态物质）。满足一定条件后，前者冷凝固结形成石质岩石，后者因岩浆运动过程中的压力下降而从岩浆中逸出，形成热水溶液，影响后续凝结过程中的成矿作用。除了硅酸盐岩浆外，也有少量的以氧化物和碳酸盐为主的岩浆。

所谓岩浆作用，是指岩浆从发生、运移、聚集、变化到凝结成岩的全过程。岩浆作用有两种方式：在岩石圈破裂部位，岩浆沿裂隙上升并渗入地壳上部，这称为岩浆侵入活动，这种活动过程中凝结结晶形成的岩石称为侵入岩；岩浆从火山口通过固有的通道喷出地面，这称为火山活动或喷发活动，从火山口喷出的岩浆在地表迅速凝结，形成的岩石称为喷出岩（俗称"火山岩"）。

2. 火成岩类型

如果用氧化物来表示岩浆的化学成分，那么主要有 SiO_2、Al_2O_3、MgO、FeO、Fe_2O_3、CaO、Na_2O、K_2O、H_2O 等，其中 SiO_2 含量最大。岩浆中 SiO_2 的含量影响岩浆的性质，进而影响火成岩的形成。根据岩浆中 SiO_2 的相对含量，将岩浆分为酸性岩浆（>65%）、中性岩浆（52%～65%）、基性岩浆（45%～52%）和超基性岩浆（<45%）。酸性岩浆黏度高，温度低，不易流出；基性岩浆黏度低，温度高，易流动。当然，温度、压力和挥发成分也会影响岩浆的黏度，温度越高，挥发成分越多，压力越低，黏度越低；相反，黏度增加。上述不同成分的岩浆在凝结后分别形成酸性岩、中性岩、基性岩和超基性岩（表2-2）。

（1）酸性岩。SiO_2 含量大于65%，铁、镁含量少，钾、钠含量高，以角长石、石英、云母为主要矿物，典型的岩石有花岗岩、流纹岩等。

（2）中性岩。SiO_2 含量62%～65%。主要成分为角闪石和长石，还有少量石英、辉石、黑云母等，典型的岩石有闪长岩、正长岩、安山岩等。

（3）基性岩。SiO_2 含量45%～52%，主要成分为辉石和斜长石，还存在少量橄榄石和角闪石，典型的岩石如辉长岩和玄武岩。

（4）超基性岩。SiO_2 含量小于45%，铁和镁含量较多，钾和钠含量较少，橄榄石和辉石为主要成分，橄榄岩等为典型岩石。

长石、石英、黑云母、角闪石、辉石、橄榄石是火成岩的主要矿物，占99%，均为硅酸盐矿物。其中，含二氧化硅、钾、钠的铝硅酸盐矿物颜色较浅，称为浅色矿物，又称"硅铝矿物"，如石英、长石等；含铁和镁的硅酸盐，主要矿物颜色较深的称为暗色矿物，又称"铁镁矿物"，如橄榄石、黑云母、角闪石、辉石等。

从酸性岩到超基性岩，铁、镁矿物含量增多，而硅、铝矿物含量减少，岩石颜色逐渐变深，相对密度逐渐升高。

根据赋存特征，火成岩可分为深成岩、浅成岩和喷出岩三类（表 2-2）。

由表 2-2 可以看出，不同类型的火成岩的赋存构造和典型矿物的构造有较大差异。例如，花岗岩是一种深成岩，同时又是一种酸性岩石，其中长石、石英和少量云母等矿物呈透明晶体和其他颗粒，块状结构（图 2-13）。流纹岩的矿物成分与花岗岩相同，但其结构和构造不同。玄武岩是一种喷出型基性岩，其组成矿物（铁镁矿物）是隐晶质，具有杏仁状或气孔构造（图 2-14）。浅色酸性岩相对密度较低，多分布于地势较高的大陆地壳中。例如，花岗岩在我国黄山、华山、衡山、南岭等部分山区广泛分布。颜色较深的基性岩相对密度较高，主要分布在深海地壳中。当然，由于喷出岩是在火山周围形成的，它们在大陆地壳中也很常见，就像玄武岩一样。黑龙江五大连池、山西大同、广东省和海南等地都可以看到分布广泛的玄武岩。

图 2-13 花岗岩

图 2-14 玄武岩

表 2-2 火成岩分类简表

岩类及其 SiO_2 含量			酸性岩 > 65%	中性岩 62% ~ 65%	基性岩 45% ~ 52%	超基性岩 < 45%
主要矿物成分			含石英	很少或不含石英		不含石英
			正长石为主		斜长石为主	无或很少长石
			暗色矿物以黑云母为主，约占 10%	暗色矿物以角闪石为主，占 20% ~ 45%	以辉石为主，约占 50%	橄榄石、辉石含量达 95%
喷出岩	渣块状、气孔状、杏仁状、流纹状	玻璃	火山玻璃：黑曜岩、浮石等			
		隐晶斑状	流纹岩	粗面岩	安山岩 玄武岩	金伯利岩
浅成岩	斑杂状、块状	伟晶结晶	脉岩：伟晶岩、细晶岩、煌斑岩			
		斑状	花岗斑岩	正长斑岩	闪长斑岩 辉绿玢岩	苦橄玢岩
深成岩	块状	显晶等粒	花岗岩	正长岩	闪长岩 辉长岩	橄榄岩、辉岩
岩石颜色			浅色（带红）	中色（带灰）	暗色（带绿黑）	
岩石密度			2.5 ~ 2.7	2.7 ~ 2.8 3.1 ~ 3.5		2.9 ~ 3.1

（二）沉积岩

1. 沉积岩的概念

所谓沉积岩，是指地表大量沉积物经过搬运、沉积、压实、固结等过程最终形成的岩石。

沉积岩的形成过程分为以下几个阶段：岩石被破坏（风化或剥蚀）形成松散的碎片；松散的部分被水或风带到低洼地，沉积在低洼地；经历长期地质演化，在地质作用下沉积物再固结形成岩石。

从沉积物到沉积岩的一般过程如下。在沉淀过程中，泥沙不断地沉淀、凝结、加厚，下部沉积物不断被覆盖和增厚，逐渐与上部水体分离，形成厌氧环境；沉积物中的有机物在厌氧环境下分解产生还原性气体；还原性气体使碳酸基矿物逐渐溶解，形成重碳酸盐；含铁、铬等多价金属元素的氧化物从高价还原为低价；同时下层沉积物中水的矿化度提高，介质由酸性氧化环境变为碱性还原环境。这时，沉积物元素重新组合、形成新的次生矿物，胶体脱水形成固体，碎屑物被压实、胶结，最终固结为岩石。在深埋条件下，因压力、温度的提高以及受深层水的影响，产生压融、交代、重结晶等作用，使晶粒变粗、沉积岩体进一步压固。这种过程皆发生于地球表层，受自然地理环境的影响大。

2. 沉积岩的基本特征

沉积岩是在外部环境影响下形成的次生岩石，它在化学成分、矿物成分及岩石结构和构造上都具有独有的特征。

沉积岩中多含次生矿物和有机物质，化石是沉积岩的典型特征，有明显的层理结构。沉积岩岩层在垂直和水平方向上明显的层理变化，与沉积物当时的沉积环境有关系。

在沉积岩的各种结构中，最常见的是层理构造和层面构造。层理是指岩石的结构、颜色、粒度、成分等理化性质沿垂直于平面的方向有规律地变化，形成层状结构。它表明沉积岩岩层是按一定的顺序和方式层层相叠而成的。简单的形式是由两种相关的岩石交互相叠而形成互层，如石灰岩和页岩，或砂岩和页岩。复杂的形式则由更多的层和重复的岩石层构成，形成层系或层系组。

沉积岩层理分类部分介绍如下。①水平层理，指各岩层之间呈水平排列，主要形成于相对平静的水生环境，如湖泊和海湾。②波状层理，指岩层的细层呈波浪起伏状，但整体层间大致平行。这是在波浪的振荡下或水流推动下沉积物沉积形成的层理。③交错层理，指岩层的层间不平行，岩层的细层相互倾斜，同时相互交错。它是水流所携物质随多变流向而沉积形成的岩层。这种岩石在三角洲等处更为常见。层理构造如图2-15所示。

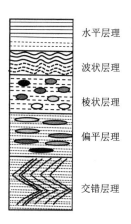

水平层理

波状层理

棱状层理

偏平层理

交错层理

图 2-15 层理构造

　　层面构造是指与岩石成因有关的沉积岩上下层残留的各种痕迹。例如，岩石上表面存在的波浪痕、雨痕、干裂痕，下表面留下的槽模和沟模。

　　沉积岩的结构特征和类型是沉积岩分类和命名的主要依据。沉积岩的主要结构类型包括碎屑结构、泥质结构、化学结构和生物结构。

　　3. 沉积岩的主要类型

　　在三大岩石类型中，沉积岩约占地球表面的 75%，面积最大。沉积岩按其组成、成分和结构可分为以下几类。

　　（1）碎屑岩类。碎屑岩由碎屑物经胶结作用形成。根据成因，分为火山碎屑岩和正常碎屑岩。

　　火山碎屑岩主要组成物质是火山碎屑。按火山碎屑的大小分为火山集块岩、火山角砾岩、凝灰岩等。

　　普通碎屑岩是指母岩通过风化作用形成的碎屑在胶结物胶结作用下形成的岩石。根据结构分为砾岩、角砾岩、砂岩和粉砂岩。

　　（2）黏土岩类。黏土岩是指以黏土矿物和其他细小物质为主要成分的沉积岩，具有泥质结构，其结构介于石灰岩和生化岩之间，分布广泛。较厚的岩石称为泥岩，较薄的岩石称为页岩。页岩按其所含的特殊成分可分为钙质页岩、铁质页岩、碳质页岩、油页岩等。

　　（3）生物化学岩类。生物化学岩是通过化学或生化过程形成的岩石。它们的形成环境多为海相或湖相环境，具有明显的化学结构（显晶或隐晶，鲕状——球形或椭球形颗粒，或豆状等胶凝体）和生物结构（包括生物化石），组成相对单一，种类较多，常见的有单矿岩或矿石。例如，碳酸盐岩、磷灰石、硅质岩、易燃有机岩、铝质岩、铁质岩、锰岩、盐化岩等。最常见的岩石是碳酸盐岩，如石灰岩（主要是碳酸钙）和白云岩（主要是碳酸镁和碳酸钙）。

（三）变质岩

1. 变质作用和变质岩的概念

岩石所处的环境发生变化后，其成分、结构和构造必然会发生变化，而这种环境变化往往源于地球内部作用力。由地球内部作用力引起的岩石性质的变化，我们称为岩石变质作用。岩石变质作用形成的新岩石称为变质岩。

变质岩来源于原岩，因此其岩性继承了原岩的部分性质；同时，由于各种变质作用的影响，它在矿物组成、结构和构造方面具有新的性质。

变质岩分布广泛，最常见于前寒武纪地层，大部分岩层为变质岩。变质岩较多分布在古生代及以后形成的岩层周围，以及岩浆侵入体周围和断裂带附近。金属矿和非金属矿多富含于变质岩中。例如，占世界储量70%的铁矿赋存在前寒武纪变质岩系地层中。

2. 变质作用的因素

导致原岩发生变质作用的主要因素是环境温度和压力条件的变化，以及岩浆活动产生的热气和热溶液引起的环境化学异化。这些因素主要来源于地球板块的构造运动、地幔岩浆的进入和地下的热流，因此，一般认为岩石的变质作用属于地球内力的范畴。

3. 变质作用的类型和常见的变质岩

（1）动力（碎裂）变质作用。在地壳构造运动的影响下，岩层受到定向压力，原始岩石发生一定程度的破碎、变形和再结晶。这种类型的质变经常发生在断层带。根据岩层破裂结构的性质、强度和特征，可形成构造角砾岩、碎裂岩、糜棱岩、千糜岩等（碎裂程度越来越细）。

（2）接触（热力）变质作用。随着岩浆向上侵入地壳裂缝中，炽热的岩浆加热围岩，围岩中的矿物发生重结晶，形成变质结构，发育成新的变质岩。例如，泥岩演变成粉红色的石头，石灰岩演变成大理石，砂岩演变成石英岩。这些变质岩分布在岩浆侵入体与围岩的接触带。

（3）交代（热液）变质作用。在岩浆沿地壳裂隙向上涌动的过程中，在岩浆结晶后期会释放出大量的挥发性气体，产生高温溶液。这些高温气体和溶液会与周围的岩石发生物质交换或化学反应，引起变质作用。例如，矽卡岩就是由碳酸盐岩与中、酸性岩浆接触交代变质产生的。

（4）区域（动力）变质作用。造山运动等区域地壳活动导致的岩石大规模变质作用称为区域（动力）变质作用。岩石广泛出现在古老的结晶基底和造山带中，形成了不同程度的片理结构和各种类型的渐进变质带。常见的岩石类型有以下几种。

板岩：由黏土岩和粉砂岩经过轻度变质作用而成，基本没有重结晶作用。板状构造比原岩更硬、更光滑，易裂成薄板（图2-16）。

千枚岩：变质比板岩更深，完全是微观级重结晶。鳞片状变晶矿物定向排列，在片理表面具有强烈的丝绢光泽，即具有千枚结构（图2-17）。

图 2-16　板岩　　　　　　　　　　图 2-17　千枚岩

片岩：显晶变晶结构，片状构造，主要组成矿物有云母、绿泥石、角闪石等，矿物平行定向排列。矿物颗粒较千枚岩粗，典型片理发育（图 2-18、图 2-19）。

片麻岩：具有片麻岩构造，即在岩石中的粒状浅色变质矿物（主要是石英和长石）中，有间断的暗色柱状、片状变晶矿物（如黑云母、角闪石、辉石等）。有片理，但不能沿片理面分开（图 2-20、图 2-21）。主要矿物有石英、长石、角闪石、云母等。

图 2-18　片岩剖面图　　　　　　　图 2-19　片岩平面图

图 2-20　片麻岩剖面图　　　　　　图 2-21　片麻岩平面图

（5）超变质作用。在深度区域变质作用的基础上，由于地壳下沉或深部热流不断上升，原岩发生局部重熔、交代、注浆等混合岩化作用，形成介于变质岩和岩浆岩之间的各种混合岩。

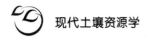

（四）岩石的相互转化

沉积岩、火成岩和变质岩在地质循环过程中都可以相互转化（图2-22）。沉积岩可通过变质作用转变为变质岩，再经过熔融、凝结等过程转变为火成岩；火成岩可以通过变质作用变为变质岩，再经过风化、分解、运移、沉积、固结等过程形成沉积岩；变质岩经过熔融再冷凝后变为火成岩，经过风化、分解、运移、沉积、固结等过程变为沉积岩。

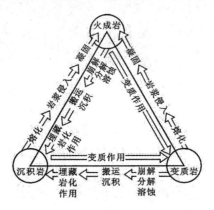

图2-22　岩石互相转化示意图

第二节　岩石圈的结构

固体地球莫霍面以上的表层为 5～70 km 厚的地壳，大陆地壳平均厚度约 37 km，大洋地壳平均厚度仅为 7 km。不同类型地壳厚度差异很大（表2-3），山地和高原的地壳最厚，如我国青藏高原的地壳厚度约 70 km。

表2-3　地壳类型和平均厚度（罗诺夫）

地壳类型	面积 /10^6 km²	平均厚度 /km
大陆型	149	37
次大陆型（过渡型）	64.9	23.7
大洋型	296.1	7
整个地壳	510	20

一、垂直分层

岩石圈包括地壳和上地幔的顶部，地壳被康拉德面分为上下两层。当然，康拉德面主要存在于大陆地壳中，而在大洋地壳中并不明显或不存在。

地壳上层为花岗岩，因其硅、铝含量高，又称为"硅铝层"。这一层的厚度在山区和高原地区可达 40 km，在平原地区为 10 km 左右，而在海洋地区（如太平洋）则较薄，甚至不存在。因此，该层是非连续圈层。这一层是地球外力作用最频繁的区域，物质组分多样，地貌和构造形态都极为复杂。

下层为玄武岩层，虽然其成分仍以 O、Si、Al 为主，但与上层相比则相对较低，而 Mg、Fe、Ca 含量相对较高，故又称此层为"硅镁层"。该层从大陆部分延伸到花岗岩底部，其厚度约 30 km；海洋，地壳部分的平均厚度为 5 ～ 8 km，上部覆盖海洋沉积层。该层是连续的圈层。

二、水平变异

岩石圈的结构、组分和厚度在水平方向上存在差异。例如，大陆岩石圈厚，结构层次多，组分复杂；海洋岩石圈薄，结构层次少，组分较简单。再看地壳。地壳可分为大陆型地壳（简称"陆壳"）和大洋型地壳（简称"洋壳"）。大陆地壳厚度大（30 ～ 70 km）并有上下两层结构，即下层玄武岩层，上层花岗岩层（表层大部分为沉积岩层）。大洋地壳厚度小，只有一层结构，即表面被海相沉积物覆盖的玄武岩层。此外，在大陆地壳和大洋地壳的交界处，还有过渡地壳，即次大陆型地壳，其特征介于上述两类地壳之间。

地壳厚度的差异、垂向结构和物质组分的非均质性构成了地壳的一般特征。这种特征是地壳物质重新分配的基础，是地壳运动使地壳物质重新平衡的重要动因。

第三节　岩石圈运动

地球内力引起地壳甚至岩石圈的变形和位移，称为岩石圈运动或构造运动。而岩石圈的运动不仅决定了地球表面轮廓和水圈的分布，还影响生物圈的分布，同时还影响大气环流，从而影响整个地球的表层环境。

一、岩石圈运动的方向

岩石圈的运动是多向的，但人们通常将构造运动分为水平运动和垂直运动。地壳物质或岩石圈大致沿与地球表面相切的方向（水平方向）的运动称为水平运动。这类运动往往表现为岩石水平挤压和拉张，即水平位移并形成褶皱和断裂，在结构中形成巨大的褶皱山、地堑、裂谷。因此，水平运动也称为造山运动。

岩石圈或地壳物质沿地球半径方向的运动称为垂直运动，也称为"升降运动"。常表现为大范围缓慢上升或下降，形成大小不一的隆起或拗陷，引起海侵和海退，即导致陆地和海洋的变化。吉尔伯特将这种大面积升降运动称为"造陆运动"。

新构造运动，即晚新生代以来的构造运动，杨怀仁先生称为造貌运动。新构造运动形成了当前地球地貌轮廓和格局。

岩石圈的垂直运动许多都是缓慢运动，其升降的速度每年仅几毫米到几厘米。例如，根据大地水准测量，喜马拉雅山北坡地区以每年 3.3 ～ 12.7 mm 的速度上升。但有时它也会产生快速的垂直运动，尤其是在地震时，它会在瞬间沿着断层产生较大的垂直位移。例如，1957 年蒙古的博各多断层在一次活动中的垂直位移为 300 cm。不仅垂直运动如此，水平运动同样有缓慢移动和快速移动两种情况。

将构造运动分为垂直运动和水平运动，并不意味着运动完全发生在水平或垂直方向。事实上，在自然界中，这两种运动往往是相互伴随的。这里的"相伴"一词有两个含义。一方面，在自然界中，构造运动的方向不一定是水平的，也不一定是垂直的。例如，一条断层两侧岩层更多的是倾斜着相对滑动，既有水平位移分量又有垂直位移分量。另一方面，从两类运动的关系来看，水平运动往往会引起垂直运动，而有时垂直运动也伴随着水平位移。比如，水平挤压使岩层发生褶皱，有的地方上升隆起，有的地方下降拗陷；岩层受拉张而断裂，同样也有的地方上升，有的地方下沉。再比如，正断层两侧的岩体主要表现为垂直的错动，但由于断层面不完全垂直，垂向错动时也伴随着一定的水平位移。

二、岩石圈运动的表现

（一）地层厚度、产状与接触关系

地层厚度、产状与接触关系可以在一定程度上反映构造运动的性质和幅度。

地层厚度：一般来说，地层厚度大的表示地面下沉，而地层厚度薄的或缺失的地层厚度表示地面相对稳定或上升。比如，浅海的深度一般只有 200 m，但有的地方有连续的浅海沉积，厚度达几千米或上万米。如果没有地面沉降（构造的下沉），那么这是难以想象的。

地层（岩层）产状：常用倾向、倾角和走向三个要素来刻画地层产状（图 2-23）。地层层面与水平平面之间的交切线称为走向线，走向线两端延伸的方向称为地层走向。事实上，地层走向反映了地层的水平延伸方向。在层面上，沿走向线的垂直方向所画的直线称为倾斜线，倾斜线在水平面上投影的指向称为地层的倾向。倾斜线与其在水平面投影之间的夹角称为倾角。地层的倾斜程度用倾角表征。

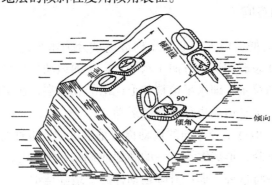

图 2-23　地层产状三要素

地层接触关系（图 2-24）岩石圈的运动（构造运动）较多地体现地层接触关系上。

当地壳相对稳定下降（或虽然上升，但仍在水面以下）时，形成连续的沉积。这种情况下，地层是连续的，并且下面是旧层，上面是新层，这种关系称为整合接触 [图 2-24（a）]。因构造运动，沉积作用经常发生间断，使地层时代上下不连续，这种地层接触关系称为不整合接触。上下相邻两套地层之间的不连续面称为不整合面。不整合可分为平行不整合或称假整合 [图 2-24（b）] 和角度不整合 [图 2-24（c）]。不整合面上下地层相互平行，其间只有一个侵蚀面，这种不整合称为平行不整合或假整合。该平行不整合反映如下信息：沉积表示地壳下降接受沉积；受侵蚀表示地壳隆升；沉积—侵蚀—沉积，则表示地壳下降—上升—再下降。不整合面的上下相邻两套地层成一定角度斜交，则称为角度不整合。角度不整合反映如下信息：沉积表示地壳下降；侵蚀表示地层褶皱隆起；侵蚀下的沉积表示地壳再次下降。

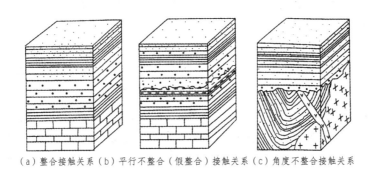

（a）整合接触关系（b）平行不整合（假整合）接触关系（c）角度不整合接触关系

图 2-24　地层接触关系示意图

（二）岩相变化

反映沉积环境的岩石综合特征称为岩相。岩相一般分为海相、陆相及海陆过渡相，在该基础上还可以进一步细分。岩相的变化一定程度能反映沉积环境的变化，而沉积环境的变化可以在一定程度上反映构造运动特征和性质。当沿海地区的陆地下沉时，海水会侵入大陆，并且在地层层序上也会呈现陆相地层向海相地层的过渡。随着沿海地区陆地上升，陆地边缘会出现海水的退缩，在地层层序中也会出现海相地层向陆相地层的过渡特征。在山麓，由于地层上升，地面起伏增加，往往导致山前沉积物粒度变粗；而地面起伏减小，通常会导致山前沉积物粒度趋细。

（三）褶皱

岩层的弯曲现象称为褶皱。在构造运动过程中或在地应力影响下，岩层的原始产状改变，不仅使岩层倾斜，还经常形成各种弯曲。褶皱范围有的大到几十到几百千米，也有的小到足以出现在手标本上。

褶皱结构通常是指一系列弯曲的岩层，其中一个弯曲称为褶曲。但是有时褶皱和褶曲这两个词并没有严格区分，在很多外语中也是同一个词。

褶皱成因：从形成原因看，构造运动形成了褶皱。或者升降运动导致岩层向上隆起和向下拗曲产生褶皱，或者水平运动挤压形成褶皱。在外力地质作用下，如冰川、滑坡、流水等作用，岩层也会发生弯曲变形，但一般不包括在褶皱变动的范围内。

褶曲的形态：褶曲的形状有很多种，但基本形状只有两种，即背斜和向斜。

从外观上看，背斜是岩层的凸曲线，岩层的两翼从中心向外倾斜；向斜是岩层的凹曲线，其中岩层的翼部从两侧向中心倾斜。通过形态来区分在大多数情况下是正确的，但在某些情况下是无法判断的。比如，当褶曲横卧时，或当褶曲的两翼平行而顶部被侵蚀时，或当褶曲呈扇形弯曲而顶部也被剥蚀时，或当褶曲翻卷时，都无法通过形态区分是向斜还是背斜。

从根本上讲，应主要根据褶曲核部与两翼岩层的新旧关系来区分，即褶曲核部为旧岩层，两翼为新岩层，为背斜；相反，褶曲的核部是新岩层，两翼是旧岩层，就是向斜。也就是说，从核部到两翼，岩层越来越新，在两翼上对称出现，是背斜；从核部到两翼，岩层逐渐变老，并在两翼对称分布，是向斜。

褶曲的形态可以由褶曲的要素来表示。褶曲要素是指褶曲的各个组成部分以及决定其几何形状的要素。

褶曲的类型：褶曲的形态分类是褶曲描述和研究的基础，褶曲的要素是褶曲形态分类的依据。根据褶曲的轴向外观以及两翼的特点，分直立褶曲、倾斜褶曲、倒转褶曲、平卧褶曲及翻卷褶曲（图2-25）。这五种褶曲主要反映褶曲变形由弱到强、由简单到复杂的过程以及不同程度的水平挤压，但岩性和构造条件有时也影响褶曲形态。根据转折端的形状和两翼的特点，褶曲又可分为圆弧褶曲、锯齿状褶曲、箱形褶曲、扇形褶曲。从平面看褶皱构造以及相应地貌，主要有短轴褶曲、穹隆构造（等轴褶曲）、长轴（线状）褶曲、构造盆地等类型。

褶皱的应力分析：如图2-26所示，背斜顶部处于拉张状态，在背斜下部核心或者向斜核部却处于压缩状态，故而背斜顶部往往会产生张裂隙发育，而向斜核心部则比较紧密。

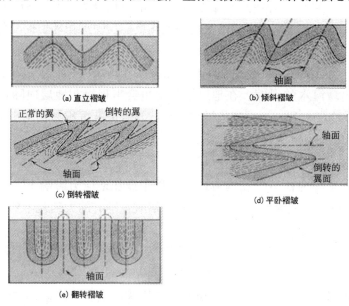

(a) 直立褶皱

(b) 倾斜褶皱

正常的翼　　倒转的翼

轴面

(c) 倒转褶皱

轴面

倒转的翼面

(d) 平卧褶皱

轴面

(e) 翻转褶皱

图2-25　褶曲的类型

（四）断裂

图 2-26 褶皱的应力分析

地壳中的岩石（岩层或岩体），尤其是那些脆性大的、靠近地球表面的岩石，受力时会发生断裂和错动，统称为断裂。通常，根据断裂岩体的相对位移程度，将断裂构造分为节理和断层两类。

节理是指断裂面没有明显位移的断裂构造，外观表现为面状。因岩石受力不同，节理面有的平直光滑，有的弯曲粗糙，有的裂缝张开，有的闭合，深度和大小各不相同。

根据成因，节理分为两种类型：构造节理和非构造节理。前者是由构造作用产生的，与褶曲、断层有一定的成因组合关系。而后者是由外力引起的，如风化和重力引起的裂缝。山丘上常见的裂石及"一线天"等自然景观都与节理构造有关。

岩体沿断裂面有较大位移的断裂构造称为断层。断层规模或大或小，波及深度或深或浅（深可穿透岩石圈或地壳，浅可穿过盖层或仅在表层）；形成的时代有新有旧；断层是一次或多次构造运动的结果，有的稳定，有的活跃；断层的力学性质或剪或张或压，不尽相同。

断层有四要素：断层面、断盘、断层线和断距（位移），如图 2-27 所示。按断层两盘的相对位移特征，断层分为正断层（图 2-28）、逆断层、平推断层和斜滑断层。

在自然界中，常见的断层往往以组合形式出现。从平面上看，断层有平行状、放射状、雁行状、环状排列；从剖面上看，有叠瓦状、阶状、地垒和地堑（图 2-29）等。

断裂构造与地震、岩浆活动、褶皱、变质作用等内力在成因、时间、空间等方面密切相关。断裂的规模大小不一，大的如东非大裂谷和北美西部的圣安德烈斯断层。当不同规模的断裂组合起来呈带状分布时，叫断裂带。一些深而大的断裂带在全球范围延伸，有的深至上地幔。例如，岩石圈各板块之间的部分边界即由各种深大的断裂带构成。

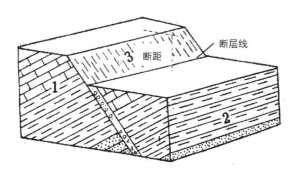

1—下盘；2—上盘；3—断层面。

图 2-27 断层要素示意图

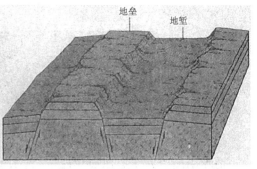

图 2-28 正断层示意 　　　　　　　　　　图 2-29 地垒和地堑

断裂应力分析。岩石或区域的应力场通常可以根据断裂的方向和性质来复盘。所谓应力场，是指岩石受构造运动所产生的力的空间分布。根据实验和模拟结果，应变椭球体可以用来表示岩石或区域的应力场，及表现应力场与断层演化和分布的关系。如图 2-30 所示，AA′为承受最大压应力的变形面；CC′为承受最大张应力的变形面；BB′和 DD′为承受最大剪应力的变形面。以此应变椭球体为出发点，如果岩石或区域自北向南受压，东西向会出现褶皱和逆冲断层，南北向会出现张裂隙或正断层，东北—西南向和西北—东南向会出现剪切断裂或平移断层。相反，如果在特定区域或一块岩石中发现了这样的构造现象，则可以推断出形成这种构造现象的主要压应力为南北向。

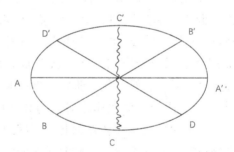

图 2-30 应力椭球体与断裂体系

（五）火山

岩浆从地表喷出称为火山喷发。火山喷发使地球内一部分物质和能量突然间强烈释放。火山喷发物非常复杂，包括气体、液体和固体。气体中除含有大量水蒸气外，还有氢气、氯化氢、一氧化碳、硫化氢、氟化氢、二氧化碳等。喷出的岩浆凝结成熔岩。熔岩的性质和数量也因不同的火山而异。火山固体喷出物形成火山灰、火山豆、火山渣、火山块、火山弹等，大小不一。

火山喷发可以分为裂隙式喷发和中心式喷发。

1. 裂隙式喷发

裂隙式喷发在大洋中脊的裂谷更为常见，这通常会导致海底扩张。它只存在于地球上少数几个地方，如冰岛的拉基火山，1783 年 6 月喷发时，熔岩从 22 个地点涌出，形成长长的裂缝，绵延数十公里。这一活动持续了两年，熔岩流出超过 1.2×10^{10} m³，覆盖了 500 km² 以上的土地。

2. 中心式喷发

中心式喷发可分为：①夏威夷型（宁静型），没有强烈的熔岩物质喷发，只有大量的液态熔岩溢出；②培雷型（爆炸型），爆发期间发生剧烈爆炸；③中间型，爆发状况介于前两者之间。中心式喷发的差异主要与喷发物的性质和含量有关。一般来说，岩浆的酸度和气体含量越高，其爆炸性越高。但是，一座火山的喷发强度在不同时期会发生变化。

世界上大约有 2 000 座休眠火山和 516 座活火山。火山分布具有一定的规律性，一般呈带状分布，主要火山带有以下几个。

（1）环太平洋火山带。目前太平洋火山带分布着 319 座活火山，约占世界活火山总数的 62%。其中，西部带（阿拉斯加—阿留申群岛—堪察加半岛—千岛群岛—日本群岛—台湾岛—菲律宾群岛—印度尼西亚诸岛—新西兰诸岛）占 45%，形成西太平洋的火山岛弧，东部带（安第斯山脉—科迪勒拉山脉—阿拉斯加）占 17%。这两带形成了所谓的环太平洋火山带。在环绕太平洋的火山链或火山岛弧的海洋一侧，称为安山岩线。在该线大陆一侧，主要喷发中酸性岩浆（流纹岩、安山岩）；在海洋一侧，主要喷发基性岩浆（玄武岩）。

（2）阿尔卑斯—喜马拉雅火山带。又称"地中海火山带"，横穿欧亚大陆南部（伊比利亚半岛—意大利—希腊—土耳其—伊朗—喜马拉雅山—孟加拉湾），该地带有活火山 94 座，约占世界活火山总数的 18%。

（3）大西洋海岭火山带。从北部的冰岛，经过亚速尔群岛和佛得角群岛到圣保罗岛，共有 42 座活火山，另外 9 座分布在小安的列斯群岛弧上。大西洋的活火山约占世界活火山总数的 10%。

此外，在太平洋、南极洲、印度洋和东非大裂谷还散布着一些活火山，约占 10%。其中，东非大裂谷有 7 座活火山，称为东非火山带。例如，东非著名的乞力马扎罗山（5 895 米）就在这一火山带上。

我国火山多为休眠火山或死火山，活火山较少，据不完全统计，约有 900 座火山锥。由于我国东部（黑龙江—吉林—内蒙古—河北—山西—山东—江苏—安徽—广东雷州半岛—海南岛一带）属太平洋西带范畴，分布有许多火山。

此外，云南腾冲、新疆南部昆仑山也有火山，它们属阿尔卑斯 - 喜马拉雅火山带。

（六）地震

1. 地震的概念

地震是指自然作用引起的震动，通常由地球内部的变动引起，主要是岩石圈能量积累和释放的一种形式，也是自然界中经常发生的一种地质作用。地震几乎每天都在发生，每年发生的地震数以百万计。但大多数是人们无法察觉的无感地震，人们感觉到的地震有几万次，其中全球每年可造成严重灾害的大地震有 10 ～ 20 次。

地下发生地震的地方称为震源，震源垂向投在地面的投影称为震中，震中到震源的距离称为震源深度。

根据震源深度，地震可分为深源（>300 km）、中源（70～300 km）和浅源（<70 km）地震。大部分地震为浅源地震，约占地震总数的72.5%，释放的能量占地震总释放能量的85%；破坏性最强的地震震源深度为10～20 km，不超过100 km。中源地震发生少，占比23.5%，输出能量占比约12%。深源地震仅占4%，释放的能量占比3%左右。一些中源、深源地震虽然规模较大，但不会造成太大的破坏。

观测点（如地震台）到震中的距离称为震中距。一般来说，震中距小于100 km的地震称为地方震，在100～1 000 km的称为近震，大于1 000 km的称为远震。一般来说，离震中越远，危害程度越低。

为了降低地震造成的损失，许多国家在这方面进行了积极的研究，以寻找应对之策。例如，注意加强各项抗震措施，减少地震破坏，加强监测，提高地震预报水平，普及地震知识和预防。总之，随着世界人口的增长和居住面积的扩大，地震的影响也可能加大，需要引起更多的重视。

2. 地震带

震中集中分布的区域称为地震带。地震带通常与高度活跃的构造活动带一致。世界上大致可分为以下几个地震带。

（1）环太平洋地震带。全球几乎所有的深源地震、90%的中源地震和约80%的浅源地震都发生在这一地带。释放的能量约占全球地震总释放能量的80%，而面积仅占全球地震带总面积的一半。

该地震带与环太平洋火山带重合，与新构造运动有关。

（2）地中海—喜马拉雅地震带。这是一条横穿欧亚大陆南部，含北非的东西向地震带，全长约15 000 km，各地宽度不同，大陆部分往往有较大的宽度，并有分支现象。太平洋地震带以外其余的浅源地震和中源地震均发生在该地带，其释放的能量占全球地震总释放能量的15%。

该地震带与阿尔卑斯—喜马拉雅火山带重合。

（3）大洋中脊（海岭）地震带分三条地震带。

一是大西洋中脊地震带。沿斯匹次卑尔根岛、冰岛、亚速尔群岛、圣保罗岩、南桑威奇群岛，向大西洋中脊延伸，东与印度洋南部分叉的中脊地震带西支相连。

二是印度洋中脊地震带。起于亚丁湾，沿阿拉伯—印度洋脊，向南延伸至中印度洋中脊。北接地中海的地中海—喜马拉雅山地震带。南至南印度洋，分为两支：东支向东南穿过澳大利亚南部，与新西兰与环太平洋地震带相连；西支向西南绕过非洲南部与大西洋中脊地震带相接。

三是东太平洋中隆地震带：从中美洲加拉帕戈斯群岛向南至复活节岛，分东西二支。东支向东南与环太平洋地震带相连；西支向西南在新西兰以南与环太平洋地震带和印度洋中脊地震带相连。

以上三条地震带多发生浅源地震。

（4）大陆裂谷地震带。它们分布在区域性断裂带和地堑构造带，如东非大断裂带、红海地堑、亚丁湾、死海、贝加尔湖等。该地震带主要发生浅源地震。

3. 中国地震区

我国地处地中海—喜马拉雅山地震带和环太平洋地震带两大地震带之间，是地震多发国家。根据中科院地球物理所的研究，我国主要存在以下七个地震带。

华北地震带（含东北南部），含郯城—庐江断裂带（自安徽庐江经山东郯城、经渤海至辽东半岛和沈阳）、燕山带、河北平原带（太行山东麓）、山西带（主要沿汾河地堑）、渭河平原带（主要沿渭河地堑）。

东南沿海地震带，含东南沿海地震带（福建、广东潮汕）、中国台湾地区西部带、中国台湾地区东部带。

中部南北地震带，沿贺兰山—六盘山—横断山构造带分布，包含银川带、六盘山带、天水—兰州带、康定—甘孜带、武都—马连带、安宁河谷带、滇东带、滇西带、腾冲—澜沧带。

藏南地震带，含西藏察隅带、冈底斯带、喜马拉雅带。

西北地区盆地边缘地震带，含塔里木盆地南缘（昆仑山—阿尔金山）带、北缘（南天山）带、准噶尔盆地南部边缘（北天山）带，北部边缘（阿尔泰山）带。

东部东北深震带，主要分布在吉林和黑龙江东部。

河西走廊地震带，分布于阿拉善高原和青藏高原之间。

三、板块构造学说与岩石圈运动机制

板块构造学说被认为是当今构造学中最重要的理论。根据板块构造学说，岩石圈不是一个完整的部分。它被地缝合线、大陆裂谷、大洋中脊、转换断层、海沟等活动带划分为许多大小块体，这些块体被称为板块。相对于下伏的软流圈来说，板块相对刚性，并且漂浮在软流圈上。板块内部稳定，而板块边缘则是构造运动、岩浆活动、地震活动、深成作用、沉积作用、变质作用较强的相对活跃的活动带，也是非常有利的成矿地带。

岩石圈板块围绕一个旋转轴运动，以水平运动为主，可引起数千千米的大范围水平位移，大陆漂移是板块运动的一种表现。在运动过程中，板块或拉伸裂开，或挤压碰撞，或平移错动。这些运动方式和随之形成的活动带控制了全球岩石圈的运动和演化格局。

（一）板块的划分

岩石圈可划分为七个大板块和六个小板块，七大板块包括太平洋板块、印度—澳大利亚板块（印度板块）、欧亚板块、非洲板块、北美板块、南美板块和南极板块；六个小板块包括纳兹卡板块、阿拉伯板块、伊朗板块、可可板块、菲律宾板块、加勒比板块。

（二）板块的边界

板块边界分为三种类型。

（1）拉张型边界，又称"离散型边界"，典型代表是大洋中脊。它是岩石圈板块的生长场所和海底扩张的中心地带。主要特征如下：岩石圈破裂，岩浆流出形成新的洋壳，伴有高热流和浅源地震。大陆裂谷也是一种拉张型边界。

（2）挤压型边界，又叫"汇集型边界"。典型代表是海沟—岛弧，它是板块相向移动、挤压、俯冲、消减的地带。

（3）转换断层型边界，又叫"平错型边界"或者"剪切型边界"。在该边界两边没有板块的新生和消失，只是发生了板块的平移和错断。这种边界的特点是转换断层。转换断层看似与平移断层相似，但与平移断层有明显区别：一是平移断层两侧的运动方向相反，而转换断层两侧可以相同也可以相反；二是随着断层的持续，平移断层两侧错断地层的距离不断增加，而被转换断层错断了的洋中脊之间的距离一般不会增加；三是地震在整个平移断层线都有发生，而转换断层线的地震只局限于洋中脊。

（三）板块运动与海洋演化、大陆漂移

从板块构造的角度，威尔逊将板块运动分为六个阶段，其实这也是大洋发育的六个阶段，人称"威尔逊旋回"（图2-31）。

胚胎期：地幔活化导致大陆地壳（岩石圈）破裂，形成大陆裂谷。典型例子是东非大裂谷［图2-31（a）］。

幼年期：地幔物质上涌溢出，岩石圈进一步破裂并且洋中脊和狭窄的洋壳盆地开始出现。典型例子是红海和亚丁湾［图2-31（b）］。

成年期：洋中脊进一步延伸，扩张作用增强，洋盆扩大，两侧大陆分离，出现成熟的大洋盆地。洋盆两侧没有俯冲作用，与相邻大陆之间没有火山弧和海沟，称为被动大陆边缘［图2-31（c）］。典型代表是大西洋。

衰退期：随着海底的扩张，洋盆一侧或两侧逐渐出现海沟，开始发生俯冲消减作用，出现主动大陆边缘，随之洋盆面积开始缩小，洋盆两侧的大陆开始靠近［图2-31（d）］。典型代表是太平洋。

残余期：俯冲消减作用继续推进，两侧的大陆相互靠近，中间只剩下狭窄的海盆［图2-31（e）］。典型体表为地中海。

消亡期：最终两侧大陆发生碰撞，海域消失，陆块接触部隆起形成高大山系［图2-31（f）］。典型代表是横贯欧亚大陆的阿尔卑斯—喜马拉雅山脉，它位于欧亚板块和印度板块碰撞接触线上，是典型的地缝合线。

目前世界主要板块接触关系如图2-32所示。

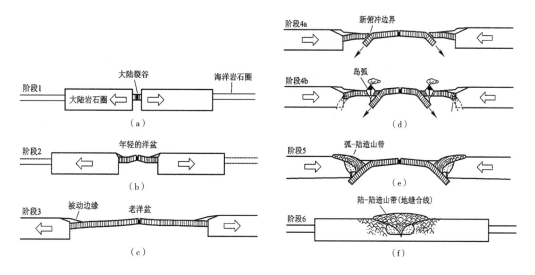

图 2-31 威尔逊旋回

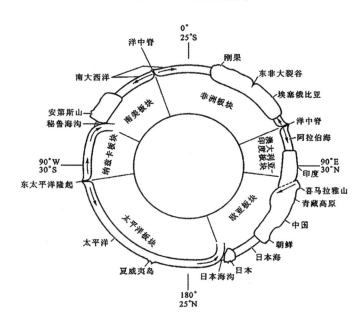

图 2-32 世界主要板块接触关系示意图

（四）板块运动的动力

板块构造学说认为地幔对流驱动了板块运动。由于地幔受热不均，在受热强、温度较高的地方，地幔物质上涌，而上涌物质被岩石圈阻挡，于是转而向岩石圈底下两侧运动，到温度较低的地方下沉，由此形成了完整的地幔对流旋回。对流上升的地方，引起板块分离，形成新的洋壳；对流下沉的地方，引起板块俯冲和板块消失（图 2-33）。还有人提出了一个双层地幔对流模型（图 2-34）。

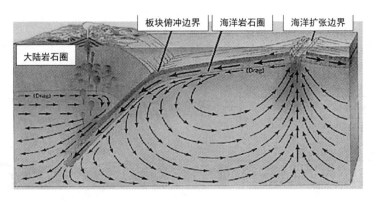

图 2-33　地幔对流与板块运动

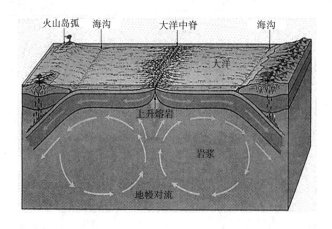

图 2-34　双层地幔对流模型

也有人认为板块的运动与热地幔柱和冷地幔柱有关，在有热地幔柱的地方，岩浆上升形成裂谷和洋中脊，板块分离；有冷地幔柱的地方，岩浆下沉，板块聚集。丸山茂德认为，地球现在受到亚洲大陆下方的超级冷地幔柱与南太平洋和南部非洲下方的超级热地幔柱的约束。

地质力学则认为，岩石圈运动的驱动力来自地球自转速度的变化。地球自转速度发生变化，将产生东西向转动惯性力和南北向地转离心力的水平分力，形成东西向和南北向的挤压、拉张、错动作用，形成纬向构造、经向构造以及与此相关的其他构造。

也有人认为，自转的地球本身具有的机械能流是岩石圈运动的驱动力（陆正亚等，1986）。

（五）板块构造理论对地震和火山分布规律的解释

上面解释了全球地震和火山的分布规律。那么为什么会有这样的分布规律？学了板块构造理论后，就明白了。无论是地震还是火山，都集中在板块边缘，因为在板块边缘构造活动最强烈。环太平洋火山地震带是太平洋板块与其周围板块之间的俯冲带。阿尔卑斯—喜马拉雅火山地震带是一条巨大的地缝合线，是欧亚板块、印度板块、非洲板块的碰撞汇聚带。大洋中脊火山地震带是扩张型板块的边缘带。大陆裂谷火山地震带也属于扩张型板块边缘带类型。

第四节 岩石圈运动特性

岩石圈的运动具有一定的规律性。

一、反对称性

岩石圈的反对称性，指它在空间位置和外在形态上对称，而在构造及运动特征上相反。除了南半球、北半球、东半球和西半球外，还有 0° 半球和 180° 半球。其实，0° 半球和 180° 半球是分别以大西洋和太平洋为轴心的两个半球。

（1）环太平洋构造带代表一个压缩型的板块边缘区域，分布在 180° 半球；而 0° 半球分布着一系列纵向谷，代表扩张型的半球，与 180° 半球相反。

（2）世界 3/4 的海洋集中在南半球，那里的热流值比较高，是一个扩张型半球；而世界上 3/4 的大陆、活跃的造山带和地震活动都集中在北半球，为压缩型半球。

（3）西太平洋沿岸板块多以较陡的倾角向下俯冲，形成典型岛弧和弧后盆地；而东太平洋沿岸的板块以很小的角度俯冲，没有形成弧后盆地。

（4）根据对海底磁条等时线宽度的研究，太平洋、大西洋两侧的海床扩张速度不同，西侧的扩张速度大于东侧。这是运动速度的反对称性。

二、非平稳性

岩石圈的运动强度在时间轴上的表现是非平稳的，变动的空间格局也随着时间而变化。据研究，在地质演化史上，构造运动的平静期和剧烈活动期交替出现，以此为依据划分了造山幕、造山期、造山旋回等。地震活动的分幕性，也反映了构造运动的非平稳性。例如，据我国地震历史资料可大体划分出 10 ～ 20 年量级的地震活跃幕、200 ～ 300 年量级的地震活跃期和 1 000 ～ 2 000 年量级的强弱起伏的地震活跃期。

三、岩石圈漂移的定向性

研究表明，如果以热点为不动参考系，北半球岩石圈整体向西漂移。南半球情况较为复杂，印度洋、太平洋和非洲以向北运动为主。虽然大西洋洋脊、太平洋洋脊两侧的岩石圈做分离运动，然而西侧的移动速度明显快于东侧，因此总体上岩石圈仍在向西漂移。

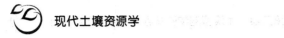

 **思考题**

1. 怎么理解地壳元素组成与地球元素组成的差异？它们存在差异的根本原因是什么？
2. 怎么理解不同区域矿物种类之间的差异？
3. 为什么不同地区存在岩石种类的差别？是由什么原因造成的？
4. 板块学说是怎么描述地球岩石圈运动的？岩石圈运动对岩石的分布有何意义？

 实习或实验

去野外或地质博物馆认识岩石、矿物、断裂和褶皱。

第三章 土壤圈的物质基础——大气圈、水圈与生物圈

本章介绍地球表层系统主要子系统——大气圈、水圈、生物圈的结构组成及其运动，为第四章关于地球表层系统各圈层间相互作用形成土壤圈的论述预设知识基础。

第一节 大气圈的结构及运动

大气圈是环护地球表层的气体圈层，能够吸收于生物有害的宇宙射线、焚毁进入大气层中的陨石碎体，保障地球表层生物圈的安全；位于大气圈底层的对流层产生的大气运动，带动了地球表层的物质和能量循环；对流层中合理的气体组成也直接影响地球表层生物圈的演化。大气圈的物质组成是它与岩石圈相互作用进行物质交换的基础，而大气圈的运动则是它与岩石圈相互作用的动力来源。

一、大气圈的组成

大气是不同气体、固体颗粒和液滴的混合物。除固体杂质和水汽外的混合气体称为干洁空气，主要由氮气、氧气和稀有气体组成，主要成分为氮气、氧气和氩气。氮气和氧气占大气总体积的 99% 以上，加上氩气占 99.96%，而其他气体的含量仅为 0.04%（表 3-1）。微量成分又称"次要成分"，浓度在 10^{-3} mol/L 和 1% 之间，主要有二氧化碳、水蒸气、甲烷、一氧化二氮、二氧化硫、一氧化碳、氢气、氨气、惰性气体（氦气、氖气、氙气）等。痕量成分，浓度在 10^{-3} mol/L 以下，主要是硫化氢、非甲烷碳氢化合物、臭氧、氮氧化物、过氧化氢等。

表 3-1 大气气体的主要成分及含量

主要气体成分	空气中的体积分数 /%	平均滞留期	相对分子质量
氮（N_2）	78.08	10^6 a	28.02
氧（O_2）	20.95	10^4 a	32.00
氩（Ar）	0.93	10^9 a	39.94

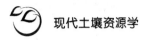

续表

主要气体成分	空气中的体积分数 /%	平均滞留期	相对分子质量
二氧化碳（CO_2）	0.035（可变）	15 a	44.00
臭氧（O_3）	0.000 007（可变）	—	48.00
甲烷（CH_4）	0.000 14	7 a	16.04
水汽（H_2O）	可变	10 d	18

大气中的氮气是生物圈中生命的蛋白质成分中氮的最初来源，而氧气是生物圈中的生命进行呼吸作用而消耗的气态物质，也是植物光合作用的产物。通过生物圈中的生命运动，氮、氧元素进入生物圈、水圈和土壤圈。

尽管大气中的二氧化碳含量很少，但它可以吸热使大气变暖（称为温室气体），同时也是植物光合作用的碳源。

臭氧主要位于平流层，可以吸收紫外线并提高平流层的温度，同时保护地表生物免受紫外线的伤害。

甲烷是一种还原性有机气体。它曾经是原始大气的主要组成部分，但随着生物圈的形成和植物光合通量的扩大，大气中的甲烷被大量氧化，含量逐渐减少，成为痕量气体。今天大气中的甲烷主要来自生物圈中的厌氧环境，也是主要的温室气体，其温室效应是二氧化碳的四倍。

水汽主要存在于大气圈对流层的底层，在夏季和低纬地区多，在冬季、高纬地区少。干燥寒冷的北极空气中水汽含量接近于零，而在潮湿的热带地区空气中水汽含量可达 4%～5%。大气水汽在改变天气和气候的过程中起着重要作用，它在水汽、冰晶和水滴三相变化过程中吸热放热，表现出不同的天气特征。它也通过水循环将大气圈、水圈、生物圈、土壤圈和岩石圈紧密相连。因此，大气水汽在大气物质、能量传输以及天气和气候的形成等方面起着非常重要的作用。

二、大气圈的结构

世界气象组织（WMO）根据从地面到高空的温度垂直分布，将整个大气分为对流层、平流层、中间层、暖层、散逸层（图 3-1）

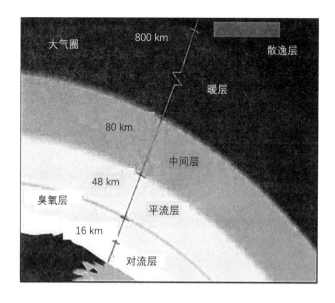

图 3-1 大气圈分层示意图

（一）对流层

对流层是大气圈的最底层，底界地表，上界距地表 16 km。它受地表的影响最大，同时对地球表面的影响也最直接，云、雨、雪等天气现象都发生在对流层。

对流层受地面的影响有两个方面。一是从地面获取物质，改变对流层的组成，典型物质包括从地面释放的污染物和气溶胶。二是从地表获取热量，影响对流层的水平和垂直气温分布。太阳辐射到达地球后，地面会产生长波辐射，长波辐射给对流层大气加热增温，因此地表温度越高，空气吸收的长波辐射越多，气温也就越高。因此，随着海拔高度增加，地表传播的长波辐射降低，空气受热减少，气温随之降低。同时，由于大气受热不均匀，在地表温度高的地区，大气以垂直上升运动为主；在地表温度低的地区，大气以下沉运动为主。以上过程就是大气的对流运动，它往往使天气发生变化（图 3-2）。

对流层大气对地球表面的自然环境和人类活动也有着深远的影响。对流层大气的垂直或水平运动可以在全球范围内重新分配地球不同区域的热量和水分，并直接影响地球形态（如风成地貌和流水地貌）的形成、植被生长、江河径流、土壤形成等。此外，对流层空气质量也直接影响人类和其他生物的生命活动。

对流层具有以下特点。

（1）一是气温随海拔升高而降低，平均气温直减率（气温垂直梯度）为 0.65℃每百米。

（2）二是强对流运动。由于地球上受热不均，对流作用强度随季节和纬度的不同而变化。

（3）三是天气现象复杂多变。几乎所有的水汽、云、雨、雷、电等现象都发生在这一层。

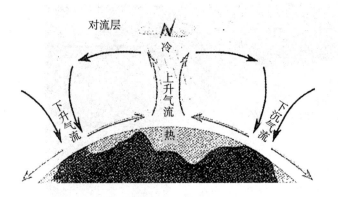

图 3-2　对流层大气运动示意图

（二）平流层

平流层位于对流层顶部以上 50 ～ 55 km 的高度。平流层的温度不受地球的影响。随着海拔的升高，气温初时不变或略有升高，海拔超过 30 km 后，由于臭氧层的存在和强烈的太阳辐射，气温随海拔的升高而快速上升，至 55 km 高度处气温可达 –3℃。平流层气流稳定，运动以水平方向为主。垂直运动弱，水汽含量低，几乎没有天气现象。稳定的气流和绝佳的透明度使其非常适合空中飞行。高层大气几乎不受地表影响，但高层大气活动对地表却有影响。

（三）中间层

平流层顶部以上 80 ～ 85 km 区间为中间层。在中间层，随着高度的增加气温下降得很快，并且有强烈的垂直运动，所以也称为"高空对流层"。顶部温度可降至 –113 ～ –83℃。

（四）暖层

从中间层顶部到海拔 800 km 处为暖层，又称"热层"。该层中的大气物质（主要是氧原子）能吸收波长小于 0.175 μm 的太阳紫外线辐射，因此温度随海拔升高而迅速升高。暖层的大气密度小，处于高度电离状态，因此这一层也称为"电离层"。电离层可以反射无线电波，这对于长距离无线电通信尤为重要。

（五）散逸层

暖层到外层空间为散逸层，也称为"外层"。这层大气稀薄，因离地球远，受重力影响小，运动速度快，大气粒子易逃逸到星际空间，故称为散逸层。这一层的温度随着高度增加变化小。

三、水平分异与季节变化

大气圈的结构也随着地点和季节而变化。以对流层为例，对流层的厚度在不同的地方是不同的，尤其是会随着纬度而变化。在赤道低纬度地区，对流层的厚度平均为 17 ～ 18 km。在中纬度或高纬度地区，厚度分别为 10 ～ 12 km，或 8 ～ 9 km。此外，夏季对流层的厚度大于冬季。夏季大陆对流层比海洋厚，冬季则相反。原因是对流层的厚度主要受对流强度控制，地表温度通常控制对流强度，因此一般地表温度越高，对流强度越大，对流层越厚。

四、大气运动

大气每时每刻都在运动着。从运动规模看，有全球规模的全球大气运动，也有局部地区规模的局地大气运动。这些不同规模的大气运动统称为大气环流。大气气压的时空分布差异和变化是大气运动的直接原因，这具体可归结为大气的水平气压梯度力的形成和变化。大气运动具有传输地球表层物质、能量的功能。

（一）水平气压梯度力

地球受热不均导致气压空间分布不均，气压分布不均的程度常用气压梯度力表示。气压是指在单位面积上承受的大气柱的重量，常用的气压单位是百帕（hPa）。气压梯度力方向垂直于等压面，从高压到低压，其大小等于两个等压面之间的压力差（图3-3）。

在气压梯度存在的空间，空气会受到一种力的作用，力的方向是气压梯度降低的方向，这种力就是气压梯度力。它驱动空气从静态转变为动态。空气的水平方向的运动称为风。风向是指空气来源的方向。

风的日变化是有规律的。在近地面层中，风速白天增大，下午达到最大，夜间降低，早晨降到最小。摩擦层的上层则相反，白天风速低，夜间风速高，因为摩擦层中上层风速通常大于下层风速。白天，地面上的热空气逐渐变得不稳定，有湍流发展，上下层之间的空气动量交换增加，上层高风速空气下沉，底层风速增加。同理，下层风速较低的空气进入上层，降低上层风速。午后湍流发展旺盛，下层风速增至最大值，上层风速减小到最小值，此时上下风速之差最小。夜间湍流减弱，下层风速减小，上层风速增加。上层与下层的分界线从50～100 m不等，但随季节而变化。夏季湍流最强，达300 m，冬季湍流最弱，仅20 m。

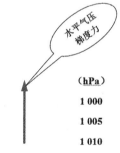

图3-3　气压梯度力示意图

风的日常变化，晴天大于阴天，夏天大于冬天，陆地大于海洋。当强大的天气系统经过时，风的日变化规律可能被干扰。

（二）地转偏向力

由于地球的自转，在地球表面运动的物体会偏离运动方向。北半球的运动物体向右偏转，南半球的运动物体向左偏转（图3-4）。这种使在地球表面运动的物体发生偏转的力称为地转偏向力，也称为"科里奥利力"。地转偏向力可以改变风向。

地转偏转力具有以下特点：该力只改变物体的运动方向，不改变物体的速度；该力的作用方向总是垂直于物体的运动方向；该力的大小与物体的运动线速度成正比；该力的大小与纬度的正弦值成正比，在赤道为零，向两极逐渐增加。

（三）大气的辐合与辐散

在气压梯度力的影响下，大气从高压区移动到低压区。在高压中心附近，大气流向周围，称之为大气辐散；在低压中心附近，大气从周围高压区向中心汇聚，称之为大气辐合。如果没有地转偏转力，大气辐合与辐散如图 3-5（a）所示；但在地转偏向力的影响下，大气中的辐合和辐散变成气旋和反气旋。所谓气旋是指大气向内呈螺旋状旋转，反之，大气呈螺旋状向外旋转称为反气旋。由于地转偏向力的方向在北半球和南半球是相反的，气旋和反气旋的方向在北半球和南半球也相反 [图 3-5（b）和图 3-5（c）]。

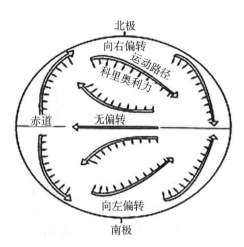

图 3-4　地转偏向力示意图

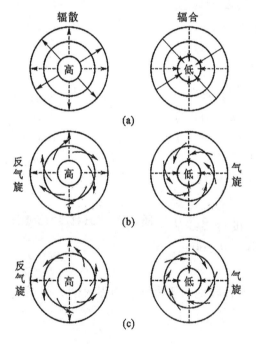

图 3-5　辐散、辐合、气旋、反气旋

（四）大气环流

在太阳辐射、地球自转、地面性质、地面摩擦力的共同作用下，大气圈内的空气会形成不同尺度规模的三维运动，统称为大气环流。大气环流是影响全球天气和气候的主要因素。太阳辐射是大气环流的原动力。由于各种作用于空气的力大小不一，形成了不同尺度的循环：有因全球性大气温压差形成的行星风系、因海陆迥然不同形成的季风环流等大型环流；也有局域地形、水陆差别引起的小型环流，如山谷风、海陆风等地方性风系。

1. 行星风系

太阳系中的任何行星只要被大气圈包围，都有环流现象发生，而行星上发生的环行星大气环流带的总称即为行星风系。在地球上，行星风系是不考虑地表海陆及地形影响的大气低层盛行风带的总称。

在太阳辐射的直接加热下，从赤道到地球两极间形成了温度梯度。结果，赤道地区的大气持续升温、膨胀、上升，而极地地区的大气因持续降温而收缩、下沉。为了维持静力平衡，上层大气必然会形成从赤道到两极的气压梯度，使气流从赤道流向两极；而底层大气存在由极地指向赤道的气压梯度，使气流从两极流向赤道。如果地球不自转并且地表特征无差别，赤道和两极之间就会形成单一的闭合热力环流圈。

然而，地球在不停地自转，一旦空气开始运动，地球自转偏向力就会对它产生作用。当空气从赤道顶部流向两极时，最初受地转偏向力的影响相对较小，主要沿子午线顺着压力梯度力方向运动。随着纬度地增加，地球自转偏向力逐渐增大，气流逐渐具有西风分量。而当纬度为 20°～30° 时，气流方向与纬度大致平行，不再向两极运动。但是，上空不停地有空气进入，使该区域空气堆积从而下沉，地面空气密度增大，形成一个动力高压带，因地处副热带，故称为副热带高压带。在副热带高压带和极地高压带之间是一个相对低压带，称为副极地低压带。这样，在地球近地气层就形成了赤道低压带、副热带高压带、副极地低压带和极地高压带（图 3-6）。当气流从副热带高压带向赤道低压带移动时，由于地转偏向力的作用，北半球的气流向右偏转形成东北风，南半球气流向左偏转形成东南风。因为风向稳定，也分别被称为东北信风和东南信风。当气流从副热带高压带向副极地低压带运动时，在地转偏向力的作用下，在中纬度地区形成西风，称为盛行西风。空气从极地高压带向副极地低压带流动时，在地转偏向力的作用下形成东风，称为极地东风。这样就形成了六个风带：北半球和南半球信风带、北半球和南半球盛行西风带、北半球和南半球的极地东风带。赤道和副热带高压带之间占主导地位的经向环流称为哈得莱环流。

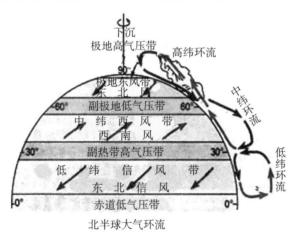

北半球大气环流

图 3-6　气压带示意图

气压带、风带随季节在南北之间发生明显移动，这对地球气候和地表景观的形成起着重要作用。在单一气压带和风带的控制下，往往形成单一的气候和景观，而在不同气压带交替影响的地区，往往形成一年干湿季变化明显的气候景观。例如，北非、阿拉伯半岛、澳大利亚中西部的热带沙漠气候主要受副热带高压带控制，呈现热带沙漠景观；而我国北纬 30° 的长江流域在 7～8 月则受副热带高压气团控制，表现为高温少雨的三伏天，而其他月份则主要受季风影响，表现为季风气候。

2. 季风

大范围地区盛行风随季节有规律变化的现象称为季风。季风的形成与很多因素有关，其中主要是海陆热力性质的差异，其次是行星风系的季节性移动。

地球表面陆地和海洋的分布不均引起陆地和海洋气压场的季节性变化，这以全球著名的季风气候区东亚大陆最为典型。夏季，欧亚大陆受热强烈，在近地空间形成热低压，而邻近的北太平洋副热带高压气团热力大增，同时向陆地扩展，气流自海洋涌入陆地，形成夏季风；冬季，欧亚大陆迅速降温，近地空间形成冷高压，而邻近的北太平洋副热带高压气团逐渐消退，低压扩展，气流自大陆向海洋方向运动，形成冬季风。

南亚季风主要是由行星风系的季节性运动引起的。夏季，赤道低压带在赤道和北纬10°之间移动，南半球东南信风越赤道转为西南季风（图3-7）；而在冬季，赤道低压带向南半球移动，北半球低纬度地区盛行东北信风（图3-8）。西南季风比东亚季风稳定，每年1～10月盛行于印度半岛、中南半岛、云南等地区。

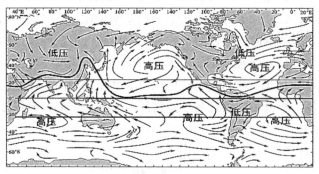

图 3-7　南半球夏季近地面大气环流状况

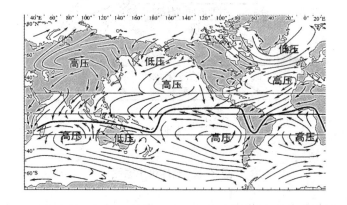

图 3-8　北半球冬季（1月）近地面大气环流状况

3. 局地环流

行星风系和季风是由各种气压场控制的大气环流。由于受局部环境的影响，如地球受热不均、地形起伏和人类活动等，发生的小范围的气流运动称为局地环流，如海陆风、山谷风、高原季风等局域风系。局地环流虽然可以大范围改变航空运输的大方向，但对小区域气候的影响微乎其微。

（1）海陆风。海陆风是指发生在沿海地区的周期性风系，白天吹海风，晚上吹陆风，以一天为周期。白天，陆地表面的温度上升得比海面快，地表空气上升，形成低压区，近地表空气从海洋流向陆地，形成海风；夜间则相反，陆地表面温度低于海面，气流流向海洋，形成陆风（图3-9）。海陆风对当地的天气和气候有显著影响：白天，海风将海洋水汽输送到大陆沿岸，晚上则相反，使沿海地区多雾、多低云、降水量增多，同时也调节沿海地区气温，使夏天不热，冬天不冷。此外，由于海陆风昼夜不停，空气污染物没有滞留，空气质量得到改善。

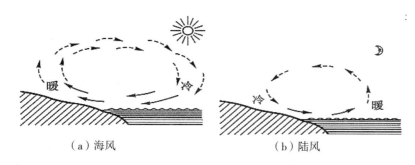

（a）海风　　　　　　　　　　　　（b）陆风

图3-9　海陆风示意图

（2）山谷风。山区的一种周期性风系，白天风从山谷吹向山坡，晚上从山坡吹向山谷，统称为山谷风。山坡土壤含水量低、热容量小，而山谷土壤含水量高、热容量大。白天，山坡比山谷升温更快，坡面空气上升形成低压区，来自较高气压区山谷的气流以向山坡一侧流动，形成谷风；而到了晚上，山坡面降温比山谷里更快，形成冷高气压区，气流由气压较高的山坡流向山谷，形成山风（图3-10）。

（a）谷风　　　　　　　　　　　　（b）山风

图3-10　谷风和山风的形成

（3）高原季风。高原与高原周围自由大气之间存在热力差异，这种热力差导致高原周围在冬季和夏季分别形成相反的盛行风系，这种风系称为高原季风。冬天，高原面温度很低，相对于周围区域形成冷高压，气流从高原流向周围区域。夏季，由于高原热容量低，太阳辐射的能量以长波辐射的形式反射到大气中，近地面空气形成低压区，使高原周围的气流流向高原。在东亚，高原季风与海陆热力差异形成的季风叠加，使该地区的季风特别强、厚（图3-11）。

（4）焚风。当山体挡住了流向它的湿润气流时，气流沿山坡绝热爬升，根据干绝热递减率，气团开始降温。随着气团爬升高度增加，气团温度也持续降低，其中的水汽先为云再为雨，水汽以雨水的形式陆续脱离气团。气团越过山顶后，其中的水汽已很少，而气团沿山坡下沉压缩，气温升高。由于干绝热温度变化率比湿绝热温度变化率大，山后的气团温度远高于山前同一高度的温度，湿度也低很多，这样就形成了背风坡由坡顶吹向山谷干热的气流，这就是焚风（图3-12）。

焚风效应对山地局部自然环境的影响甚大。例如，在我国的金沙江河谷和怒江河谷地区，受焚风效应影响，气候干热，植被稀疏，土壤为燥红土。

4. "城市热岛"和"城市风"

城市中由于在生产生活中会释放大量热量，同时城市建筑物及铺装地面的硬化表面储热低，白天也会反射大量太阳辐射，城市温度普遍高于周边郊区和农村，城市就像一个温暖的岛屿，这种现象被称为"城市热岛"。因为热岛效应，城市年平均气温比郊区高0.5～1℃。在一些城市，当夜间天空少云，或早上无风时，这个差异可以达到6～8℃。城市热岛效应对天气也有影响。例如，在长江中下游的较大城市，三伏天的下午5—6点常出现强对流天气产生的暴雨，而在城市郊区则无雨。其形成机理如下：因城市热岛效应，三伏天每日下午5—6点时城市近地空间气温仍然较高，而此时郊区近地气温开始下降，其上空的较冷气团形成气流涌入城区上空，这时城区上下空间温差增大，近地上升气流与上空下降气流对冲骤然增强，最终发生强对流天气，产生暴雨。

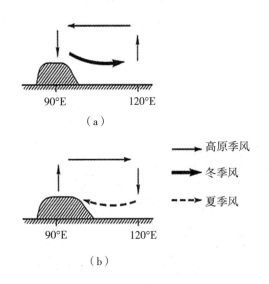

图 3-11　高原季风示意图

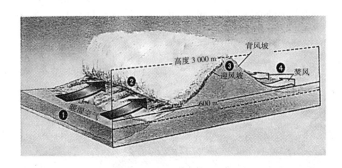

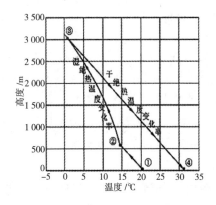

图 3-12　焚风形成示意图

因为城市热岛现象，当大气环流较弱时，往往使城市气流上升，在郊区下沉，从而在城市与郊区之间形成小区域的热力环流，称为城市风。

第二节 水圈的结构及运动

一、水圈的组成

水在地球上分布很广，其分布面积占地球表面积的 71%。地球上的水以固、液、气三态存在于大气、地表和地下，分别称为大气水、地表水和地下水。按分布区域分类，地球上的水分为大气水、海洋水、陆地水（湖泊水、沼泽水、河流水、冰川水、土壤水、地下水和动植物生命体所含的生物水）。在地球表层，这些水体形成整体的、相互连接的水圈，通过水循环围绕着固体地球表面。从水的相态看，液态水、固态水、气态水分别占 97.859%、2.14%、0.001%。从垂向分布看，大气水、地表水、地下水分别占 0.001%、99.389%、0.61%。从盐度来看，海水、咸水、淡水分别占 97.23%、0.008%、2.762%。从区域分布看，海水占 97.2279%，湖水 0.017%，河水占 0.000 1%，冰川水占 2.14%，地下水占 0.61%，土壤水占 0.005%。

二、水的运动

（一）水循环

在太阳辐射和重力的影响下，地球上各种形式的水通过蒸发、水汽输送、凝结为云、降落成雨、入渗、径流、汇集等过程，不断发生相变和循环往复的周期运动，这种运动过程称为水循环。水循环将地球上各种水体连接成了一个连续完整的水体圈层。

既然海洋是地球上的主要水源，那么可以设想，水循环从海洋蒸发开始，蒸发的水汽在空中上升，被气流输送到不同的地方，在适当的条件下，水汽凝结成液滴，以雨雪形式降落。其中，海面降水直接返回海洋；陆地表面的降水除一部分经由直接蒸发及植物截留蒸腾途径回到大气中外，其余部分通过地表汇集成流和入渗土壤形成地下径流，最后汇入海洋，形成全球性的连续、动态的有序系统。

（二）水循环的机理

水循环的机理如下。

第一，水循环遵循质量守恒定律。水循环本质上就是物质和能量的传递、储存和转化的过程，整个过程是连续的。

第二，水循环的主要动力是太阳辐射和重力。在常温常压下，水的三相变化是水循环的前提；海陆分布、自然环境等外部环境规定了水循环的路径、范围和相变。

第三，水循环贯穿整个水圈，使大气圈、岩石圈、生物圈和水圈联系起来，同时通过无数种方式实现循环和相变。

第四，从地球全局来看，水循环是一个闭合系统；但从局部区域来看，水循环是一个开放系统。

第五，地球上的水在循环过程中总是携带着一些物质一起运动，但这些物质不像水那样形成完整的循环系统，所以水文循环通常是指水的循环，简称水循环。

（三）水循环的类型

水循环按不同途径与规模，分为大循环和小循环（图3-13）。

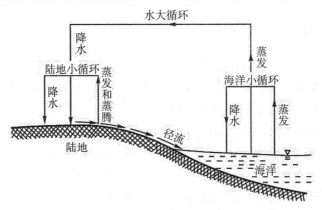

图3-13　水循环类型示意图

1. 大循环

大循环又称"海陆间循环"或"外循环"，是指全球海洋与陆地之间进行水交换的过程。从海洋表面蒸发的水蒸气随着气流运动到陆地上空，在适合条件下形成降水，降水一部分被植物截留、渗入土壤，一部分在地表形成径流，土壤中部分水下渗成为地下径流。在这个过程中，除了一部分通过蒸发返回大气外，其余的最终都会回流到海洋中，实现陆海间循环，保持陆地和海洋之间水量的相对平衡。

2. 小循环

小循环又称"内循环"，是指海洋与大气之间或陆地与大气之间发生的水交换过程。前者为海洋小循环，后者为陆地小循环。海洋小循环是指水汽从海洋表面蒸发，在海洋上空凝结成雨，然后直接降落到海洋表面的过程；陆地小循环是指水汽在地球和植物表面蒸发、蒸腾，在陆地上空形成云并降落成雨，最终回到地表的过程。由于直接注入海洋的河流很少，这种环流与海水的交换很少，具有一定的独立性。

（四）水循环的意义

水循环的意义有如下几条。

第一，水循环不仅将地球上的各种水体组合成一个连续的、统一的水圈，还在循环过程中将大气圈、岩石圈、生物圈和水圈联成一体，成为一个统一有序的完整系统。因此，水循环对地球表面结构的形成以及未来的发展演化产生了很大的影响。

第二，通过水循环，实现地球表面物质流动和能量交换。水循环传输能量，在地球表面重新分配太阳辐射能，可缓解不同纬度的热量收支失衡的矛盾。

第三，水循环是陆地和海洋的主要联系纽带。海洋通过蒸发不断向大陆输送水汽形成降水，进而影响陆地上各种物理、化学和生物过程；而陆地径流不断向海洋输送大量泥沙、有机物、营养盐，从而影响海水、海洋生物、海洋沉积等。

第四，水循环持续塑造地形地貌。在水循环中流动的水体，通过不断地侵蚀（包括水的溶蚀）、冲刷、搬运和堆积，在地质构造地貌的基础上重塑全球地貌。

第五，由于水循环，水可以反复循环利用，成为可再生资源。水循环强度和时空变化是影响区域生态环境平衡的关键，是影响区域生物活动的主要因素。对于区域本身而言，水循环强度的时空变化是该区域发生洪涝、干旱等自然灾害的主要原因。

三、河水的运动

河水在重力作用下沿河道向下游流动，重力是决定河流纵向运动的主要动力。河水在运动过程中，还受到地转偏向力、机械摩擦力和惯性离心力等的影响，在这些力的影响下，河水还会产生各种形式的环流运动（图3-14）。

根据水流内部结构的不同，水流的运动状态可分为层流和紊流两种。层流的状态是所有的水流都平行流动，即水质点流线平行，在水流中的运动方向相同，流速均匀；而紊流中的水质点上下跳跃，且速度和方向随时发生变化。

但是，河水流的内部结构非常复杂，除了紊流结构外，河水还具有局部水流围绕一个旋转轴往复旋转的环流。在重力、惯性离心力和地转偏向力的影响下，河水中的质点或水团以螺旋或涡旋状的形式运动，这种现象称为水内环流。一般情况下，螺旋流常与纵向水流结合，旋涡流则脱离纵向运动，作相对封闭的回旋运动。虽然它们之间的运动特征不同，但它们都是伴随着纵向流的河流次生流。环流对泥沙运动和河床发育有重要影响，是泥沙横向运移的主要驱动力，也是河道形态多样化的主要原因。

（a）层流　　　　　（b）紊流　　　　　（c）环流

图3-14　河水运动状态

四、冰川的运动

冰川运动有两种主要方式：一种是重力流，另一种是挤压流。

重力流：由冰川自重引起沿斜坡的分力，当分力大于斜坡对冰川的摩擦力时，将使冰川沿斜坡运动。

挤压流：由于冰川堆积的厚度差异导致内部压力分布不均，引起冰川移动。

冰川的移动速度非常缓慢，一般情况下，大陆冰川每年移动几米或几十米，而海洋冰川移动速度较快，每年可达数百米。影响冰川运动的主要因素有冰量、坡度、冰槽断面面积等。冰量大的冰川移动得更快。当断面收缩或冰槽底坡度增加时，冰川移动得快。在冰舌的凹槽，中央部分冰川厚度大，其流速大，两侧部分厚度小，则其流速较低。

冰川运动速度有明显的季节变化，夏季快，冬季慢。夏季冰舌底部水温升高，冰体的凝聚力降低，可塑性增加，流动更容易。另外，大量融水渗入，减少了底部的摩擦，这导致夏季雪线以下冰川流速增大。

五、海水的运动

海水的运动有四种形式：波浪、潮汐、潮流和洋流。波浪运动的特点是每个水质点都在做周期性的运动，所有的水质点都在先后有序振动，使水面周期性地起伏振荡。潮汐的特点是由于月球和太阳的引力导致海面周期性升降运动。潮流运动的一个显著特征是海水在月球和太阳的引力下进行周期性流动。洋流的特征是存在于海洋中的海水以相对稳定的速度和方向从一个海区水平或垂直地向另一个海区进行大规模非循环运动。根据洋流的动力源可分为风海流、密度流、补偿流。

第三节 生物圈的结构与运动

一、生物圈的形成与演化

生物圈从无到有，从简单到复杂，经过无数的进化过程，才形成了今天的生物圈。

（一）生命的起源

在地球演化过程中，生命起源是一个重大事件。生命是从地球上的无机物质发展而来的，大致可以分为以下几个主要阶段。

1. 从无机物到简单有机物阶段

对生物体的分析表明，构成生物体的元素主要是碳、氢、氧、氮、硫、磷等，尤其是碳，是构成一切有机物的基本元素。碳原子在高温条件下更具反应性，并且具有相互融合以及与其他化学元素的原子融合的能力。它不仅可以与氢、氧结合氧化生成甲烷和二氧化碳，还可以与多种金属和非金属元素结合，并可以相互结合成长链或环，成为有机物质的基本结构。氮和氢、氢和氧也可以分别结合形成简单的物质，如氨和水。

碳、氢等元素不仅存在于地球上，在宇宙中也广泛分布。例如，在太阳外部温度高达几千摄氏度的大气中，不仅有原子态的碳，还有各种碳化合物，如碳氢、碳氮等化合物，如甲烷、氰。此外，在一些陨石中成功分离出最简单的含氧、硫甚至氨基酸的碳氢化合物，但没有任何生命迹象。例如，在1970年，从月球采集的岩石碎片样本在分析后发现也含有痕量的氨基酸复合物。对一些陨石分析后也发现其中含有氨基酸等物质。这些有机物质是通过无生命的方式，即通过物理和化学方式形成的。因此，可以想象早期地球有机物质也是通过物理和化学过程形成的。

另外，根据一些科学资料，人们认为在地壳刚刚形成时，碳化物（碳和金属的化合物）被喷射到地球表面即与地球大气相互作用，当时大气主要由过热的水汽组成，结果形成不同的碳氢化合物。后来地球大气中形成的碳氢化合物再与水分子结合，并与空气中的氨化合，进一步生成更复杂的有机物质，如乙醛。

在地球形成的早期，这些原始物质的出现是化学演化过程中的二次质变，为生命的产生做了必要的物质准备。

2. 从简单有机物到复杂有机物阶段

这个阶段发生在地球形成后生命出现之前的十多亿年间。简单的碳氧化合物借助当时地球上的各种能源，如紫外线、闪电、宇宙射线、当地地热能等，不断与地球原始大气（水蒸气、氢、氨和二氧化碳等）作用形成复杂的有机物。

最初形成了一些低分子有机物质，如氨基酸、嘌呤、吡啶、脂肪酸、多糖、卟啉、核苷酸等。化学演化过程中的这一步骤已通过多个模拟实验得到证实。核苷酸是在产生低分子有机物质（如嘌呤、吡啶和多糖）后合成的。核苷酸是构成 DNA 的单位，核苷酸为 DNA 产生提供了物质基础。

经过长时间的进化，氨基酸和核苷酸分别形成高分子量的有机化合物——蛋白质和核酸。它们的出现代表了化学演化过程中的又一次重大质变。在这个转变过程中，温度、压力、光照等条件非常重要，尤其是水的出现。没有水的参与，就无法转化为有机高分子化合物。因此，有人认为这一转变过程发生在原始海洋中，也有人认为发生在海底或沙滩上的黏土颗粒上。

3. 从高分子有机物到具有新陈代谢机能的蛋白体阶段

蛋白质是生物体最重要的组成部分，是生物体结构和功能的基础，核酸是主要的遗传物质，有了它也就具备了生命起源的基本条件。在原始水域中，高分子有机物凝结形成以蛋白质和核酸为基础的多分子体系。这种多分子体系可能像一种胶体小球，漂浮在原始水体中，称为团聚体或微球体。它们与周围的水溶液有明显的界面，形成一个相对独立于环境的体系。这个系统从周围环境中吸收物质作为食物，自我增生和转化；同时，它也将一些废物排出系统。最后，一些多分子系统终于产生了生命新陈代谢这一基本特性。至此，地球上出现了从非生命形式到生命形式的转化，原始生命体终于诞生。

（二）生物圈的演化

生物圈形成后，经过一系列的进化过程，形成了我们今天看到的生物圈。生物圈的演化具有以下特点。

1. 生物种类由少到多与生物圈结构由简单到复杂

目前的进化论认为，最早的原始生命体没有细胞结构。经过长期的进化，结构和功能的复杂性增加并完善，形成具有完整生命特征的细胞。然而，相对原始的细胞还没有产生明显的细胞核，这些生物被称为原核微生物，如细菌和蓝藻，它们的后代一直生活到现代。原核微生物进一步进化，逐渐出现了有细胞核的真核生物，这就是原生生物。在现代地球上，除细菌和蓝藻外，大多数生物都是原生生物。

随着地理环境和原始生物的不断发展变化，通过生物之间的生存竞争，原始单细胞生物在细胞的形状和结构上进一步分化，在营养生活方式上形成大分化。一些原始单细胞生物逐渐可自行合成有机物，向植物方向演化；另一些则向动物方向分化，它们不能自行合成有机物，靠消耗现成的有机物生存。

原生生物、后生动物和后生植物的出现，使生物物种更加丰富多样，生物圈的结构也由简单变复杂。原始生物圈仅由原核微生物组成；原生生物出现后，生物圈由原核微生物和原生生物组成；而今天的生物圈，除了原核微生物和原生生物，还有后生动物和后生植物。

2. 生物分布的空间范围由小到大并由海洋向陆地扩展

生命在海洋中诞生，也在海洋中繁衍进化。细菌出现在太古代晚期，到元古代后期，大量低级藻类在海底大量繁殖，同时出现了单细胞动物。古生代初期（寒武纪），浅海广泛分布，藻类繁盛，海洋无脊椎动物大量繁衍。从太古代到古生代早期，生物局限于海洋，陆地还没有生物。

到了古生代中期后，生物逐步向陆地扩张。在志留纪和泥盆纪时期，鱼出现并进入繁盛期，同时植物登上陆地，地面开始布满绿色植被。晚古生代（石炭纪、二叠纪）气候温暖湿润，蕨类植物繁茂，裸子植物勃兴，大片森林出现；两栖动物占主导地位，爬行动物蓬勃发展。中生代气候炎热，柏树、银杏、针叶树等裸子植物大量生长，形成高大的森林，被子植物出现较晚，在此期间爬行动物繁盛，恐龙称霸世界，原始哺乳动物出现并繁盛。新生代气候开始变冷，更高级的哺乳动物、鸟类和被子植物得到大发展，然后灵长类动物出现。新生代晚期，即第四纪，是人类出现和发展的时代。

研究统计发现，现在陆地生物的平均净初级生产率远远超过海洋。海洋年均净初级生产率仅为 155 g/（$m^2 \cdot a$），而地球年均净初级生产率为 782 g/（$m^2 \cdot a$）。陆地上的生物量远远超过海洋。目前世界海洋生物量约为 3.9×10^9 t/a，而全球陆地生物量已达 $1.840\ 9 \times 10^{12}$ t/a。虽然海洋面积是陆地的两倍多，但生物量仅占陆地生物量的 0.2% 左右（表3-2）。

表3-2　海洋与陆地的年净初级生产率、年净初级生产量与年现存生物量

	年平均净初级生产率 / g·（$m^2 \cdot a$）$^{-1}$	年平均净初级生产量 /10^9 t	年现存生物量 /10^9 t
海洋	155	55	3.9
陆地	782	117.5	1837
全球	336	172.5	1 840.9

二、生态系统

生态系统是生物群落与环境间经由不断循环的物质流、能量流联系而成的统一体。

例如，森林中的乔、灌、草等绿色植物利用阳光的能量，通过光合作用将二氧化碳、水和矿物质转化为有机物，成为动物的最初物质和能量来源。通过这些营养关系和其他联系，森林中的各种生物和非生物环境作为一个系统联结在一起。在这一系统中，物质不断循环，能量不断流动。

生态系统概念范畴广，不仅可从类型上理解，也可从地域上理解。但凡生物群落加上其周围环境即形成一个生态系统。例如，池塘、森林、草原、城市，甚至包括农田、草原、森林和城市都可以视作生态系统。生物圈是最大的生态系统。

（一）生态系统的组成

一个生态系统主要由两部分组成：生物群落和非生物环境。

1. 非生物环境

非生物环境包含水、空气、矿物盐、碱、酸以及在一定时间内出现在生物体外的任何元素或化合物，它们构成了生物有机体的大气、水和土壤环境。一种非生物物质是不是一个生态系统的组分，取决于它能否被生物有机体利用或对生物体产生影响。

2. 生物群落

生物群落中的物种按其获取能量的方式分为三类：生产者、消费者和分解者。

（1）生产者。生产者是指绿色植物、蓝藻、光合细菌和产生化学能的细菌。它们可以进行光合作用，并利用太阳能将从周围环境中摄取的无机物合成有机化合物。

（2）消费者。消费者生物主要是指动物。动物不能自行生产有机化合物来满足其基本的营养需求，而是利用生产者生产的有机物来获取营养和能量，因此它们是营异养生活的消费者。这些生物根据获取食物的顺序分为两类：一类是食草动物，即直接以植物为食以获取营养的动物，也称为初级消费者，小者如食草昆虫蚱蜢、蛐蛐，大者如牛、马、大象、犀牛等；第二种是食肉动物，即以食草动物为食的动物，也称为第一级食肉动物或第二级消费者，如青蛙、螳螂等。第一级食肉动物也可能是杂食动物，即它们既吃草也吃肉，小者如蚂蚁，大者如灵长类动物。捕食第一级食肉动物的食肉动物称为第二级食肉动物，或第三级消费者，如黄鼠狼、狐狸、狼。第四级消费者处于食物链顶端，也称为顶部食肉动物，如狮子、老虎和鹰。可见，在食物链中等级越高，动物越凶猛，动物的数量也越少。

（3）分解者。分解者是指分解有机化合物的异养生物，如细菌和真菌。动物尸体、植物排泄物等复杂的有机物质被分解者分解成简单的无机物质（如水、二氧化碳等），回到环境中，再由绿色植物作为养分吸收，组成有机体。分解者广泛分布在土壤和水中，它们不断地分解有机物，使物质时刻处于循环之中。

在自然界中，环境与生物群落之间，生物群落中的生产者、消费者和分解者之间，都是相互作用、相互制约的。环境为生物群落供给营养物质和能量，生物群落的规模决定环境物质循环的通量。

（二）生态系统的结构

除了生态系统的纵向和横向空间结构外，最重要的是通过营养关系连接不同生物有机体而形成的营养结构。生态系统主要由营养关系组织而成。

1. 营养级

生物群落中，从植物开始到各级动物的各环节，通称为营养级。植物是第一营养级。生态系统使用的大部分能量是太阳能，绿色植物在光合作用过程中将太阳能以化学能的形式储存，然后由植物本身或任何其他消费者使用。因此，植物是生态系统中最重要的营养级，是其他营养级的基础，称为初级生产者。食草动物是第二营养级，第一级食肉动物是第三营养级，第二级食肉动物是第四营养级。生态系统不同，营养级数目也不一样，往往为 3～5 个。在一个生态系统中，营养结构即不同营养级的组合。

2. 食物链

在一个生态系统中，一种生物被另一种生物吃掉，另一种再被第三种生物吃掉，这样就形成了沿着营养级的链接关系，这就是食物链。食物链是维持生态系统的重要关系。不同的生态系统具有不同复杂程度的食物链。食物链存在两种类型，一为腐食食物链，一为活食食物链。前者指动植物死亡后遗体被微生物分解，物质和能量直接从动植物遗体流向分解者。在热带雨林和浅水生态系统中，这类食物链占有重要地位。在活食食物链中，捕食者和被捕食者都是活的生物，物质和能量沿着食物链流动。

3. 食物网

自然界的每一个生态系统中都有许多食物链，而许多动物在食物链中不止占据一个位置，有的吃植物，也捕食动物，同时也被其他动物捕食。因此，一条食物链往往有多条分支，多条食物链相互交织，交错连接构成食物网。

4. 生物放大作用

从污染生态学的角度来看，食物链的研究具有重要意义。因为污染物能沿着食物链逐级富集，即生物放大作用。营养级越高，生物体内污染物的数量或浓度就越大，从而危害到更高营养级生物的生长发育，甚至人类健康。以 DDT（有机氯农药，现已禁用）为例，如果大气中的浓度为 3×10^{-6} mg/kg，降落入海为浮游生物所摄取，则可富集到 0.04 mg/kg（富集 1.33 万倍）；小鱼摄取浮游生物后体内的 DDT 浓度可达 0.5 mg/kg（累积富集 16.7 万倍）；大鱼摄食小鱼后体内浓度增加至 2.0 mg/kg（累积富集 66.7 万倍）；水鸟捕食大鱼后其体内浓度达 25 mg/kg（累积富集 833.3 万倍）；如果人吃了这些生物，体内 DDT 的浓度可达 30 mg/kg，是大气中浓度的 1 000 万倍！

（三）生态系统的功能

每一个生态系统都具有一定的功能，即系统中能量流动、物质循环和物质的生产。这是地球上所有生命活动的驱动力。

1. 生物生产

生态系统中的生产者，即绿色植物，通过光合作用，储存光能，将 CO_2 和 H_2O 转化为碳水化合物，生产出有机物料，维持生态系统的正常运转。光合作用过程如下：

$$12H_2O + 6CO_2 + 光能 = C_6H_{12}O_6 + 6O_2 + 6H_2O$$

生物消费有机物是通过呼吸作用进行的。呼吸作用是将有机物（碳氢化合物）氧化变成二氧化碳和水并释放能量的过程：

$$C_6H_{12}O_6 + 6O_2 = 6H_2O + 6CO_2 + 化学能$$

绿色植物合成碳水化合物的生产是生态系统存在的基础，这种生产又称为初级生产。植物在单位土地面积和单位时间内通过光合作用生产出的碳水化合物的速率称为总初级生产率，单位为 $g/(m^2 \cdot a)$。绿色植物的生命代谢活动需消耗部分碳水化合物，因此总初级生产率减去植物呼吸作用消耗有机物的速率称为净初级生产率。换句话说，植物的净初级生产率等于光合作用的速率减去植物的呼吸速率。生态系统中其他动物（包括人类）只能获得和使用净初级生产量。净初级生产量包括植物各器官量的合值。

2. 生态系统的能量流

任何生态系统要正常运行，都需不断输入能量。太阳是生态系统能量的源头，绿色植物通过光合途径将太阳能固定于有机物质中而使之在生态系统中传递。通过生态系统的食物链，能量沿着营养级在生产者—消费者—分解者线路中梯次流转，最后能量又回到环境中，能量的这种传递过程称为能量流。能量只能通过生态系统一次，不能被生产者回收利用。

在生态系统中，当能量沿着营养级流动时，每经过一个营养级，能量数量就会大大减少。这是因为前一级生物保有的一些有机物不适合后一级生物消费，或者前一级生物本身也要消耗大量有机物，故能量传递时会逐级减少。一般来说，前后营养级能量传递效率在 10% 左右。因此，按照营养级的顺序向上，生产量（即能量）急剧而逐渐减少，用图表示则得到生产力金字塔；生物体个体的数量向上急剧减少，形成数目金字塔；每个营养级的生物量依次递减，形成生物量金字塔，以上统称为生态金字塔。

生态系统中的能量流动有以下五个特征。

（1）太阳能被绿色植物利用的效率很低，仅 1.2%。

（2）能量呈单向流动。

（3）流动中能量沿营养级逐级减少，每一个营养级生物消耗的能量占其得到的能量的一半以上。

（4）各级消费者之间能量利用率为 4.5% ～ 17%，平均约为 10%。因此，当营养层级上升或食物链的营养层级增加时，净产量急剧下降。如果植物的净产量是 100 kcal，那么食草动物的净产量只有 10 kcal 左右，而食肉动物的净产量只有 1 kcal 左右。由于上述原因，一般天然食物链少于 5 个环节。与食草动物相比，处于最高营养级别的生物需要更大范围的空间获取食物来源，如一只鹰或一头狮子必须在几百平方千米的区域内才能拥有足够数量的生物来维持自己的生命活动，而以植物为食的昆虫在几平方米内就能获得丰富的食物。

（5）只有当生态系统产生的能量与消耗的能量达到平衡时，生态系统才会稳定。

3. 生态系统的物质循环

除了能量，生态系统还需要水和各种矿物元素。一方面，这是因为生态系统所需的能量必须固定并储存在由这些无机物质合成的有机物质中，以便它可以沿着食物链从一个

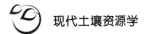

营养级转移到另一个营养级，以满足不同生物的需要。否则，能量将自由消散。另一方面，水和各种矿质养分也是构成生物体的基本物质。因此，物质不仅是生命可持续的结构基础，也是能量的载体。生态系统中的能量流和物质流是密切相关的，共同维持着生态系统的发育和演进。因此，对于一个生态系统来说，物质和能量一样重要。

生态系统中的物质主要是指正常生命活动所必需的各种养分元素。这些物质也通过食物链的不同营养级进行传递和转化，从而形成生态系统的物质流。与能量流单向流动不一样，物质循环不会朝着一个方向传递。同一物质可以被食物链中同一营养级的生物多次利用。生态系统中的各种有机物被分解者分解成可供生产者吸收的物质，回归环境被再利用。这种往复循环的过程称为生态系统的物质循环，也称为生物小循环。

绿色植物从环境中吸收矿物质、空气、水等物质，通过光合作用，合成有机物。由此产生的有机物一部分被自身呼吸消耗，一部分被消费者（如草食动物）吸收，其余部分以植物凋落物和残体的形式进入环境。分解者吸收部分进入环境的废物和植物残体，分解残留物进入环境成为环境的组成部分。消费者一方面从生产者那里获得养分，另一方面也直接从环境中吸收物质（如水、空气、矿物质等）。同时，消费者一方面通过呼吸将能量释放到环境中，另一方面，它们的粪便或残留物也会被排放到环境中。它的一部分粪便或残渣被分解者吸收，另一部分暂时降解或不降解，成为环境的组成部分。分解者一方面从生产者和消费者那里吸收物质，另一方面从环境中吸收物质。它的主要功能是将有机废物分解并转化为无机物，使其可以被生产者利用。当然，分解者死后，其遗体又回到了环境中。

三、生物圈的结构

（一）生物圈的垂直准正态分布式结构

从生物圈的垂直结构来看，具有垂直准正态分布式结构的特征。

所谓垂直准正态分布，是指在垂直方向上几种分布在一定范围内，向上向下均逐渐减小。地球上生物的分布具有垂直准正态分布的特征：生物集中在平均海平面附近，从海平面上升或下降，随着海拔高度和海水深度的增大，生物量及生物种类就越低（图3-15）。

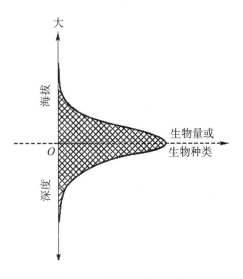

图 3-15 生物圈的垂直结构

（二）生物圈的结构特性

生物圈的结构特性有以下五种。

（1）亲岩性。陆地上形成的生物量和生产力高于海洋，近地面生物量和生产力大于高空，近岸海域生物量和生产力大于远离陆地的海洋，表明生物圈在结构上具有亲岩性。

（2）亲水性。湿润地区的生物量和生产力大于干旱地区，沿海地区的生物量和生产力大于内陆地区，表明生物圈在结构上具有亲水性。

（3）亲气性。生物圈垂直准正态分布的结构在一定程度上反映了生物圈结构上的亲气性，因为海平面附近的空气量充足，在高空、地下、水下，空气都比较稀薄。

（4）亲光性。论生物量和生产力，地表比地下大，海面比水下大，表明了生物喜光的特性。

（5）温控性。热带、赤道地区的生物量和生产力大于寒带及极地地区，表明生物的生物量和生产力受温度分布影响。

（三）生物的地域分异与区系性

生物的地域分异与区系性有以下五种。

（1）纬度地带性：地球上生物种类的分布大致呈带状，沿纬度线延伸，并根据纬度方向有规律地变化。

（2）干湿度分带性：由于与海洋的距离远近不同，水分条件不同，动植物的分布由海岸向内陆呈现有规律地变化。

（3）垂直带性：生物分布随着山地海拔高度的增加而有规律地变化。

（4）地方性：生物在局部地域的分异规律。

（5）区系性：在长期的历史演化过程中，各种动植物生活在同一地域，由于处于相同的地理环境中，具有某些相似的特征，这就是生物的区系性。例如，澳洲的土著动物由

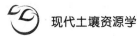

于长期生活在澳洲大陆的封闭环境中，为适应环境往往在生理上具有共同特征，如用于养育下一代的育儿袋，反映了澳洲土著动物的区系性。

四、生物圈的运动

生物圈的运动体现在生态系统中广泛存在的能量循环与物质循环。生态系统的能量循环表现为能量流，即阳光辐射的能量通过光合作用进入生态系统，由生态系统食物链逐级释放和传递，最终彻底释放入环境中。生态系统的物质循环表现为物质流，即不同物质元素在生物能的参与下，从环境中被吸收进入生物体合成有机物，再沿食物链在生态系统中逐级传递和释放，最终全部回归于环境中（图 3-16）。

生态系统中物质的流动是按照生物地球化学循环规律进行的。所谓生物地球化学循环，是指环境中的各种元素沿着特定的路径运动，从周围环境到生物体，通过食物链的逐渐转化，最后回到环境中，如图 3-17 中的磷元素循环。各种元素的传递运动路线包括两个阶段，即在活体生物体内的物质循环和传递的阶段，在环境中由理化性质所决定的无生命阶段。

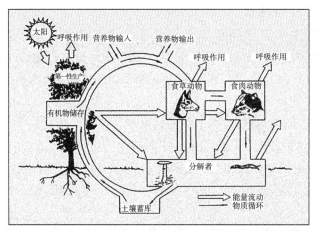

图 3-16　生态系统中能量流与物质流示意图

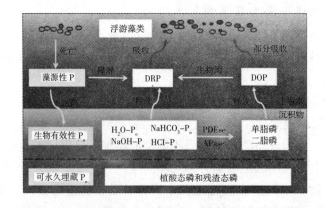

图 3-17　磷在淡水中的"生物地球化学循环"示意图

思考题

1. 怎么理解大气圈的运动能量来源与水圈、岩石圈的关系？

2. 怎么理解水圈的结构特点与水圈的运动？

3. 怎么理解生物圈的运动与岩石圈、大气圈、水圈的关系？

第四章 地表圈层的相互作用与土壤圈的形成

岩石圈与大气圈、水圈、生物圈的相互作用导致岩石风化，岩石风化产物——砂粒、黏土矿物、水溶性矿物等是土壤圈的主要物质基础；生物圈与大气圈、水圈、岩石圈相互作用，通过生物地球化学循环，实现有机物的形成—增长—分解，分解阶段存留于土壤中的有机残留物——有机质，成为土壤圈又一重要物质基础。在岩石圈、大气圈、水圈、生物圈的交界面上因各圈层间物质 - 能量循环而产生的岩石风化物及有机质，在土壤空气、土壤水、土壤生物的有机融合下，形成了土壤圈。本章分四节，分别介绍岩石风化发生机理、风化产物的性质、有机质形成机理、有机质的性质。

第一节 大气圈、水圈、生物圈对岩石圈的作用与岩石风化

一、大气圈对岩石圈的作用导致的岩石风化

（一）岩石风化

地球表面岩石的物理和化学性质在太阳辐射、大气、水和生物的影响下不断变化，同时岩石形成新的物质，这类变化过程称为岩石的风化作用。

风化作用根据岩石风化过程中的物质性质的变化分为物理风化、化学风化和生物风化。物理风化是指岩石的外在形态、体量等物理性质在外力作用下发生崩解、破碎而发生的变化过程。例如，斜坡上的岩石在重力作用下沿节理面发生的崩解和垮塌（图 4-1）。化学风化是指岩石与大气、生物和水相互作用时，其化学性质发生变化的过程（图 4-2）。生物风化是指岩石的物理或化学性质在生物因素的影响下发生变化的过程。根据生物对岩石风化作用的结果，生物风化分为生物物理风化和生物化学风化。由生物因子引起的岩石机械破碎称为生物物理风化。例如，植根于岩石裂缝中的树木的根系随着树木的生长而生长，最终导致石缝膨胀和岩石坍塌，这个过程通常称为根劈作用（图 4-3），也是典型的生物物理风化。由生物因素引起的岩石化学性质的变化称为生物化学风化。例如，生物根系呼吸产生的二氧化碳与水形成碳酸，碳酸溶蚀和溶解岩石，导致岩石发生化学风化。

图 4-1 岩石的物理风化

图 4-2 岩石的化学风化

图 4-3 根劈作用

图 4-4 某地的风化壳

地表岩石风化后，原地基岩上残留的风化产物形成的壳层称为风化壳（图 4-4）。风化壳是土壤圈形成和发育的基础物质。

（二）大气运动对岩石的摩擦作用

大气从高压区移动到低压区形成大气运动。大气的运动形成风，它对地表的摩擦作用以风蚀作用的形式表现出来。在植被稀少的干旱地区，风蚀作用是大气影响岩石圈的主要方式。根据作用方式的不同，风蚀作用分为吹蚀作用与磨蚀作用。吹蚀作用是指表面的松散颗粒被风刮走，在风的吹蚀作用影响下常形成风蚀地貌（图 4-5）。磨蚀作用是指风吹动地面的砂粒或石块对地面产生的撞击、磨损作用，在风的磨蚀作用的影响下往往会形成独特的岩石磨蚀景观（图 4-6）。

图 4-5 吹蚀作用形成的地貌

图 4-6 磨蚀作用形成的地貌

在风沙运动过程中，当风速减弱或遇到障碍物（如地面上的植物或微小起伏），地面结构或下垫面性质发生变化时（如由坚硬石床面变为松散的沙粒地面），沙粒从气流中落下并堆积，这种现象称为沙积作用。广泛存在于干旱地区的沙漠是沙子堆积的结果（图4-7）。

图4-7　沙漠

（三）大气圈通过气候变化对岩石风化的影响

1. 干旱气候区气候对岩石的风化特点

在干燥和寒冷的气候中，岩石的风化主要以物理风化为主。在干旱气候区，由于昼夜温差大，岩石表面热胀冷缩，导致表面岩层崩解。干旱沙漠地区的地表，由于岩石的物理解体，形成由裸露的岩石、砾石、沙子或泥岩（黏土）组成的荒漠，依次叫做岩漠（图4-8）、砾漠、沙漠、泥漠。

图4-8　岩漠

在干燥寒冷的天气条件下，岩石表面的盐分被风推向岩石背风侧，在裂缝中集中形成结晶。随着盐粒结晶体增大，岩石中的矿物沿解理面崩解，形成盐风化现象（图4-9）。

图4-9　南极岩石的盐风化

干旱地区的化学风化作用。在有限的水分子参与下，水中 H^+ 渗入岩石的矿物中，与其中的盐基离子同晶置换，释放盐基离子，原生矿物原有结构被破坏，形成次生矿物，而岩石也随之发生崩解。以钾长石为例，其化学风化过程模式如下：

$$2KAlSi_3O_8 + CO_2 + 2H_2O \longrightarrow Al_2Si_2O_8 \cdot H_2O + 4SiO_2 + K_2CO_3$$

   钾长石   高岭石

2.湿热气候区岩石的风化特征

在炎热潮湿的气候条件下，岩石风化以化学风化和生物风化为主。在湿热气候地区，由于强降水和高温，构成岩石的原生矿物往往容易被水中游离的 H^+ 侵入。原生矿物中的盐基离子与 H^+ 同晶置换，盐基离子流失，原生矿物演化为次生矿物，岩石原有的矿物结构被破坏，岩石崩解，表现为化学风化作用。湿热地区化学风化的过程模式如下：

$$4K[AlSi_3O_8] + 6H_2O \longrightarrow 4KOH + 8SiO_2 + Al_4[Si_4O_{10}][OH]_8$$

   钾长石   高岭石

湿热地区生物生长旺盛，生物因素对岩石风化影响较大。例如，在中国南方的花岗岩地区，茂盛的植被根系具有很强的呼吸作用。产生的二氧化碳与土壤水结合形成碳酸水，碳酸水渗至花岗岩表面，其中氢离子侵入花岗岩矿物与矿物中的盐基离子发生同晶置换作用，从而使花岗岩发生原位化学风化，形成深厚的砂 – 黏土矿物风化层。

在中国南方北纬 25° 附近地区，自古就有陶瓷产业带。中国最高端的陶瓷都在这里生产。历史上最著名的汝窑、哥窑、建窑、铜官窑都分布在这条纬度带上，窑址分布在江西、浙江、福建和湖南。出产名贵瓷器的地区都有一个共同的环境条件，即土壤中高岭石矿物质含量高（图 4-10、图 4-11）。

图 4-10 南方岩石化学风化的产物——高岭石   图 4-11 瓷器——以高岭石为原料的南方特产

不同气候区地貌的特征与岩石的风化类型直接相关。在干旱气候区，岩石风化以物理风化为主，表现为裸露地表大块岩石垮塌、崩解，尖锐岩石出露地表，地貌形态棱角分明。在温暖、潮湿和炎热的气候区，岩石风化作用以化学风化作用为主。岩石的风化过程深入岩石矿物分子结构的微空间，矿物分子结构的质变导致岩石的崩解，因此岩石地貌轮廓呈曲线状（图 4-12）。

图 4-12 不同气候区岩石风化后形成的地貌

事实上，热带、亚热带地区以红色酸性风化物为主，在其中地势低平地区，风化物堆积的厚度大；在湿润的温带针叶林区，风化物主要为棕色或黄色的弱酸性物质，厚度较小；在半干旱半湿润的草原或森林草原地区，风化物多为浅色的中性至碱性物质，厚度不大；干旱荒漠区化学风化作用弱，风化产物呈碱性，颜色较浅，堆积厚度薄（图 4-13）。

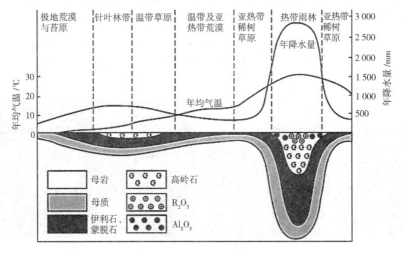

图 4-13 不同气候 - 植被带风化强度的差异（李天杰等）

二、水圈对岩石圈的作用与岩石风化

水圈对岩石圈的作用也体现在岩石的物理风化与化学风化作用上，本小节从物理风化与化学风化的角度详细解释风化过程。

（一）水圈对岩石圈的作用与岩石物理风化

水圈对岩石圈作用产生的物理风化体现为水体对岩石的破碎作用。在此，具体介绍如下。

1. 流水对岩石圈的侵蚀作用

流水包括坡面流、沟流和河流。

坡面流是雨水或融雪直接在坡面形成的薄层片流和细流，存在时间很短。片流或细流在流动过程中没有固定的流路，可以均匀地冲刷地面上的松散物质。坡面坡度和坡面水层的厚度是坡面流水冲刷的动力条件，决定了坡面流水重力沿斜坡形成的分力。当坡度小于 20° 时，增加坡度会迅速增加坡面流水的冲刷强度；在 20° ~ 40° 内，坡面流水对坡面的冲刷强度随着坡度的增加，增速减慢；坡度超过 40° 时，当坡度增大，坡面流水对坡面的冲刷力随着坡度的增大而减小。

坡面细流顺坡而下时，流速和流量增加，变成多个线状集流，冲刷能力突然增强，形成沟谷水流，简称"沟流"。沟流比较集中，流道比较稳定，侵蚀能力强，是形成沟谷地貌的主要力量。在重力的影响下，沟流对岩层向下侵蚀，使基岩破碎，这种作用称为下蚀作用。

在沟谷上游，谷底不断下蚀并加深，沟头也因溯源侵蚀逐渐后退，致使沟谷拉长。沟谷进一步发育，下段下蚀作用减弱，旁蚀作用增强，使沟谷扩宽。随着沟谷的延伸和扩宽，流域面积增加，当沟谷内存在长流水时，沟谷就变成了河谷。

在河谷中流动的水流称为河流。在河流上游，河流对河床基岩的侵蚀以下蚀作用为主（图 4-14）。但也有侧蚀作用，即河流流动时遇到山体被迫转向，河流水体在离心力的作用下侵蚀山体，这种作用称为侧蚀。一个普遍的现象是，河流遇到山总是会形成一个大弯，弯处会形成一个深潭。在河流下游，河流流速减慢，大量滞留在水中的泥沙沉积。此时河流对基岩的侵蚀主要是侧蚀作用（图 4-15）。

图 4-14　河流的下蚀作用

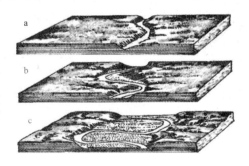

图 4-15　河流的侧蚀作用

事实上，河水对河床的影响受到河床的限制。当水流携带的泥沙量小于其输沙力时，它会从河床上攫取泥沙，从而发生冲刷；相反，若水流携带大量沙子并超过其承载能力时，其中粒径较粗的沙就会沉积而堆积起来。

冲刷会降低河床并扩大其过水断面，而淤积会抬高河床并减小其过水断面。过水断面的扩大或减小会改变水力条件。当断面扩大，流速降低，输沙能力降低时，侵蚀将逐渐停止；过水断面减小，流速增加，输沙能力增强，不会发生堆积，而产生侵蚀。这种反馈机制称为河床动力 - 形态反馈机制。

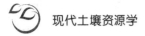

2. 滑坡

在地质内营力（如地震）作用下，一些坡体下层与地层基岩的结构被破坏，形成软弱面或破裂面。在大量降水的情况下，斜坡体吸收了大量水分，重力大幅增加，同时坡体下层软弱面在水的作用下形成滑动面，使斜坡上的土体、岩体或其他滑动物体沿滑动面整体下滑，这种现象称为滑坡（图4-16）。滑坡是由于水圈和土壤圈因素的参与对岩石的破坏。

滑坡的形成包括两个必要条件：即岩体具有一定产状的软弱面或破裂面；岩体具有一定的临空面。

诱发滑坡形成的因素包括火山爆发、地震、水的润滑和浸泡作用，以及人为或水动力对坡脚稳定性的破坏。

3. 崩岸

在水浪或水流的冲击作用下，河岸、湖岸、海岸及其他水岸的崩塌，称为崩岸。

崩岸的发生与各种水岸岩石的性质、结构和构造有关：水岸岩石是破碎、结构松散的岩石时或碎石易发生崩岸。此外，它与水动力对水岸的侵蚀有关：水动力对水岸的侵蚀力越大，越容易发生崩岸。因此，崩岸多发生在河流凹岸、湖流靠近的湖岸或迎波岸、潮流或潮沟逼近的海岸及波浪正面冲击的海岸（图4-17）。

图4-16　山体滑坡

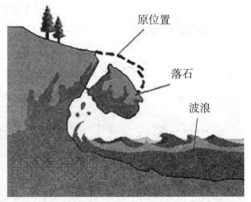

图4-17　崩岸示意图

4. 泥石流

泥石流是指在暴雨或冰雪迅速融化的背景下，地表坡面迅速形成地表径流，将地表的大量泥沙、石块等固体物质卷走形成巨大的洪流。它暴发突然，持续时间短，来势凶猛，破坏力极强（图4-18）。

图 4-18　泥石流

　　泥石流的发展必须满足三个条件：流域中存在大量的、破碎的、易于搬运的固体物；在一定时期内可以汇集在一起的丰富的水源；比降比较大的沟谷。

　　5. 冰川对岩石的风化作用

　　冰川对岩石的风化作用是指冰川在重力作用下向下侵蚀引起岩石的破碎作用。冰川的巨大重量导致承载它的山岳岩体垮塌，留在高位的岩体在地貌上形成角峰（尖锐如角的山峰）和刃脊（形如刀刃的山脊）（图 4-19），剩余的在低位的岩体形成冰斗（图 4-20）。破碎物质被冰川搬运、堆积，形成冰川堆积地貌（图 4-21）。

图 4-19　冰川风化作用形成的角峰和脊刃　　　　图 4-20　冰川风化作用下形成的冰斗

图 4-21　冰川搬运作用下的冰川风化物

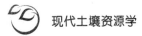

冰川的运动不仅使岩石破碎，还将风化物质输送到一定地方堆积起来，形成独特的冰川地貌。

6. 冰缘地区的冻融作用形成的物理风化

在冰缘地区，即靠近高山雪线，由于冰的冻融作用，岩石因热胀冷缩而破碎崩解。这是典型的物理风化。

（二）水圈对岩石圈的作用与岩石化学风化

以下是由水圈和岩石圈之间的相互作用引起的一些典型的化学风化作用。

1. 页岩的崩解

页岩是一种固结性较差的钙质胶结沉积岩，容易受到溶解了二氧化碳的雨水的影响。页岩石中的 $CaCO_3$ 被碳酸水溶解，胶结力降低，其中的方解石、石膏等可溶性盐类以及水云母、蒙脱石等则发生初步崩解；又因膨胀系数不一的水云母、蒙脱石等黏土矿物的吸水膨胀和失水收缩，导致进一步崩解。

2. 石灰岩的喀斯特作用的化学过程

石灰岩的主要成分是碳酸钙。在含 CO_2 地下水的溶蚀作用下，石灰岩逐渐溶蚀迁移，改变了石灰岩的原有地貌，形成了典型的石灰岩地貌（图 4-22）。石灰石的溶蚀过程如下。

（1）二氧化碳溶于水生成碳酸：$CO_2 + H_2O \longrightarrow H_2CO_3$。

（2）碳酸离解生成氢离子和碳酸氢根离子：$H_2CO_3 \longrightarrow H^+ + HCO_3^-$。

（3）氢离子与石灰岩反应溶解碳酸钙：$H^+ + CaCO_3 \longrightarrow HCO_3^- + Ca^{2+}$。

气候、生物、地质和其他因素会影响喀斯特作用过程。气候因素对喀斯特作用的影响主要表现在温度、降水和气压等方面。温度的影响有两个方面。一是影响水中二氧化碳的含量：温度高，水中二氧化碳含量低，溶蚀能力减弱。二是影响化学反应的速度：温度越高，水的电离度越高，氢离子浓度越大，溶蚀能力越大。喀斯特作用通常与降水量成正相关：降水越多，水流动性越强，达到饱和的可能性就越小。气压的影响：气压与水中的二氧化碳含量成正比。

图 4-22　石灰岩地貌

3.黏化过程

黏化过程是黏粒在土体内形成和积累的过程，是岩石中的原生矿物在水的参与下发生化学风化形成黏土矿物的过程。以岩石中的钾长石为例，钾长石转化为高岭石的化学过程如下：

$$4K[AlSi_3O_8] + 6H_2O \longrightarrow 4KOH + 8SiO_2 + Al_4[Si_4O_{10}][OH]_8$$

钾长石 高岭石

裸露的花岗岩常表现层状风化剥离现象。原因是地表岩石中的原生矿物，如长石，在外界水的作用下，经过化学风化，转化为黏土矿物，从而破坏表层岩石的原始结构，使表层岩石溃散；表层岩石溃散剥离后，新暴露的内层岩石也经历同样的过程，从而表现出层层剥落现象。

4.氧化作用

空气中的氧气在有水的情况下具有很强的氧化能力。在潮湿条件下，铁和含硫矿物（包括可变价元素）通常会发生氧化，其中含有二价铁的深色矿物更容易风化。

$$4FeS_2 + 2H_2O + 15O_2 = 2Fe_2(SO_4)_3 + 2H_2SO_4$$

三、生物圈与岩石圈间的相互作用与岩石风化

（一）生物物理风化作用

生物物理风化是指生物在生命活动中对岩石的机械破坏作用。比如，根劈作用和动物挖掘洞穴等。

根劈作用是指生长在岩石裂隙中的植物，随着根系的不断生长，会挤压裂隙壁，扩大岩石裂缝，造成岩石破坏（图4-23）。根劈作用是山区岩石崩裂的一种重要形式。

（二）生物化学风化作用

生物化学风化是指生物新陈代谢产物及生物死亡后的遗体在腐烂和分解后产生的酸类物质对岩石的侵蚀作用。在植物和细菌的代谢过程中，经常形成和析出有机酸、硝酸、碳酸等物质，这些物质对岩石的侵蚀能力很强。

图4-23 根劈作用

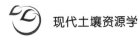

土壤的灰化过程是典型的生物风化作用。灰化过程是指在土体表层（特别是亚表层）SiO_2 残留，R_2O_3 及腐殖质淋溶、淀积的过程。在亚寒带针叶林带（图 4-24），林下残落物富含单宁和树脂类物质，这些物质腐解后形成富里酸。富里酸酸性较强，破坏土壤矿物质，形成强酸性淋溶。在富里酸主导的环境中，上部土层的碱土金属和碱金属以离子态淋失，同时土壤矿物结构被破坏，分离出硅、铝、铁元素，铁铝氧化物胶体在下层淋溶沉淀，而二氧化硅留在土壤上部，这就是残留于表层土壤的灰化层。

图 4-24　亚寒带针叶林

第二节　岩石风化的影响因素及风化产物

影响岩石风化的因素可归结为内部因素和外部因素，下面从这两个方面介绍相关原理。

一、内因（岩石的性质）

岩石本身的性质和构成岩石的矿物质的纯度会影响风化的速度和强度。

（一）矿物岩石的物理特性

矿物岩石的物理特性主要包括构成岩石的矿物的颜色、粒度、解理和胶结程度。一般来说，深色矿物比浅色矿物更容易风化。具有显晶结构的岩石中，粗粒矿物岩石比细粒矿物岩石更容易被物理风化。硬度越大，越易物理风化；胶结作用越强，越不易被物理风化。

（二）矿物岩石结构

化学元素的性质和矿物的晶体结构决定了它们分解的难易程度。在外界环境条件大致相同的情况下，各种常见矿物抗风化的能力顺序如下：石英＞白云母＞正长石＞斜长石

＞黑云母＞角闪石＞辉石＞橄榄石。

隐晶或等粒细粒比等粒粗粒或斑状矿物更稳定。然而，一旦岩石破裂和崩解，由于水、空气、二氧化碳等化学物质作用和比表面积很大，更容易受到化学风化。

（三）岩石的构造

结构坚固致密的岩石比疏松多孔的岩石抗风化能力更强，带有层理、片理、节理和裂隙的岩石很容易被水分和空气侵入引起风化。岩石形成的环境与其所处环境的差异越大，就越容易风化。

岩浆岩、变质岩主要在高温高压下形成，所以在地表极易风化，而沉积岩的抗风化能力强于岩浆岩等；花岗岩和片麻岩的露头大多处于疏松分解状态，而砂岩露头往往保存良好。

二、外因（岩石所处的环境条件）

（一）气候

气候控制风化的类型和速度。在极地气候带，气候非常寒冷，多冰川，在冰川的影响下，岩层崩塌，形成典型的冰川侵蚀地貌和冰川堆积地貌。在干旱沙漠气候带，气候干燥少雨，岩石受热胀缩及受大风的风蚀作用，表现出强烈的物理风化作用，形成具有特征起伏的沙漠、岩漠、泥漠等特征地貌。在温带湿润气候区，地表植被多为针叶林，土壤含水量高，岩石受水分因素影响的化学风化作用较强，但由于热量较低，化学风化程度不深，次生矿物多是蒙脱石等。在气候炎热的热带地区，由于降雨量大且热量丰富，岩石受化学风化作用影响强烈，化学风化程度较深，黏土矿物多为高岭石、铁和铝的氧化物。

（二）地形和植被

地形会影响风化作用的速度和深度，同时也影响风化产物堆积的厚度和分布状态。植被状况直接影响岩石生物风化的类型和程度。

三、岩石风化产物

岩石风化后形成的风化产物在地表堆积出一层薄薄的外壳，这就是风化壳。风化产物包括碎屑物质、难溶物质、溶解性物质。碎屑物质是岩石物理风化过程中形成的风化产物，其中包括内生造岩作用形成的矿物，即原生矿物，也包括外生作用下造岩（如沉积岩的形成）作用时掺入的黏土矿物。难溶物质是岩石化学风化过程的产物，其性质与原生矿物相比发生了变化，称为次生矿物，亦称"黏土矿物"。溶解性矿物本质上是岩石化学风化过程中产生的溶解性离子或水溶性物质，通常被水淋失或搬运到别处。

原生矿物与内生造岩作用形成的岩石中的矿物相同，相关内容见第二章相应内容，在此不再赘述。这里的重点是岩石化学风化产物——次生矿物。

（一）次生层状硅酸盐矿物的构造特征

次生矿物是由原生矿物在岩石风化过程中通过化学蚀变，或者由蚀变产物重新合成的新矿物。通过电子显微镜观察其外形，我们可以清楚地看到次生矿物可以呈板状、小球状以及短栅状等不同形状。但从其内部结构和组成来看，多为层状硅酸盐，故也称"次生层状硅酸盐矿物"。由于次生矿物颗粒比较细小，主要存在于土壤的黏粒中，是黏粒的主要成分，所以也称为"黏土矿物"。

1. 基本构造单元

（1）硅氧四面体。在第二章相关内容中已经介绍了硅氧四面体的构造，其分子式可表达为 $[SiO_4]^{4-}$。硅氧四面体是层状硅酸盐的基本结构单位，四面体底部的三个 O^{2-} 分别与相邻四面体共用，成为四面体片；顶部的一个 O^{2-} 与铝氧八面体共用。如此，四面体中四个 O^{2-} 的负电荷全部被中和。四面体片具有六角形网状结构，六个氧包围的六边形空腔的半径约为 0.15 nm，四面体片的厚度约为 0.52 nm，相当于两个氧原子厚度 [图 4-25（a）]。

（2）铝氧八面体。由一个 Al^{3+} 或 Mg^{2+}、Fe^{3+} 作为中心离子，和六个等距相连的 O^{2-} 或 OH^- 构成八面体。六个 O^{2-} 或 OH^- 分两层排列，每层由三个 O^{2-} 或 OH^- 排列成三角形。顶部三个 O^{2-} 或 OH^- 和底部三个 O^{2-} 或 OH^- 交替排列。Al^{3+} 或 Mg^{2+}、Fe^{3+} 位于两层中心的孔中。这种结构在外面有八个面，每个面由三个 O^{2-} 或 OH^- 组成，因此称为八面体。例如，当八面体的中心离子是 Al^{3+} 时，就称为铝氧八面体 [图 4-25（b）]。其分子式为 $[AlO_6]^{9-}$。

在层状硅酸盐中，相邻的八面体首先通过共用 O^{2-} 或 OH^- 聚合成八面体片，然后八面体和四面体片通过共用 O^{2-} 而重叠形成层状硅酸盐。重叠时，八面体片与四面体片中四面体顶部共用 2/3 的 O^{2-}，其余 1/3 的 O^{2-} 被 H^+ 中和形成 OH。

在八面体片中，中心离子可以是 Al^{3+} 或 Mg^{2+}。前者形成的八面体片为水铝片，后者为水镁片。在水铝片中，八面体中心空穴的 2/3 被 Al^{3+} 占据，故水铝片又称为"二（位）八面体片"；在水镁片中，八面体中心空穴（3/3）均被 Mg^{2+} 占据，故它又称为"三（位）八面体片"。

2. 同晶代换

当黏粒矿物结晶时，晶格（晶体骨架）中的四面体、八面体中心阳离子经常被另一种大小相近的阳离子替换，结果是晶格没被破坏，但晶体骨架的化学成分被改变，这就是同晶代换，也称"同晶替代"或"同晶置换"（图 4-25）。四面体片中常见 Al^{3+} 代换 Si^{4+} 的现象，八面体片中也常见 Mg^{2+}、Fe^{3+} 或 Fe^{2+} 代换 Al^{3+}。

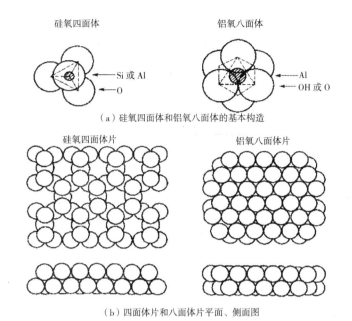

（a）硅氧四面体和铝氧八面体的基本构造

（b）四面体片和八面体片平面、侧面图

图4-25　硅氧四面体和铝氧八面体的基本构造及四面体片和八面体片的平面图、侧面图

　　同晶代换发生后，如果互换阳离子价数相同，则晶格保持电中性；如果交换离子的价数不等，则晶体中的正负电荷将不平衡，晶体则带电。如果低价换成高价，如以 Mg^{2+} 及 Fe^{2+} 代换八面体中 Al^{3+} 或者以 Al^{3+} 代换四面体中的 Si^{4+} 时，晶体带一负电荷；相反，如果以高价代低价，如 Al^{3+} 代换了二八面体中的 Mg^{2+} 时，晶体就会带上一个正电荷。黏粒矿物的同晶代换多是低价代高价，因此黏土矿物多带负电荷。

　　当两组同晶代换分别产生正电荷和负电荷，若两者位置相邻，则其电荷可以相互抵消，这称为内在中和；若两者位置相距很远，则该晶体的两个点分别存在两种电荷。除内在中和外，晶体所携带的大部分负电荷被晶体外的阳离子（如 Ca^{2+}、K^+ 等）中和，这称为外在中和。

3. 层间距和底面间距

　　晶体结构最明显的特征是原子或离子在三维空间中周期性重复排列。晶体中最小的结构单元称为单晶。这些晶体实际上可以被认为是无数单晶的密集堆积。在黏粒矿物学中，原子或离子构成的二维平面称为面；面组合成的最小单元称为片，如四面体片；片的组合称为层，如由四面体片与八面体片重叠形成的硅铝片层；重叠的两个层之间的空间距离称为层间距；相邻的两个层，一个层的底面到另一个层的底面的距离称为底面间距或基距等，如图4-26所示。

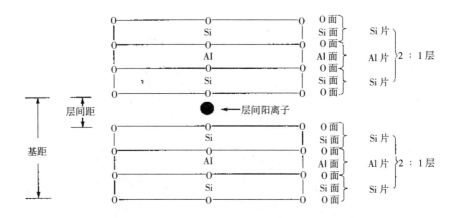

图 4-26　层状硅酸盐矿物的构造模式（2∶1型）

4.各种层状硅酸盐矿物构造的不同点及分类

各种层状硅酸盐矿物基本结构单元都是四面体和八面体，它们之间存在种属差异只因有如下区别：①八面体片和四面体片相互间重叠方式及次序、重叠数目的差异；②同晶代换的数量、发生位置以及代换离子种属的差异；③单位化学式的电荷数差异；④层间结合力及层间阳离子的差异；⑤八面体片的类型差异。根据以上不同点，层状硅酸盐矿物分类通常见表4-1所列。

表 4-1　层状硅酸盐矿物的分类

晶层类型	单位化学式电荷数	族	亚　族	种
1∶1	0	蛇纹石 - 高岭石	高岭石 蛇纹石	高岭石、埃洛石、迪开石 纤蛇纹石、叶蛇纹石
2∶1	0	滑石 - 叶蜡石	叶蜡石 滑石	叶蜡石 滑石
	0.2～0.6	蒙皂石	蒙脱石 皂石	蒙脱石、贝得石、绿脱石 皂石、锂皂石、斯皂石
	0.2～0.9	蛭石	二八面体 三八面体	黏粒蛭石 蛭石
	0.2～1	水云母	二八面体 三八面体	伊利石、海绿石 伊利石
	1	云母	白云母 黑云母	白云母、钠云母 金云母、黑云母
	2	脆云母	珍珠云母 脆云母	珍珠云母 绿脆云母

晶层类型	单位化学式电荷数	族	亚　族	种
2：1	不定	绿泥石	二八面体 过渡型 三八面体	顿绿泥石 须藤石、 斜绿泥石、叶绿泥石
2：1层链状	不定	纤维棒石	坡缕石 海泡石	坡缕石、凹凸棒石 海泡石

（二）土壤中主要的次生矿物

土壤中的次生矿物主要有：层状硅酸盐矿物、氧化物和水合氧化物、磷酸盐、硫酸盐矿物、碳酸盐矿物等（表4-2）。除云母外，次生矿物与原生矿物具有不同的化学成分和特定的结构特性。下面主要介绍土壤中常见的几种层状硅酸盐矿物的结构特性和性质。

表4-2　风化物中主要次生矿物

	次生矿物	化学式
层状硅酸盐矿物	1：1型矿物	
	高岭石	$Si_4Al_4O_{10}(OH)_6$
	埃洛石（1.0 nm）	$Si_4Al_4O_{10}(OH)_6 \cdot 4H_2O$
	埃洛石（0.7 nm）	$Si_4Al_4O_{10}(OH)_6$
	2：1型矿物	
	蒙脱石（$0.2 < x < 0.6$)[①]	
	蒙脱石	$M_{0.67}Si_8(Al_{3.33}Mg_{0.67})O_{20}(OH)_4 \cdot nH_2O$[②]
	绿脱石	$M_{0.67}Fe_4(Al_{7.33}Mg_{0.67})O_{20}(OH)_4 \cdot nH_2O$
	贝得石	$M_{0.67}Al_4(Si_{7.33}Al_{0.67})O_{20}(OH)_4 \cdot nH_2O$
	蛭石（$0.6 < x < 0.9$）	$M_{1.2}(Si_{6.8}Al_{1.2})(Mg, Fe, Al)_{4\sim6}O_{20}(OH)_4 \cdot nH_2O$
	伊利石（细粒云母，$x \sim 1$）	$K(Si_7Al)(Mg, Fe, Al)_{4\sim6}O_{20}(OH)_4$
	2：1：1型矿物	
	绿泥石（二八面体型）	$(Mg, Al)_{0.2\sim10}(Si, Al)_8O_{20}(OH)_{16}$
	绿泥石（三八面体型）	$(Mg_{10}Al_2)(Si_6Al_2)_9O_{20}(OH)_{16}$
	非晶质、准晶质矿物	
	水铝英石	$(1\sim2)SiO_2 \cdot Al_2O_3 \cdot (2.5\sim3)H_2O$
	伊毛缟石	$(OH)_6Al_4O_6Si_2(OH)_2$

	次生矿物	化学式
氧化物、水合氧化物	蛋白石	$SiO_2 \cdot nH_2O$
	水铝石	$\gamma\text{-}Al(OH)_3$
	赤铁矿	Fe_2O_3
	针铁矿	$\alpha\text{-}FeOOH$
	纤铁矿	$\gamma\text{-}FeOOH$
	水铁矿	$5Fe_2O_3 \cdot 9H_2O$
磷酸盐、硫酸盐、碳酸盐矿物	磷灰石	$Ca_3(PO_4)_3(OH, F, Cl)$
	石膏	$CaSO_4 \cdot 2H_2O$
	方解石	$CaCO_3$
	白云石	$CaCO_3MgCO_3$

注：①x 为电荷密度，②M 为交换性一价阳离子。

1.（1∶1）型矿物

1∶1 型矿物由一个八面体片和一个四面体片叠合而成。四面体顶部的一个 O^{2-} 与八面体共用，剩余在八面体面上的 $1/3\ O^{2-}$ 与 H^+ 结合形成 OH。叠合后，晶格上表面由八面体片上的 OH 组成，下表面由四面体片上的 O 组成 [图 4-27（a）]。在分类上，1∶1 型矿物只含蛇纹石 - 高岭石族，分高岭石亚族和蛇纹石亚族。高岭石亚族含高岭石、珍珠石、埃洛石及迪开石。高岭石、埃洛石在土壤中较多，其余两种在土壤中含量甚微。由于高岭石亚族矿物很少发生同晶代换，因此该亚族矿物在化学成分、基本结构和性质等方面具有许多共性。

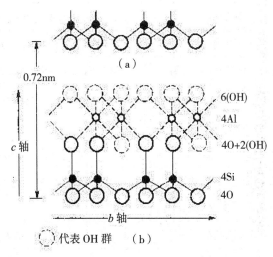

图 4-27　高岭石的晶体构造

（1）高岭石亚族的分子式、结构式相似。例如，高岭石的分子式为 $Al_2O_3 \cdot 2SiO_2 \cdot 2H_2O$，结构式为 $Si_4Al_4O_{10}(OH)_8$；埃洛石的分子式为 $Al_2O_3 \cdot 2SiO_2 \cdot 4H_2O$，结构式为 $Si_4Al_4O_{10} \cdot (OH)_8 \cdot 4H_2O$。从上述分子式和结构式可以看出，该亚族的八面体片是二八面体片，SiO_2/Al_2O_3 的分子比率为 2。

（2）高岭石亚族矿物的电荷量很少。由于没有同晶代换，高岭石亚族矿物中的电荷数量非常小。电荷主要来自边缘断键和表面 OH 基团的 H^+ 在一定 pH 条件下的解离。该电荷受颗粒大小和环境 pH 的限制，一般来说阳离子交换量只有 3～15 cmol(+)/kg（厘摩尔/千克）。富含这种矿物的土壤通常养分保持能力低。

（3）膨胀性小。如图 4-27（b）所示，当单位晶层叠合时，相邻面之一为 OH 基面，另一面为 O 面，两者之间可形成氢键，使层间结合力强。一些小分子如高岭石、水或有机溶剂，都不能渗进层间，因此几乎没有膨胀性，底面之间的距离为 0.72 nm。此外，由于其层间结合力强，多以较大的片状形式存在，微形态呈六角形，直径为 0.2～2 μm。

该亚族中的埃洛石由于各种原因（如结构缺陷），往往含有少量的电荷，削弱了层间的结合强度，水分子可以进入层间形成一水分子层，因此可以膨胀到 1.0 nm，此即水化埃洛石。若通过加热干燥完全去除层间水，则称为变质埃洛石。电镜下，埃洛石呈管状、栅状或小球状。

蛇纹石亚族矿物的八面体片是三八面体片，即八面体的中心腔被 Mg^{2+} 占据。该亚族主要有纤维蛇纹石和叶蛇纹石。除了蛇纹岩风化形成的土壤外，这些矿物通常在其他土壤类型中找不到。

2.（2：1）型矿物

两个四面体片中间夹一个八面体片就构成了 2：1 型矿物。在四面体片和八面体片的连接面，有 2/3 的 O^{2-} 在两者之间共用，其余 1/3 的 O^{2-} 与 H^+ 结合形成 OH。叠合的两晶层间相邻表面都为四面体片的 O 面，没有氢键形成。叶蜡石是典型的 2：1 矿物（图 4-28），叶蜡石没有同晶代换，单位化学式无电荷，结构式为 $Si_8Al_4O_{20}(OH)_4$，分子式为 $Al_2O_3 \cdot 4SiO \cdot 2H_2O$，$SiO_2/Al_2O_3$ 为 4。由于大多数 2：1 型矿物具有不同程度的同晶代换，它们也具有数量不等的表面电荷，这使得不同 2：1 型矿物的化学成分和性质悬殊。一般，按单位化学式的电荷数将 2：1 型矿物划分为多个族（表 4-1）。常见的土壤 2：1 型矿物有水化云母、蛭石、蒙皂石、绿泥石等族矿物，详述如下。

（1）水化云母族矿物。水化云母又称"水云母"，也称"伊利石"，在结构上，与原生矿物中的云母基本相似。云母属于 2：1 型矿物，其四面体中的 Si^{4+} 常被 Al^{3+} 取代，K^+ 中和产生的多余负电荷。由于 K^+ 半陷在晶层表面由六个氧围合形成的孔穴中，同时被相邻两个晶格的负电荷吸引，使两个晶格之间的接触非常紧密，不易膨胀，水分子和其他阳离子不能进入，其底面间距为 1.0 nm。云母风化后，层间 K^+ 可被代换，其他阳离子（Ca^{2+}、Mg^{2+} 等）或 H_3O^+ 进入夹层，云母遂转变为水云母（图 4-29）。

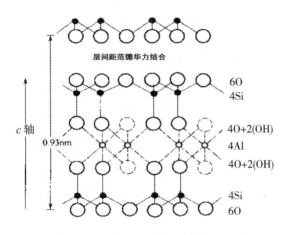

图 4-28 叶蜡石的晶体构造

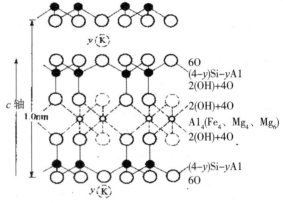

图 4-29 水云母的晶体构造

水云母的结构式可写为 $K(Si, Al)(Al, Mg, Fe)_{4\sim6}O_{20}$，阳离子交换量为 $20 \sim 40$ cmol (+)/kg。水云母的膨胀性比云母稍大，但并不明显，底面间距也为 1.0 nm。水云母粒径相对较细，通常小于 $1 \sim 2$ μm。

水云母族分为二八面体亚族和三八面体亚族。土壤中的水云母一般为二八面体矿物，而三八面体的水云母因其不稳定而很少见。水云母中的 K_2O 含量为 $6\% \sim 8\%$，低于白云母。我国北方的土壤中水云母含量高，富含钾素，而南方土壤中水云母含量较低。

（2）蛭石族矿物。云母和伊利石被进一步风化，层间的每一个 K^+ 全部被 Mg^{2+} 等阳离子取代，然后水分子侵入并形成两个水分子层，将底面间距扩大到 1.4 nm，形成蛭石。

从图 4-30 可以看出，蛭石层间 Mg^{2+} 实际上是一种水化阳离子，故层间结合力弱，膨胀性强于水云母。蛭石的电荷主要存在于四面体片中，其与层间阳离子的结合力强于后述的蒙脱石，因此其膨胀性弱于蒙脱石。

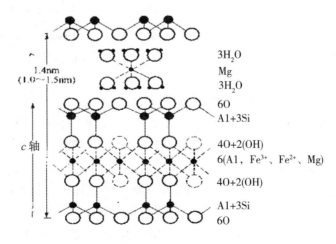

图 4-30 蛭石的晶体构造

蛭石的结构式可写为 $Mg_{1.2}(Si_{6.8}Al_{1.2})(Mg, Fe, Al)_{4\sim6}O_{20}(OH)_4$，CEC（阳离子交换量）为 100～150 cmol(+)/kg。蛭石族分二八面体和三八面体两个亚族（表 4-1）。土壤中的蛭石多为二八面体蛭石。由于单纯的蛭石不能从土壤中分离出来，所以三八面体蛭石常被用作土壤科学研究的样品。

（3）蒙皂石族矿物。蒙皂石族分蒙脱石和皂石亚族。一般土壤中发现的蒙脱石是二八面体型，可以看成是叶蜡石的衍生物。由于同晶代换的离子出现位置和类型差异，形成了多种类质同象矿物，典型矿物如蒙脱石、拜来石和绿脱石。

蒙脱石的同晶代换发生在八面体片，多为 Mg^{2+} 代换 Al^{3+}。当八面体中的 Al^{3+} 全部被 Fe^{3+} 取代时，形成绿脱石；如果只在四面体中发生代换（如用 Al^{3+} 代 Si^{4+}），则形成拜来石。绿脱石和拜来石的四面体片都发生以 Al 代 Si 的同晶代换。

由于层电荷发生于八面体，远离表面，对层间阳离子影响很小，蒙脱石的膨胀性很强。风干情况下底面间距多为 1.4 nm，而吸收水分后可达 1.8～2.0 nm。蒙脱石阳离子交换量为 80～100 cmol(+)/kg。颗粒小，表面积大，80% 为内表面。因此，黏粒矿物以蒙脱石为主的土壤，具有较强的保水性、保肥性、黏结性、黏着性、可塑性等特性，但土壤的渗透性较差，耕作阻力大。

东北的黑土、黑钙土和华北钙质土蒙脱石含量较高，华北褐土和西北灰钙土也含有蒙脱石。

（4）绿泥石族矿物。绿泥石族矿物分为三个亚族：二八面体、三八面体和过渡型。通式为 $(Mg, Fe, Al)_{12}(SiAl)_8O_{20}(OH)_{16}$，结构单元由一层水镁石或水铝石间层和一层 2∶1 型云母晶层相间叠合而成，如将间层看作层间侵入物，仍属 2∶1 矿物；否则可视为 2∶1∶1 型或 2∶2 型矿物。

常见的绿泥石多为三八面体，属于镁铁系。镁铁系，产生负电荷，间层的水镁石因 Al^{3+} 代换 Mg^{2+} 而产生正电荷。层间正负电荷产生的吸附力，加上云母的 O^{2-} 与水镁石的 OH 形成的氢键引力，使层间结合力强，底面间距仅 1.4 nm。

二八面体绿泥石可分为三种情况：一是 2∶1 晶层是二八面体，间层物是三八面体水镁石；二是两者都为二八面体型；三是间层物发育不全。土壤中大部分次生绿泥石都属于这种类型。

绿泥石阳离子交换量（CEC）为 10～40 cmol(+)/kg。绿泥石广泛存在于土壤中，多是从母体继承而来，源头矿物主要是角闪石、黑云母等。绿泥石不耐化学风化，随着化学风化程度加深，母质中绿泥石很快消失。因此，绿泥石多存在于土壤发育不良和干旱冷寒之地。

3. 混层矿物及 2∶1 型链状矿物

（1）混层矿物。混层矿物，又称夹层矿物，是由两种或两种以上不同结构单元相间堆叠而成的黏土矿物。层状硅酸盐矿物可通过热液变化或风化作用转化为混合层状矿物。混层矿物可分为规则界面和非均匀界面两种。命名法通常以各成员全部矿物的名称和含量比例为依据，主要成员在前，次要成员在后（表 4-1）。

  土壤中混层矿物层的存在较为复杂，一般在温带气候或干热土壤中混层矿物含量较多。混层矿物具有多种矿物的特性，因此含有混层矿物的土壤比含有单调矿物的土壤更能满足作物生长的需要。

  （2）2：1型链状矿物。纤维棒石是一种2：1型链状硅酸盐矿物，其主要特征是硅氧四面体呈链状，即在排列上每隔一段就颠倒一次，形成棒状特征，颗粒呈纤维状。纤维棒石族包括凹凸棒石和海泡石。大多数是由角闪石或辉石转化而来，特别常见于湖泊沉积物，尤其是干燥的沙漠湖泊沉积物中。在表土中发现的凹凸棒石可以风化成蒙脱石。

  综上所述，几种主要黏土矿物的结构差异和联系如图4-33所示。

  4. 氧化物与其他次生矿物

  除上述层状硅酸盐外，土壤黏土组分中还有一些铁、铝、硅、锰的结晶或非晶氧化物及其水化程度不同的水合物。它是硅酸盐风化的最终产物，也是土壤形成过程中的产物。虽然它们从数量上看是黏土颗粒的次要成分，但它们直接或间接地影响着埋藏土壤的理化性质和养分的有效性。因此，有必要了解和掌握氧化物及其水合物的基础知识。

  （1）氧化铁。氧化铁的种类很多，土壤中最常见的种类有针铁矿 [α-FeO(OH)]、纤铁矿 [γ-FeO(OH)] 和赤铁矿（α-Fe_2O_3）。它们都是晶质的，都以八角体为基本构造单元。Fe^{3+} 位于 O^{2-} 或 OH^- 所包围成的八面体中心。针铁矿主要存在于温带、热带和亚热带地区的土壤中，并且在地下层更常见。例如，在红壤和高度风化的松土土壤中的含量达到20%。纤铁矿存在于潮湿温带地区的土壤中，经常被水浸透，并且经常可以在氧化还原频繁交替的土壤中看到。赤铁矿是一种无水矿物，主要存在于高温、潮湿、高度风化的土壤中，由于赤铁矿呈显眼的红色，它的存在会使土壤呈现红色。此外，沼泽土中常发现不溶性蓝色铁矿 [$Fe_3(PO_4)\cdot H_2O$]，使土壤呈蓝灰色或蓝色；也可能有菱铁矿（$FeCO_3$）及黄铁矿（FeS），可使土壤呈现灰棕色和黑色。

  （2）氧化铝。氧化铝的种类很多，常见的土壤氧化铝为三水铝石 [$Al(OH)_3$]，其结构特点是两层 OH^- 紧密堆积形成八面体片。中心的 2/3 被 Al^{3+} 占据。凡具有迅速脱硅作用的土壤中常会有较多的三水铝石。其含量可作为脱硅作用和富铝风化作用的指标。在我国长江以南的土壤中含有三水铝石。

  （3）氧化硅。土壤黏土中有两种类型的氧化硅：结晶质和非晶质。结晶质氧化硅主要由石英和方石英组成。非晶体的氧化硅称为蛋白石（$SiO_2\cdot nH_2O$），是硅酸凝胶部分脱水的产物，也可由氧硅四面体组成，但排列不规则。蛋白石广泛分布于母质火山灰的土壤中，一些富含铁的热带土壤和火山灰土壤中也含有一定量的蛋白石。土壤中的部分蛋白石也来自生物，尤其是草和落叶林的叶子。因为植物中的大部分硅以凝胶和蛋白石的形式存在，死后留在土壤中。因此，土壤中的蛋白石含量往往与土壤中的腐殖质含量有关，蛋白石的含量也可以作为古土壤埋藏表层的矿物指标。

  火山灰的黏土成分通常含有一种叫作水铝英石的矿物，它是一种由氧化硅、氧化铝和水组成的非晶质矿物。其化学式为（1～2）$SiO_2\cdot Al_2O_3\cdot$（2.5～3）H_2O，可以看出其 SiO_2 与 Al_2O_3 的分子比为（1：1）～（2：1），在电子显微镜下呈空心球形。水铝英石的存在往往是火山灰具有高保水性和高磷酸保水性的原因。

（三）我国土壤中黏土矿物分布规律

土壤中的黏土矿物可以是由岩石中原生矿物风化蚀变形成的，可以是原生矿物在风化成土过程中的分解产物再制造的，也可以是由岩石中固有的矿物衍生而来的。因此，生物气候条件和土壤母质类型是影响土壤黏土矿物组成的重要因素。不同生物气候条件下土壤的黏土矿物成分往往不同。一般认为，随着风化强度的增加，矿物的组成会由复杂变为简单，不同矿物的演化有以下顺序：

云母→水云母

蛭石→蒙脱石→铝蛭石→高岭石→三水铝石

绿泥石

生物气候条件随着纬度的变化而变化，因此土壤黏土的矿物成分随着纬度的变化也有明确的变化规律。在《中国土壤》（第二版，1987）一书中，根据不同母质和不同土壤类型的黏粒组成，将我国土壤的黏土矿物成分分为6个区域。

1. 以水云母为主的地带

以水云母为主的地带主要包括西部沙漠、新疆半沙漠地区和内蒙古高原的沙漠和半沙漠土壤。矿物在初期风化阶段，表层土壤黏土颗粒的 K_2O 含量高达4%，黏粒矿物以水化度低的水云母为主，其次是绿泥石和蒙脱石。

2. 以水云母–蒙脱石为主的地带

以水云母–蒙脱石为主的地带包括内蒙古高原东部、大兴安岭、长白山及东北平原的大部分地区，主要土壤类型为棕壤、褐土、黑垆土、黄绵土、黄潮土等。黏粒矿物均以水云母为主，蒙脱石含量明显增加。

3. 以水云母–蛭石为主的地带

以水云母–蛭石为主的地带包括青藏高原东南缘的山地、黄土高原和华北平原。主要土壤类型有棕壤、褐土、黑黄土、黄绵土、黄潮土等。黏粒矿物均以水云母为主，但大部分土壤蛭石显著增多，部分土壤含大量蒙脱石，另外还有少量绿泥石和高岭石。

4. 以水云母–蛭石–高岭石为主的地带

以水云母–蛭石–高岭石为主的地带地处亚热带北部，土壤类型以黄棕壤为主。黏土矿物具有自北向南过渡的性质，在一定条件下，水云母、蛭石和高岭石占有非常重要的地位。

5. 以高岭石–水云母为主的地带

以高岭石–水云母为主的地带包括长江以南红壤分布区，土壤中黏粒矿物中以结晶程度较差的高岭石为主，并有少量水云母和蛭石，铁和铝的氧化物含量也显著增加。

6. 以高岭石为主的地带

包括贵州南部、闽粤东南沿海、南海诸岛等气候湿热、风化强烈的地区，土壤类型以红壤和砖红壤为主。土壤中的黏粒矿物以结晶良好的高岭石为主，含有少量水云母和蛭石，有时氧化铁含量较高，三水铝石含量显著增加。

从上述我国各地区土壤中黏土矿物的组成可以看出黏土矿物分布的大致规律：在温带干旱荒漠和半荒漠中，云母矿物处于初始脱钾阶段，以水云母为主要形态，蒙脱石甚少；随着湿度的增加，半干旱草原地区，蒙脱石迅速增加，结晶良好，以蒙脱石和水云母为主，但至半湿润的森林 – 草原环境中，不利于蒙脱石的形成；暖温带的半湿润和湿润地区，有利于云母进一步脱钾，蛭石明显增多；亚热带北部，2∶1 型矿物的脱硅作用开始增强，高岭石显著增加，并开始出现三水铝石；中亚热带以南地区，随水热作用的增强，高岭石逐渐代替水云母取得主导地位，铁铝氧化物矿物亦大量积累，但一直到热带北部，蛭石和水云母仍未绝迹。

第三节　岩石圈、大气圈、水圈对生物圈的作用与有机质的形成

一、岩石圈、大气圈、水圈是生物圈的物质来源

生物圈中的生命物质都源于岩石圈、水圈以及大气圈。生物物质的主要元素也大部分来源于大气圈以及水圈，如 C、H、O、N 等，而岩石圈是其他矿物元素的主要来源，因此生物圈的物质基础是这三个圈层。太阳能为生命活动提供能量。通过光合作用将透过大气层的阳光一部分转化为化学能，而另外一部分能量以热能的形式保持生物细胞分子的活性，有利于生命活动的进行。由于生物圈具有亲岩性、亲光性、亲水性、亲气性以及温控性等特性，所以生物圈内的生物量以及生物多样性在全球范围内呈"正态垂直分布"（见第 3 章第 3 节），即生物圈生物量以及生物多样性在低纬度靠近海岸线的地方最丰富，相反；生物圈生物量以及生物多样性在距低纬度海岸线越远或垂直距离越大则越低。生物体在生物圈中的生物地球化学循环过程中，它们的遗体以及代谢产物进入土壤，从而被微生物分解，有机质在这个阶段在土壤中以有机质的形式存在，成为土壤的有机成分之一。

土壤有机质的主要来源是生物圈中的有机物，因此土壤物质的形成与生物圈中的生命活动直接相关。

二、岩石圈对土壤有机质形成的影响

岩石可以通过影响生物体的生长，来进一步影响土壤中有机质的形成和积累。陆地表面的岩石类型因地区不同而不同，岩石中存在的矿物元素的种类和含量也有很大差异，岩石风化物的营养成分和物理性质也各不相同。所以土壤的母质不同，所供养的植物区系以及生产量也不同。当然有机质的存量也因生物量基础而异。拿黄红壤举例，在湖南省资兴市，以花岗岩为基础发育的黄红壤多为砾质中壤或者沙壤土。这类土壤除钾的养分较高以外，氮磷养分含量都相对较低，影响了植被的生物量增加，最终会导致土壤有机质含量下降（1.15%）。湖南省怀化市会同县与资兴市邻近处于相同纬度，其土壤是板页岩黄红壤，土壤质地是中壤至重壤土，比资兴市的土壤氮磷养分含量高，植被生物量高，适合林

木生长，并且土壤中有机质积累量也高（3.58%）。

三、气候对土壤有机质形成的影响

气候包括了大气圈和水圈运动的内容因子（降水、大气热量传播），以及地球自转导致的季节因素，直接影响陆地生物的生长。

在干旱气候条件下，供应给生物体的水分很少，所以地表产生的生物量也相应减少，土壤中由陆生生物转移的残留有机物量也随之减少，因此土壤有机质含量也随之减少。例如，在荒漠地区，土壤有机质含量很少，地表植被稀疏；在沙漠地区，大量黄沙堆积在地表，有机质含量也很少。相反的，在潮湿气候区，地表产生的生物量较大，因此土壤中由陆生生物带入的残留有机质量也较大。

另外，土壤含水量以及气温都会影响土壤微生物的活性，从而使土壤中的有机质的分解速度间接受到影响，进而决定土壤中剩余有机质的质量。一般而言，温度越高，土壤孔隙氧分压越大，土壤微生物的活性越高，土壤分解有机质的速率越高，土壤有机质含量越低。比如，在热带季风气候区，虽地表植被丰富，但土壤有机质含量却很低。

在低温潮湿气候下，土壤中的微生物活性较低，土壤微生物区系通常以厌氧或兼氧微生物等有机物分解能力弱的为主。在这样的气候条件下，土壤有机质含量较高，土壤通常会产生大量的还原性气体，如甲烷。

在西伯利亚冻土带中，土壤微生物以厌氧或兼氧微生物为主，分解有机物主要产生甲烷这样的气体产物。在冻土的环境中，下层的土壤中封存了大量的甲烷。近年来，由于大气气温上升，许多永久冻土区在夏季的时候冻土发生融化，下部土壤中封存的高压甲烷气体沿土壤往上喷涌而出，导致上层土壤爆裂，产生巨大的环形土坑（图4-31）。

图4-31 西伯利亚冻土区因气温上升发生甲烷气爆产生的土坑

西伯利亚地区属亚寒带针叶林气候区，气候低湿。由于土壤中有足够的水来支持高大木本植物发生剧烈的蒸腾作用时所需的水，该地区到处都是针叶林。林下苔藓代谢残留物以及针叶林木凋落物堆积在地表。由于土壤温度低、土壤湿度高、微生物活动弱，土壤有机质含量很高，使降水产生的地表径流颜色趋于黑色，最终汇集于黑龙江的水体颜色微黑，黑龙江因此得名。此外，东北山区的暗棕壤以及东北平原砂姜黑土有机质含量高，这与当地寒冷潮湿的环境有关。

四、土壤中生物转化相关的微生物

土壤微生物包括单细胞的原生动物，多细胞的后生动物，真核细胞的真菌（酵母、霉菌）以及藻类，原核细胞的放线菌、细菌和蓝细菌及如病毒等分子生物这种没有细胞结构的。土壤中最活跃的部分是土壤微生物，它们参与土壤腐殖质的合成、有机质的分解、养分的转化，并且促进土壤的形成以及发育。

1 kg 土壤可以含有 100 亿个放线菌、500 亿个细菌、近 5 亿个真菌以及 5 亿只微小动物。这些地下的微小生命占全球生物量的绝大部分。土壤微生物种群存在差异，有以微生物为食的原生动物，有能分解有机质的细菌和真菌，有能有效进行光合作用的藻类等。

土壤是微生物生存的主要基地，大部分的已知的微生物是从土壤中分离、驯化和选育的，但它们仅占实际土壤微生物总数的 10% 左右，工、农、医等方面有益的微生物也只有数百种。因此，土壤微生物资源的挖掘有巨大潜力。

（一）土壤微生物的种类

1. 原核微生物

（1）细菌。土壤微生物总数的 70% ～ 90% 是细菌，主要是可以分解各种有机物的种类。细菌的数量庞大，但相反的，生物量却不是很高。据分析，10 g 肥沃土壤中所含的细菌总数几乎等于世界人口总数。细菌因为个体小而代谢强、繁殖快，并且与土壤接触的表面积大，所以是土壤中活性最强的成分。土壤细菌的主要常见属有假单胞菌属、节杆菌属、土壤杆菌属、芽孢杆菌属、黄杆菌属、产碱杆菌属等。

土壤中存在多种细菌生理群，其中有固氮细菌、纤维分解细菌、硝化细菌、亚硝化细菌、氨化细菌、硫化细菌等，它们在土壤的碳、氮、磷、硫循环中扮演着重要角色。

（2）放线菌。在土壤、淤泥、粪便和淡水等中广泛存在着放线菌，其中土壤中放线菌数量最多、种类也最多。一般来说，放线菌含量肥沃的土壤多于贫瘠的土壤，农田的土壤多于森林的土壤，春秋季的土壤多于夏冬季的土壤。放线菌在土壤中的存在形式以孢子或菌丝片段为主，每克土壤的细胞数介于 10^4 ～ 10^6 个。

土壤中生活的放线菌种类很多，采用常规方法监测时，70% ～ 90% 为链霉菌，占了绝大部分；其次是诺卡氏菌，占 10% ～ 30%；位居第三的是小单胞菌属，仅占 1% ～ 15%。它们中的大多数是好氧腐生菌。

放线菌最适合的生长环境是中性或者偏碱性，并且通气良好的土壤，因为它们可以转化土壤有机质以及产生抗生素，并对其他有害细菌产生拮抗作用。在堆肥过程中的养分转化中，高温放线菌起重要作用。

2. 真核微生物

（1）真菌。常见的土壤微生物中就有真菌。真菌通常占主导地位或起主要作用，尤其是在森林土壤和酸性土壤中。我国土壤中的真菌种类繁多，并且资源丰富，最普遍的有青霉属、镰刀菌属、曲霉属、木霉属、根霉属、毛霉属。

（2）藻类。藻类是真核原生生物，藻类包含单细胞以及多细胞。土壤中的藻类数量庞大，是土壤生物群落的重要组成部分，土壤藻类主要以绿藻、硅藻以及黄藻为主。

藻类是土壤生物的先驱，在土壤的形成以及熟化中发挥着重要作用，它凭借光能的自养能力成为土壤有机质的第一生产者。藻类在肥沃的土壤中生长旺盛，土壤表面常出现一层薄薄的黄褐色或黄绿色藻层。有大量的硅藻表明土壤营养丰富。

（3）地衣。地衣是由真菌和藻类形成的密不可分的共生体。地衣广泛分布在土壤和其他物体的表面以及荒凉的岩石上，通常土壤母质以及裸露岩石的最早定居者是地衣。因此，在土壤形成的早期，地衣起着重要的作用。

（二）土壤微生物的营养类型

根据微生物对能量和营养的需求，一般可分为以下四类。

1. 化能有机营养型

化能有机营养型也称为"化能异养型"，它需要有机化合物作碳源，从有机化合物的氧化过程中获取能量。这类土壤微生物的数量或种类是最多的，包括几乎所有的真菌和原生动物以及大多数细菌，是在土壤中发挥重要作用的微生物之一。化能异养微生物可分为寄生和腐生两种。前者寄生在其他生物上，从宿主身上吸收养分，没有宿主就不能生长繁殖。后者利用无生命的有机物质，包括动物和植物的尸体。除此之外，还有一种中间型，既可以是寄生型也可以是腐生型，称为兼性寄生微生物或兼性腐生微生物。

2. 化能无机营养型

化能无机营养型也称"化能自养型"，它以二氧化碳为碳源，从氧化无机化合物的过程中获取能量。这种微生物在数量和种类上并不多，但在土壤物质的转化中起着重要的作用。根据其对于不同底物的氧化能力，可分为五大类（表4-3）。

3. 光能有机营养型

光能有机营养型也称为"光能异养型"，它的能量来自于光，但它需要借助有机物作为供氢体来还原二氧化碳和合成细胞材料。例如，紫色的非硫细菌中的深红红螺菌可以使用简单的有机物质作为供氢体，如甲基乙醇。

表 4-3　好氧化能自养菌

菌　群	氧化底物	氧化产物	电子受体	菌　群	氧化底物	氧化产物	电子受体
亚硝酸细菌	NH_3	NO_2	O_2	铁细菌	Fe^{2+}	Fe^{3+}	O_2
硝酸细菌	NO_2	NO_3^-	O_2	氢细菌	H_2	H_2O	O_2 或 NO_3^-
硫氧化细菌	H_2S，S，S_2O_3	SO_4^{2-}	O_2 或 NO_3^-				

4. 光能无机营养型

光能无机营养型也称为"光能自养型"，它可以利用光能进行光合作用，以无机物作为供氢体，还原二氧化碳合成细胞物质。藻类以及大部分光合细菌都是光能自养微生物。与绿色高等植物一样，藻类以水为供氢体，紫硫细菌、绿硫细菌等光合细菌都以 H_2S 为供氢体。

以上营养型的分类是相对的。在异养型和自养型中，有介于化学能型和光能型之间的中间型，它可以在土壤中找到，土壤的环境条件适合各类微生物生长繁殖。

（三）土壤微生物的呼吸类型

微生物的呼吸作用因对氧气的要求不同，可以分成无氧呼吸（也称"发酵"）和有氧呼吸（也称"需氧呼吸"）。进行无氧呼吸的称为厌氧微生物，进行有氧呼吸的称为好氧微生物，两种呼吸方式都能进行的称为兼性厌氧微生物。

1. 好氧微生物的有氧呼吸

土壤中的大部分细菌，如假单胞菌、芽孢杆菌、固氮菌、根瘤菌、硝化菌、硫化菌等，以及放线菌、霉菌、藻类和原生动物，都是好氧微生物。它们呼吸基质氧化时的最终氢体是氧气。由于空气中氧的不断供应，底物可以被完全氧化，释放出所有的能量。

在有氧的土壤中（如大孔隙、团粒体等），或在通气良好的土壤微环境中，好氧微生物进行的有氧呼吸，共同负责土壤有机质转化、能量获取以及构建细胞物质，执行各自的生理功能，如固氮细菌的固氮作用。以还原态的无机物作为呼吸底物的好氧性化能自养型细菌，依靠自身的氧化酶系统激活分子氧，氧化相应的无机物，获取能量。例如，氧化硫化杆菌以 S 为呼吸底物氧化成 SO_4^{2-}（硫化作用），亚硝酸细菌以 NH^+ 为呼吸底物氧化为 NO_2（亚硝化作用），硝酸细菌以 NO_2^- 为呼吸底物氧化成 NO_3^-（硝化作用）。

2. 厌氧微生物的无氧呼吸

产甲烷菌、梭菌和脱硫弧菌等厌氧微生物在无氧环境中生长发育，进行呼吸的过程中不需要氧气。基质没有完全被氧化，产生的一些终产物比基质更为还原，释放的能量也更少。

在长期淹水的水稻土、沼泽地以及人工沼气池等环境中，产甲烷菌会进行沼气发酵，进而产生甲烷。脱硫弧菌能还原硫酸盐产生 H_2S。

3. 兼性厌氧微生物兼性呼吸

兼性厌氧微生物可以在有氧以及无氧环境中生长发育，但两种环境下产生的呼吸产物不同。典型的例子是酵母菌以及大肠杆菌。

土壤中的硫酸还原细菌、反硝化假单胞菌、部分硝酸还原细菌是一类特殊的兼性厌氧细菌，在有氧环境下能像其他好氧菌一样，进行有氧呼吸；而在缺氧环境下可以将呼吸基质彻底氧化，以硫酸或者硝酸中的氧作为受氢体，使硝酸还原成亚硝酸或分子氮，将硫酸还原成硫或硫化氢。

第四节　生物圈物质循环的产物——有机质

生物圈中的陆生生物处于生物地球化学循环中的最后阶段，即生物遗体和生物代谢产物的分解阶段。由土壤中微生物主导的分解作用所产生的阶段性的有机产物会长期留存在土壤中，有些成分会存在数千年乃至数万年，从而成了土壤的有机组分之一，这些成分被统称为有机物。本节介绍土壤有机质的来源和性质。

一、土壤有机质的来源

土壤有机质一般是指以各种状态以及形式存在于土壤中的多种含碳有机化合物。它们包括土壤中动物、植物和微生物残留物不同分解阶段的不同产物以及合成产物。

土壤有机质主要来源是动物、植物和微生物残体。其中，主要来源是高等植物。生物气候条件不同，土壤中有机质的积累量差异很大（表4-4）。自然植被在耕地土壤中已不存在，主要是由于人们每年施的有机肥（堆肥、绿肥、厩肥和沤肥等），以及不可忽视的根茬残留量和根的分泌物的数量。研究表明，紫云英根的根量可达其地上重量的15%，水稻为25%，小麦的根系分泌物的重量可达其地上重量的18%～25%。我国耕地土壤中有机质含量一般小于50 g/kg。东北大部分地区介于20～30 g/kg，华北和西北大部分地区低于10 g/kg，华中和华南地区水田耕层的有机质含量为15～35 g/kg。

表4-4　中国水稻土有机质组分在有机质中的比例

有机质组分名称	组分占土壤有机质总量/%
半分解的有机残体	6～15
碳水化合物（中性糖）	13～18
蛋白质、多肽	18
腐殖物质	50～65

虽然进入土壤的有机残体的来源不同，但从化学角度看，主要是含氮化合物（主要是蛋白质）、碳水化合物（包括一些简单的糖和淀粉、纤维素以及半纤维素等多糖）、木质素等物质。另外，还有一些脂溶性物质（如树脂、蜡等）。在元素组成方面，除C、H、O、N外，还含有灰分元素，如P、K、Ca、Mg、Si、Fe、Zn、Cu、B、Mo、Mn等。

有机残留物中上述有机成分的含量因植物种类、器官和年龄而异。

二、土壤有机质的形成过程

在微生物的作用下，进入土壤的各种有机残体进行着一系列复杂而深刻地转化过程，可以概括成两个方面，即矿质化过程以及腐殖化过程。在土壤中两者同时同地互相渗透着进行，并在不同条件下，其强度和特点会有所不同。

（一）土壤有机质的矿质化过程

土壤有机质的矿质化过程（mineralization）是指在微生物的作用下，复杂的有机质分解成简单化合物并释放出矿质养料以及能量的过程。

土壤有机质的矿质化作用主要是通过微生物酶分阶段来进行并完成的。在分解过程中会产生各种类型的中间产物。

如果环境条件合适，微生物活动强，那么分解进行得较快。最终，大部分有机物会变成 CO_2 和 H_2O，而 N、P、S 等会以矿质盐类的形式释放，同时为微生物提供了较高水平的能量。

如果环境不合适，微生物的活动受到阻碍，分解作用就会缓慢且不彻底。因此，有机物的损失也将是缓慢的。有时会伴随中间产物堆积，释放的营养物质和能量也很少。

因此，环境条件不同，有机质的组成部分不同，所提供的营养物质和能量、微生物的分解能力和最终产物也不同。接下来以植物残体为例，各有机成分的一般分解率以及分解产物简介如下。

1. 糖类的分解

糖类包括单糖类（五碳糖 $C_5H_{10}O_5$、六碳糖 $C_6H_{12}O_6$）和淀粉、纤维素、半纤维素等多糖类化合物。首先在微生物分泌产生的水解酶的作用下，多糖水解为单糖，进而单糖又分解为简单的物质。

在好气条件下多糖迅速分解，最终产物是单糖。反应式如下：

$$(C_6H_{10}O_5)\ n+nH_2O_5 \xrightarrow{\text{水解酶}} nC_6H_{12}O_6$$

$$\text{纤维素} \qquad\qquad \text{葡萄糖}$$

如果存在足够的氧气，单糖分解的最终产物是 CO_2 和 H_2O，并释放出大量能量：

$$C_6H_{12}O_6 + 5O_2 \rightarrow 2C_2H_2O_4 + 2CO_2 + 4H_2O + 2822\ J$$

$$2C_2H_2O_4 + O_2 \longrightarrow 4CO_2 + 2H_2O$$

在通风不良的条件下，糖类在嫌气微生物的作用下被水解。分解速度很慢，释放的能量也较少，并生成一些有机酸以及还原性气体，如 H_2、CH_4。反应式如下：

$$C_6H_{12}O_6 + 5O_2 \longrightarrow C_4H_8O_2 + 2CO_2 + 2H_2 + 75\ J$$

$$4H_2 + CO_2 \longrightarrow CH_4 + 2H_2O$$

2. 脂肪、树脂、蜡质、单宁等的分解

这类物质的分解速度只有脂肪稍快，其他种类都很缓慢，很难彻底分解，除了在有氧条件下产生二氧化碳和水以及释放能量外，通常还产生有机酸。在厌氧条件下，可以产生多元酚类化合物（构成腐殖物质的材料）。

3. 木质素的分解

不同的植物种类的木质素具有不同的化学组成和结构，但它们都具有芳香核，并都以多聚体的形式存在于组织当中，是最难分解的有机成分。在好氧条件下，由于真菌和放线菌的作用，首先进行氧化脱水，然后缓慢降解，使原来分子的甲氧基大大减少，酚基增加，出现烃基，并有酸化倾向。木质素降解的中间产物能参与腐殖质的形成。木质素在厌氧条件下分解非常缓慢，因此沼泽泥炭地的木质素含量特别高。

4. 含氮有机化合物的分解

土壤中主要的含氮有机化合物是蛋白质、缩氨酸等化合物。这种类型的化合物比较容易水解。以蛋白质为例，它的分解转化过程如下。

（1）在微生物分泌的蛋白水解酶的作用下，蛋白质在水解过程中逐渐降解为各种氨基酸。其过程为蛋白质→水解蛋白质→消化蛋白质→多氨酸→氨基酸。植物一般不能吸收和利用这些物质，它们只能为进一步转化提供原料。

（2）氨化过程中，在微生物分泌的酶的作用下氨基酸进一步分解生成氨。只要温度和湿度合适，无论是在好气还是嫌气条件下都可以进行。

氨化过程中产生的氨与土壤溶液中的各种酸类化合形成铵盐后，可直接被农作物利用。

在通气良好的条件下，在亚硝化细菌和硝化细菌的相继作用下，氨态氮转化为亚硝态氮和硝态氮，这是植物能利用的氮素养分。如果是在通气不良条件下，通过反硝化细菌的作用，硝态氮发生还原过程，形成氮气，从而导致土壤中的氮损失。因此，生产中应采取中耕松土、改善土壤通气条件等措施。

除了氮，一些蛋白质还含有磷和硫等营养元素。在好气条件下，通过微生物的作用，磷和硫化合物可以分别被氧化成磷酸盐（$H_2PO_4^-$、HPO_4^{2-}）和硫酸盐（HSO_4^-、SO_4^{2-}）。含硫蛋白质在嫌气条件下，会分解为有毒物质，如硫醇类（含有—SH基团的化合物）和硫化氢（H_2S）等。

虽然其他含氮、硫、磷的非蛋白质有机化合物的矿化过程和速率与蛋白质不同，但其主要的终产物仍然是 SO_4^{2-}、HSO_4^- 和 NH_4^+、HPO_4^{2-}

总之，有机物质矿化的结果不仅为植物提供养分，还为微生物提供营养物质以及能量。在矿化过程中，一些有机物的结构特征和组成也发生了变化，这为腐殖质的形成提供了原料。

（二）土壤有机质的腐殖化过程

在微生物的作用下，进入土壤的有机残体在进行矿化过程的同时还经历了一系列复杂的腐殖化过程（humification）。即在微生物作用下，有机质形成复杂腐殖质的过程。一般而言，腐殖质的形成过程可分为以下两个阶段。

1. 产生构成腐殖质主要成分的原始材料阶段

一方面，在微生物的作用下，进入土壤的有机残体部分成分被矿化，而有些成分由于其结构稳定只能部分降解，从而保留了原有结构单元的部分特征。例如，在木质素的降解产物当中，其原来的芳香结构及其所连接的某些取代基（如—OCH_3、—OH、—$COOH$等）特征仍然保留。

另一方面，当有机物质（包括链状和环状化合物等）被微生物分解时，会产生多元酚类（具有多个酚羟基的芳香族化合物）。在微生物分泌的氧化酶的作用下，酚类化合物被氧化成醌类化合物，如：

在这个阶段，还产生了几种由蛋白质降解形成的氨基酸、肽类和含氮化合物，还有微生物生命活动产生的代谢产物（氨基酸、多元酚或肽类等）和再合成产物。

目前，大多数研究人员认为，由木质素降解产生的芳核结构单元，多元酚和醌类化合物，由微生物代谢产物以及蛋白质降解形成的氨基酸或肽等，都是构成腐殖质的原始材料。

2. 合成阶段

上述原始材料通过一定的合成机制（包括潜在的纯化学反应以及缩合等多种酶促反应）合成单分子腐殖质。例如，以氨基酸或肽和最简单的醌类或酚类化合物为例，最简单的缩合模式可能是：

上述模式过程只能说明形成单分子腐殖质的一种可能方法。事实上，腐殖质单分子的形成和组成结构比上面的模式过程更复杂。

构成同一土壤中原始腐殖质的单分子并非完全相等，通过再缩合作用，它们将多肽和糖类等有机化合物分子相连，形成具有不同分子量的复杂环状化合物。其中的主要代表就是胡敏酸分子。

在有关腐殖质形成的理论中，认为蛋白质和木质素是构成腐殖质核心的两大主要成分。大量的研究工作显示，木质素的作用可能是通过降解和氧化从而提供醌类化合物，而蛋白质则提供氨基酸。它们通过其分解产物（醌类化合物和氨基酸）参与腐殖质的合成。实验还证明，如果微生物繁育旺盛，并且具备产生多元酚、氨基酸和醌类化合物的土壤条件以及物质基础，即使没有木质素，也能形成腐殖质。

有机残体的矿质化过程和腐殖化过程是同时进行的。土壤中腐殖化过程的前提是生物残体的矿质化过程，而生物残体矿质化过程的部分结果是腐殖化过程。

（三）影响土壤有机质分解和转化的因素

无论是矿质化过程还是腐殖化过程，土壤有机质转化过程都是在微生物的直接参与下进行的。所以，有机物的分解以及周转都受到微生物的限制。凡是可以影响微生物生理功能及其生命活动的所有因素都会影响有机物的分解以及转化。这些因素能概括为以下两点。

1. 有机残体的物理状态和化学组成

有机残体本身的物理状态可以直接影响转化率。与干燥老化的植物残渣相比，多汁、柔软的更易分解，还可以激活已衰弱的微生物。粉碎或切细的植物残体比大块的更容易分解。

影响转化率的根本原因是有机残体组成中的碳氮比（指有机质中碳素总量与氮素总量的比值）。同种植物的碳氮比也随着植物的组织嫩度而变化。

在一般禾本科植物的根茬中，茎秆的碳氮比高达 $100 : 1$，但是豆科植物的碳氮比是（$15 : 1$）～（$30 : 1$）。多汁、幼嫩以及碳氮比小的植物残体更容易进行矿质化和腐殖化，分解速度快，释放的氮素也多，形成的腐殖质数量少；相反，干枯老化以及碳氮比大的植物残体，释放的氮素量较少，转化较慢。这是因为在分解有机质时，微生物需要同化一定数量的碳和氮以构成自身的组织，同时也需要分解一定量的有机碳化合物来提供能量。据研究资料显示，一般认为微生物要吸收 5 份碳和 1 份氮来组成自己的体细胞，同时还要 20 份碳为生命活动提供能源。这意味着在微生物的生命活动过程中，有机质的碳氮比为 $25 : 1$ 左右是适宜的。

如果有机质的碳氮比小于 $25 : 1$，不仅会因含氮量高而快速分解，还能将多余的有机氮转化成无机氮，使其留在土壤中供植物利用。

如果有机质的碳氮比大于 $25 : 1$，微生物会因碳多氮少而缺乏氮素营养，有机物分解缓慢，生命活动减弱，有时微生物会从土壤中吸收无机有效态氮素，导致微生物与作物竞争氮素养分，导致作物暂时缺氮和黄萎。

因此，在生产中施用高碳氮比的有机残体时，为防止植株缺氮，必须适当补充一些有效态的氮素（如人粪尿、硫铵等），以加速有机残体的分解。

各种有机残体，无论碳氮比的大小怎样，在微生物的反复作用下，当它们进入土壤后，其碳氮比早晚会稳定在限定范围内。我国耕地土壤的碳氮比一般为（$7 : 1$）～（$13 : 1$）。

另外，有机质中灰分元素的含量对有机质的转化有显著影响。灰分元素含量高则说明养分丰富，有机物分解时产生的酸容易中和，因此更有利于有机物的转化。

2. 土壤环境条件

凡是对微生物生命活动造成影响的环境条件，都会影响有机质的转化。这些因素主要包括以下三点。

（1）土壤湿度和通气状况。微生物活动需要在一定的湿度和通风条件下进行。在适度潮湿并且通气良好的土壤中，好氧微生物活动非常活跃。此时有机质进行好气分解，它的特点是分解速度快并且比较完全，中间产物积累少，矿化率高，矿质养料释放多，并以氧化物形式存在，无毒害作用，有利于植物的吸收利用。但它不利于积累土壤中的有机质。相反，如果土壤湿度高，大部分土壤孔隙被水分填满，阻碍通气，此时有机质的分解便只能在嫌气条件下进行。具有分解速度慢并且不完全、矿化率低、中间产物易堆积等特点。例如，在高度嫌气条件下，分解过程往往会产生一系列有机酸，当中最常见的就是乙酸、丙酸、丁酸等，同时还会生成某些对农作物有害的还原性气体，如 H_2、H_2S、CH_4。但在厌氧条件下矿化率低，土壤有机质可以积累和保存。一般当土壤含水量为土壤田间持水量的 60% ~ 80% 时，对有机质的转化有利。

（2）土壤温度。当温度在 0 ~ 35℃ 时，升高温度可以促进有机质的分解，一般来说，最适宜土壤微生物活动的土壤温度介于 25 ~ 35℃。当温度高于 45℃ 时，一般微生物的活动明显受到抑制，有机物可能导致挥发或发生纯化学的氧化分解作用。

（3）土壤酸碱反应。不同的微生物都具有适合其活动的 pH 范围。例如，一般而言，大多数细菌的最佳 pH 近中性（pH 值为 6.5 ~ 7.5）；最适宜放线菌活动的 pH 比细菌略偏碱性；真菌最适合生活在酸性条件（pH 值为 3 ~ 6）下。因此，土壤的反应不同，那么土壤中各类微生物的相对比例、总量和活性各不相同，有机质的转化率和产物也各不相同。在农业生产中，中和强酸性或强碱性土壤，能明显促进有机质转化。

三、土壤有机质的构成

土壤有机质可分成两大类：一类是普通有机化合物，与有机残留物的有机组分相似，如蛋白质、糖、木质素等；另一类是特殊有机化合物，常见于土壤以及江湖河海底部的淤泥中，如胡敏酸（HA）、富里酸（FA）等。为了区分，习惯上称第一类化合物为非腐殖物质，后一类称为腐殖物质。最近研究表明，非腐殖物质约占土壤有机质总量的 30% ~ 40%，而腐殖物质约占 60% ~ 70%。

（一）土壤有机质存在的状态

通常土壤有机质以下列四种状态存在于土壤之中。

1. 机械混合状态

土壤矿物质和进入土壤的有机残体处于未分解和半分解状态的有机质发生部分机械混合。在这种情况下，有机质占土壤有机质总量的 0.6% ~ 48.4%。有时为了方便研究，将已和土壤矿质部分结合的有机质（通常称为重组）与这部分有机物（俗称"轻组"）用重液（相对密度为 1.8 ~ 2.03）分离开来。并分别研究它们的数量、组成以及性质。

2. 生命体

生活在土壤中的各种生物（如土壤动物、微生物、植物根系等）。它们可以看作是土壤有机质的一部分，也可以看作是土壤的一个独立部分，土壤中所有活体的数量就是生命体。据 Jenkinsen（1976）估计，土壤生命体占土壤有机质总量的 0.56% ~ 4.6%，平均是

2.59%。这部分有机质一般吸附在其他有机质表面或者土壤矿物质表面。

3. 溶液态（游离态）

溶解状态的土壤有机质的比例非常小，一般不超过土壤有机质总量的 1%。游离有机物包括游离氨基酸、游离单糖和游离有机酸等。

4. 有机 - 无机复合体态

土壤中与矿物质部分结合的有机质是有机 - 无机复合有机质，腐殖质就是这种状态。因为有机物和无机物的结合方式不同，所以它们的牢固程度也不同，土壤有机质的重要组成部分是结合态的腐殖质，其是土壤有机质的主体。

（二）土壤有机质的主要组分以及特征

由于多种化学、物理和生物因素的共同作用，进入土壤的动植物残体绝大部分分解迅速，转化为土壤有机质的只有少部分，其化学组成以及结构也都发生了一定的变化，见表 4-5 所列。

由表 4-5 可知，土壤有机质中蛋白质和木质素的含量高于植物组织，而半纤维素以及纤维素的含量显著降低。土壤的有机质中含有的化合物种类繁多，性质也各不相同。它们大致可分为两类：非腐殖物质和腐殖物质。

表 4-5 成熟植物组织与土壤有机质的部分组成

成 分	植物组织	土壤有机质 / （g·kg^{-1}）	成 分	植物组织 / （g·kg^{-1}）	土壤有机质 / （g·kg^{-1}）
纤维素	200～500	20～100	粗蛋白质	10～150	200～350
半纤维素	100～300	0～20	油脂、蜡质等	10～80	10～80
木质素	100～300	350～500			

1. 非腐殖物质

非腐殖物质主要是含氮化合物以及碳水化合物，其他化合物的量太少或极微量。例如，一般来讲，表土中蜡质的含量只有有机碳总量的 2%～6%，并且每千克土壤中只有几毫克的某些芳香酸，但它在土壤肥力以及土壤形成的过程中都起着重要的作用。

（1）碳水化合物。

植物残体是土壤中的碳水化合物的主要来源，大部分在进入土壤后被微生物利用。同时，在有机物被微生物分解的过程中，会产生大量较简单的单糖类并合成部分多糖化合物。

土壤中碳水化合物主要由糖醛酸、多糖以及氨基糖组成。它们的含量因土壤类型不同而不同。我国主要土壤表土的碳水化合物含量占有机质总量的 17%～30%。碳水化合物的主体是多糖，其含量占有机质总量的 9%～22%，与土壤中的腐殖质、黏粒矿物、金属离子等结合而存在。这增加了碳水化合物的稳定性，并且使它们在土壤有机质中占有一定比重。

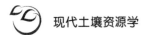

除了用作微生物的能源和营养外，碳水化合物还含有大量羟基，在氨基糖分子以及糖醛酸中还含有羧基以及氨基。碳水化合物因具有这些功能基而具有化学活性。在影响土壤的理化性质的过程中，起着重要的作用。多糖具有胶结作用，对于形成土壤结构具有重要意义。

（2）含氮化合物。

土壤中氮含量随土壤层次以及土壤类型变化而变化，其含量的高低、变化规律一般与土壤有机质含量以及变化规律相一致。

95%以上的氮素在土壤中都是以有机态氮素存在的，所以无机氮的含量很低。

土壤有机氮可分为两类，分别是水解性氮以及非水解性氮两类。根据对我国主要的土壤酸水解液的研究，水解性氮占土壤总氮量的65.5%～90.4%，它们是由α-氨基糖氮、NH_4—N、未知氮以及氨基酸构成的，它们分别占土壤总氮量的1.8%～8.2%、23.8%～50.5%、3.3%～34.8%和19.5%～44.7%。

随着分析技术的发展，已经可以从土壤水解液中分离并鉴定出约20种氨基酸，证明土壤有机氮是蛋白质本性。关于非水解性氮素的本性，目前已知的部分氮素都是以N—苯氧基氨基酸的形式存在的。

土壤中的非水解性氮素以及水解性氮素都有一定程度的降解性。例如，荒地开垦后土壤总氮含量显著降低。

不同土壤质地中，提纯的水解性氮也有不同程度的降解，降解顺序是砂土＞壤土＞黏土。然而，土壤中氮的有效性并不取决于其化学形态，而取决于其存在状态。

因此，一般对土壤中氮形态分布变化的研究并不能反映土壤的供氮能力。研究表明，不同土壤状态下，含氮有机质的稳定性具有差异性。在一般情况下，它们的分解速率大小顺序如下：新鲜植物残体＞生物体＞吸附在胶体上的微生物代谢产物和细胞壁的成分＞成熟的极其稳定的腐殖质。

（3）土壤有机酸。

土壤有机酸来自微生物的合成以及植物残体的分解。植物根系分泌物中同样也含有一定量的有机酸。

乙酸和甲酸是旱地土壤中分布最多的脂肪族酸，前者可高达2～3 mg/kg，而后者可达1～2 mg/kg。数量较少的有苹果酸、乳酸、丙酸等，是有机质分解过程的产物。由于使用了大量的有机粪肥，土壤中的积累量增加。在渍水土壤中，由于在嫌气条件下有机酸的形成增加，有机酸的积累量也较多，主要是草酸、乳酸、甲酸、乙酸、丙酸、丁酸等。

有机酸除了对植物生长和植物根系生理过程产生影响外，通过其羧基、羟基、酮、胺、甲氧基等功能基，对矿物质也有溶解作用和螯合作用，从而破坏硅酸盐矿物的晶格构造，从而释放一些被束缚的营养物质，如磷和钾等，从而增加养分的有效性。土壤中酸的重要来源是有机酸。

2.腐殖物质

腐殖物质是在微生物的作用下，有机残体进入土壤后，在土壤中新生成的一种特殊的高分子有机化合物。它与微生物的代谢产物中的有机化合物以及动植物残体组织不同，它是土壤中独一无二的有机化合物。

腐殖质的主体是结构以及分子量不同的腐殖酸与金属离子相结合的盐类。一般来说，它占总有机物的 50% ～ 90%，其余包括一些简单的由微生物代谢产生的简单有机化合物（糖类、氨基酸、糖醛酸类等）。

（1）腐殖物质组分的分离提取。

为了研究腐殖质的组成以及性质，必须将它们从土壤中分离出来。而从土壤中分离腐殖质一直是一项非常艰巨的任务，其原因如下：首先，在土壤中，腐殖酸与土壤矿物结合形成有机 - 无机复合体，难以分离；其次，非腐殖物质与腐殖酸共存，用溶液难以区分，用物理方法将它们完全分开并不容易；最后，缓和溶剂提取一般不完全，用剧烈的方法来分离又可能导致腐殖酸结构性质和特征的变异。

近年来，随着现代科学技术的发展，分离腐殖质的方法也有所改进。目前常采用的方法是用相对密度为 2.0 的重液，把土壤中半分解的以及未分解的及非腐殖质部分分离掉，从而得到腐殖物质土样；然后利用腐殖酸可以溶于碱的特性，用稀碱将腐殖酸的碱溶液提取出来；再利用胡敏酸不溶于酸而溶于碱的特性，将胡敏酸与富里酸分离。不能被碱提取出来的残留在土壤中的腐殖物质是胡敏素（humin）。

从腐殖物质的分离提取过程可以看出，胡敏素是与土壤矿物质部分结合牢固，无法用碱液提取。在性质上胡敏素基本上与胡敏酸相同。所以腐殖质的组成是两组腐植酸，即富里酸和胡敏酸。

由于浸提以及分离不可能充分，无论是富里酸组或是胡敏酸组都可能存在一些杂质。

（2）腐殖物质的性质。

腐殖物质由胡敏酸和富里酸组成，它们是结构相似的同类物质，具有相同的脂肪族组分，含氧官能团、碳水化合物和含氮化合物等。因此，两者既有共同特征，也有许多差异。

①腐殖物质的元素组成。腐殖物质由 C、H、O、N、P、S 等主要元素和少量的灰分元素（如 K、Mg、Fe、Si 等）组成。其中，C 含量是 550 ～ 600 g/kg，平均 580 g/kg；氮含量是 30 ～ 60 g/kg，平均是 56 g/kg。平均碳氮比是（10∶1）～（12∶1）。

胡敏酸的碳氮比含量比富里酸高，O 和 S 的含量低于富里酸。在同一土壤中比较两组物质时更为显著。胡敏酸的碳氮比通常大于富里酸。

②腐殖物质的分子量和分子结构。据研究资料显示，富里酸和胡敏酸的分子可能都呈短棒状，其分子量尚无定论。用不同方法处理同一样品测得的值相差很大，但趋势是相同的，不同土壤中富里酸和胡敏酸的分子量不同，并且同一土壤中腐植酸的分子量都高于富里酸。

大量的研究资料显示，富里酸和胡敏酸是一类具有相似分子结构的同类物质。它们都含有一个芳香族聚合物，或含有一个以芳族为主的缩聚物为核，这个核的外表有酚羟基以及羟基，并附着有多肽以及糖类。这说明腐殖质是一种高聚物体系，其芳香核所占比重和分子大小都不相同。

富里酸分子量很小，芳化度（酚羟基和芳核结构所占的比例）较低，这说明腐殖物质的缩合度较低，它的羧基含量高，离解度较大，是不易用酸沉淀出的一组腐殖物质。

事实上，所有土壤中的富里酸和胡敏酸都只是不同分子量和芳化度的多级分的混合物。胡敏酸和富里酸在各种土壤中的特性反映了这组混合物的总和。

胡敏酸与富里酸的比值（HA/FA）常用于说明不同地层条件下腐殖物质形成的复杂性。比值越高，分子量越高，芳化度越高，复杂度越高，胡敏酸的相对含量也越高。不同地区土壤类型的 HA/FA 存在显著差异。

腐殖物质在芳核上的碳与脂肪或脂环侧链上碳的比值，芳环的缩合程度以及分子量等，都与腐殖物质对光的吸收紧密相关。通常用波长 465 nm 和 665 nm 处的光密度（E_4、E_6）的比值（E_4/E_6）来表示胡敏酸的芳化程度。一般来说，较低的 E_4/E_6 值表明高度的腐殖化和缩合程度。坎普贝尔（Campbell）等发现 E_4/E_6 值和腐殖物料的平均留存时间成反比。腐殖物料平均留存时间最短，则具有较高的 E_4/E_6 值，即缩合度以及腐殖化最低的物质，其成因年代最近。

在 465 nm 波长处的吸收是官能团中不成对电子跃迁和芳核 C═C 双键的反映。因此，光密度 E_4 可以代表腐殖质的芳化度。相关研究表明，E_4 不仅与醌基和酚羟基的氧含量以及 C/H 比值高度相关，而且与平均分子量也高度相关。因此，光密度 E_4 可以粗略地反映腐殖物质的分子大小以及芳化度。

③腐殖物质的含氧官能团和电性。腐植酸的组分中含氧官能团的种类繁多，其中最重要的是羧基（—COOH）、羰基（—C═O）、酚羟基（—C_6H_6OH）、氨基（—NH_2）、甲氧基（—OCH_3），此外还可能有醇羟基（—OH）以及醌基（—$C_6H_6O_2$）等。

腐殖物质各组的阳离子交换量的大小、对金属离子的络合能力和酸度与官能团中氢离子的解离以及官能团的含量有关。

胡敏酸的醇羟基和羟基的含量和羧基的解离度都低于富里酸，醌基高于富里酸，并且酮基和甲氧基的含量没有明显的不同。

我国主要土壤表层腐殖物质官能团含量见表 4-6 所列。

表 4-6　腐殖物质的官能团含量

单位：[cmol(+)/kg]

官能团	总酸度	羧 基	酚羟基	醇羟基	醌 基	酮 基	甲氧基	羰 基
胡敏酸	5.6～8.9	1.5～5.7	2.1～5.7	0.2～4.9	1.4～2.6	0.3～1.7	0.3～0.8	2.1～5.0
平均	6.7	3.9	3.9	3.9			0.6	2.9
富里酸	6.4～14.2	5.2～11.2	1.2～5.7	2.6～9.5	0.3～1.2	1.6～2.7	0.3～1.2	0.3～3.1
平均	10.3	8.2	3.0	6.1			0.8	2.7

腐殖物质具有两性胶体的特性，其表面既带正电荷，也带负电荷。通常是带负电荷，电性主要来源于氨基的质子化分子以及表面的酚羟基和羧基的氢离子的解离，如氨基质子化以及酚羟基、羧基上氢离子的解离的程度是随溶液中 H^+ 的浓度变化而变化的，因此这些电荷的数量也因溶液 pH 的变化而变化，是可变电荷。

　　带电的腐殖物质胶体可以从土壤溶液中吸附带相反电荷的离子，且以阳离子为主。一般来说，腐殖物质吸附的阳离子数量介于 150～450 cmol(+)/kg。

　　④腐殖物质的溶解度和凝聚性。胡敏酸呈酸性且不溶于水，由 Na^+、NH_4^+、K^+ 等一价金属离子组成的盐溶于水，而与多价金属离子组成的盐的溶解度大大降低，如 Ca^{2+}、Mg^{2+}、Fe^{3+}、Al^{3+} 等。富里酸的水溶性很大，它的溶液酸性也很强，它与一价和二价金属离子形成的盐类都可以溶于水。

　　分子的大小决定腐殖物质的凝聚和分散。例如，红壤中的胡敏酸的分子小，且分散性大，不易被电解质絮凝，对形成土壤结构作用不大。黑土中胡敏酸分子比较大，只需少量的电解质就能完全絮凝，有利于形成土壤团粒结构。

　　⑤腐殖物质的颜色。整个腐殖物质呈黑色，不同组分的腐殖酸，颜色会有不同，这是因为发色基团组成、比例以及各自的分子量的大小不同而造成的。用不同波长的光源测量各组分的光密度，说明它们一般与芳化程度以及腐殖酸分子的大小基本呈正相关。

　　⑥腐殖物质的吸水性。腐殖物质是一种吸水能力很强的亲水胶体，最大吸水量可达 500% 以上，饱和大气中的吸水量能达其质量的 1 倍以上；它比一般的矿物胶体大得多。

　　⑦腐殖物质的稳定性。腐殖物质与土壤中动植物残体的有机成分不同，其对微生物分解的抵抗力较强，完全分解少则需要近百年时间，多则需要数百至数千年。这说明腐殖物质在自然土壤中的矿化率很低，但有机质的矿化率一经开垦就显著提高。比如，我国东北的黑土，开垦种植以后，腐殖质含量便迅速下降。

　　（3）腐殖物质组成、性质的地带性变异。

　　土壤腐殖物质性质以及组成的变异主要体现在胡敏酸性质以及富里酸、胡敏酸的相对含量上，是由形成环境决定的，是多种风化因素的综合性反映。腐殖物质的性质和组成有明确的地带性（垂直地带性和水平地带性）。

　　黑土含有丰富的有机质，对矿物质的分解能力较弱，腐殖质的移动性较小。腐植酸以胡敏酸为主（HA/FA 介于 1.5～2.5）。胡敏酸的分子量以及芳化度都比较大，活性腐植酸（用 0.1 mol/L NaOH 直接提取出来的胡敏酸）用它占总胡敏酸的百分比来表示。活性胡敏酸活性较大，一般来讲，其含量小于 25%。胡敏酸的含量从黑土向西，依栗钙土、灰钙土、漠土带序列依次降低，胡敏酸的分子量和芳化度也逐渐降低。HA/FA 的值，栗钙为 1，棕钙土、灰漠土、灰钙土仅介于 0.6～0.8。但因为土壤中游离碳酸钙含量依次增加，所以活性胡敏酸含量逐渐减少到没有。这种变化主要反映了干燥度对腐殖物质造成的影响。

　　从黑土带向南，经棕壤、黄棕壤到砖红壤和红壤，表土中的腐殖物质变异非常明显。从北到南，腐殖质组成中的胡敏酸的比例逐渐降低，分子量和芳化度逐渐降低，活性胡敏酸的含量逐渐增加。与黑土相邻的暗棕壤的 HA/FA 值通常在 1 ～ 2，活性胡敏酸含量介于 40%～ 65%。但是黄棕壤的 HA/FA 值只有 0.45 ～ 0.75，过半的胡敏酸处于与活性铁、铝氧化物结合态或游离状态。砖红壤的腐殖质中不但是以富里酸作为主体（HA/FA 在 0.45 以下），而且其少量的胡敏酸的活动性非常大，与富里酸较接近，几乎全部以与活性铁、铝氧化物结合态或游离态存在。

可以看出，从黑土带到红壤带，土壤腐殖物质系统逐渐向分子量较小且复杂性较低的方向转变，对土壤矿物质的分解作用逐渐增强，活性也逐渐增强。其变化不仅受生物气候条件的影响，还受 pH 变化和土壤黏土矿物的组成的影响。

在高山地区，腐殖物质系统随着气候和植被的变化、海拔的升高而发生显著的变化，而每座山地土壤中腐殖物质系统的复杂性程度要小得多。由此可见，低温对于胡敏酸的形成不利，也对芳化度的增大不利，在高山土壤中的胡敏酸的移动性都比较大。

渍水条件使不同地区水稻土中有机质的性质和组成具有一些相同特点：HA/FA 值大多高于旱地土壤或相应的自然植被下的土壤，但在大多数的胡敏酸的光密度值较低。渍水条件下形成的土壤胡敏酸的碳氮比以及有机质的碳氮比都比相应的好气条件下形成的要明显高很多，胡敏酸的氧化程度较低，而氨基酸态氮的含量较高。

思考题

1. 你对岩石圈、大气圈、水圈、生物圈共同作用形成土壤圈是如何理解的？
2. 次生黏土矿物是如何形成的？它形成的关键影响因素是什么？
3. 你是怎么认识土壤有机质的？有机质与生物地球化学循环有什么关系？
4. 有机质的成分与微生物活动及环境条件的关系如何？

实习或实验

从池塘捞取污泥，观察池塘污泥与林下土壤有何不同。

第二篇

气候区域生态系统背景下的土壤形成过程

由第一篇内容可知，特定的气候决定了岩石的风化程度和特征，同时也决定了生物群落的组成、生态系统的循环特征以及生态系统循环产物——有机质的性质与累积。土壤圈主要由岩石风化产物和有机质构成，因此气候是土壤形成的关键影响因子。特定的气候发生在一定区域内，一定区域尺度内会形成反映区域特征的生态系统，在此我们将气候区域为环境尺度的生态系统称为气候区域生态系统。

作为完整的生态系统，气候区域生态系统由次级子系统构成，这些子系统包括生物群落、气候（综合了水圈、大气圈中的水气光热因子）、土壤、母质或母岩，各子系统之间以物质流、能量流有机结合，故而一个气候区域生态系统具备完整的物质–能量循环过程。通过考察气候区域系统中的物质–能量循环过程，我们即可了解其中的土壤过程，这是本书选择气候区域生态系统作为土壤过程研究背景的原因之一。此外，不同的气候区域生态系统具有不同的土壤过程，形成不同的土壤类型，因此以气候区域生态系统为研究背景更能明晰土壤发生学分类。

本篇将按以下思路阐述气候区域生态系统的土壤过程机制。

第一，剖析气候区域生态系统结构及结构子系统之间的交界面。

第二，以中国主要气候区域生态系统为例，阐述主要气候区域生态系统结构子系统交界面上发生的土壤过程。

第三，以中国主要气候区域生态系统为例，阐明主要气候区域生态系统内的土壤类型。

全篇内容分三章，包括第五章、第六章、第七章。第五章介绍气候区域生态系统的构成及结构子系统之间的交界面。第六章介绍主要气候区域生态系统背景下土壤形成的过程。第七章介绍我国不同气候区域生态系统类型下土壤的类型及分类状况。

第五章 气候区域生态系统的构成要素与土壤形成的关系

第一节 气候区域生态系统的结构与结构界面

一、气候区域生态系统的结构组成

（一）气候区域生态系统

根据观测尺度的不同，生态系统的规模可大可小。最大的如地球表层，可以看作地球表层生态系统；小的如一滴湖水，可看作一个湖水微滴生态系统。气候区域尺度是指有典型特征气候的区域，相应的特征生物群和特征环境就是基于此形成的。气候区域的大小各不相同，则区域内生态系统的规模也各有不同。大的非常大，如非洲热带沙漠气候区生态系统面积将近1 000万平方千米；相对较小的生态系统，如那些在地形条件基础上形成的小气候的区域，其生态系统的面积很小，只有几平方千米。大型气候区域生态系统也可包括多个较小的小气候区域生态系统。例如，寒带气候区生态系统包括极地苔原和极地冰原气候区生态系统；再如，山脉属同一坡面的坡地生态系统大多包含多个处于不同海拔区间的局域气候区生态系统。

全球气候类型包括九大类，即热带雨林气候、热带季风气候、热带草原气候、热带沙漠气候、亚热带气候（包括地中海气候、亚热带季风气候、亚热带沙漠气候）、温带气候（包括温带海洋气候、温带草原气候和温带沙漠气候）、亚寒带针叶林气候、寒带气候（包含极地苔原气候、极地冰原气候）、高原山地气候。每个气候带都存在相应的气候区域生态系统。

中国主要有五种气候类型（图5-1）：热带季风气候、亚热带季风气候、温带季风气候、温带大陆性气候、高原山地气候。同理，也对应有五个气候区域的生态系统。在各自主要气候类型的分布区，由于地形的差异、地理纬度和距海岸距离远近的逐渐变化，区域内不同地方的年平均气温和降水量不同，主要类型气候区域内有不同的局域气候。比如，位于中国南方的亚热带季风湿润气候区，四川盆地的气候特点与湖北湖南地区的不同，广东地区的气候与它们也有明显差别。甚至是同一座山脉不同坡面，气候也有极大差别，如云岭之南属于亚热带湿润气候，而云岭之北的金沙江河谷却为干热河谷气候。与此相对应，在局地气候区域分别有对应局地气候区的生态系统。

（二）气候区域生态系统的结构组成及其相互关系

气候区域生态系统的子系统包含生物群落、气候（水、气、能因子的综合）、土壤和母质。每个子系统均以能量流和物质流为循环纽带，结合起来形成一个具独立特征的整体系统。

在气候区域生态系统中，生物群落通过物质和能量的循环，不断从气候环境或土壤或母质中获得能量和物质，以合成新的生命物质，生命体因此能不断更新；同样，在这个过程中物质和能量循环，生物群落将土壤有机质不断更新，土壤矿物、母岩与母质在生物和气候因素的影响下，不断形成新的土壤矿物质，使土壤物质不断更新并积累。

（三）气候区域生态系统结构的影响因子

1. 地形

地形影响气候区域生态系统中水、气、光、热等以及土壤和母质的重新分配。比如，湿润地区的低洼地带，水流汇集很容易形成湿地小气候，与此同时，地表径流也会将土壤中的细颗粒从高地带到低地，并在低地沉积；干旱气候区的低洼地带，靠近山麓部分的地带，容易形成绿洲小气候，远离山麓部分的地带则容易形成荒漠小气候。

2. 时间

气候区域生态系统依赖于长期的动态演化。因此，一个气候区的生态系统在某个时间点的状态是长期演化的结果，其中包括其组成物质，如生物群落和土壤。因此，时间会影响系统中的生物和土壤。

3. 人为因子

人为因素会影响生态系统中物质和能量的输入和输出。因此，在实际生活中有多个人工生态系统，如人工林和农业生态系统。故人为因素被认为是影响气候区域生态系统的重要因素。

二、气候区域生态系统的结构界面

在上述各子系统的交界面上，能量循环和物质循环加快了新物质（深度风化的风化产物及有机质）的产生的速度。土壤物质来源之一就是结构界面上新形成的物质。上面简述的子系统的交界面拥有不同的存在空间，包含与大气相邻的土壤表层、植物根系可到达的土壤中上层、土壤黏粒随淋溶水可到达的且与母质层相邻的土壤中下层。

与大气层相邻的土壤表层属于大气、植物和土壤表面的交界面，在此界面，水、空气、光、热、植物代谢产物和土壤矿物质均能进行物质和能量的交换，不断更新黏土矿物和有机质。这是不同子系统之间物质循环最强的空间。

在植物根系可到达的土壤中上层，含植物根系代谢物、土壤矿物代谢物、土壤水、土壤空气、矿物之间构成的物质、能量循环产生新的有机质和黏土矿物，与此同时，这些物质在土壤中在水分与空气的作用下发生累积、迁移，最后达到平衡。

位于土壤母质层上的土壤下层，从上层利用土壤水淋溶而下的黏粒矿物在这里沉积，形成土壤淀积层。该空间是土壤水和黏土矿物之间的交界面，土壤矿物在此发生迁移。

第二节　气候区域生态系统中构成要素对成土作用的分析

在气候区域生态系统中，以土壤为观测对象，研究气候区域生态系统中其他要素对土壤的影响机制，并剖析在地形和时间因子影响下气候区域生态系统对土壤形成的驱动机理。

一、母质因素

母质作为土壤形成的物质基础，在气候和生物体的影响下，其表层逐渐变成土壤。但在土壤形成过程中，母质不仅是一种被改造的材料，对土壤形成还有一定的积极作用。这种作用在土壤形成过程的初期阶段最为明显，且母质的某些性质很容易被土壤继承下来。

第一，母质与土壤间存在着"血缘关系"。一方面，母质是建造土体的基本材料，是土壤的"骨架"；另一方面，它也是植物矿物元素的原始来源（不含氮）。所以，从这两方面来看，母质与土壤间存在着"血缘关系"。

第二，由于不同母质的矿物成分和理化性质不同，在其他成土因素的限制下，将直接影响土壤形成过程的速度、性质和方向。例如，在石英含量高的花岗岩风化物中，抗风化能力强的石英颗粒能保存在发育良好的土壤中，且因其所含的盐基成分（如钾钠钙镁）相对少，在强淋溶下，很容易完全淋失，让土壤呈酸性反应；而像玄武岩、辉绿岩等风化物，不含石英，且盐基丰富，抗淋溶作用相对较强。在同一地区，由于母质性质的不同，土壤形成类型也可能不同。例如，我国亚热带地区，由石灰岩发育而来的土壤，由于新风化的碎屑以及碳酸盐丰富的地表水不断流入土体，土壤中盐基的淋失速度减慢，而发育形成石灰土；而在酸性岩石中则发育形成红壤。

第三，母质对土壤的物理与化学性质有显著影响。不同成土母质形成的土壤具有不同的养分条件。例如，含钾较多的土壤多是长石风化而来；而含钙较多的土壤多是斜长石风化而来；含铁镁钙等元素较多的土壤多是辉石和角闪石风化而来；而在含磷量多的石灰岩母质中，其成土过程中虽碳酸钙遭淋失，但是土壤中含磷量仍然很高。土壤母质也与土壤质地密切相关。例如，在南方红壤中，玄武岩和红色风化壳发育的土壤质地相对黏重；花岗岩与砂岩发育的土壤质地居中；而砂岩与石英岩的土壤质地最轻。母质的机械组成能直接影响土壤的机械组成，还会影响物质在土壤中的存在状态、转化以及迁移状况，水、肥、气及热的矛盾统一关系受到影响，导致土壤发育和性质受影响，对肥力也有显著影响。

第四，由不同成土母质发育而成的土壤矿物，其成分一般有较大差异。从原生矿物的组成来看，基性岩母质发育的土壤中多是抗风化性较差的深色矿物，如角闪石、辉石、黑云母等；而酸性岩石发育的土壤则多是抗风化性强的浅色矿物，如石英和正长石、白云母等。从黏粒矿物来看，不同的母质产生的次生矿物不同。例如，成土环境相同的辉长岩风化物盐基含量多可形成蒙皂石含量较多的土壤；相反，酸性花岗岩风化物则可形成含高岭石较多的土壤。

此外，母质层理的异质性也能影响土壤的发育以及形态特征。例如，发育于冲积母质的砂黏层间土壤容易在砂层之下、黏层之上间形成滞水层。需要特别指出的是，异质母质对土壤成分、土壤性状和肥力状况造成的影响都比均质母质的复杂。母质层理的异质性不仅直接影响土壤机械成分与化学成分的异质性，最重要的是，这会导致土体中水的运行状况的不均一性，进而影响物质在土壤中的不均匀迁移。例如，上轻下黏型的母质体，相对于下行水来说，会在两层的交界处较容易地引起水分和物质的富集。但若土层是倾斜的，则容易在两层间形成土内径流，而构成一个淋溶作用非常强的土壤间层。反之，上黏下轻的母质体，一方面不利于水分的向下渗透，造成地面径流以及土壤受冲刷；另一方面，下渗水利用黏重层次到达砂质层时，多会发生大渗漏，若母质体中有黏土或砂土夹层，那么情况更加复杂。异质母质对水分运行的影响，定会影响该物质在土壤中的淋溶和淀积过程。因此，梳理好这些复杂的关系，将对理解土壤发生与发展有重要意义，且对土壤改良也有实践意义。

二、生物因素

生物因素是引起土壤发生发展中最活跃的因素之一。因生物体的作用，大量的太阳能被引入成土过程的轨道，才可使岩石圈、水圈和大气中扩散的养分在土壤中聚积形成腐殖质，构成良好的土壤结构，改变原始土壤的物理性质，而创造一系列独特的仅土壤固有的生化环境。因此，从某种意义上说，没有生物作用，则无土壤形成过程。

生物因素分为植物、动物和微生物，它们在土壤形成中的作用各不相同。

（一）植物在土壤形成过程中的作用

植物对土壤形成的最重要的作用是依靠太阳辐射能合成有机质，选择性地吸收和富集分散在母体、水和大气中的养分，同时矿质营养元素的有效化也相伴进行。

据估算，每年陆地上植物形成的生物量约 5.3×10^{10} t，相当于是 2.13×10^{17} kcal 的能量。不同类型的植物含有不同数量的有机残体。按常理讲，热带常绿阔叶林比温带夏绿阔叶林多，而温带夏绿阔叶林比寒带针叶林多；草甸比草甸草原多，草甸草原比干草原多，干草原又比半荒漠和荒漠多。多数植物有机质集中在土壤表层，但每年仍有多数新鲜有机质在根系中形成，60% ～ 70% 的根系多集中分布在土壤上部 30 ～ 50 cm 土层。根系中有机质占 20% ～ 90%。每年植物组织吸收的矿物质，其组成和数量都有较大差异。研究发现，冰川地和森林冰沼地、针叶林以及针叶 - 阔叶林混交林地中，植物含有的灰分量最低（仅为 1.5% ～ 2.5%）；高山与亚高山草甸、草原与北方阔叶林及草本 - 灌木林、稀树林等含量是中等（2.5% ～ 5%）；然而盐土植被却能达 20%，有的甚至在 50% 以上。

木本和草本植物由于有机质的数量、性质及积累方法不同，故其在土壤形成过程中的作用也不同（图 5-1）。木本植物主要是多年生，其每年形成的有机质仅小部分以凋落物的形式堆积在地表，形成的腐殖质层相对薄，且腐殖质多是富里酸。单宁树脂类物质往往在凋落物中含量较高，其分解后容易产生酸性较强的物质，引起矿物质流失和土壤酸化等问题。而草本植物多是一年生，地上、地下部分的有机体每年都需要经过死亡更新过程，因而能供给土壤的有机质相对多，而且分布深；有机残留物中纤维素较多，单宁和树脂等物质较少，不容易产生酸性物质，其中包含的灰分和氮素远远高于木本植物，发育的土壤大多数是呈中性或微碱性。

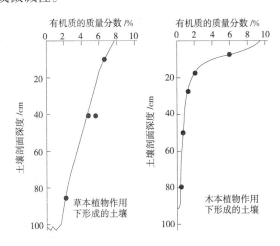

图 5-1 草本植物和木本植物对土壤有机质分布的影响

在土壤形成中，植物的作用还体现在：植物根系在土壤结构形成中的作用以及利用根系分泌的有机酸分解原生矿物质，并使其发挥作用。植物根部能分泌有机酸，利用溶解和根压破坏矿物晶格，改变矿物性质，促进土壤形成；并利用根系活动，促进土壤结构的发展。

（二）动物在土壤形成过程中的作用

蚯蚓、啮齿动物、昆虫等土壤动物的生命活动在土壤的形成中也具有重要意义。土壤动物种类繁多，数量庞大，它们的残体是土壤有机质的来源，且参与土壤有机质的矿化过程。动物活动能使土壤松散，并促进团聚结构的形成。例如，蚯蚓将它们吃的有机质和矿物质混合在一起后再排泄，形成土壤的颗粒结构，促使土壤肥沃。来自非洲象牙海岸的白蚁可筑起直径为 15 m，高为 2～6 m 的坚固土墩，这对土壤的发育和形态有直接影响。

森林里地表中的凋落物转化成腐殖质的过程中，最初阶段是凋落物必须先被昆虫咀嚼、食用、消化和排泄，微生物再分解排泄物，使之转变成土壤中难以分解的腐殖质。昆虫种类不同，它们嚼食的凋落物类型也不同，某些软体幼虫大多选择食凋落叶片，蚯蚓则选择食大颗粒有机质，如昆虫或者大型动物的粪便。蚂蚁食谱相对较广，既可捕捉小型动物或者动物尸体，也能饲食植物叶片；白蚁则多为咀嚼枯木或者枯枝，且嚼碎后能用作种植可食用的真菌（图 5-2）。

图 5-2　白蚁咀嚼枯枝种植真菌

多数动物的挖掘活动会在土层中形成许多大小不一的洞穴，使土壤有机质发生深刻变化，对土壤的松紧度、透水性和通气性都会产生很大影响，尤其是在干草原或者荒漠草原地区，啮齿动物对其的影响尤其重要。它们让上下土层翻转，一来机械地混合土壤中的物理成分。二来动物的活动会引起地表微地形的变化，而极大地影响土壤中的水分、气体、热量状况和物质的转化，由此使土壤的组成以及性质发生变化。

土壤中动物种类的组成和数量很大程度上能够作为土壤类型以及土壤性质的标志，故能作为土壤肥力的指标。

（三）微生物在土壤形成过程中的作用

微生物对土壤形成和肥力发育的作用非常复杂和多样。作为地球上最古老的生物，微生物已经存在了数十亿年，故它们是地球的古老的造土者。

从生物化学的角度来看，微生物具有多方面的功能，如固氮、氧化氨和硫化氢、还原硫酸盐和硝酸盐和在溶液中参与铁化物、锰化物的沉淀等，并且在土壤能量和物质的生物地球化学循环中起非常重要的作用。自养细菌等微生物可以在不使用太阳能的情况下，自行合成有机质。所以，在绿色植物出现前自养型与异养型微生物群落就开始了其成土过程。但微生物作用的最大特点是可分解土壤中的植物残体和合成腐殖质，这是其与植物和动物对土壤的作用的区别。

总的来说，微生物对土壤成分的影响能概括为以下几个方面：①分解有机质，释放各种类型的养料，并被植物吸收和利用；②合成土壤腐殖质，使土壤胶体性能得到发展；③固定大气中的氮，使土壤氮含量增加；④促使土壤物质的溶解以及迁移，使矿质养分的有效性得到增加（如铁细菌可以促进土壤中铁的分解和运动）。

总而言之，生活在土壤中的各种植物、动物和微生物以及地理环境间是相互联系、相互作用的。这种依赖和相互作用能从本质上改变土壤母质的物理学、化学和生物学性质，使"死"的母质转为"活"的土壤，并能与其之上的生物组成生态系统。

三、气候因素

土壤和大气间常有水和热的交换。气候对土壤形成过程的水热条件起决定作用。其影响土壤矿物质和有机质的转化和其产物的迁移。因此，气候是影响土壤形成过程方向和强度的主要因素。

水和热不仅直接参与母质的风化和物质的淋溶等地球化学过程，且在很大程度上能影响植物与微生物的生命活动，并影响土壤中有机质的积累与分解，对养分生物学小循环的速度和范围起决定性作用。

温度和降水是气候要素中对土壤形成最为重要的因子，因而研究土壤与气候的关系时，水热条件常被用作最重要的气候指标。

（一）对土壤风化作用的影响

土壤和母岩中矿物的风化速度直接受热量和水分影响。通常情况下，当温度从 0℃ 升高到 50℃ 时，化合物的解离度能增加 7 倍。随温度的升高，硅酸盐矿物的水解能力大大提高，母岩和土壤的风化作用也大大增强。

自然界中一个普遍的现象是，随土壤温度和水分的增加，母质及土壤风化层厚度加厚。在我国南方湿热气候下，经化学风化的花岗岩厚度能达 30～40 m 以上；但在干旱、寒冷的西北山区，其岩石风化壳仅为几厘米长，并且多以物理风化为主，通常形成粗骨性土壤。

在研究土壤与气候关系时，从宏观角度看风化壳演变规律，风化和土壤形成过程产物的迁移规律，以及土壤中矿物迁移累积规律，不难发现气候因素对土壤风化发挥的作用。从风化壳演变规律可以看出，因干燥的荒漠带或是低温的苔原带到温高雨多的热带森林带，其风化壳的化学风化得到增强，且厚度及组成成分也对应发生有规律地变化（图5-4）。

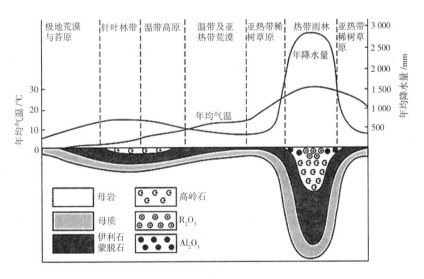

图 5-3 不同气候 - 植被带风化强度的差异（李天杰等）

从风化以及成土过程产物的迁移规律可知，湿润地区（如灰化土地区），土壤易溶性盐分遭到强烈的淋洗；在半干旱气候中（如黑钙土地区），易溶解盐分只是在土壤上层受到淋洗。在我国，从西北向东南逐渐过渡，土壤中 $CaCO_3$、$Ca(HCO_3)_2$、$MgCO_3$、$CaSO_4$、Na_2SO_4、Na_2CO_3、$MgSO_4$、KCl、$MgCl_2$、$NaCl$、$CaCl_2$ 等盐类的迁移能力随其

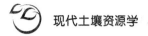

溶解度的增大而增强，所以它们在土体中的分异也更加明显。

（二）对土壤有机质的影响

不同的水热条件能导致植被类型的差异，从而引起土壤中有机质的积累和分解状况不一，有机质的组成和质量也不同。土体中腐殖质积累量的变化与水热条件密切相关，在水热中等指标值时，腐殖质贮量是最多的，并随土壤湿度的增加与温度的降低（如灰化土）及土壤水的减少以及温度的升高（如干草原和半荒漠土）而降低。不仅如此，还可从腐殖质的质量，如胡敏酸与富里酸比值（H/F）和碳氮比（C/N）等看出气候的影响。一般在草原气候下，H/F 和 C/N 较高，向热、湿、冷、湿、干气候过渡时，H/F 和 C/N 都会降低。

（三）对土壤矿物形成的影响

岩石的原始矿物质的风化演化系列，包括脱钾、脱盐基以及脱硅三个阶段系列。形成蒙脱石、石膏、高岭土等物质与其风化环境条件有关，即与气候条件相关，通常在良好的排水条件中，风化产物可通过土体淋溶而淋失，故岩石风化以及黏土矿物的形成能反映其所属区域的气候特征，尤其是土壤剖面的上部和表层。

（四）气候与土壤类型

由于气候条件是土壤以外的一个综合地理环境要素，其在风化和成土过程中起着非常重要的作用。因此，在排水较好、地形条件相对稳定的情况下，区域气候条件可以对其产生充分地影响，而且能显著地显示在土壤形成以及土壤剖面上，这就是显域土。

当然，在地下水的影响下，其受到地带性影响通常不明显而发展成隐域土。同理，若母质作用强，成土时间又相对短，则称为泛域土。

考虑气候条件对土壤形成的过程的影响时，应关注古气候的影响，受古气候影响形成的土壤并保留至今的部分称为古土壤。

四、地形因素

地形在土壤形成过程中所起的关键作用一方面表现为母质在地表的重新分布；另一方面，也表现在土壤和母质对光、热条件接受的差别和对降水或水分接受在地表的重新分配方面的差别。它并不供给新物质，所以它的作用不同于母体、生物和气候因素，它和土壤间没有物质和能量的交换，仅是对土壤与环境间物质和能量的交换起一定作用。

（一）地形对土壤水分的影响

在同样的降水条件下，不同的地形（如平原、圆丘、洼地等）接受降水的状况各不相同。平原地形接受降水较均匀，湿度相对稳定；圆丘的背部，呈现局部干旱，并且干湿条件变化大；洼地多呈过湿状态，或有地表水与地下水位相接的现象。所以，这些不同地形部位的土壤形成过程是不一样的。地下水埋藏深度因坡地而异。在洼陷地段，地下水位与表土相接近，甚至存在局部积水或者滞涝现象；在圆丘地形，其背部上升毛管水一般达不到，径流发达，而不容易渗吸降水，所以在圆丘的不同部位上，土壤湿度相差悬殊。

（二）地形对母质的重新分配

无论是基岩风化物还是其他地表沉积体，都能由于地形条件不同，在搬运、冲刷和堆积状况上有差异。所以，不同地形部位上发育的土壤，其发育程度和特征是不相同的。一般来说，陡坡土层薄，质地粗糙，养分容易流失，土壤发育程度低，缓坡则相反。平原地形上的土层较厚，其在相对大的范围里的同一母质层中的质地也相对均匀。在干旱气候区，地形条件不同，土壤盐渍化程度不同。例如起伏较小的平原地形，土壤表层高凸地的积盐现象极其严重，而在浅凹地中，经常存在石灰或者石膏层淀积层（图5-4）。地形部位不同，其分布的母质往往不相同，如在山地或台地上部，母质以残积母质为主；坡地与山麓地带则以坡积物为主；山前平原冲积扇带，多是洪积物；而在河流阶地、泛滥地及冲积平原、湖泊周边、近滨海地区，其对应的母质以冲积物、湖积物以及海积物为主。

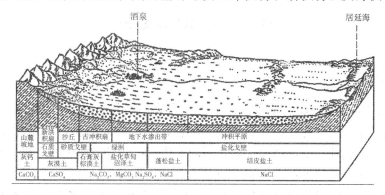

图5-4 祁连山、居延海间含盐风化壳盐分地球化学分异图

（三）地形对土壤接受太阳辐射能的影响

北半球的南坡相对于北坡，接受的光和热更多，但其土壤温湿度变化也是很大的；北坡通常相对阴湿，土壤平均温度比南坡低，故使土壤中的生物与物理化学过程受到影响。因此，一般情况下，南北坡土壤的发育程度甚至发育类型都不同。通常向阳坡蒸发量较大，其土壤含水量较低，因而生长在土壤上的植被多为灌木；相反，阴坡蒸发量小，其土壤含水量高，所以其生长在土壤上的植被多为乔木。

漫川漫岗区中，土壤温度与湿度都随地形变化发生变化。如位于东北大平原的岗、平、洼三种地形，其土壤含水量与温度存在很大差异，一般是从岗地到洼地，土壤含水量从少到多，洼地的含水量比岗地多近一倍，温度低2℃～3℃。此种差异在农业生产上应引起足够的重视。

（四）地形对土壤发育的影响

地形对土壤发育造成的影响在山地的表现极其明显。因山地地势较高、坡度大、切面强，水、热以及植被条件变化剧烈，故山地土壤存在垂直分布的特点。地壳的上升或者下降，或部分侵蚀基准面的改变，不仅使土壤的侵蚀和堆积过程受影响，还会造成水文条件以及植被条件等一系列改变，进而导致土壤形成过程逐步发生转向，土壤类型按顺序发生演替。例如，随河谷地形的演化，不同的地形部位能分别构成水成土壤（如河漫滩，潜水位高）、半水成土壤（如低阶地土壤，但还被潜水的影响）、地带性土壤（如高阶地土壤，不被潜水影响）发生系列（图5-5）。随河谷的继续发育，土壤的演替也在不断进行。若河漫滩变成高阶地，则土壤也对应地从水成土壤经半水成土壤演化成为地带性土壤。

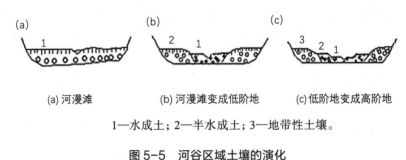

(a) 河漫滩　　　　　(b) 河漫滩变成低阶地　　　　(c) 低阶地变成高阶地

1—水成土；2—半水成土；3—地带性土壤。

图5-5　河谷区域土壤的演化

五、时间因素

时间和空间是万物存在的两种基本形式。当我们确定土壤是上述母质、气候、生物及地形等多因素综合的产物后，我们必须承认它们在土壤形成过程的综合作用因时间的推移而得到加强。土壤处于永恒的演化中。不同年代、不同发生历史的土壤，在其他因素相同的情况下，一定是不同类型的土壤。

土壤年龄指土壤发生发育过程中的时间长短，常分为绝对龄期与相对龄期。绝对年龄指该土壤在新母质或者当地新鲜风化层上开始发育时算起截至今天所经历的时间，常以年表示；相对年龄指土壤发育的阶段或者土壤发育的程度，常根据土壤剖面中的分异程度确定。那些土壤剖面分层清晰与层数相对厚的，土壤发育程度相对高，年龄较大；相反，若剖面不是很明显，厚度相对薄，则土壤生长程度比较低，相对年轻（图5-6）。

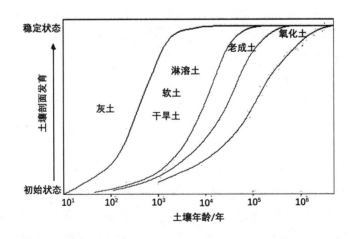

图5-6　土壤年龄对土壤剖面发育的影响

一般来说，绝对年龄越高的土壤，其相对年龄也越高。可是，成土的空间因素存在很大差异，故绝对年龄相同的土壤，其发育程度也会有较大的差异。因此，需要结合时空因素，从本质上把握土壤发生发展的过程，来解释土壤性质和形态中的多样性。

第三节　人类活动对土壤发生演化的影响

人类活动对成土过程存在独特作用，其作用不同于其他自然因素。这是由于以下四种原因。第一，人类活动对土壤的作用是有意识、有目的、有方向的。农业生产实践中，基于发生发展客观规律，通过利用和改造土壤，其影响是比较快的。第二，人类活动具有社会性，且对社会制度和生产力有较大影响。社会制度和生产力水平不同，人类活动对土壤产生的影响和作用也不同。比如，游牧社会、农业社会及工业社会中，人类活动对土壤的影响就有着本质的区别。第三，人类活动的影响能利用各种自然因素来发挥作用，可将其分为有益与有害两方面。第四，人类对土壤也有双重作用，合理使用有利于提高土壤肥力，使用不当则使土壤遭破坏。例如，我国不同地区的土壤退化，主因是人类对土壤的不合理利用。

上面简述的各种成土因素大致可分为自然因素（气候、母质、生物、时间及地形等）与人为因素。前者在所有成土过程中都存在，并形成天然土壤；后者主要是在人类社会活动的范围内起作用，对自然土壤加以改造，能改变土壤发育的程度及方向。不同的土壤形成因素对土壤组成的影响不同，但均是相互影响、相互制约的。一种或者多种成土因素的变化能导致其他成土因素的变化。母质是土壤形成的物理基础，气候则是能量的主要来源。物质循环和能量交换则是生物的功能，其使无机能转化成有机能，太阳能转化成生化能，积累有机质与产生土壤肥力，地形、时间与人类活动会使土壤形成过程的速度、发展的程度与方向受到不同程度的影响。

[拓展阅读]

传统成土因素学说

一、道库恰耶夫土壤形成因素学说

陆地生态系统中，生态系统的重要物理基础是土壤。土壤并非孤立存在于陆地生态系统中，而是与生物、母质、气候以及人类活动等都有直接关系，组成系统的其他部分通过直接或者间接作用使土壤的演化受影响。所以，想要把握土壤发生发展过程的规律，必须得先弄明白土壤产生以及存在的条件。土壤形成因素理论是研究多种外部条件对土壤形成过程的作用的理论，即研究土壤与外部条件之间关系的理论。它可揭示土壤和环境的辩证统一关系，并且能更全面、更准确地解释土壤的成因，预测或者控制土壤的发展方向。所以，土壤形成因素理论既是土壤学的重要理论基础，又对生产实践有重要意义。

土壤形成因素理论是由19世纪末俄罗斯著名科学家道库恰耶夫创建，在其他土壤科学家的工作基础上进一步得到发展。道库恰耶夫对土壤形成因素学说的观点可总结如下。

（1）土壤是成土因素综合作用下的产物。道库恰耶夫觉得土壤有其起源，并且其始终是母岩、气候、有机体及陆地年龄等各种因素综合作用的结果，因此他提出了下列数学函数：

$$\Pi = f(K, \ O, \ \Gamma, \ P)T$$

使用上述函数表示土壤与成土因素间的函数关系，式中 Π 代表土壤，K、O、Γ、P 分别代表气候、生物、母岩与地形；T 表示时间。道库恰耶夫认为土壤是属于独立的且具有历史的自然个体，它和环境的关系是统一且不可分割的，这个观点和西欧土壤学者将土壤看作是地质的、物理的或者化学过程产物的片面观点有根本区别。它是综合地研究土壤的观点，至今依然有鲜明的科学价值与实践意义。

（2）成土因素具有同等重要性与不可替代性。道库恰耶夫认为一切土壤形成因素都是同时且密不可分地对土壤的形成与发展产生影响，并以同等重要与不可替代的方式参与土壤的形成过程。因此，为研究土壤与成土因素间的函数关系，须研究上面所讲的全部成土因素。与此同时，他也强调，不同因素具有同等重要性，并不意味着每个因素在所有地方都对土壤形成过程产生同等影响。在所有因素的综合影响下，土壤成分中各个因素的性质或者各个因素的相对作用有着根本的不同。

（3）成土因素的发展变化往往制约着土壤的形成与演化。道库恰耶夫曾指出，土壤始终处于变动中，时而发展，时而破坏，时而进化，时而退化。也就是说，随着时空因素的变化，土壤不断地形成与演化着。这肯定了土壤是处于运动着的自然体，并且其有生有灭。

（4）成土因素存在地理分布规律。道库恰耶夫曾表明，应辨析和判别各种成土因素和土壤间的相互关系，需关注这些永恒性的成土因素的地理分布规律，还应观察其时常发生的、有严格规律的变化，尤其是由北向南地表现出来的极地、温带及赤道等地带规律变化。在土壤研究中必须考虑土壤地理分布的规律。

二、土壤形成因素学说的发展现状

尽管道库恰耶夫的土壤形成因素学说主张土壤是历史自然体，土壤和环境辩证统一的基本概念，并提倡在研究土壤时要使用综合性的观点与方法。但其学说并不是很完善，主要是其未说明生物因素在土壤形成过程中起到的主导作用，与人类生产活动对土壤形成过程的特殊作用。这些关键概念均是在道库恰耶夫之后发展起来的。

威廉斯提出了土壤形成的生物发生学观点，提到了有关成土因素中的主导因素问题，他认为肥力是土壤的本质特征，而在土层中的高等植物与微生物进行生命活动的结果是肥力。所以，从土壤肥力发展的角度来看，土壤的形成是以生物为主导的多种因素共同作用的结果。

威廉斯还专门提出土壤是人类劳动的对象以及人类劳动产物的论点，这对成土因素学说的发展具有极其重要的意义。它不仅表明人类农业生产活动离不开土壤，还表明它在土壤形成与发展中起着至关重要的作用。更重要的是，它表明了人类改造土壤和提高土壤肥力具有的可能性与现实性。

土壤学者叶尼补充与发展了道库恰耶夫的成土因素公式，如下：

$$S = f(Cl，O，R，P，T，\cdots)$$

式中，S 表示土壤；Cl 表示气候；O 表示生物；R 表示地形；P 表示母质；T 表示时间；省略号表示其他因素。

叶尼也补充了威廉斯提出的成土过程中生物因素起着主导作用的学说，他认为生物主导作用不是普遍规律。不同地区和不同类型的土壤，某一因素会占有优势，若某个单因素所起的作用超出全部其他因素的综合作用，则有相对应的以某个单一因素占优势的五大组函数式：

$$S = f(Cl，O，R，P，T，\cdots)——气候函数式；$$

$$S = f(O，Cl，R，P，T，\cdots)——生物函数式；$$

$$S = f(R，Cl，P，T，\cdots)——地形函数式；$$

$$S = f(P，Cl，O，R，T，\cdots)——岩石函数式；$$

$$S = f(T，Cl，O，R，P，\cdots)——年代函数式。$$

式中，放于右侧括弧内首位的因素为优势因素。除了上述五种因素外，当其他因素占优势时，其函数式可写成 $S = f(\cdots，Cl，O，R，P，T)$，公式中的省略号表示未确定的因素。

思考题

1.如何理解气候区域生态系统的结构？

2.你对气候区域生态系统交界面是怎么理解的？请描述母质、生物、水、气、热（光）等因子的交界面物质 – 能量循环的特征。

3.请思考时间因素在土壤形成过程中的作用。

4.请思考人为因子如何影响土壤的形成。

第六章 气候区域生态系统下土壤的形成过程

第一节 气候区域生态系统中土壤的形成过程

一、气候区域生态系统中土壤形成的一般过程

如第五章所述，气候区域生态系统由土壤、母质、生物和气候（水、气、光和热的综合）因子构成，正如土壤圈发生在岩石圈、大气圈、水圈、生物圈的共同交界面，土壤在气候区域生态系统中也形成于母质、生物、水、气的共同交界面，物质和能量的循环发生在该界面，循环的阶段性产物——特征风化物和有机质，与水分、空气、热量有机结合，形成不同类型的土壤。

在大气、植物、土壤表层的交界面，水、气、光、热、植物代谢物和土壤矿物质通过能量循环和物质循环过程，产生新的黏土矿物和有机物，形成新的表层土壤。在植物丰富的生态系统中，表土富含有机质，地表未掺入黏土的有机薄层称为凋落物层或草毡层（记为 O），如掺入了黏土的则称腐殖层（A）。地表只与水体相接，而少与大气交界，由植物残体组成的主要有机质即为泥炭，掺入黏土的泥炭土壤称为泥炭土，形成的土层为泥炭层（用符号 H 表示）。

在植物根系可达的土壤中上层，植物根系和土壤微生物的代谢产物、土壤水、土壤空气、矿物之间的交界面发生物质-能量循环，形成新的有机质、黏土矿物或化合物，同时这些物质在土壤水、土壤空气的作用下发生吸附、迁移，向下迁移（即淋溶）是该空间的主要过程，该土壤空间区段在土壤剖面中称为淋溶层（记为 E）。

在土壤母质层以上的土壤下层，土壤黏粒与土壤水的交界面，黏粒与水向下淋溶，黏粒在母质层之上淀积，从上到下分别形成淋溶层到淀积层的过渡层（记为 EB）、淀积层（记为 B）、沉积层向母质层的过渡层（记为 BC）。干旱气候区，土壤下层的水分与母质中的矿物发生化学风化，产生的可溶性盐随毛管水向上迁移至土壤上层积累，形成碱积层、盐积层或盐磐。

淀积层以下则为岩石风化层，称为母质层（C），母质层以下则是未被风化的母岩（R）。

在不同气候类型生态系统中，土壤表层、淋溶层、淀积层形成过程特征不同，形成的土壤物质也各异，但仍可归纳为 11 种主要过程（表 6–1）。

表 6–1　中国主要气候区生态系统中典型土壤形成过程

土壤过程		气候区生态系统	土　层	典型特征层
原始成土过程		高山气候区生态系统	表层	雏形层
有机质积聚过程	腐殖化过程	各气候区生态系统	土壤上层和表层	有机质层
	粗腐殖化过程	各气候区森林生态系统	土壤表层	有机质层
	泥炭化过程	各气候区湿地生态系统	土壤上层和表层	有机质层
黏化过程		各气候区生态系统	土壤表层及上中下层	黏化层
富铝化过程		亚热带季风气候、热带季风气候区生态系统	土壤表层及上中下层	铁铝层、低活性富铁层、聚铁网纹层
钙积化过程		温带大陆性气候区草原生态系统	上层	钙积层
碱积化过程		温带大陆性气候区荒漠生态系统	上层	碱积层
盐积化过程		温带大陆性气候区荒漠生态系统	上层	盐积层或盐磐
潜育化过程		热带、亚热带、温带季风气候区生态系统	下层	潜育层
潴育化过程		热带、亚热带、温带季风气候区生态系统	中下层	水耕氧化还原层
白浆化过程		温带季风气候区生态系统	表层	漂白层
灰化过程		温带季风气候区生态系统	上层	灰化层
熟化过程		各气候区生态系统	上层	耕作层

在上述土层中，矿物、有机质或生物、水、气、热等物质或能量因子组成微系统，在其交界面完成物质 – 能量循环，形成新的土壤物质，完成土壤物质循环。不同的微系统界面，形成不同特征的土壤过程（见本节主要成土过程）。

此外，因气候区域生态系统是不断演进的历史过程结果，故生态系统中的土壤也是历史发展的结果，在外观表现为一定厚度的土壤剖面（见第二节），土壤剖面则表现为不同的结构类型，归结为不同土壤类型。

不同气候区域生态系统孕育不同类型土壤，故土壤类型与气候区域生态系统类型有直接关系。事实上，当今主流发生学土壤分类，即与气候区域生态系统类型直接相关。

二、主要成土过程

（一）原始成土过程

在高山冻寒气候下，地表生物以微生物和低等植物为主，岩石裸露，形成典型的冻寒区生态系统。在这个生态系统背景下，从地表岩石表面着生的微生物和低等植物开始到高等植物定居之前形成的土壤过程，称为原始成土过程。

根据原始土壤形成过程中的生物变化，该过程可分为三个阶段：第一个阶段是"岩漆"阶段，出现的生物是自养微生物（如绿藻、硅藻等）以及与之共生的固氮微生物，它们将许多营养元素通过生理吸收引入生物地球化学过程；第二个阶段是"地衣"阶段，在这个阶段，原始植物群落中存在许多异养微生物，如在岩石表面和细小孔隙的细菌、黏菌、真菌和地衣，它们通过生命活动促进岩石矿物的进一步风化，使细土和有机质不断增加；第三个阶段是"苔藓"阶段，在这一阶段生物风化和土壤形成的速度大大加快，为高等绿色植物的生长提供了肥沃的基质（图6-1）。原始土壤形成过程也能够与岩石风化同时同步进行。

（a）岩漆阶段

（b）地衣阶段

（c）苔藓阶段

图6-1　原始成土过程的三个阶段

（二）有机质积聚过程

在以木本或草本植物为主要群落的生态系统中，植物遗体或代谢产物在土壤表层或上层积累形成有机质的过程称为有机质积聚过程。这个过程存在于不同类型的土壤中，是土壤中生物因素发展的结果和具体表现。然而，生物创造有机质及其分解和积累，又受大气的水、热条件及其他成土因素联合作用的影响，因此土壤形成过程中的有机质积聚过程分别有如下三个阶段。

1. 腐殖化过程

土壤形成中的腐殖化过程是指腐殖质在各种植物的作用下，在土壤中，特别是土壤表面的积累。腐殖化过程使土壤发生分化，通常在土壤上部形成一层暗色腐殖质层。主要表现在半干旱和半湿润的温带草原、草甸或森林草原等气候区域生态系统中，每年都有大量的有机质在土壤中积累，冬季气温低，土壤微生物休眠，使有机质分解停止；夏季降水较充沛，土壤水分条件促使土壤微生物进行适量的好氧和厌氧分解，土壤中的水分饱和度较高，因而形成较高的黑色胡敏酸的钙饱和腐殖质，腐殖质 A 层较厚，土层松软。

2. 粗腐殖质化过程

在湿润气候区域生态系统中，植被群落主要由森林组成。森林残落物较多，但单宁含量高，降水量大，残落物腐解过程较差，形成酸性的粗腐殖质，这个过程称为粗腐殖化过程。腐植酸主要是富里酸，腐殖层也较薄。其上的粗腐殖质多用 O 表示。

3. 泥炭化过程

沼泽、河流和湖泊沿岸的湿地生态系统，它们的地下水位高，土壤中水分含量太高，湿生、水生生物年复一年枯死，其残落物不易分解，日积月累堆积形成有机物分解很差的泥炭，可见未分解的植物残体，称为泥炭化过程。地表的泥炭化过程与底层的潜育一向是同时发生的。

此外，根据土壤形成环境的差异，我国土壤有机质积聚过程的类型可分为六种：①土壤表层有机质含量小于 1.0%，甚至小于 0.3 %，胡敏酸与富里酸的比例低于 0.5 的漠土有机质积聚过程；②土壤有机质集中在 20 ～ 30 cm 以上，含量为 1.0% ～ 3.0% 的草原土有机质积聚过程；③土壤表层有机质含量高达 3.0% ～ 8.0%，甚至更高，腐殖质以胡敏酸为主的草甸土有机质积聚过程；④地表有枯枝落叶层，有机质积累明显，其积累和分解保持动态平衡的林下有机质积聚过程衡；⑤腐殖化作用弱，土壤剖面上部有毡状草皮，有机质含量超过 10% 的高寒草甸有机质积聚过程；⑥在地下水位高，地面潮湿的地区，生长喜湿和喜水植物，残落物不易分解，有深厚泥炭层的泥炭积聚过程。

（三）黏化过程

黏化过程是土壤剖面中黏粒形成和积累的过程，其原理如以下化学过程：

$$4K[AlSi_3O_8] + 6H_2O \longrightarrow 4KOH + 8SiO_2 + Al_4[Si_4O_{10}][OH]$$
$$\text{钾长石} \qquad\qquad\qquad\qquad \text{高岭石}$$

从以上化学过程可以看出，黏化过程是原生矿物的化学风化过程。原生矿物和水是这一过程发生不可缺少的必要条件。也就是说，只要陆地表面存在水分，就可发生黏化作用。

黏化可分为残积黏化和淀积黏化。前者是当年降水量低、土壤缺乏稳定性淋溶的情况下发生的现象。由于没有稳定的下降水流，化学风化形成的黏粒产物没有向深土层移动，而是就地积累，形成一个明显黏化或铁质化的土层，其特征是土壤颗粒只表现出由粗变细，结构体上的黏粒胶膜不多，黏粒的轴平面方向不定（缺乏定向性），黏化层厚度随

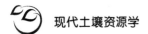

土壤湿度的增加而增加。后者是由于在降水量较高的情况下，原生矿物经化学风化过程和土壤内部重力水淋溶过程的作用，黏粒由上部土层向下迁移并在下层淀积，形成明显的黏化层，这种黏化层有明显的定向黏粒，结构面上胶膜明显（图6-6）。残积黏化过程多发生在温暖的半湿润和半干旱生态系统的土壤中，而沉积黏化主要发生在暖温带和亚热带湿润生态系统的土壤中。

（四）钙积与脱钙过程

钙积过程是干旱和半干旱地区土壤中碳酸钙的移动和积累过程。在我国，这种自然过程主要发生在北方草原生态系统中。在我国干旱、半干旱草原地区，降水主要发生在夏季。在夏季降水条件下，土壤内部的土壤水向下移动，它的向下迁移使易溶性盐向下淋洗。同时，地表的草本植物正处于旺盛的生长期，根系呼吸产生的大量二氧化碳进入水中形成碳酸水。土壤水溶液中的钙、镁离子与碳酸水中的碳酸根离子结合形成碳酸钙镁沉淀，从而在草本植物根层下部形成碳酸钙淀积层，这就是钙积层。钙积层中碳酸钙的含量通常为10%～20%。碳酸钙沉积物具有粉末状、假菌丝体、眼斑状、结核状或层状等形态。

在我国草原和漠境地区，还有另一种钙积过程的形式，这与极端干旱的气候条件有关，即土壤中常发现石膏的积累。

在我国西部极端干旱的沙漠边缘地区，存在一种棕漠土。这种土壤中下部存在较厚的石膏层，石膏层形成的原因与当地的气候与地形环境有极大关系。当地气候极端干旱，土壤表层只存在结皮，绝少自然植被，土壤淋溶微弱，故表层碳酸钙层极薄；碳酸钙薄层下有一5～6 cm厚且与砾石混合胶结的棕色黏土层，这是矿物化学风化的产物；黏土层下即为石膏层。因为棕漠土毗邻高山，山顶融雪潜入地下形成地下水，在棕漠土下层的地下水通过土壤毛管上升，在特定土层悬停，此时毛管水中所含的硫酸根阴离子有机会与岩石化学风化产生的钙离子结合形成石膏，最终形成石膏层。

与钙积过程相反，在降水大于蒸发的生物气候条件下，土壤中的碳酸钙会转变成碳酸氢盐并从土壤中淋失，这称为脱钙过程。中国南方红壤地区土壤钙含量极少，就是因为存在强烈的脱钙过程。

对于已经脱钙的部分土壤，由于人工施用含钙物质或含碳酸盐的地下水向上运动，使土壤中钙含量增加的过程，通常称为复钙过程。

（五）盐化与脱盐过程

盐渍化过程是指土体上部易溶性盐类的聚积过程，在我国主要发生在西北部的荒漠生态系统中。在这种类型的生态系统中，降水量少，蒸发量大，地表水、地下水和母质中的盐分在强烈蒸发作用下，经过土壤水的纵横向运动，逐渐向地表积聚，或已脱离地下水和地表水的影响，而表现为残余积盐特点的过程。前者称为现代积盐过程，后者称为残余积盐过程。盐化土壤中的盐分主要由一些中性盐类组成，如$NaCl$、Na_2SO_4、$MgCl_2$、$MgSO_4$。

盐渍化过程主要发生在干旱少雨地区。在中国西北干旱地区降水少，蒸发量大。土壤水通过蒸发从地表散失，溶解在水中的盐分留在地表，导致土壤表层盐化。西北内陆的大量咸水湖或盐湖，也是地表水蒸发造成湖水含盐量高或盐从咸水中结晶而成。

土壤中的可溶性盐通过降水或人工灌溉洗盐、开沟排水，降低地下水位，移动到下层或排出土体的过程称为脱盐过程。

（六）碱化与脱碱过程

碱化过程是指土壤胶体上钠离子的积累，使土壤呈强碱性反应，而且形成物理性质恶化的碱性层的过程，这个过程也称为钠质化过程。碱化过程的作用可使土壤呈现强碱性反应，pH>9.0，土壤物理性质很差，作物生长困难，但含盐量一般不高。

我国西北部沙漠生态系统常发生碱化过程，它伴随盐化过程而发生。钠离子是土壤盐化过程中积聚在表层土壤中最典型的阳离子，一旦土壤吸附了钠离子，它会通过交换土壤水中的氢离子而被解吸。为了达到吸附平衡，土壤水分会进一步解离，结果土壤溶液中 OH^- 浓度增加，土壤会碱性化。化学反应过程如下：

$$\boxed{\text{土壤胶体}}^{Na^+} + H_2O \rightleftharpoons \boxed{\text{土壤胶体}}^{H^+} + Na^+ + OH^-$$

土壤碱化一般有以下几种机制。一是脱盐交换学说：Ca^{2+}、Mg^{2+} 在土壤胶体上，通过与中性钠盐（NaCl、Na_2SO_4）解离后产生的 Na^+ 交换而碱化。二是生物起源学说：藜科植物能选择性地吸收大量的钠盐，植株死亡后经矿化作用释放钠离子形成 Na_2CO_3、$NaHCO_3$ 等碱性钠盐，土壤胶体吸收 Na^+，使土壤呈碱性。三是硫酸盐还原学说：在地下水位较高的地区，在有机质的作用下，Na_2SO_4 被硫酸盐还原菌还原为 Na_2S，然后与 CO_2 作用形成 Na_2CO_3，使土壤碱化。

脱碱过程是指通过淋洗和化学改良，减少土壤碱性层中的钠离子和可溶性盐类，降低胶体中钠的饱和度。在自然条件下，碱土的高 pH 值会导致腐殖质表层扩散淋失，并且某些硅酸盐被破坏后，形成 SiO_2、Al_2O_3、Fe_2O_3、MnO_2 等氧化物。SiO_2 残留在土壤表面，使表面变白，而黏粒、铁锰氧化物则向下移动淀积，部分氧化物还能胶结形成结核。这个过程的长期发展，可以使表层土壤变成微酸性，质地变轻，原来的碱性层变成微碱性，这个过程是一个自然的脱碱过程。

（七）富铝化过程

富铝化过程又称为脱硅过程或脱硅富铝化过程，是指在湿热气候生态系统中发生的土壤中脱硅、富铁铝的过程。在热带和亚热带生态系统中，土壤中的蒙脱石和高岭土等黏土矿物继续风化，形成弱碱液，随着可溶性盐类、碱金属和碱土金属盐基离子及硅酸的大量流失，而造成氧化铁铝在土体内相对富集的过程。因此，它包括两个功能，即脱硅作用和铁铝相对富集作用。

（八）灰化、隐灰化和漂灰化过程

灰化过程（podzoliation）是指 SiO_2 在土体表层残留（尤其是亚表层），R_2O_3 和腐殖质淋溶、淀积的过程，即在寒温带、寒带针叶林植被和湿润的气候区域生态系统中，铁和铝与有机酸性物质螯合、淋溶、淀积的土壤过程。在这样的土壤形成条件下，针叶林残落物富含单宁、树脂等物质，而母质中盐基含量又较少，残落物经微生物作用后产生酸性很强的富里酸及其他有机酸。作为有机络合剂，这些酸不仅可以使表层土壤中的矿物蚀变分解，还可以与金属离子结合形成络合物，使铁铝等发生强烈的螯迁，到达 B 层，使亚表层脱色，只留下高度耐酸的硅酸形成灰白色土层（灰化层），在剖面下部形成较致密的棕褐色腐殖质铁铝淀积层。

当灰化过程未发展形成灰化层，但已有铁、铝、锰等物质的酸性淋溶、有机螯合、迁移、淀积的作用，称为隐灰化作用（或准灰化），这其实是一种不明显的灰化作用。

灰化过程、还原离铁离锰作用以及铁锰腐殖质淀积等多现象伴生的过程称为漂灰化。漂白现象主要是铁的还原引起的，而矿物蚀变是酸性条件下水解引起的。在形成的漂灰层中，铝没有明显减少，铁减少较大，黏粒也没有明显减少。这一过程主要发生在热带和亚热带山地的凉湿气候生态系统中。

（九）潜育化和潴育化过程

潜育化过程是土壤长期渍水，有机质在厌氧作用下分解，而铁、锰强烈还原形成灰蓝 - 灰绿色土体的过程，即在土体中发生的还原过程。由于"铁解"的作用，土壤胶体被破坏，土壤呈酸性。这个过程主要发生在排水不良的水稻土和沼泽土中，很少发生在剖面的下部。

潴育化过程实质上是氧化还原的交替过程，即土壤形成过程中氧化还原的过程，土壤渍水带经常上下移动，土壤干湿交替明显，使土壤中氧化还原反复交替，因此在土体内出现锈纹、锈斑、铁锰结核和红色胶膜等物质。该过程又称为假潜育化。

上述过程发生在湿地或季节性湿地生态系统。

（十）白浆化过程

白浆化过程是指由于上层的滞水而发生的潴育漂洗过程，这是因土壤中的铁和锰的还原作用而漂白某一层土壤的过程。在季节性还原淋溶条件下，铁锰与黏粒的淋淀过程，实质上是潴育淋溶，类似假潜育过程，国外称为假灰化过程。而在季节性湿地生态系统中，雨季时土壤地下水上移到土壤表层，地表中的铁、锰和黏粒随水侧向或垂向移动，在腐殖质层下形成粉砂含量高、铁锰贫乏的白色淋溶层，在剖面中、下部形成黏粒和铁锰富集的淀积层，这样的土壤即为白浆土。

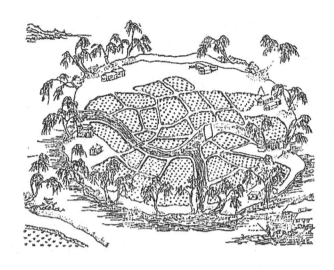

图6-2 圩田

（十一）熟化过程

土壤熟化过程是在耕作条件下，通过耕作、培肥和改良，促使水、肥、气、热等因素不断协调，使土壤向有利于作物高产方面转化的过程。在旱作条件下对土壤进行定向施肥的过程，通常称为旱耕熟化过程；而淹水耕作，在氧化还原交替条件下培肥的土壤过程则称为水耕熟化过程。

江南水乡有大片湿地，古时为了扩大耕地面积，他们将滨水湿地实行围垦，先是掘深沟，将掘取的泥土堆筑成堤，以堤围出一大片区域与水域隔开，围成的这片区域称为"圩"。将圩内的积水排入周围的沟渠，圩内的湿地便开垦成圩田（图6-2）。圩田可种稻植麻，围堤上可种桑，还可以盖房子住。围堤外的围沟一来可排水，二来可行船成为水上交通要道。许多沟渠最终发展为当地的运河，堤岸上的村庄发展成为当地著名的城镇。在古代圩田的规模非常之大，南唐与吴越在各自境内大修圩田，每圩方圆几十里，如同大城。其中，地势较低、排水不良、土质黏重的低沙圩田，大都栽水稻；地势较高、排水良好、土质疏松、不宜保持水层的高沙圩田，常种棉花、玉米等旱地作物。

第二节　气候区域生态系统下土壤剖面、发生层和土体构型的一般特征

在气候区域生态系统背景下，在岩石风化物、水、气、光、热和生物的交界面，上述要素之间发生物质－能量循环，新的土壤物质（黏土矿物与有机质）不断地形成，经过长期的演化和积累，最终会形成不同层次特征的土壤剖面。

土壤剖面是特定土壤的垂直断面，其深度一般达到基岩或达到地表沉积体的相当深度为止。完整的土壤剖面应包括母质层和土壤形成过程中所形成的发生学层次（发生层）。

组成土壤剖面的不同特征土层也称为土壤发生层，是土壤中物质和能量循环过程的

产物。土壤发生层具有特定性质和组成，几乎与地面大致平行，具有成土过程的特点。作为一个土壤发生层，它至少应该是肉眼可以识别的，它不同于相邻的土壤发生层。对土层形态特征的识别一般包括质地、颜色、结构、紧实度和新生体等。土壤发生层形成的原理参见本章第一节。

土层分化越明显，即上、下层差异越大，土壤异质性越显著，土壤发育程度越大。然而，在许多土壤剖面中，发生层之间是逐渐过渡的。有时，母质的层次性会残留在土壤剖面中。

土体构型是土体中各土层在垂直方向上的均匀组成和有序排列。不同的土壤类型具有不同的土体构型，因此土体构型是识别土壤的最重要特征。作为一个完全发育的土壤剖面，它一般由自上而下的最基本的几个发生层组成，具体见表6-2所列。

有机质层：一般出现在土壤表层，是土壤重要发生学层次。根据有机质的聚集状态，可分离出腐殖质层、泥炭层和凋落物或草毡层。参照国际土壤协会（以下简称"国际"）制定和讨论的传统土层符号和土层名称，上述三个有机质层分别可用大写字母 A、H、O 表示。

（1）淋溶层。因淋溶而引起物质迁移和损失的土壤层（如灰化层、白浆层）。传统代号为 A_2，国际名称为大写字母 E。本书拟采用后者。在正常情况下，E 层不同于 A 层的主要标志是有机物含量低，颜色较浅。

表6-2　土体构型代号

	土层名称	传统代号	国际代号
O	森林凋落物层、草毡层	A_0	O
H	泥炭层		H
A	腐殖层	A_1	A
E	淋溶层	A_2	E
B	淀积层	B	B
C	母质层	C	C
R	母岩层	D	R

（2）淀积层。是物质绝对积累的层次。该层常与淋溶层相对应，即上为淋溶层，下为淀积层。淀积层的符号名称用大写字母 B 表示。但 B 层的性质却大不相同，往往需要使用后缀（小写字母）来限制它并给出完整的说明。例如，"腐殖质 B"是 Bh，"铁质 B"是 Bs，"质地 B"是 Bt，等等。

（3）母质层和母岩层。严格来说，母质层和母岩层不是土壤发生层，原因是它们的特性不是由土壤形成引起的。此处仅将其列为土壤剖面的重要组成部分。质地松碎的母质层用 C 表示，坚硬的母岩则用 R 表示。任何具有两个主要层特征的土层都称为过渡层。

代号用两个大写字母联合表示，如 AE、EB、BA 等。第一个字母表示优势土层。

另外，为了使主土层的名称更加准确，可在大写字母后加一个组合小写字母。后缀的字符反映了在同一主要土壤层中同时出现的特性。但一般不应超过两个后缀。土壤特征层字母代码见表 6-3 所列。

表 6-3　土壤特征层字母代码

代　号	土壤特征层	代　号	土壤特征层
a	腐解良好的腐殖质层	n	代换性钠积聚层
b	埋藏层	o	R_2O_3 的残余积聚层
c	结核形式的积聚	p	耕作层
d	粗腐殖质层：粗纤维＞30%	q	次生硅积聚层
e	水耕熟化的渗育层	r	砾幂
f	永冻层	s	R_2O_3 的淋溶积聚层
g	氧化还原层	t	黏化层
h	矿质土壤的有机质的自然积聚层	v	网纹层
i	灌溉淤积层	w	风化过渡层
k	碳酸钙的积聚层	x	脆磐层，脆壳层
l	结壳层，龟裂层	y	石膏积聚层
m	强烈胶结，固结，硬化层	z	盐分积聚层

 思考题

1. 你是怎么理解土壤的一般形成过程的？土壤发生层形成的微系统背景各如何？
2. 黏化过程与富铝化过程有何联系和区别？
3. 灰化过程与白浆化过程有何区别？
4. 潴育化过程与白浆化过程有何联系？
5. 怎么理解土壤剖面的形成？

 实习或实验

在野外寻找土壤剖面，观察土壤剖面的层次。

第七章 气候区域生态系统背景的土壤分类与分布

如第六章所述，具体的土壤是在特定生态系统背景下形成的，因此土壤类型也可以陆地生态系统的特征来进行划分，事实上，当前的土壤发生学分类即是按这一思想进行的。因生态系统的分布有地带性分布与非地带性分布之分（见第三章），所以土壤类型分布也随之呈现同样的分布特征。由于篇幅所限，本章第三节仅重点介绍了南方典型土壤——铁铝土纲。

第一节 土 壤 分 类

一、中国现行的土壤分类体系

不仅不同历史时期的土壤分类体系不同，同一历史时期的土壤分类体系也不一样。鉴于我国大量土壤数据是在土壤发生学分类体系长期应用的条件下累积的，同时发生学分类在我国也已有近80年的历史，发生学分类体系是我国第二次土壤普查使用的土壤分类体系，也可称为官方土壤分类体系。

（一）现行中国土壤分类体系的分类思想

我国目前在土壤调查中统一采用的土壤分类体系属于地理发生学土壤分类体系。该体系源于俄国学者道库恰耶夫提出的土壤发生分类思想，同时兼顾了土壤剖面的形态特征，并结合中国独特的自然条件和土壤性质，是一个有特色的独立土壤分类体系。

目前中国土壤分类体系的指导思想核心如下：每一种土壤类型都是在各种土壤形成因素组成的系统中，经由特定的土壤形成过程而产生的，并具备一定的土壤剖面形态和理化性状。因此，在鉴别土壤分类时，更注重将成土过程和土壤形成条件、土壤剖面性状相结合来研究，即"土壤形成条件（土壤背景系统）→土壤形成的过程→土壤属性"被称为对土壤进行统一定义和分类的指导思想。但在实际工作中，当成土条件、成土过程和土壤性质不一致时，往往以现代成土条件对土壤进行分类，而不强调土壤性质是否与成土条件相一致。这种分类体系利用发生学的思想来研究和理解分布在地球表面的不同类型土壤的发生和分布规律，特别是宏观地理规律，这在开发利用土壤资源时，必须充分考虑生态环境条件，因地制宜（地理环境），因而是非常有益的。但是，该系统也存在定量鉴别较差、分类单元间边界模糊等缺点。

中国土壤分类思想中的关于"成土条件、成土过程"都统一于气候区域生态系统，一个具体的气候区域生态系统对应相应类型的土壤类型。例如，热带季风气候区生态系统存在的土壤是铁铝土纲中的砖红壤土类；亚热带气候区生态系统，由南而北分别存在赤红壤、红壤、黄壤土类。

（二）分类系统

这里介绍的当前中国土壤分类系统是第二次全国土壤普查办为编撰《中国土壤》而拟定的分类系统。高级分类从上到下依次为土纲、亚纲、土类、亚类。低级分类从上到下依次是土属、土种、变种。

1. 土纲

土纲是对一些常见有共性的土壤类型的归纳和概括，它对应于尺度较大的气候区域生态系统。例如铁铝土纲，主要存在于我国热带季风气候区和亚热带气候区生态系统，是在湿热条件下经过脱硅富铁铝化过程形成的黏土矿物，这些黏土矿物以 1：1 型高岭石和三氧化物、二氧化物等成分为主，包括砖红壤、赤红壤、红壤和黄壤等土壤类型。

2. 亚纲

亚纲属于土纲范围，根据土体的所在环境的水热条件和岩性、盐碱的主要差异进行划分，如铁铝土纲分成湿热铁铝土亚纲和湿暖铁铝土亚纲，其区别在于两者的热量环境不一样，而这一条件却控制着土壤形成过程和生物的生长。

3. 土类

高级分类的基本单元就是土类。基本分类单元是指即使可以改变归纳土类的更高级分类单元，但土壤类别的分类基础和定义一般不会改变，土壤类别相对稳定。土类划分的依据是成土条件、土壤形成过程和土壤属性。在对土壤分类时，强调土壤形成条件、土壤形成过程和土壤性质的统一性和综合性；不同土壤类型之间无论是在土壤形成条件、土壤形成过程还是在土壤属性上都存在差异。例如，红壤土类代表亚热带季风气候下高度风化、富含游离铁铝的酸性土壤；而黑钙土则代表温带半湿润草原或草甸下发育的有大量有机质积累的土壤。如上所述，在实际工作中，更注重根据土壤形成条件或土壤发生的地理环境对土壤类型进行划分。

4. 亚类

亚类是土类的细分。土壤类别包含代表土壤类别概念的典型亚类，即在特定土壤形成条件下产生的最典型的土壤，决定了土壤类别和主导的土壤形成过程；也有从一种土壤类别过渡到另一种土壤类别的亚类，它们根据附加土壤形成过程以外的过程进行划分。例如，黑土的主要土壤形成过程是腐殖质积聚，而典型概念的亚类是黑土；在地势平坦情况下，地下水参与了土壤形成过程，在核心底土中会形成铁锰结核或锈斑，呈现土壤潜育化过程特征，但这只是附加或次生的成土过程，相对应的是草甸黑土亚类，也就是黑土向草甸土过渡的过渡亚类。

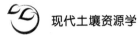

表 7-1 是为汇总第二次全国土壤普查成果编撰《中国土壤》而拟定的中国土壤分类体系中的高级分类，也是本书土壤类型论述的基础。

表 7-1 中国土壤分类系统（中国土壤，1998）

土 纲	亚 纲	土 类	亚 类
铁铝土	湿热铁铝土	砖红壤	砖红壤，黄色砖红壤
		赤红壤	赤红壤，黄色赤红壤，赤红壤性土
		红壤	红壤，黄红壤，棕红壤，山原红壤，红壤性土
	湿暖铁铝土	黄壤	黄壤，漂洗黄壤，表潜黄壤，黄壤性土
淋溶土	湿暖淋溶土	黄棕壤	黄棕壤，暗黄棕壤，黄棕壤性土
		黄褐土	黄褐土，黏盘黄褐土，白浆化黄褐土，黄褐土性土
	湿暖温淋溶土	棕壤	棕壤，白浆化棕壤，潮棕壤，棕壤性土
	湿温淋溶土	暗棕壤	暗棕壤，白浆化暗棕壤，草甸暗棕壤，潜育暗棕壤，暗棕壤性土
		白浆土	白浆土，草甸白浆土，潜育白浆土
	湿寒温淋溶土	棕色针叶林土	棕色针叶林土，漂灰棕色针叶林土，表潜棕色针叶林土
		漂灰土	漂灰土，暗漂灰土
		灰化土	灰化土
半淋溶土	半湿热半淋溶土	燥红土	燥红土，褐红土
	半湿暖温半淋溶土	褐土	褐土，石灰性褐土，淋溶褐土，潮褐土，楼土，燥褐土，褐土性土
	半湿暖半淋溶土	灰褐土	灰褐土，暗灰褐土，淋溶灰褐土，石灰性灰褐土，灰褐土性土
		黑土	黑土，草甸黑土，白浆化黑土，表潜黑土
		灰色森林土	灰色森林土，暗灰色森林土
钙层土	半湿温钙层土	黑钙土	黑钙土，淋溶黑钙土，石灰性黑钙土，淡黑钙土，草甸黑钙土，盐化黑钙土，碱化黑钙土
	半干温钙层土	栗钙土	暗栗钙土，栗钙土，淡栗钙土，草甸栗钙土，盐化栗钙土，碱化栗钙土，栗钙土性土
	半干暖温钙层土	栗褐土	栗褐土，淡栗褐土，潮栗褐土
		黑垆土	黑垆土，黏化黑垆土，潮黑垆土，黑麻土
干旱土	干温干旱土	棕钙土	棕钙土，淡棕钙土，草甸棕钙土，盐化棕钙土，碱化棕钙土，棕钙土性土
	干暖温干旱土	灰钙土	灰钙土，淡灰钙土，草甸灰钙土，盐化灰钙土

土　纲	亚　纲	土　类	亚　类
漠土	干温漠土	灰漠土	灰漠土，钙质灰漠土，草甸灰漠土，盐化灰漠土，碱化灰漠土，灌耕灰棕漠土
		灰棕漠土	灰棕漠土，石膏灰棕漠土，石膏盐盘棕漠土，灌耕棕漠土
	干暖温漠土	棕漠土	棕漠土，盐化棕漠土，石膏棕漠土，石膏盐盘棕漠土，灌耕棕漠土
初育土	土质初育土	黄绵土	黄绵土
		红黏土	红黏土，积钙红黏土，复盐基红黏土
		新积土	新积土，冲积土，珊瑚砂土
		龟裂土	龟裂土
		风沙土	荒漠风沙土，草原风沙土，草甸风沙土，滨海风沙土
	石质初育土	石灰（岩）土	红色石灰土，黑色石灰土，棕色石灰土，黄色石灰土
		火山灰土	火山灰土，暗火山灰土，基性岩火山灰土
		紫色土	酸性紫色土，中性紫色土，石灰性紫色土
		磷质石灰土	磷质石灰土，硬盘磷质石灰土，盐盘磷质石灰土
		石质土	酸性石质土，中性石质土，钙质石质土，含盐石质土
		粗骨土	酸性粗骨土，中性粗骨土，钙质石灰土，硅质石灰土
半水成土	暗半水成土	草甸土	草甸土，石灰性草甸土，白浆化草甸土，潜育草甸土，盐化草甸土，碱化草甸土
	淡半水成土	潮土	潮土，灰潮土，脱潮土，湿潮土，盐化潮土，碱化潮土，灌淤潮土
		砂姜黑土	砂姜黑土，石灰性砂姜黑土，盐化砂姜黑土，碱化砂姜黑土，黑黏土
		林灌草甸土	林灌草甸土，盐化林灌草甸土，碱化林灌草甸土
		山地草甸土	山地草甸土，山地草原草甸土，山地灌丛草甸土
水成土	矿质水成土	沼泽土	沼泽土，腐泥沼泽土，泥炭沼泽土，草甸沼泽土，盐化沼泽土，碱化沼泽土
	有机水成土	泥炭土	低位泥炭土，中位泥炭土，高位泥炭土
盐碱土	盐土	草甸盐土	草甸盐土，结壳盐土，沼泽盐土，碱化盐土
		滨海盐土	滨海盐土，滨海沼泽盐土，滨海潮滩盐土
		酸性硫酸盐土	酸性硫酸盐土，含盐酸性硫酸盐土
		漠境盐土	漠境盐土，干旱盐土，残余盐土
		寒原盐土	寒原盐土，寒原草甸盐土，寒原硼酸盐土，寒原碱化盐土

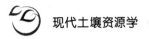

土纲	亚纲	土类	亚类
盐碱土	碱土	碱土	草甸碱土，草原碱土，龟裂碱土，盐化碱土，荒漠碱土
人为土	人为水成土	水稻土	潴育性水稻土，淹育性水稻土，渗育性水稻土，潜育性水稻土，脱潜水稻土，漂洗水稻土，盐渍水稻土，咸酸水稻土
	灌耕土	灌淤土	灌淤土，潮灌淤土，表锈灌淤土，盐化灌淤土
		灌漠土	灌漠土，灰灌漠土，潮灌漠土，盐化灌漠土
高山土	湿寒高山土	草毡土（高山草甸土）	草毡土（高山草甸土），薄草毡土，棕草甸土，湿草甸土
		黑毡土（亚高山草甸土）	黑毡土，薄黑毡土，棕黑毡土，湿黑毡土
	半湿寒高山土	寒钙土（高山草原土）	寒钙土（高山草原土），暗寒钙土（高山草甸草原土），淡寒钙土（亚高山荒漠草原土），盐化寒钙土（亚高山盐渍草原土）
		冷钙土（亚高山草原土）	冷钙土（亚高山草原土），暗冷钙土（亚高山草甸草原土），淡冷钙土（亚高山荒漠草原土），盐化冷钙土（亚高山盐渍草原土）
		冷棕钙土	冷棕钙土（亚高山草原土），淋淀冷棕钙土（山地淋溶灌丛草原土）
	干寒高山土	寒漠土（高山漠土）	寒漠土（高山漠土）
		冷漠土（亚高山漠土）	冷漠土（亚高山漠土）
	寒冻高山土	寒冻土（高山寒漠土）	寒冻土（高山寒漠土）

5. 土属

土属主要根据土壤母质成因类型和岩性以及受区域水文控制的盐分类型等特殊地理因素来划分。例如，母质可大致分为残积物、黄土状物质、冲积物、洪积物、湖积物、海积物等。残积物按岩性中的矿物性质分为酸性岩、基性岩、石英岩、页岩、石灰岩等类型，冲积物和洪积物多为混合岩类，按母质质地可分为砾质、沙质、壤质和粗质等。对于不同的土类、亚类，所选土属划分的具体标准不同。例如，红壤性土按酸性岩类、基性岩类、石英岩类、页岩类、石灰岩类划分土属；盐土按盐的种类可分为氯化物盐土、硫酸盐盐土、氯化物 - 硫酸盐盐土和硫酸盐 - 氯化物盐土等。土属以上的高层次分类主要反映该地区的气候、植被这样的地带性成土因素，而土属划分主要反映母质和地形（地下水）的影响。

6. 土种

土种是一个低级分类单元，依据土壤剖面的构型及其发育程度进行划分。一般土壤发生层的叠位顺序反映了优势和次要成土过程及其结果，也决定了土类和亚类的分类状况。但在土壤发育程度方面，由于土壤母质、地形等条件的差异，形成的土层厚度、腐殖层厚度、含盐量、淋溶深度、淀积程度等均存在差异，根据这些属性的程度差异即可划分不同土种。例如，根据土层的厚度，山地土壤分为薄层（< 30 cm）、中层（30 ～ 60 cm）和厚层（> 60 cm）三个土种。盐化土根据含盐量和缺苗程度分为轻度盐化（缺苗 < 30%）、中度盐化（缺苗 30% ～ 50%）和重度盐化（缺苗 > 50%）。粗骨性土按砾石含量可划分为少砾（砾石含量 < 10%）、多砾（砾石含量 10% ～ 30%）和砾石土（砾石含量 > 30%）三个土种。

7. 变种

变种从属于土种，一般根据表土层或耕作层的一些差异划分，如表土层质地、砾石含量等，对土壤耕作有显著影响。

该分类系统的高级分类主要反映土壤发生学方面的差异，而低级分类主要考虑土壤生产和利用方面的差异。高级分类用于指导小比例尺土壤调查制图，反映土壤发生学分布规律；低级分类用于指导大中比例尺的土壤调查制图，为合理开发利用土壤资源提供依据。

（三）命名

中国目前的土壤分类系统采用了连续命名法和分段命名法相结合的方法。土纲和亚纲是一段，以土纲名为词根，加上形容词或副词前缀组成亚纲名称，而亚纲段名称则连续命名，如"半干温钙层土"，其中含土纲与亚纲名称。土类和亚类是一段，以土类的名称为词根，加上形容词或副词前缀组成亚类的名称，如"盐化草甸土""黑草甸土"等，它可自成一段，但亚类则是连续的名称。土属名称不能单成一段，它经常与土类和亚类名称结合使用，如"氯化物滨海盐土""酸性岩坡积物草甸暗棕壤"，这是典型的连续命名法。与土属一样，土种和变种的名称也必须与土类、亚类、土属（土层厚）名称连用。名称有源自国外的，如黑钙土；有源自群众俗称的，如白浆土；也有根据土壤特点而新创造的，如砂姜黑土。

二、土壤分类发展的趋势

（一）从定性向定量转变

从定性向定量转变是指由诊断层和诊断特征代替统一的土壤形成条件、过程和性状作为分类的基础，由边界定义代替中心概念，研究系统代替分类规定。

（二）土壤分类进一步发展

随着人口和粮食问题的日益严重和土壤科学分支的进一步发展，土壤分类也得到了发展。以热带和人为土壤为重点，土壤分类学中引用了新的研究成果。例如，黏绨土、低活性强酸土和高活性强酸土概念的提出即是新研究成果的体现。

（三）土壤分类系统向统一方向发展

从目前国际上有影响的分类来看，无论是联合国图例单元系统、国际土壤分类参比基础、苏联分类、美国土壤系统分类，还是中国土壤系统分类，都有很多共同点。这表明国家的分类在交流中逐渐标准化。因此，经过一段时间的努力，一定会形成一个全球统一的土壤分类。

第二节 土 壤 分 布

土壤是在各种自然条件和人为因素共同作用下形成的，在一定条件下，会形成一定的类型，占据一定的空间。随着自然条件和人为因素的变化，土壤类型及其空间分布也呈现出规律性的分布，这就是土壤分布规律。土壤的地理分布可以适应生物气候条件，表现为大尺度的横向和纵向分布规律，对应当地母质、地形、水文、成土年龄等条件，表现为规律区域分布，并受农业、灌溉和施肥的影响。此外，土壤分布也受到人类生产活动的影响。了解这些规律对于因地制宜，合理利用土地和发展农业生产具有重要意义。

一、土壤分布的水平地带性

在水平方向上，具有生物气候带性特征的土壤演替规律称为土壤水平地带性，它包括土壤的纬度地带性和干湿度地带性。

土壤纬度地带性是指土壤在不同纬度之间有规律的分布的现象。这种现象的形成与从赤道到两极的温度逐渐降低密切相关。由于不同纬度的温度存在差异，从赤道到两极，自然植被分布及生物生产力呈规律性变化，进入土壤的有机质的数量和组成以及土壤水化过程会随着纬度的不同而发生规律性变化，岩石风化过程也因温度差异随纬度而呈规律性变化，以上所有现象最终使土壤分布呈现清晰的纬度地带性规律。

土壤分布的干湿度地带性是指在相似的热量条件下，因至海岸线距离不等而造成气候干湿度差异，最终使土壤类型呈规律性分布的现象，这种分布现象大致与等湿线或经线平行，故以前亦称为经度地带性分布规律。

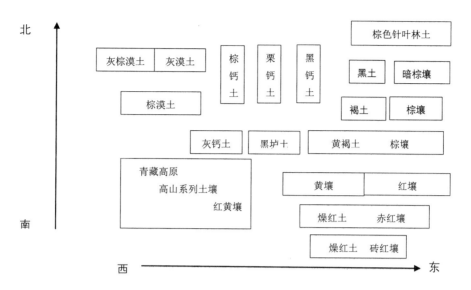

图 7-1 中国土壤类型分布带谱

在我国，土壤水平地带性分布是由东部湿润海洋地带谱和西部干旱内陆地带谱组成，两者之间以过渡性土壤地带谱相衔接，如图 7-1 所示。东部季风区从南向北随温度带变化而变化的土壤分布与纬度带基本保持一致规律，热带为砖红壤，南亚热带为赤红壤，中亚热带为红壤和黄壤，北亚热带为黄棕壤，暖温带为棕壤和褐土，中温带为暗棕壤，寒温带为漂灰土。在北部自西到东土壤分类分布随干燥度而变化，新疆干燥度大于 4，东北东部干燥度小于 1，土壤从西到东依次为灰棕漠土、灰漠土、棕钙土、栗钙土、黑钙土、灰黑土、黑土、暗棕壤，与干湿度基本保持一致。由此可以看出，由于受季风的影响和离海距离的不同，我国的土壤水平带具有纬度地带性与干湿度地带性结合的特点。

在我国，因受东南季风影响较强，热带、亚热带地带带幅较宽，砖红壤带、赤红壤带、红壤带、黄棕壤带自南向北依次交替，并从东向西延展，向西直抵横断山系。自此向北，由于东南季风减弱，海洋性湿润带幅变窄，方向偏斜。暖温带褐土与棕壤带分布呈西南—东北向。到了东北地区，这种偏斜更为明显。自西向东依次排列着栗钙土、黑钙土、灰黑土、黑土和暗棕壤。黄土高原和内蒙古高原地势较高，东南季风更加减弱。因此，土带的排列顺序大致为从东北—西南到东西向，从南到北依次出现褐土、黑垆土、栗钙土。在内陆，因青藏高原屏障作用，东南季风被阻，受西风影响，土壤带谱又变成东西向分布，在南疆出现棕漠土、灰钙土两个土带，在北疆依次出现灰棕漠土和灰漠土两个土带。

二、土壤分布的垂直地带性

土壤的垂直地带性是指随地形高度的不同，土壤分布的规律性变化。它与地势的起伏、生物气候带的变化密切相关。山体的大小和高度、地理位置、坡向和坡度，以及母质的变化，都影响着土壤的发育和分布。因此，土壤垂直地带谱的种类和组成是复杂多样的。

随基带土壤不同，土壤垂直带谱结构表现出有规律的变化，故可根据基带生物气候特点将它划分成多种类型。由于基区生物气候条件的差异，不同地理位置的山地土壤具有不同类型的垂直带谱。一般地，由基带土壤开始，随着海拔高度升高，土壤类型逐渐表现出由赤道向极地趋势的土壤分布规律，而且山体海拔越高，这种规律性带谱越完整。

在这些垂直带谱之间，南坡和北坡的垂直带谱明显不同。以秦岭太白山南北坡为例（图 7-2），南坡基带土为黄棕壤，而北坡的基带土壤为褐土和蝼土，但建谱类型均以山地棕壤为主，虽然此带幅的宽度相近，但下限明显不同，南坡为1 300 m，而北坡为1 500 m。棕壤带之上的暗棕壤和山地草甸土都呈现相同的变化规律。此外，我国无论是从南向北还是由西向东，不但相似土壤的分布高度逐渐降低，而且土壤垂直带谱结构也趋于简单。

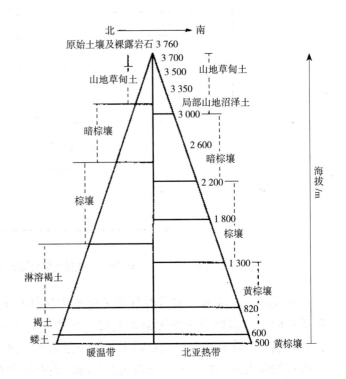

图 7-2　秦岭太白山南北坡土壤垂直带谱比较

三、隐地带性土壤

由于受成土母质、土壤侵蚀、地下水等区域性成土因素的影响，有些土壤的分布规律与地带性土壤不同，这些土壤称为隐地带性土壤，如石灰岩土、紫色土、黄绵土、潮土、风沙土、草甸土等。虽然这些土壤由于区域成土因素的影响没有发展成为地带性土壤，但它们仍然具有地带性痕迹。例如，潮土和草甸土壤受地下水的影响，在心土或底土具有潴育化过程产物——锈纹锈斑层，土壤剖面也有冲积层理，但由于气候和温度的差异，腐殖质层的有机质含量各不相同。由于潮土位于暖温带（黄淮海平原），其有机质含量低于温带（东北平原）的草甸土。

若控制隐域土的区域成土因子发生了改变，一定时期以后，就会逐渐发展为地带性土壤。比如，在地下水位不断下降的情况下，潮土和草甸土将不受地下水影响，逐渐演化成褐土或黑土；若土壤侵蚀减弱或不发生，紫色土和石灰岩土将逐渐演化为红壤或黄壤；如果侵蚀停止，辅以退耕还草措施，黄绵土将逐渐演化为黑钙土或栗钙土。

即使是所谓的区域性土壤，如冲积土，在不同地区都有可能存在地带性特征，这也预示其所在地区气候条件会影响其利用。

第三节　铁铝土纲

铁铝土（ferralsol）是湿润热带、亚热带生态系统中的主要土壤类型。铁铝土各土类性状的共性如下：土壤中矿物经强烈化学分解，盐基淋失；在盐基淋失过程中，发生碱性溶提作用，导致二氧化硅也从矿物晶格中部分被析出并淋失；相应的铁铝氧化物明显富集，形成酸性的铁铝土，由于这些特殊气候条件，使土壤具有一系列共同特征。

（1）化学风化过程强烈。矿物水解、脱钾、脱盐基、脱硅等过程能迅速和彻底地进行，最后残留于土体中的仅以高岭石和铁、铝氧化物为主，土体中原生矿物和蚀变矿物很少。所以，它超出了生物化学风化所影响的范畴，而称为地球化学风化。

（2）剖面深厚。在正常条件下，真正的土体厚度仅 1～2 m，而这类土体下的风化壳层可达 10～20 m 以上。

（3）土壤肥力低，即所谓酸、黏、瘦、蚀等不良的物理性状与化学性状，与气候生产力不协调，因此必须重视铁铝土的利用与改良。

（4）由于高温、多湿，铁的氧化物在土体中表现出突出的颜色，如赤铁矿、褐铁矿等水化度低，为红色；针铁矿水化度高，为黄色等。

我国铁铝土包括中亚热带的红壤，南亚热带的赤红壤和热带的砖红壤，以及属于垂直带结构内的黄壤。这都是以强烈富铁铝化成土作用为其特征。红壤、黄壤、赤红壤、砖红壤和燥红土的地理分布关系可参考图（图7-3）。

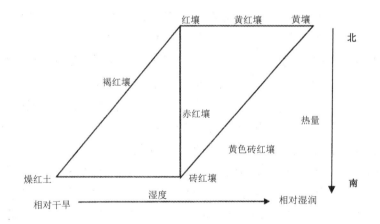

图 7-3　热带和亚热带各种森林土壤之间的地理分布关系

（《中国土壤（第二版）》，1987）

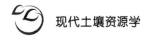

一、红壤

（一）地理分布与形成条件

我国红壤主要分布在丘陵、高原和山区，集中分布在广东、广西、江西、浙江、福建、湖南、贵州、安徽、云南、台湾以及湖北、四川和西藏的察隅地区，总面积约 85 352 万亩（1 亩 =666.67 平方米），占全国国土面积的 6.5%。它是我国最大的土壤资源之一，江西和湖南省最多。

红壤是在我国中亚热带生物气候条件下形成的，受潮湿的海洋气团和季风气候的强烈影响。该气候温暖湿润，雨量充沛，干湿季分明，冬季无雪。年平均气温 16～20℃，无霜期 225～350 d，≥10℃积温 5 000～6 500℃，年降水量 800～2 000 mm，常在 1 500 mm 以上，雨季长，半年左右，旱情小于 1.0，冬季短，相对干燥。红壤的代表植被为常绿阔叶林，主要有山毛榉科、樟科、山茶科、冬青、山矾科、木兰科等。林下有藤蔓和蕨类植物，层次分明。特点是植被茂密，品种繁多，一年四季常绿，有机质丰富。

如今，红壤多为耕地，或被次生林和草地代替，每年可种植 2～3 茬，盛产茶叶、柑橘、粮油等农作物。红壤的地形条件一般为低山、丘陵和高原。母质类型复杂，岩石风化物质多，且第四纪红黏土沉积物多。

（二）形成过程、剖面形态、基本性状

1. 形成过程

红壤的形成是富铝过程和生物积累过程长期相互作用的结果。

（1）脱硅富铝化过程，又称"富铁铝化"或"富铝化"。由于热带和亚热带地区高温多雨，矿物的化学风化作用强烈（比温带大 10 倍），矿物分解完全，加之雨水多，分解的易溶物质随水流失，特别是 SiO_2 减少，使 Fe、Al 相对富集。

关于红壤的成分有很多说法，法格列尔学说现在比较被大家所认可。该学说又称"中性或微碱性淋溶学说"。该学说认为红壤形成分以下三个阶段。

① 矿物分解阶段。除石英外，矿物在极热高湿气候条件下发生强烈的化学风化作用，原生矿物完全分解，生成大量以盐类和胶态硅酸（H_3SiO_3）、Al（OH）$_3$、Fe（OH）$_3$ 等次生矿物，此过程持续时间长，使溶液呈中性或微碱性。

② 中性淋溶阶段。前一阶段形成的矿物分解产物在降水充分的条件下，受到淋溶下移，由于淋溶初期，盐基丰富，溶液呈微碱性或中性。在这种条件下，硅酸（在碱性下扩散）和其他 Ca、Mg、K 盐基随水淋失，而 Fe、Al、Mn 等活动性小，在碱性风化液中发生沉淀，在土壤中相对积累，形成红色。

③ Fe、Al 累积层形成阶段。随着碱的不断淋失，上部逐渐变成酸性。当酸化达到一定程度时，原本活性较低的铁铝氧化物的溶解度增加，并随水向下移动。然而，Fe 和 Al 不会深入移动，而是倾向于上聚。由上可知，Fe、Al 聚积主要是因 SiO_2 的淋失，造成 Fe、Al 尤其是 Al 的相对累积，所以称"脱硅富铝化"。

（2）营养元素的生物积累过程（也称"生物小循环过程"）。多年生热带和亚热带植

物，在良好的水热条件下，通过其庞大的根系从土壤深层、浅表层选择性吸收被迁移或分散的养分，形成丰富的有机物。在亚热带高温多雨的条件下，常绿阔叶林生长旺盛，每年可积累大量枯枝落叶，因此有大量有机质能回归土壤，往往土壤养分的富集度是温带地区的 2～3 倍，而凋落物灰分含量 9%～17%。通过上述过程，从土壤中淋出的化学元素经生物吸收、再回归又重新得到补偿，这个过程又称"生物自肥"作用（表 7-2）。

表 7-2　常绿阔叶林下红壤的生物归还率*

地　点	项　　目	SiO_2	Al_2O_3	Fe_2O_3	CaO	MgO	K_2O	Na_2O
云南昆明	残落物化学组成 /（g·kg^{-1}）	35.7	3.2	0.5	10.8	5.9	1.6	0.3
	表土化学组成 /（g·kg^{-1}）	595.5	197.5		1.0	2.2	43.9	
	生物归还率 /%	6	2		1.1	268	4	
	残落物化学组成 /（g·kg^{-1}）	21.8	3.7	1.8	16.6	1.1	1.4	0.1
	表土化学组成 /（g·kg^{-1}）	721.3	128	51.2	7.6	0.5	15.4	
	生物归还率 /%	3	3	4	218	220	9	

＊：生物归还率 = 殇落物化学组成 ×100/ 表土化学组成。

2. 剖面的特征

整个剖面的土壤颜色以红色为主，但颜色深浅程度不同，有红色、棕红色或橙红色。整个剖面的深度并不大，在 1 m 以下可见到风化层。自然土壤可分 3～4 层。

（1）O 层：森林植被下方 1～2 cm 有枯枝落叶层，而耕地则无此层。

（2）Ah 层：腐殖质层，呈深褐色，厚 20～40 cm，粒状或块状结构。

（3）Bs 层：淀积层，厚度 0.5～2 m，呈红色，质地黏重，黏粒含量在 30% 以上，结构为块状或核状。可分化为 Fe、Al 淋溶淀积层和网纹层等。

（4）C 层：母质层，有不同的颜色，红棕色、灰白色、黄红色都有。杂色网纹层等在第四纪红色黏土母质中可以看到。

3. 基本性状

（1）有机质通常在 2% 以下。腐殖质的成分主要是富里酸，H/F 之比为 0.3～0.4。胡敏酸分子结构简单，分散性强，不易絮凝。因此，红壤结构水稳定性差，富含铁、铝胶体氧化物，临时性微团聚体较多。

（2）红壤富铝化作用显著，风化程度较深，质地较黏重，特别是第四纪红黏土发育的红壤，黏粒含量最高可达 40%。

（3）红壤呈强酸性酸反应，表土 pH 值为 4～5.0，心土 pH 值为 5.0～5.5，盐基饱和度为 40%。

（4）黏粒 SiO_2/Al_2O_3 为 2.0～2.4，黏土矿物以高岭石为主，约占 80%。阳离子交换量不超过 15 ～ 25 cmol/kg，SO_4^{2-} 或 PO_4^{3-} 与氢氧化铁相结合可达到 100 ～ 150 cmol/kg，具有很强的 P 稳定性。

（三）亚类划分

根据红壤成土条件、附加成土过程、属性和利用特点，将红壤分为红壤、黄红壤、棕红壤、红壤性土、山原红壤 5 个亚类。

（四）利用与改良

红壤区具有丰富的水热资源，降雨量大，积温高，利于植物生长和矿物风化。因此，红壤地区复种指数高，每年可收获 2 ～ 3 次，经济潜力大。但红壤地区由于丘陵多、地形复杂，土壤黏重，缺乏养分，加之降雨多，水土流失严重，土壤酸性强。针对红壤地区的特点，在土地利用和改良时应注意以下几点。

（1）综合治理，全面规划和开发经济林。农业生产一般坡度在 10° 以内，经济林、果园和专业产品坡度在 10° ～ 20° 发展；坡度＞ 20° 时，重点防治水土流失，如在山顶植树，在山腰植茶，在地埂边栽桑。

（2）种植绿肥，增加各种有机肥的使用，提高土壤有机质含量，增强土壤的保肥和供肥能力。

（3）施磷肥、石灰。增加土壤中磷的含量，特别是钙镁磷肥效果好，可增产 20% ～ 60%。使用石灰中和酸度并增加钙含量，有利于增强微生物活动和促进营养转化。一般以每亩 50 ～ 75 kg 为宜。总之，既要实现生态平衡，又要养用结合，多元化经营，推动农业现代化。

二、黄壤

（一）地理分布与形成条件

黄壤主要分布在云贵高原和四川盆地边缘山区，另在广西、鄂西、湖南西部等部分地区广有分布。在亚热带，黄壤多与红壤交错分布。从纬度带看，黄壤分布在比红壤分布区更偏北的更凉爽的地区。从垂直带上看，黄壤多分布在比红壤区海拔更高的中高山区，800 ～ 900 m 以上的低山区和 1 800 ～ 1 900 m 的中山区土壤。

红壤和黄壤处于同一生物气候带，即亚热带湿润气候条件。只有黄壤分布区"云雾多，日照少，湿度高"。空气的相对湿度常在 80% 左右，年降水天数 175 ～ 295 d，连续阴雨 7 ～ 8 个月，降水量 1 000 ～ 2 000 mm，年平均气温 14 ～ 19℃，≥ 10℃的积温 4 500 ～ 5 500℃，所以"温、凉、阴、湿"是黄壤形成的特殊条件。黄壤植物有常绿阔叶林、常绿 - 落叶阔叶混交林、热带山地湿性常绿林。地形为低山、丘陵和高原。母质为各类风化岩、第四纪红色黏土沉积物。

（二）形成过程、剖面形态、基本性状

1. 形成过程

（1）黄化过程。由于黄壤的湿度高于红壤，年降水量＞蒸发量，在温暖、凉爽和潮湿的环境中，会发生矿物分解、淋溶、淀积、养分元素的释放和积累。这些地方的土壤往

往往处于湿润状态，因此黄壤具有独特的土壤形成过程，除脱硅富铝化和生物累积过程外，主要以黄化过程为主，富铝化作用比红壤弱。黄化过程的特点如下：由于土壤形成环境相对湿度高，土壤水热条件稳定，土壤经常保持湿润，导致土壤中氧化铁高度水化，造成土壤变黄，特别是 B 土层极其鲜艳。由于土壤中氧化铁的含水量高而形成水化的氧化铁化合物使土壤变黄的过程称为黄化过程。

（2）脱硅富铝化过程。在进行黄化过程的同时，其碱性淋溶比红壤差，脱硅富铝化过程弱，但螯合淋溶强于红壤。它还具有良好的水文条件和强大的淋溶效果。

（3）生物富集过程。在潮湿、温暖和水热条件下，树木成倍增长，有机物积累。一般林下有机质层厚度可达 20 ～ 30 cm，含量达 50 ～ 100 g/kg，最高可达 200 g/kg，由于螯合和淋溶过程，50 cm 处仍可达 10 g/kg，但林木被毁坏或耕种后，有机质急剧下降至 10 ～ 30 g/kg。此外，由于土壤滞留和通气不畅，有机质的矿化程度比红壤差，因此腐殖质的积累程度高于红壤。因此，在潮湿温暖的亚热带常绿阔叶林下，在强生物积累、"黄化"和弱富铝化的影响下，形成了黄色土壤。

2. 剖面形态

黄壤比红壤浅，剖面发育明显。

（1）O 层：枯枝落叶层，厚度从 10 到 20 cm 不等，会发生不同程度的分解。

（2）Ah 层：腐殖质层，厚 10 ～ 30 cm，呈深灰褐色、浅黑色，呈粒状、小块状结构。

（3）B 层：淀积层，厚 15 ～ 60 cm，黄色、蜡黄色，手感重，块状结构，结构体表面有胶膜。

（4）C 层：母质层，颜色混杂，多保留母岩颜色。

3. 基本性状

（1）具有鲜黄铁铝 B 层。因黄化过程和弱富铝化过程，土壤呈黄色，形成具鲜黄的铁铝 B 层。

（2）黏土矿物组成。以蛭石为主，其次为高岭石、伊利石，亦有三水铝石出现，质地黏重。

（3）土壤反应。呈酸性至强酸性，pH 值为 4.5 ～ 5.5，碱饱和度小于 20%，低于红壤。

（4）有机质含量。由于有机质积累程度高，表层有机质含量可达 50 ～ 200 g/kg，高于红壤，沉积层约 10 g/kg。腐殖质以富里酸为主，H/F 为 0.3 ～ 0.5，阳离子交换量为 20 ～ 40 cmol/kg，提取后有机质降至 20 ～ 30 g/kg，基本饱和度和 pH 值相应增加。

（5）质地一般较黏重，多为黏壤土、黏土。

（三）亚类划分

黄壤分为四种亚类：黄壤、表潜黄壤、漂洗黄壤、黄壤性土。

（四）利用与改良

黄壤与红壤相似，都存在黏、酸、瘦等问题，用来种茶比在红壤区更有优势。由于分布广泛，条件复杂，可发展林业和农业，也可综合利用。

（1）山上以森林为主，可种植当归、天麻、灵芝等药用植物。

（2）在山区，要注重水土保持、土壤酸性改善，施用石灰和有机肥。

三、赤红壤

（一）地理分布与形成条件

南部季风亚热带气候区年平均气温 19 ～ 22℃，最冷月平均气温 10 ～ 15℃，最热月平均气温 21.7 ～ 28.5℃，积温 ≥ 10℃多为 6 500 ～ 8 450℃。年降水量 1 000 ～ 2 600 mm，年蒸发量 1 376 ～ 2 000 mm。无霜冻期为 350 天。干湿季节分明，一般 3 ～ 9 月为雨季，10 月至次年为旱季。年干旱 1.32 ～ 0.37 次，由于赤红壤分布在 3 个纬度，地形复杂，气候区域差异更加明显。赤红壤区的本土植被为南部季风亚热带雨林，植被由热带雨林和亚热带植物物种组成。赤红壤区植物结构的趋势是热带性种属由北向南、从东向西增加。广东、福建沿海的丘陵和梯田，原有植被遭到破坏。而且只有在保存完好的风水林和自然保护区才能看到。组成它们的主要树种如下：红栲、乌来栲、红鳞蒲桃、厚壳桂、硬壳桂、多种杜英、多种冬青、黄杞、黄桐、毛茜草树、橄榄等，并散生鹅掌柴、多种茜草树、肉实树、狗骨柴、墨氏山胡椒等。林下灌木有罗伞树、九节木、鲫鱼胆、多种木姜子、五月茶、柏拉木、粗叶木等。草本层主要有耐阴耐湿而矮小的单叶新月蕨、淡竹叶、华山姜、狗脊蕨、金毛狗、莲座蕨、凤尾蕨、草珊瑚、金栗兰、海芋、山芭蕉等。赤红壤中有不同类型的母质。土壤的生长和肥力特性深受母质的影响。总的趋势是从东到西，火成岩的形成减少，而沉积岩的形成增加。

（二）剖面形态、基本性状

赤红壤剖面的形态特征归纳为以下几点。

（1）剖面层次分异明显，有腐殖质表层（A 层）、黏化层（B 层）和母质层（C 层）。

（2）A 层湿态色调为棕色至红棕色（5 YR ～ 7.5 YR），亮度 3 ～ 5，彩度 2 ～ 6；B 层湿态色调为棕红至红棕色（2.5 YR ～ 7.5 YR），亮度 3 ～ 5，彩度 4 ～ 8，其色调与黏粒游离铁含量呈显著正相关（r=0.78，a=0.05），与砂 / 黏比值呈负相关（r=0.77，a=0.05）；C 层受母质影响较大，色调较为复杂，从红色（10 R）到黄色（2.5 Y）不等，但大部分与母质相似。亮度和纯度均高于 B 层，可见红、黄、白斑块。

（3）土壤质地多为壤质黏土。由于黏土颗粒的机械淋失或地表流失，A 层的质地略轻。B 层固体黏粒淀积，质地略黏。

（4）自然植被下的表土层结构多为碎块状和屑粒状，B 层多棱块状和块状结构，结构表面和孔壁上常沉积铁铝氧化物胶膜。微形态观察可见短而弯曲的裂隙和少量的孔道状孔隙。裂隙和孔壁表面有老化的扩散凝胶状黏粒胶膜积淀，消光性弱，可以看到微弱光性定向黏粒。C 层有较多块状和弱块状结构，一般不沉积或沉积少量胶膜。

（5）铁铝氧化物移动淀积较明显，在 B 层含量最高，常有胶膜淀积，可见一些铁质软结核。在局部坡麓地带、堆积台地可见各种形状的网状层、铁盘铁子层、侧向漂洗层；其形成机理可能与侧渗水和地下水活动有关，这并非赤红壤形成过程特征。

（6）总孔隙度较大，渗透性和微团聚性较好。赤红壤黏粒矿物多是高岭土，并且有较多无定形铝铁氧化物的胶结，形成的 1 ～ 0.01 mm 的团聚体达 65% ～ 89%。土壤总孔隙度在 40.5% ～ 52.8%，平均为 47.2%，有利于调节土壤水气比。

（三）亚类划分

赤红壤分为三个亚类，即赤红壤、赤红壤性土、黄色赤红壤。

（四）理化特征

（1）具有明显的淀积层。赤红壤区干湿季节交替，促进土壤胶体淋溶并在一定深度凝结，因此土壤 一般具有清晰的淀积层。该层孔壁和结构面有明显的棕红色胶膜，可见氧化铁、铝和黏土颗粒的含量远高于表土层（A 层）和母质层（C 层）。

（2）黏粒矿物。赤红壤的黏粒矿物成分比较简单，主要是高岭石，大部分结晶好（玄武岩母质赤红壤结晶较差）。伴生黏粒矿物包括针铁矿、少量水云母，极少三水铝石。

（3）土壤呈酸性。交换性铝占主导地位，土壤呈酸性，水浸 pH 值多在 5.0 ～ 5.5，盐浸（KCl）pH 值通常小于 5.0。

（4）阳离子交换量较低。由不同母质发育的赤红壤的阳离子交换量大小顺序如下：花岗岩＜第四纪红黏土＜凝灰岩＜泥页岩＜辉长岩。

（5）铁铝氧化物淀积比较明显，游离铁氧化物含量更高。剖面中铁氧化物的分异明显，大部分赤红壤中全铁、游离铁和结晶铁的含量在 B 层最高，说明铁氧化物在土层中的淋溶和淀积作用强。表土层（A）中的活性氧化铁含量和活化程度均较高，这可能与有机质和水分较多有关。土壤中游离氧化铁的含量不仅影响阳离子交换量，还影响土壤固磷。

（6）有机质及矿质养分含量低。土壤有机质含量低是因为赤红壤地区土温较高，微生物对土壤有机物分解强烈。土壤矿质养分含量低是因为植物生长旺盛、对土壤矿物养分吸收多所致。

（五）利用与改良

赤红壤所在地理位置的生物气候条件相对优越。除现有耕地应加强施肥和保护性种植措施外，大面积的丘陵有发展热带经济作物的优势，生产潜力大。在开发利用上，要从大局出发，重点开发热带、亚热带水果，根据不同的环境和土壤条件，建立多种优质水果商品基地。在土壤改良上主要解决侵蚀和瘦瘠两大问题。赤红壤性土往往因侵蚀严重，土薄，林木立地条件差，生物积累量低于另两个亚类。在开发利用方面，应封山植树造林，恢复植被，控制水土流失。除此之外，营造耐瘠耐旱的马尾松、大叶相思、黑松等薪炭林。局部土体深厚的地段，可开垦种植水果，如杨梅、菠萝、余甘等水果；但应加强水土保持工程建设，鼓励建设高标准鱼鳞坑和水平梯田，鼓励在树间种植幼龄果树，不翻耕，增加地面覆盖，防止果园水土流失，并施有机肥和矿质肥来使土壤养分平衡。

四、砖红壤

（一）地理分布与形成条件

砖红壤是我国最南端的热带季风气候地区发育的土壤。大致分布在北纬 22° 以南，主要分布在海南岛、雷州半岛、云南北部和台湾南部部分地区，不同于东南亚典型雨林下发育的砖红壤。

砖红壤地处热带，年平均气温 21 ～ 26℃，≥ 10℃积温为 7 500 ～ 9 200℃，年降水量 1 400 ～ 3 000 mm，冬季干燥多雾，夏季多雨，干湿季明显。原始植被为热带雨林和季风雨林。地形多为低山、丘陵等。母质为各种岩浆岩、沉积岩和浅海沉积物。由于长期高温、高湿的风化，风化物沉积深厚，有的地方形成了几米到十几米的酸性富铝风化壳。

（二）形成过程、剖面形态、基本性状

1. 形成过程

在热带水热条件下，强烈的富铝化和高度生物富集的成土过程仍在继续。

（1）强烈脱硅富铝化过程。砖红壤中硅的迁移高达 70% 左右，Ca、Mg、K、Na 的迁移可达 100%，铁的富集度能达到 15%，Al 可达 12%，铁的游离度为 64% ～ 71%，玄武岩发育的砖红壤富铝化作用最强，因此被称为铁质砖红壤；浅海沉积物发育的称硅质砖红壤；花岗岩发育的被称为硅铝质砖红壤。

（2）生物富集过程。砖红壤的生物富积过程也很强烈。热带森林植物每年会产生大量凋落物，如云南西双版纳的热带雨林下层，每年产生的凋落物干物质量可达 11.5 t/ha，是温带地区的 2.5 ～ 3 倍。同时，还有大量富含营养物质的生物残留物。例如，在热带雨林凋落物中，灰分元素约占 17%，N 为 1.5%，P_2O_5 为 0.15 %、K_2O 为 0.36%，按照凋落物 11.55 t/ha 计，每公顷每年植物可吸收的灰分元素可达 1 852.5 kg、N 为 162.8 kg、P 为 465 kg、K 为 38.3 kg，由此可见植物的生物富集作用非常强。并且热带生物的回归作用也是最强的，N、P、Ca、Mg 的回归率可达 240% 以上。因此，表现出生物复盐基、生物自肥、生物归还率在热带最强的生物富集作用。

2. 剖面形态

（1）O 层：通常在森林下包含几厘米厚的枯枝落叶层。

（2）Ah 层：为腐殖质层，一般厚 15 ～ 30 cm，深红褐色，粒状，疏松多根，有机质含量 50 g/kg。

（3）Bs 层：淀积层，由铁、铝沉积组成，致密黏稠，呈核块状结构，结构体表面有一层深色胶膜，呈砖红色或赭红色，厚度数十米不等，有网纹、铁盘层。

（4）C 层：母质层，为暗红色风化地壳，夹有半风化母岩碎片，厚 1 ～ 2 m，剖面总厚度可达 3 ～ 5 m 以上。

3. 基本性状

（1）热带风化作用很强，原生矿物完全分解，盐基淋失最多，硅迁移量最高，铁、铝堆积最明显。

（2）黏粒的硅铝比为 1.5 ～ 1.8，硅铝铁比为 1.1 ～ 1.5，矿物成分主要为 80% 高岭石，其余为三水铝石和赤铁矿。

（3）土壤质地黏重，黏粒含量在 50% 以上，红色风化层可达十余米，土层厚度一般在 3 m 以上。

（4）土壤反应强酸性，pH 值为 4.5 ～ 5.0，盐基饱和度小于 20%。

（5）有机质含量大于 50 g/kg，氮含量 1 ～ 2 g/kg，但腐殖质质量差，H/F 为 0.1 ～ 0.4，不能形成水稳性有机团聚体。阳离子交换量小于 10 cmol/kg，有效养分含量低，严重缺乏速效磷。

（三）亚类划分

根据土壤形成条件、土壤形成过程和过渡性特征，分为砖红壤、黄色砖红壤两个亚类。

（四）利用与改良

砖红壤是我国热带生物资源开发的重要基地，是橡胶的主要产区。可种植香蕉、咖啡、菠萝、可可、剑麻、油棕等热带经济作物。农作物一年可 3 熟，水稻一年 2 ～ 3 熟。

在开垦开发和使用中，应禁止刀耕火种，这会造成大量有机物损失。另外，在利用上，应发展多种经营，如在多年生橡胶树下，种植茶叶、肉桂、三七等短期作物。

思考题

1. 你对土壤发生学分类与气候区域生态系统类型之间的联系是如何理解的？

2. 中国土壤类型在地域分布上有何特点？各类型土壤相对应的是什么气候区域生态系统？

3. 铁铝土纲分为几类？各自对应什么气候区域生态系统？

4. 铁铝土纲各类土壤形成有何特点？

实习或实验

野外采集土壤样品，观察土壤特征。

第三篇

土壤微系统背景下的土壤过程

土壤微系统是土壤结构的最基本功能单位，它由土壤骨架及骨架间的孔隙构成，土壤的主要水气热过程、化学过程、生物过程都在其中完成。从土壤微系统过程角度了解相关过程机制，有利于系统性地把握土壤的物理、化学及营养循环性质。

本篇主要介绍土壤微系统的结构特征及在此基础上的主要土壤过程，包括土壤的物理过程（水气热过程）、化学过程、生物过程。这些内容相当于传统土壤学中土壤的物理性质、化学性质及土壤营养性质等内容。本篇引入土壤微系统概念。土壤微系统是土壤单体某一层次中的具有稳定物理、化学、生物特征的基本结构单位，是不同物质组成的具有"大小、形状、孔度、力稳性和水稳性"等特征性状的土壤结构单位，从结构属性分析，它主要包括土壤骨架和土壤孔隙，尺度上相当于具有基本结构单位的土壤团聚体。土壤的物理过程、化学过程、生物过程都发生在土壤微系统中，而这些过程外在表现则分别是土壤的物理性质、化学性质、营养性质，本篇介绍发生在土壤微系统中的这些基本过程，有助于读者更深入地理解土壤各种性质的发生机理。

本篇包括四章，即第八章、第九章、第十章、第十一章。第八章讲述土壤微系统的结构和相变，第九章讲述土壤微系统的水气热过程，第十章讲述土壤微系统的化学过程，第十一章讲述土壤微系统的生物过程。

第八章　土壤微系统的结构和相变

引入土壤微系统的概念能完整地介绍土壤性质发生的内在机制，有利于学习者更全面地理解相关内容。本章讲述土壤微系统的概念、结构、相变及其相关的现象，这是土壤过程理论的基础。

第一节　土壤微系统的结构及物质组成

一、土壤微系统

（一）土壤微系统的概念

在介绍土壤微系统之前，首先介绍"土壤单体"的概念。土壤单体，又称"单个土体"，它是能代表特定土壤大多数性质的最小土体单元。它是一个三维土壤剖面，是土壤类型基层单元的最小体积单位。土壤单体在独特的生态系统背景下具有典型的土壤剖面，是典型气候环境下生态系统中的结构单元（图8-1）。

在土壤单体中，具有不同发生层的土壤由许多具有相似特性的土壤结构单元组成，这些特性包括"大小、形状、孔度、力稳性和水稳性"等。像这样有相似结构特征的土壤微单元为土壤微系统。土壤微系统的结构包含土壤骨架和土壤骨架之间的土壤孔隙。土壤骨架包括有机-无机化合物、土壤粗颗粒、土壤生物和其他物质。土壤孔隙是由土壤结构物质（包括土壤空气、土壤溶液和在其中移动的土壤生物）形成的土壤空间。土壤孔隙和土壤骨架界面是土壤过程中物质和能量交换的重要场所。

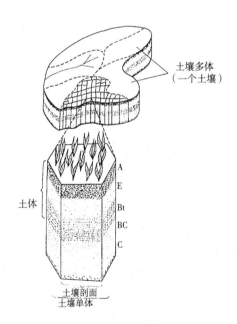

图8-1　土壤单体系统

（二）土壤微系统的结构界面

根据土壤微系统的基本结构，土壤微系统的结构界面（是土壤微系统主要物理、化学和生物过程发生的空间）包括：①孔隙空气与骨架的接触面；②孔隙水分与系统骨架的接触面；③土壤生物和骨架、孔隙之间的接触界面；④骨架颗粒之间的接触面。

（三）土壤微系统的相态

土壤微系统的相态是指土壤微系统组合形成的表观形态。它包括似块状、似板状、似棱柱状、似团粒状（图 8-2）。

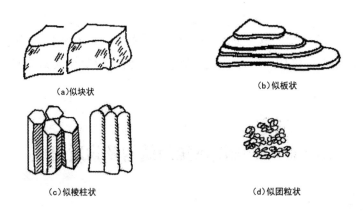

（a）似块状　　　　　　　　　　（b）似板状

（c）似棱柱状　　　　　　　　　　（d）似团粒状

图 8-2　土壤微系统相态类型

不同土层具有不同相态的土壤微系统。似块状、似板状和似棱柱状相态主要存在于土壤的淀积层（B 层），而团粒状相主要存在于腐殖质层（A 层）和淋溶层（E 层）。土壤微系统的相态和土壤微系统中土壤的骨架物质有关。

二、土壤微系统物质组成

（一）土壤骨架物质

1. 土壤矿物

土壤矿物是土壤的主要成分，主要是从成土母质中继承和发展起来的。土壤矿物按成因类型可分为原生矿物和次生矿物，通常占土壤质量的 95% 以上，其成分、结构和性质对土壤的理化性质和生物学性质有深远的影响。关于原生矿物和次生矿物的内容分别参见第二章第一节、第三章第三节。

2. 土壤有机质

土壤有机质是土壤的重要组成部分，是土壤固相中比较活跃的部分。土壤有机质是具有生物学性质和结构的土壤基本物质，它既是生命活动的条件，同时也是生命活动的产物。土壤就像地球的皮肤，有机物就像构成皮肤的蛋白质。土壤有机质的来源及其在土壤中形成和转化的规律、各种有机物的组成和性质，以及它们在土壤肥力和环境中的作用以及调控措施等内容见第四章第四节。

（二）土壤空气

土壤空气是土壤的三相成分之一，与土壤水分共存于土壤孔隙中。它是土壤肥力因素的重要组成部分，对于作物养分的形态的转化、营养和水分吸收以及热量状况都有重要影响。

土壤空气主要来自大气，部分是土壤中生化过程产生的气体。因此，无论是数量还是成分，土壤空气和大气都是相似的，但它们之间也存在显著差异（表8-1）。

表8-1 土壤空气与大气组成的比较

气 体	O_2	CO_2	N_2	其他气体
近地层大气	20.94	0.03	78.08	Ar、Ne、He、Kr 等
土壤空气	20.03～18.00	0.150～0.65	78.0～80.24	CH_4、H_2S、NH_3 等

1. 土壤空气中的 CO_2 含量高于大气

大气中二氧化碳的含量约为0.03%，土壤空气中的二氧化碳的含量一般是大气中的五到几十倍，甚至高出一百倍。这是生物和化学作用的结果。由于植物根系的呼吸作用和土壤微生物（尤其是好氧微生物）对有机物的分解，在土壤中产生大量的二氧化碳。如果土壤中积水、通气不良或大量使用新鲜有机质，土壤中二氧化碳的积聚，浓度可达1%以上。此外，土壤中含有大量的碳酸盐（主要是碳酸钙），它们与有机酸或无机酸反应生成二氧化碳。最近的数据表明，植物光合作用吸收的二氧化碳中约有一半是从土壤扩散到近地层的空气中的。

与二氧化碳相反，土壤空气中的含氧量随着生物活动的增强而降低，尤其是在通气不良的土壤中。

2. 土壤空气中水汽的含量比大气中多

土壤中的水蒸气常常是饱和的。因为土壤水分和空气都在孔隙中，土壤水分不断蒸发，除表土层和干旱季节外，只要土壤含水量高于吸湿系数，土壤空气就是水汽饱和状态。

3. 土壤空气中有时含有少量还原性气体

当土壤积水或通气不良时，因为微生物嫌气活动的缘故，土壤空气中会含有一定量的 H_2S、CH_4 及 NH_3 等还原性气体。

4. 土壤空气成分随时间和空间的变化

（1）吸附和溶水的变化。由于土壤胶体吸附（物理吸附）的作用，土壤空气中除了存在游离态气体外，在胶体表面还吸附了少量气体，如 CO_2、NH_3、O_2 和 N_2 等。因为不同气体在水中的溶解度不同，所以气体含量也不同，如在常温（20℃）和一个大气压条件下，O_2 在水中的溶解度为 40.8 mg/L（虽数量不大，但对水稻根系供氧很重要）；CO_2 的溶解度更大，达到 1 725 mg/L，这对土壤的 pH 和肥力都有影响。

（2）土壤空气组成成分的含量随时间和空间的变化。土壤空气成分变化具有三个特征。

① CO_2 含量随着土壤深度的增加而增加，O_2 含量随着土壤深度的增加而减少（表 8-2）。

表 8-2　土壤空气中 CO_2 和 O_2 的含量

单位：%

土层深度 / cm	玉米				小麦			
	7 月 16 日雨前		8 月 1 日雨后		5 月 2 日		12 月 15 日	
	CO_2	O_2	CO_2	O_2	CO_2	O_2	CO_2	O_2
20～25	1.1	20.5	2.6	18.2	0.4	21.4	0.8	20.7
50～55	1.6	20.1	2.2	17.4	0.8	20.6	1.2	20.4
90～95	1.8	20.0	2.8	16.9	0.7	20.6	2.0	19.8

②二氧化碳和氧气含量随季节温度变化而变化。二氧化碳含量夏季最高，冬季最低，而氧气则相反。这种变化规律（表 8-3）主要是由于温度变化影响了微生物的活性。

表 8-3　果园砂壤土不同深度、不同时间 CO_2 和 O_2 含量

单位：%

日　期	33 cm		67 cm		100 cm		备注
	CO_2	O_2	CO_2	O_2	CO_2	O_2	
3 月 23 日	0.15	20.15	2.1		5.6	9.6	因 3、4 月份地下水含量高，使 O_2 含量不足
4 月 21 日	1.9	18.65	3.2		6.85		
5 月 24 日	3.7	16.20	3.95	13.95	5.6	1.35	
9 月 21 日	1.7	19.25	4.15	17.5	5.35	16.4	
7 月 25 日	2.0	19.80	3.10	19.1		17.5	
8 月 29 日	2.4	19.0	3.7	17.4	5.0	16.7	

③土壤中氧气和二氧化碳的含量互为消长。两者之和维持在 19%～22%。据布塞果对 15 种不同类型土壤的测量，二氧化碳和氧气含量一般在 19.76%～21.2%，总体变化不显著。人们可以用这个规律来判断土壤通气的状况，通常只要测出其中一种（常测的是二氧化碳含量），就可以粗略计算出另一种气体的相应含量。

此外，在下雨或灌溉后的短时间内，土壤中氧气含量增加，二氧化碳含量降低。

（三）土壤水

土壤水分是土壤的液相组成，供给植物生长发育所需水分。土壤水分的充沛和缺乏直接影响植物的产量和生产力，"水多涝、水少旱"，"有收无收在于水"，足见水在农业生产中的重要性。水在土壤形成过程中起着非常重要的作用，在土壤的物理、化学和生化过程中发挥着重要作用（矿物质的风化、有机质的分解和合成，以及大多数成土作用的发生），土壤水不是纯水，而是一种稀溶液，不仅能溶解各种溶质，还能溶解气体，并且其中还含有悬浮或分散的胶体颗粒。

1. 土壤水的保持

存留于土粒表面和土粒之间的孔隙中的水称为土壤水，即在 105～110℃ 的温度下从土壤中排出的水，不包括化合水和结晶水。水分在不同温度条件下可以是固态（冰）、液态或气态（水汽）。水进入土壤后，由于三种不同的力而滞留在土壤中：一是土粒和水界面上的吸附力；二是水和空气界面上的弯月面力；三是地心引力（重力）。

土粒与水分子界面处的吸附力由两种力组成：第一种是水分子与土粒之间的分子间吸引力，包括固相表面的残余表面能对相邻水分子的影响，以及极性分子间的范德华力，其中包括水分子与土壤颗粒表面的氧原子形成的氢键；另一种是胶体表面对极性水分子的静电引力。两种力牢牢地将水分子吸附在土壤颗粒表面。

土粒之间非常细的毛细管中的水分子在土水气界面上受到弯月面力作用。由于土粒对毛细管中水分子的吸力超过水分子之间的吸力，发生水分对土壤的浸润，从而在土粒、水和空气的交界面上形成凹形弯月面 [图 8-3（a 和 b）]，它的曲率半径是 R。弯月面使液面产生压力差，形成弯月面力。弯月面力（T）的大小与曲率半径（R）和水的表面张力（δ）及湿润角（α）的关系如下：

$$T = \frac{2\delta}{R} = \frac{2\delta}{r}\cos\alpha$$

湿润角（除有机质土粒外）对矿质土粒 - 水 - 空气体系来说，近似于 0，所以：

$$T = \frac{2\delta}{r}$$

这表明弯月面力与水的表面张力成正比，与毛管半径成反比。这种力是土壤能够有效保留植物所需水分的主要原因。

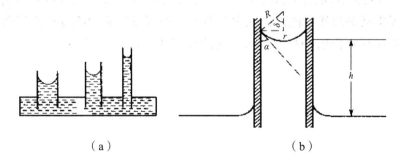

（a） （b）

图 8-3 毛管现象及其原理

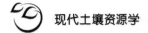

2. 土壤水的类型和性质

大气降水或灌水进入土壤后，水分受土粒的吸附力、弯月面力和重力而滞留在土壤中，或从土壤中渗透流出。由于土壤水分受不同类型和作用的力的影响，反映不同的水性质，按土壤水的形态可分为吸湿水、膜状水、毛管水和重力水（图8-4）。

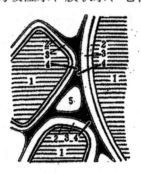

1—土粒；
2—吸湿水；
3—膜状水；
4—毛管水；
5—空气孔隙。

图 8-4 土壤水的类型

（1）吸湿水。干燥的土粒从空气中吸附气态水分气颗粒而存在于土壤颗粒表面的水分称为吸湿水（hygroscopic water）。吸湿水受土粒的吸力很大，最内层可达 10^9 Pa，具有固态水的特性，不能移动，最外层约为 3×10^6 Pa，移动性极差。吸湿性水只能在 $105 \sim 110$℃下干燥 $7 \sim 8$ 小时才可与土壤颗粒表面分离。

吸湿水的密度为 $1.2 \sim 2.4$ g/cm³，平均达 1.5 g/cm³，无溶解性。由于植物根系的吸水力在 $(1 \sim 2) \times 10^6$ Pa（平均 1.5×10^6 Pa），吸湿水是植物无法利用的无效水。

吸湿水量取决于土粒的比表面积、质地和空气湿度。在饱和水蒸气中，当干燥土粒吸附的水分子达到最大值时，称为最大吸湿量或吸湿系数。此时，吸湿水的厚度为 $4 \sim 5$ nm，$15 \sim 20$ 层水分子。对于每种类型的土壤，最大吸湿量是相对恒定的。不同土壤类型最大吸湿量的大致范围如下：砂土 $0.5 \sim 10$ g/kg；壤土 $20 \sim 50$ g/kg；黏土 $50 \sim 65$ g/kg；腐殖土 $120 \sim 200$ g/kg。

由于大气相对湿度大于0，风干土壤中含有一定量的吸湿水，因此在土壤分析计算中，必须测量风干土壤的吸湿水量。

（2）膜状水。膜状水是土壤颗粒与液态水接触时被吸附在吸湿水层之外的水分（图8-5）。土粒保持膜状水的力也属于分子引力，为土粒吸附最大吸湿量后所剩余的分子引力。它无法吸附吸湿层外动能较大的水汽分子，但可以吸附动能较小的液态水分子。因此，水分子的吸力小于吸湿水的吸力，一般约为 $(3 \sim 6) \times 10^5$ Pa。

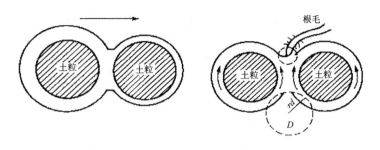

图 8-5　膜状水移动示意图

膜状水的性质与液态水基本相同，只是黏滞性较高（密度 1.25 g/cm³），溶解力小，移动速度慢，一般为 0.2 ~ 0.4 mm/h。只有通过湿润的方式才能从一个土粒水膜较厚的地方传递到另一个水膜薄的地方，只有与作物根毛接触，它才能被吸收，远不能满足作物根系吸收大量水分的需要。

膜状水量达到最大值时土壤的含水量称为最大分子持水量。最大分子持水量一般估计为最大吸湿量的 2 ~ 4 倍。

膜状水中土粒吸力小于 1.5×10^6 Pa 的那部分水可被农作物利用，被视为有效水，吸力大于 1.5×10^6 Pa 的那部分水，因不能使用而被认为是无效的水。可被作物利用的那部分水分运动缓慢、往往无法补充，在可利用的水分消耗殆尽之前，由于膜状水补给不足，作物就会枯萎。作物出现永久萎蔫时土壤的含水量被称为萎蔫湿度（永久萎蔫点或临界水分）。每种作物的萎蔫湿度可通过实测（生物法）或按土壤最大吸湿量的 1.5 ~ 2 倍来换算，其值约等于田间蓄水量的 30%，此时吸力为 1.5×10^6 Pa。萎蔫湿度随土壤质地的不同而变化，同一种作物在不同生长发育阶段的萎蔫湿度也不同。

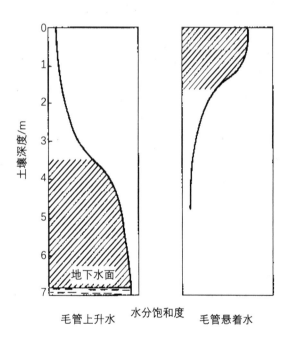

图 8-6　毛管上升水和毛管悬着水

（3）毛管水。当土壤的含水量大于最大分子持水量时，在毛管力作用下保持在毛管孔隙中的水称为毛管水。当水分增加超过土壤颗粒对膜状水的最大吸附力时，在重力的作用下可以像自由水一样向下移动。而当它与由土粒组成的细小毛管接触时，它会依靠毛管吸引力（弯月面力）的作用而保持在曲折微细孔隙之中，形成毛管水（见图 8-6）。毛管水实质上是由毛管弯月面的压力差（毛管力）所引起的。毛管水是土壤中最有价值的水。一方面，它是土壤中能够被土壤保持并被作物利用的有效水分。它本身所受的引力为（7.9×10^2）～（6×10^5）Pa，比作物根的吸水力（1.5×10^6 Pa）小。另一方面，它具有溶解养分的能力，在毛管力的作用下可以上下左右移动，速度高达 10～30 mm/h，可以将养分输送到根部。根据位置和水分来源的不同，毛管水可分为毛管上升水（与地下水相连，由地下水补给）和毛管悬着水（在土壤表层，且与地下水无关，由灌水或降水补给，借毛管力"悬挂"在土壤中，如图 8-8 所示）。

　　毛细管上升水的上升高度（H）服从茹林公式（$H=0.15/r$），可见上升高度与毛细管半径成反比。孔径越细，水分上升越高；孔径越大，水分上升越低。例如：孔径为 2 mm 时，r=1 mm=0.1 cm，H=0.15/0.1=1.5 cm；孔径为 0.003 mm 时，r=0.000 15 cm，H=0.15/0.000 15=1 000 cm=10 m。但实际上，由于极细孔隙中的水分主要是以吸湿水和膜状水为主，移动缓慢，土壤中的毛管水达不到理论高度。毛管水的上升高度在农业生产中具有重要意义，并且与地下水能否供给作物利用和土壤盐渍化有关。当地下水位在 1～3 m 时，毛管上升水是植物的主要水源。当地下水位达到临界深度（埋藏地下水深度导致土壤表层开始盐渍化）时，干旱和半干旱地区可能会有盐渍化风险。毛管上升水达到最大值时土壤的含水量称为毛管持水量或持水当量。

　　当地下水位较深时，通过适当的灌溉或降水形成的毛管水可以悬挂在上层土壤。这是由毛管水上、下端弯月面的曲率半径的差异造成的，即上端的曲率半径小于下端的曲率半径，所以上端的毛细管力大于下端，因此水可以保留在毛管中。毛管悬着水达到最大值时土壤的含水量称为田间持水量，一般略小于毛管持水量。田间持水量是田间条件下土壤所能持水的最大量，它直接影响农作物的生长发育，是农业生产中比较重要的水分常数。它不同于土壤自然含水量，后者是指土壤中的实际含水量，是随时变化的，而非恒定的。不同的土壤具有不同的土壤质地和组成，体现在毛管孔隙量、毛管持水量和田间持水量上，但对于同一类型的土壤，是相对恒定的。田间持水量常作为灌水定额的最高指标，用简式表示：灌水定额 = 田间持水量 - 灌水前的土壤实际含水量 + 灌水期间水分的蒸发量和渠道渗漏损失量。

　　在地下水位低的土壤中，作物利用的土壤水类型主要是毛管悬着水。如果是由于作物的吸收或土壤表面的蒸发，毛管悬着水的水量会减少，直到毛细管水在连续运动状态中断开，此时土壤的含水量称为毛管断裂含水量。此时土壤吸力为（4～8）× 10^4 Pa，水分运动缓慢，虽可被植物根部吸收，但难以补充，阻碍植物生长，故该含水量又称"生长阻碍含水量"。

　　（4）重力水。当进入土壤的水量超过毛管力保持的田间持水量时，多余的水在重力作用下沿非毛管孔隙向下移动。像这样受重力下移就能从土壤中排除出去的水分叫重力水。

　　重力水可以被植物根部吸收并利用。在水田中，水稻是通过淹水来栽培的，水稻茎秆有一种特殊的氧气运输组织，可以供应水稻根部的部分氧气需求。因此，重力水是水稻的有效水，但也需要经常排水以使根部正常呼吸。对于旱地作物，虽然重力水也可以被作物吸收利用，但在土壤中长期滞留会阻碍通气，迅速渗漏容易造成可溶性养分的流失，所以重力水是旱地中的多余水分。重力水填满所有土壤孔隙后的土壤含水量称为饱和含水量或全蓄水量。饱和含水量可以作为降水渗透量或判断土壤容纳水分能力大小的标准，在种植水稻时，饱和含水量还是计算灌水量的依据。

重力水不受任何阻碍地沿土壤孔隙向下移动，最终到达地下水，成为地下水补给的来源，称为自由重力水。它穿过土壤层，不停留在其中，当重力水向下移动，遇到不透水层时，停留在不透水层上，称为支持重力水或潜水。当支持重力水遇有坡度时，它很容易发生侧向流动，变成泉水，在低处溢出。

第二节　土壤微系统的相变

一、土壤微系统骨架结构的形成

土壤微系统的相态由微系统的骨架材料结构决定。土壤骨架物质包括土壤矿物质和土壤有机质。土壤矿物包括原生矿物和次生矿物，按粒度组成可分为石砾（＞2mm）、粗砂（2～0.2 mm）、细砂（0.2～0.02 mm）、粉粒（0.02～0.002 mm）、黏粒（＜0.002 mm）五级，前三种为原生矿物，后两种为次生矿物。上述物质以一定的方式结合，形成具有一定结构和形态的土壤微系统相态。

多级形成观点认为，原生土壤颗粒在不同电荷间的相互吸引力（库仑力）、阳离子"桥"、范德华分子引力等作用下发生凝聚，形成次生颗粒或微团聚体，次生颗粒（包括黏团）通过胶结物质或其他作用力形成团聚体。团聚体是土壤微系统的骨架结构。因此，土壤颗粒的团聚通常包括两个过程：凝聚和胶结。

（一）凝聚作用

土壤是一种多孔、多分散的介质，其中含有大量粒径小于 0.001 mm 的有机、无机或有机 - 无机胶粒。胶体颗粒在稀溶液中的凝聚是土壤结构形成的重要基础。胶结凝聚的机制复杂，主要包括以下过程。

1.胶体的沉淀

所有土壤颗粒都在溶液中带电。电荷相同，粒子排斥，悬浮液处于稳定状态。但由于土壤是多分散相，有机胶体、硅胶、层状硅酸盐等不同电荷的胶体颗粒一般带负电，而酸性介质中的铁和铝的氧化物带正电。一些胶体（如高岭石等）在高 pH 时在板面带负电荷，在低 pH 时板面带正电荷。不同电荷的胶体相互中和发生凝聚。此外，分散悬浮液中的胶体粒子在进行布朗运动时会失去能量，导致粒子凝聚。当颗粒表面的水膜被压缩到一定程度时，颗粒间的范德华力和其他分子间引力也对凝聚起作用，如图 8-7 所示。

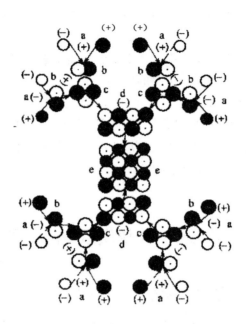

图 8-7　土壤颗粒等电凝聚

2. 胶体颗粒在电解质作用下的凝聚

土壤胶体由电解质解离阳离子作用下凝聚的过程比胶体相互沉淀的过程复杂。关于胶体在电解质作用下的凝聚机理参看第十章第一节。

一般情况下，由一价离子凝聚而成的土壤颗粒结合力较弱，容易受到振荡等机械作用的影响而分散。但三价离子凝聚而成的土壤颗粒结合紧密，即使剧烈摇晃或煮沸也难以分散。双价离子结合的土壤颗粒界于两者之间。

钙对碱土的改善，是基于钙离子置换胶体上的钠离子，因钙离子的凝聚力要比钠离子强。置换出的钠随下行水淋移出土体。

（二）胶结作用

胶结作用是指由于土壤颗粒或团聚体的物理状态或化学成分发生变化而形成的团聚体。土壤中的胶结物质很多，一般分为黏粒、无机胶结物质和有机胶结物质三大类。

1. 黏粒

黏粒本身具备巨大的比表面和吸附能，当其脱水而颗粒相互接触时，它们会被范德华力和其他引力黏结在一起。砂土中缺乏黏粒，难以形成团聚体。大多数土壤中直径 < 0.005 mm 的颗粒含量与直径 > 0.05 mm 的团聚体含量之间存在显著相关性。然而，在有机质含量高的土壤中，黏粒的黏结作用下降。黏粒的胶结作用机理，可以用"颗粒—定向排列水分子—阳离子—定向排列水分子—颗粒"的联结键来阐明（Russell，1934），由于土壤脱水，颗粒间键的数目增加，粒间间距变短，联结力很强。

2. 无机胶体

无机胶体主要是指在土壤颗粒之间的无定形的铁、铝、硅等氧化物。当它们脱水变成凝胶时使土壤颗粒胶结在一起，其稳定程度和脱水以后的老化程度相关。热带、亚热带砖红壤和红壤中大量团聚体的形成都与无定形铁、铝氧化物的胶结作用有关。脱水程度较高，微团聚体相对稳固。但由于亚热带红壤中铁和铝的氧化物脱水作用相对较弱，微团聚体的稳定性较差。

水稻土往往处于干燥氧化和渍水还原的交替状态，氧化铁形态的变换就成为这种土壤团聚体不断破坏和形成的重要原因之一。

土壤中含有碳酸钙，可以胶结土壤颗粒形成团聚体。例如，溶液中的重碳酸钙在干燥后即形成碳酸钙，将土壤颗粒黏结在一起。

我国南方红黄壤地区经常施用石灰，不仅可以提高土壤酸碱度，改善土壤的某些化学性质，还可以改善土壤结构。但是长期施用石灰，形成的 $CaCO_3$ 不仅会使土壤颗粒胶结，还会填满土壤孔隙，使土壤变硬，变成石灰性板结田，耕性反而会恶化。

施用大量过磷酸钙，因为磷酸一钙（磷酸二氢钙）转化为磷酸二钙（磷酸氢钙）后也会使土壤颗粒胶结，所以也可形成团聚体。

3. 腐殖质

腐殖质是形成水稳性团粒结构的最重要的胶结物质。在腐殖质中，胡敏酸与团粒的形成密切相关。胡敏酸比富里酸具有更高的缩合度和更大的分子量，因此具有更强的胶结强度。腐殖质和钙以凝聚态结合，具有很好的胶结作用，但不可逆。因此，团粒经机械破碎后，原已胶结过的腐殖质就再无胶结性能，而只有新形成的腐殖质有很强的胶结能力。此外，土壤中的腐殖质也因不断分解而减少。因此，必须经常使用大量的有机肥（堆沤肥、圈肥、绿肥、人粪尿、草炭等）才能形成大量新的腐殖质，进而促进土壤团粒结构的更新和形成。

腐殖质不仅是重要的胶结剂，还可以通过多价阳离子（如 Ca^{2+}、Fe^{3+}、Al^{3+} 等）与矿质土壤颗粒形成有机 - 矿质复合体。有机 - 矿质复合体的形成机制尚不完全清楚。据研究，可以通过讨论阳离子"桥"将它们结合起来。例如：

$$\begin{array}{c} \gg Si-O-Ca-COO \diagdown \diagup COO-Ca-O-Si \ll \\ R \\ \gg Si-O-Ca-COO \diagup \diagdown COO-Ca-O-Si \ll \end{array}$$

$$\begin{array}{c} \gg Si-O-Fe(OH)-COO \diagdown \diagup COO-Fe(OH)-O-Si \ll \\ R \\ \gg Si-O-Fe(OH)-COO \diagup \diagdown COO-Fe(OH)-O-Si \ll \end{array}$$

4. 其他有机质胶结物质

除了腐殖质外，多糖、蛋白质、木质素、微生物分泌物、菌丝、根系分泌物、蚯蚓肠道黏液也有黏结作用，可将分散的土壤颗粒结合成稳定的团聚体。

关于多糖类对土壤结构形成的影响，据文献报道，虽然糖类对土壤团聚的影响在很多地方还不清楚，但是试验结果表明，在粉砂壤土中，加入 0.02% 的多糖，直径大于 0.1 mm 的团聚体数量约增加 50%。人们认为，在有机物含量低的土壤中，糖类对团聚体稳定性的影响似乎更为重要。

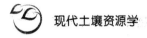

（三）干燥作用

湿颗粒在干燥黏结时也可以聚集在一起形成团块。两个粒子之间的结合力大小如下：

$$F = 4\pi \frac{r_1 \cdot r_2}{r_1 + r_2} \sigma$$

式中，F 为两个颗粒间的黏结力；r_1 和 r_2 为两个颗粒的半径；σ 为颗粒和介质介面上的表面张力。如果两个颗粒的直径相同，则

$$F = 2\pi\sigma$$

由上式可换算成土壤表面每平方厘米的黏结力。表 8-4 表明土壤颗粒之间的黏结力取决于颗粒的细度，细度大则结合力大。颗粒之间的黏结力一般存在于粒径 < 0.01 mm 的颗粒之间。如果粒径大于此值，因为粒子的质量超过了黏结力而无法黏结。

表 8-4 土粒的细度和黏结力

颗 粒 半 径 / mm	黏结力 /dyn	颗粒投影面积 /cm²	每 cm² 颗粒数	每 cm² 黏结力		每 cm² 覆盖的颗粒质量 /kg
				dyn	kg	
5×10^{-1}	22.9	7.9×10^{-3}	1.3×10^{2}	1.5×10^{2}	1.5×10^{-3}	1.85×10^{-1}
1×10^{-1}	4.6	3.1×10^{-4}	3×10^{2}	7×10^{2}	4×10^{-3}	3.4×10^{-2}
5×10^{-2}	2.3	7.9×10^{-5}	1.3×10^{4}	1.5×10^{4}	1.5×10^{-2}	1.8×10^{-2}
1×10^{-2}	4.6×10^{-1}	3.1×10^{-6}	3×10^{5}	7×10^{4}	7×10^{-2}	3.4×10^{-3}
1×10^{-3}	4.6×10^{-2}	3.1×10^{-8}	3×10^{7}	7×10^{5}	7×10^{-1}	3.4×10^{-4}
1×10^{-4}	4.6×10^{-3}	3.1×10^{-10}	3×10^{9}	7×10^{6}	7×10^{0}	3.4×10^{-5}
1×10^{-5}	4.6×10^{-4}	3.1×10^{-12}	3×10^{11}	7×10^{7}	70.0	3.4×10^{-6}
1×10^{-6}	4.6×10^{-5}	3.1×10^{-14}	3×10^{13}	7×10^{8}	700.0	3.4×10^{-7}

注：1 dyn=10^{-5} N。

二、土壤微系统骨架结构的崩解

致密土体在多种外力作用下分解成不同形状、大小的团聚体，这是团聚体形成的一个重要方式。其主要外力作用如下。

（一）干湿交替

土壤胶体具有干缩湿胀的特性。当大块湿土变干时，由于各部分胶体的脱水程度和脱水速度不同，会在不同的点和面产生不等的胶结力，随着胶结力的变化，大土块会从最薄弱的地方裂开，形成小的土块。干土块遇水膨胀时，由于各部分土块的吸水程度和速率不同，膨胀的程度也不同，造成不均匀的挤压和崩裂，土块碎裂形成土团。此外，当水分快速进入毛管时，毛管内的空气被压缩。而当气压大于土粒间毛管壁上的黏结力时，空气

就会破裂毛管而逸出，土块碎裂，形成小土团。土壤越干燥，毛管中滞留的空气越多，浇水后的碎裂效果越好，所以晒垡一定要晒透。

干湿交替作用的大小取决于许多条件，一方面取决于土壤本身的特性，如土壤质地、有机质含量和阳离子组成。当有机质含量高，质地不太黏重，阳离子主要为钙镁离子时，干湿交替后可将土壤分成较多的团粒。相反，有机质含量低，质地黏重，阳离子主要是一价钠钾离子的土壤，经干湿交替后，易形成坚硬的核状、块状结构。

另一方面，干湿交替的效果还与土壤含水量及其变干变湿的速度有关。当干燥的土壤突然变湿时，大的土块会被分成小块，否则大的土块就不容易破碎。这就是为什么农民熏土晒垡、灌水泡田来改良黏重土壤，使大土块散碎。

（二）冻融交替

土壤孔隙中的水分因结冰而增加体积（增加约 9%），对周围土壤产生机械挤压力，使土体崩裂，这也有助于形成团粒结构。因此，冬天结冰的土壤在春天往往变成松软的颗粒状。

冻融交替的效果主要取决于土壤含水量的多少，其次取决于温度变化的速度。如果冬天土壤比较干燥，没有雨雪，也没有灌溉条件，那么春季土块很少破裂。土壤水分适中，当冬天结冰时，温度下降慢，此时土壤的大孔隙中会形成少量的小冰核，周围较小孔隙的水分会向着冰核移动，使冰核逐渐变大，并对周围的土壤造成很大的压力，于是四周土壤脱水干燥，土体崩解。如果土壤中含水量过大，又突然冰冻，许多孔隙中的水同时结冰，短时间内形成冰核，这样的冰核小，形成的挤压力也小，土壤碎裂少，有碍于形成团粒和改善孔隙条件。

我国北方的农民根据冻融交替的原理，利用灌溉冬水来形成团粒结构。但也要注意，如果土壤干湿交替、冻融交替过于频繁，也会破坏团粒结构。

（三）根系和挖土动物的作用

植物根系在生长过程中产生一定的挤压力和穿插分割作用，促进土块碎裂。同时，根系分泌物及其死亡和分解后形成的多糖和腐殖质可以重新团聚土粒，形成稳定的团粒。植物根系团粒结构形成的大小主要由根系发育的强度和数量决定。一般的禾本科作物根系发达，不但穿插分割作用强，而且残留在土壤中的有机质也多，豆科作物根系吸收较多的钙，残留在土壤中，具有很好的胶结作用。因此，禾本科与豆科作物的混合栽培对团粒结构的形成有很好的促进作用。此外，根系对土壤的强烈吸水作用，往往会造成根系周围土壤颗粒暂时不均匀的脱水现象，使脱水部分收缩形成破裂面，这也有助于团粒结构的形成。因此，根系在团粒结构的形成中起着重要的作用。

各种掘土动物，如蚯蚓、昆虫、蚂蚁等小动物，可使土壤混合疏松，促进团聚结构的形成。其中，蚯蚓的作用更大，它们以植物残体为食，吞食大量土壤，通过肠道消化，然后排出体外，蚯蚓粪是一种很好的颗粒。根据以往的记载，蚯蚓能摄取和排泄的土壤可达每公顷数吨至数十吨。一般来说，越是肥沃的土壤，特别是老菜园，蚯蚓的数量就越会明显增加，所以团粒结构的含量也较高。

（四）耕作

土壤耕作对促进团聚体结构形成的作用是多方面的。一方面，在适耕期翻耕，可打碎大块土块，再经耙、压进而形成适宜的大小土块。如有适量的有机胶结物质，可形成水稳性的团粒结构，否则只能形成非水稳性的团粒结构。另一方面，通过耕种，施用到土壤中的胶结物质（有机肥料等）混合并与土壤颗粒完全接触，从而形成团粒。此外，中耕还有破坏地表板结层的作用，导致非水稳性结构的形成。

上述对整个土壤相态的各种影响不是孤立的，而是共同作用、相互推动的。对团粒结构的形成而言，生物活动和人类生产活动（正确栽培、施肥等）是主要因素。

三、团粒结构与土壤肥力的关系

团粒结构是良好的土壤结构，对土壤肥力影响很大。在团聚体成分较多的土壤中，水、肥、气、热四种肥力因子相互协调，可同时满足作物对水、肥、热、气的要求以达到高产。因此，威廉斯把团粒结构看成土壤肥力的基础。

（一）团粒结构与土壤孔隙的关系

团粒结构能够协调土壤中水、肥、气和热肥力因素，背后的原因是团粒结构为土壤提供了适当比例的毛管孔隙（小孔隙）与非毛管孔隙（大孔隙），这极大地改变并改良了土壤孔隙度。在团粒内部，土壤颗粒紧密排列，毛细管是水和养分的储存和供应空间。而团粒之间，接触松散，形成大孔隙，为空气的走廊和水分的通道。可见，团块结构土壤的孔隙状态不仅有利于水气共存，还有利于水和养分的供给和维持。

（二）团粒结构与土壤水分的关系

具有团粒结构的土壤，由于大小孔隙的适当分布，在下雨或灌溉时，进入团粒结构土壤的水分首先被毛管力吸收到团粒内的毛管孔隙中并储存起来，直到毛细管团聚体内部的孔隙被水分充满后，多余的水分沿着颗粒之间的大孔隙渗入地下水中。因此，具有团粒结构的土壤可以容纳更多的水分，并且很少发生径流，从而减少了表土的流失。当干旱发生时，土壤表层水分蒸发，表层团粒结构因干旱而收缩，与其下层结构间的孔隙联系中断，形成疏松的保护层，水分蒸发量大大减少。因此，具有团粒结构的土壤有较强的蓄水抗旱能力。

（三）团粒结构与土壤空气及土壤养分的关系

具有团粒结构的土壤，团粒间为非毛管孔隙，通气性好，好氧微生物活性强，有机物经好氧分解，有机养分易矿化，形成植物可给态的养分。团粒内充满水分，缺乏空气，适合厌氧微生物活动。由于厌氧分解，有机物变成腐殖质并积累，成为植物养分的重要来源。

由上可知，在团粒结构的土壤中，水和空气得到了协调，厌氧和好氧分解同时进行，使养分的生产和消耗不断保持平衡，作物对养分的需要能及时满足，为作物高产稳产提供良好条件。因此，每个团粒就像一个补给站和储存库，同时起到维持、调节和供给水分和养分的作用。因此，土壤团粒结构是土壤肥力的基础，是获得稳产高产的重要条件。

（四）团粒结构与土壤温度及耕性的关系

除了上述功能外，团粒结构在调节土壤温度和土壤可耕性方面也起着重要作用。由于团粒结构能协调土壤水气，使土壤温度保持稳定。团粒结构单位体积土壤颗粒之间的接触面积小，因此可以大大降低土壤的黏结性与黏着性，从而提高土壤的可耕性，降低耕作阻力，提高耕作质量和效率。

四、土壤结构性的改善

团粒结构是旱耕地土壤的最佳结构。然而，无论颗粒的结构多么稳定，在自然因素和农业措施的影响下，它都不可避免地会被破坏，无法长期保持。破坏团粒结构的主要因素如下。第一，水的作用，如雨滴的冲击、淹灌的泡散、团粒的水合以及闭蓄空气的爆破等作用，使团粒分散。从大的团聚体到很小的微团聚体，甚至有的形成单个颗粒，导致通气孔减少，毛管孔隙和非活性孔增加。第二，耕作机械的粉碎作用和压实作用，后者可以增加土壤的容重，增加对根系的穿透阻力，降低透气性。第三，铵和钠等一价阳离子代替被胶体吸附的多价阳离子以分散土壤颗粒。第四，通过分解有机物对有机－矿质复合体的破坏。为此，必须经常采取措施来减少这些不利影响并促进新团块的形成。此外，还应改善表层土下经常出现的大土块，改善压实层的板状结构和碱性土壤的柱状结构。以下是一些重要的农业技术措施。

（一）改善耕作方式

稳定团粒的恢复是一个比较缓慢的过程，在未开垦的条件下，通常需要很多年。结构恢复很大程度上依赖于草本植物和作物，发达的根系具有很强的团聚作用。一般来说，无论是禾本科还是豆科作物，一年生作物或多年生牧草，只要生长旺盛，根系发达，都能促进土壤团聚体的形成，但具体作用不同。例如，多年生牧草比一年生牧草提供更多的土壤蛋白质、碳水化合物和其他胶体物质。一年生作物种植频繁，土壤有机质消耗快，不利于团粒的保存。根据植物根系对土壤团粒化的不同影响，可采用禾本科和豆类作物轮作，粮豆和牧草轮作。

（二）增施有机肥、合理施用化肥

有机肥的使用不仅可以为作物提供广泛的养分，还对土壤结构有显著影响。有机质分解生成糖类和腐殖质，是土壤颗粒良好的团聚剂，能大大改善土壤结构。在作物生长期间，在耕地土壤中施用有机肥，不仅能起到很好的恢复土壤结构的作用，还能保证作物的增产。但是，如果将未腐熟的有机物直接送回田间，也可能对作物生长造成不利影响。

目前人们对化肥对土壤结构的影响知之甚少。理论上，大量使用的铵盐会分散土壤团聚体。这种情况在一般农业措施的条件下不太可能发生。由于化肥的使用促进了叶和根的生长，特别是根系生长的增加，使更多的根茬回到土壤中，这无疑极大地促进了有机质平衡的维持和土壤结构的恢复。磷肥对改良土壤效果显著。磷肥可降低土壤阻力并增加持水能力。这种效应归因于颗粒边缘的 OH^- 被磷酸根离子取代，从而导致土壤颗粒团聚形成。

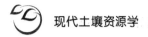

（三）注意灌水方法

大水漫灌和畦灌都容易引起团粒的破坏，造成土壤的板结、开裂。在这种情况下，更多的空气将被封闭在团聚体之间。当封闭的空气在水压的作用下"爆破"时，团聚体很容易破碎，粉碎后的细土颗粒具有很强的黏结性和胀缩性，浸水后再干燥会引起硬化和开裂。

细流沟灌可以通过毛管作用逐渐排出垄土团聚体中的空气，可以较少发生闭蓄空气的爆破。地下灌溉对整体结构的破坏作用最小。喷灌时，还要注意控制水滴的大小和强度，尽量减少对整体结构的破坏。有条件的可采用滴灌。

（四）播种绿肥或牧草

豆科绿肥作物对形成土壤团粒结构和提高土壤肥力具有重要意义。豆科绿肥作物的碳氮比小，残留物容易分解，分解后能释放出比较多的钙离子。而且，它的根系深入土壤，还能产生一定的挤压作用，非常有利于促进团粒结构的形成。

（五）合理耕作

合理栽培是为作物生长创造适宜土壤结构条件的重要措施之一。最重要的一项是确定用于栽培的最佳土壤含水量。因为不同的含水量不仅会影响土粒之间的黏结力，还会影响土粒与机具界面之间的黏结力。一般认为，栽培时的最佳含水量应为田间蓄水量的70%～80%。此时，土壤颗粒相互黏合和团聚，不会发生土壤黏在农具上的现象。翻土时压土效果好，翻土阻力小，可减少种植时机械的损失。

近年来，国内外都在尝试少耕、免耕和幂耕。少耕也称为最少耕作，其特点是种植面积减少（仅在耕作行进行整地作业）和减少种植次数。免耕是免除在种植前和种植后的耕作，完全使用除草剂进行杂草控制，不进行中耕。这种栽培方法适用于土壤结构良好或质地较轻的土壤。幂耕或称"留茬幂"，用松土器松土，不扰动地表残留物，但要特别注意病虫害的发生。

（六）人工结构改良剂的应用

提高团聚体稳定性的关键是土壤应含有不可逆或弱可逆的胶结材料，这些胶结材料可以黏附在土壤颗粒上，尤其是聚合物材料，如腐殖质和多糖。它主要通过自然界中的根活动获得，所以自然界中稳定团聚体的形成一般需要 3～4 年的时间，如果植被长得不好，这个过程就需要更长的时间。使用有机肥固然可以改善结构，但来源有限。天然有机肥的增长也很缓慢。因此，人们期望能够像合成化学肥料那样合成有机聚合物。

20 世纪 50 年代初期，美国孟山都环境化学有限公司首先生产出一种类似于自然多糖的链状高分子有机聚合物，其商品名为克利乌姆。克利乌姆主要由三种有机酸组成：丙烯酸 $(CH_2—CH—COOH)$、甲基酸 $[CH_2—C(CH_3)—COOH]$ 和顺丁烯二酸 $(COOH—CH—CH—COOH)$。这三种酸都含有一对乙烯基键，在接触剂的影响下可以断裂。单体可以产生两个共价键，由于双键断裂，可以连接到其他分子上，它们以链状聚合状态连接在一起。

聚合物链中有许多衍生官能团，如羧基（—COOH）、腈（—CN）、酰胺（—NH$_2$）和氨基酸（—CO—NH$_2$）。在聚合物与土壤颗粒的相互作用中，活性官能团与颗粒表面之间的氢键起着重要作用。氢键的强度取决于聚合物官能团的性质，如羟基官能团的键强度为1.0，酰胺基为1.6，磺酸基仅为0.8。合成结构的改性剂活性还取决于聚合物活性官能团的质量比，当该比值大于最佳值时，其效果减弱。

以下类型的聚合物是目前普遍认为较有前途且在少量使用时具有改善土壤的作用的聚合物：①非离子型的聚乙烯醇（PVA）；②聚阴离子型的聚乙烯醋酸盐（PVAC），局部水解聚丙烯腈（HPPAN），水解聚丙烯腈（HPAN），聚丙烯酸（PAA）和醋酸乙烯酯 – 须丁烯二酸酐共聚物（VAMA）；③聚阳离子型的二甲氨基乙基丙烯酸盐（DAEMA）；④强偶极性的聚丙烯酰胺（PAM）。

其中，聚丙烯酰胺价格便宜，对土壤的改良效果更好。目前，西欧国家已小规模应用。由于其成本低廉，沥青乳剂还广泛用作土壤结构改良剂，用于防止表土开裂、防止水土流失渗流等工程，并取得了良好的效果。

我国20世纪50年代末以来，对高分子聚合物的增产和改良土壤进行了大量的研究。在华北平原不同质地的褐土、浅色草甸土及盐渍草甸土上施用0.01%～0.25%（占质量）聚丙烯酸钠盐，使大于0.25mm的水稳性团聚体增加10%～60%，提高玉米出苗率10%～20%，小麦出苗率60%，增产效果明显。吉林省农校朱永绥(1965)于砂壤土上施用不同量的水解聚丙烯腈，直径大于0.25 mm的团聚体由8.4%增至95.4%，土壤容重降低，总孔度增加，土壤水分和温度状况明显改善，春小麦增产20.4%。

第三节 土 壤 质 地

土壤颗粒（soil particle）是土壤的物质基础。其粒径的大小及其组合的百分比决定了土壤质地，直接影响土壤的物理、化学和生物性质，与环境条件和作物生长所需养分的转化密切相关。因此，只有了解土壤颗粒的组成、质地特性及其与土壤肥力的关系，才能采取适当的措施改善质地较差的土壤，为作物的生长提供良好的生存环境。

一、颗粒的分级与特性

（一）土壤颗粒的分级

土粒的形状是不规则的，有些土壤颗粒三维尺寸差异很大（如片状、条状等），很难直接测量真实直径。为了按大小对土壤颗粒进行分级，应使用与土粒的当量粒径代替。在土壤力学分析（颗粒分析）中，把土壤颗粒看作是光滑的实心球体，在静止水中具有相同沉降速度的球体的直径称为当量粒径或有效粒径。

土壤是由固、液、气三相组成的分散系统。土壤的固相是土壤颗粒（简称"土粒"），其中一些单独存在于土壤中的，称为单粒；而其他相互黏结、呈复合颗粒存在的，称为复粒。单粒粒径不同，其表面性质也各异，对土壤理化性质和肥力的影响也不同。因此，在土壤科学中，通常将土壤颗粒按单粒粒径分为几个等级，给出相应的名称，即土粒分级。

目前，世界各国采用的土粒分级标准非常不一致。表 8-5 列出了国际制、美国制、苏联制（威廉斯 - 卡庆斯基制）共三种土粒分级标准。

表 8-5 国际制、苏联制、美国制的土壤粒级分级标准

国际制		苏联制（威廉斯 - 卡庆斯基，1957）		美国制	
粒级名称	单粒直径 /mm	粒级名称	单粒直径 /mm	粒级名称	单粒直径 /mm
石砾	> 2	石块	> 3	石块	> 3
		石砾	3 ～ 1	粗砾	3 ～ 2
粗砂粒	2 ～ 0.2	粗砂粒	1 ～ 0.5	极粗砂粒	2 ～ 1
细砂粒	0.2 ～ 0.02	中砂粒	0.5 ～ 0.25	粗砂粒	1 ～ 0.5
		细砂粒	0.25 ～ 0.05	中砂粒	0.5 ～ 0.25
粉粒	0.02 ～ 0.002	粗粉粒	0.05 ～ 0.01	细砂粒	0.25 ～ 0.1
		中粉粒	0.01 ～ 0.005	极细砂粒	0.1 ～ 0.05
		细粉粒	0.005 ～ 0.001	粉粒	0.05 ～ 0.002
黏粒	< 0.002	粗黏粒	0.001 ～ 0.000 5	黏粒	< 0.002
		细黏粒	0.000 5 ～ 0.000 1		
		胶体	< 0.000 1		

从表 8-5 可以看出，3 个分类标准中，基本等级均为 4 级，即黏粒（clay）、粉（砂）粒（silt）、砂粒（sand）及石砾（gravel），在此之上，多数还划出了石块（stone）一级。四种基本分级标准的区别主要有两个方面：一是各粒级的划分界线不一致，例如，威廉斯 - 卡庆斯基制是以 0.001 mm 作为黏粒的界线，另外两个分级标准均将 0.002 mm 作为黏粒的界限；二是在四个层次下，进一步细分的程度和侧重点各不相同，例如，美国制对砂粒进行了详细的划分，但没有对粉粒及黏粒颗粒进行划分。相比之下，威廉斯 - 卡庆斯基制对粉粒及黏粒划分得较细，并将 1 mm 以下的颗粒分为两组。一组由 1 ～ 0.01 mm 的颗粒组成，称为物理性砂粒；另一组是 <0.01 mm 的颗粒，称为物理性黏粒。两者统称为"细土"。

根据土壤颗粒分布特点，中国土壤工作者基于威廉斯 - 卡庆斯基制提出了中国土壤颗粒分级标准（表 8-6）。两者的区别在于黏粒上限为 0.002 mm，并把黏粒细分为粗黏粒（0.002 ～ 0.001 mm）和细黏粒（< 0.001 mm）。

表 8-6　中国土壤颗粒分级标准

名　称		颗粒直径 /mm	名　称		颗粒直径 /mm
石块		> 3	粉粒	粗粉粒	0.05 ~ 0.02
石砾		3 ~ 1		中粉粒	0.02 ~ 0.005
砂粒	粗砂粒	1 ~ 0.25		细粉粒	0.005 ~ 0.002
	细砂粒	0.25 ~ 0.05	黏粒	粗黏粒	0.002 ~ 0.001
				细黏粒	< 0.001

（二）土壤颗粒的物质组成及理化性质

1. 土壤颗粒的矿物组成

不同粒径的土壤颗粒具有不同的矿物组成（图 8-8）。土壤中的石块及石砾主要由母岩碎片和粗粒矿物碎片组成。砂粒的矿物成分以石英为主，还含有长石、云母、角闪石等原生矿物。在粉粒的矿物组成中，有多种原生矿物和次生矿物。粒径较粗的部分（如粗粉粒）中石英的含量显著降低，相反，次生矿物的含量相对增加。研究还发现，砂粒及粉粒中，含有三水铝矿、赤铁矿及褐铁矿等，但大部分以胶膜的形式出现在颗粒表面。在黏粒成分中，次生矿物主要是最重要的矿物，特别是高岭石、伊利石和蒙脱石，而石英和长石等原生矿物的含量相对较少。在不同类型的土壤中，由于颗粒组成不同，不同矿物质的比例可能会有很大差异。

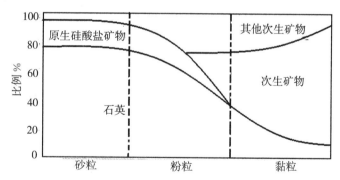

图 8-8　颗粒大小与矿物种类的关系（Brady，1960）

2. 矿质土粒的元素组成及硅铝（铁）率

矿质土粒的元素组成比较复杂，但含量较大的主要元素有氧、硅、铝、铁、钙、镁、钛、钾、钠、磷、硫等十余种。此外，还有一些微量元素，如锰、锌、硼、钼等。从含量上看，氧、硅、铝、铁所占比例最大。如果以氧化物的形式表示，那么 Al_2O_3、SiO_2、Fe_2O_3 三者合占 75% 以上。它们是矿质土粒的基本成分。

由于不同粒径的矿物成分差异较大，不同粒径的元素组成也不尽相同。一般来说，土壤越细，SiO_2 含量越低，但 Al_2O_3、Fe_2O_3 以及 CaO、MgO、P_2O_5、K_2O 等养分的含量则相反。例如，砂粒和粉粒主要由石英组成，化学成分主要是 SiO_2；而黏粒成分，如果以蒙脱石和伊利石为主，除了含有较多的 Fe_2O_3、Al_2O_3 外，往往还含有较多的钾、钙、镁等营养成分。因此，砂粒和粉粒对土壤养分的贡献较少，而黏粒组分的贡献较大。

在粒级的化学成分中，最重要的参数是土壤或黏粒部分中 SiO_2/R_2O_3（R_2O_3 代表 Al_2O_3 和 Fe_2O_3）的分子比，前者称硅铝铁率（Saf），后者称为硅铝率（Sa）。这两个比率与其他指标的结合具有一定的应用价值。具体如下：①可用于判断黏粒矿物的一般类型，因为不同类型的黏粒矿物 SiO_2/R_2O_3 的值不同；②它们可以根据同一断面土体 Saf 值的差异来解释黏粒在剖面的富集情况，如果某一特定土层的 Saf 减少了，那么说明该土层中黏粒相对富集；③对照母质或母岩，它能显示土壤形成过程的特征。如果 Sa 或 Saf 增加，则意味着有脱铝现象（酸性淋溶）；相反，有富铝化作用（如红壤的形成过程）。Sa 和 Saf 的计算公式如下：

$$Sa = \frac{SiO_2(\%)/60}{Al_2O_3(\%)/102}, \quad Saf = \frac{SiO_2(\%)/60}{Al_2O_3(\%)/102 + Fe_2O_3(\%)/160}$$

式中，102 为 Al_2O_3 的分子量；60 为 SiO_2 的分子量；160 为 Fe_2O_3 的分子量。

3. 土壤颗粒的理化性质

一般来说，当土壤颗粒变细时，比表面积增加，表面电荷数增加，表面活性增加，对离子的表面吸收和离子交换效应也增加，从而使颗粒的阳离子交换能力增强（表 8-7）。从物理性质上看，随着粒径的减小，土壤颗粒的吸湿系数和总吸水量增加，而容重和浸水容重相应减小（表 8-7）。此外，其他物理性能（黏结性、黏着性、可塑性及膨胀性）也随着颗粒的变细而增加。

表 8-7 不同土壤颗粒的理化性质（邓时琴，1982）

粒 级	粒径 /mm	容重 /(g·cm⁻³)	浸水容重 / (g·cm⁻³)	吸湿系数 /%	总吸水量 / (mL·g⁻¹)	阳离子交换量 / (cmol·kg⁻¹)
全土	< 1	1.04	0.63	12.68	0.81	12.14
砂粒	1 ~ 0.25	1.54	1.30	2.21	0.29	0.65
	0.25 ~ 0.01	1.42	1.27	3.16	0.35	0.35
	0.05 ~ 0.01	1.28	1.02	3.77	0.50	1.31
粉粒	0.01 ~ 0.005	1.03	0.78	4.82	0.71	2.57
	0.005 ~ 0.002	1.03	0.69	6.08	0.71	3.75
	0.002 ~ 0.001	1.08	0.50	6.75	0.76	4.39
黏粒	< 0.001	0.98	0.43	13.75	0.90	13.85

在农业生产实践中，土壤需要保水透气，能吸水补水，既容易耕作，又不能散成单个颗粒或结成大块。因此，需要考虑不同颗粒的合理组合，理想的土体应该是砂粒、粉粒、黏粒比例合理的混合体系。

（三）我国土壤颗粒分布特征

我国土壤颗粒分布呈自西向东、自北向南逐渐变细的趋势。北部地区主要受类黄土好氧沉积物和类黄土母质影响，土壤中的砾质颗粒、砂粒、粗粉粒较多，而粗黏粒和细黏粒含量较少。内蒙古、新疆地区的栗钙土、淡栗钙土、棕钙土及漠土中，石砾含量达10%以上，有的甚至超过50%，砂粒含量高达40%～70%，有的甚至超过80%。东北、西北、华北及长江中下游的土壤，如黑土、黄绵土、黑垆土、黄潮土、褐土和黄褐土等，其颗粒组成中，粗粉粒含量高达30%～50%，黏粒含量为13%～29%；而南方地区的红壤系列，则黏粒含量相对较多，如有些发育于玄武岩的砖红壤中黏粒含量可高达60%。土壤颗粒的分布是风力积累和生物气候因素相互交织作用的结果：华北地区主要受河流淤积影响；而在长江以南地区，除了受生物气候的影响外，母质对颗粒也有很大的影响。

二、土壤的质地分类

首先要明确土壤机械组成的概念：根据土壤机械分析，计算出每个粒级的相对含量，即为机械组成或称"颗粒组成"。土壤质地是指根据不同大小颗粒的相对含量的组成来区分粗细度。有人认为土壤的机械组成也称为土壤质地，这混淆了两个相关但不相同的概念。土壤质地是土壤相对稳定的自然特征，因此常用作土壤物理性质的特征指标。自然界中的任何土壤，大都由大小不一的土壤颗粒组成，因此土壤的质地也不同。为了比较不同土壤的质地，通常根据土壤颗粒的组成将土壤分为几个质地等级，这就是土壤质地的分类。

目前国际上常用的土壤质地分类标准主要有国际制、美国制及苏联卡庆斯基制等，我国学者常用卡庆斯基制，下面将简要介绍。

（一）国际制（ISSS，1930年）

国际制指1930年第二届国际土壤学会采用的土壤质地分类法，采用三级分类法，即根据砂粒、粉粒及黏粒的含量百分比，将土壤分为砂土、壤土、黏壤土及黏土共四类十二级。要点如下。

黏粒含量>25%的为黏土，而含15%～25%的为黏壤土类，那些含量低于15%的是壤土或砂土类。

粉粒含量>45%时，各质地名称前加"粉质"字样。

砂粒含量>90%时，称为砂土；大于85%时称为壤质砂土；当含量为55%～85%时，每个纹理的名称前面都会加上"砂质"一词。国际体系通常用三角坐标图表示，如图8-9（a）所示。图中等边三角形的三个顶点分别代表100%的黏粒（<0.002 mm）、粉粒（0.002～0.02 mm）及砂粒（0.02～2.0 mm），以其对应的底边作为其含量比的起点线，分别代表0%的黏粒、粉粒及砂粒。每个纹理在三角形坐标中都有一个特定的范围（用粗

线包围的范围）。知道每个粒级的百分比后，可以查看它属于哪个质地范围，以确定质地的名称。例如，土壤 S 的砂粒含 40%，粉粒含 25%，黏粒含 35%，则该土壤的质地名称为壤质黏土。

（二）美国制（USDA，1952 年）

美国制与国际制类似，分为十二级，但每一级的分类标准与国际制不同，常用三角坐标，如图 8-9（b）所示。其含义和使用方式与国际制中使用的含义和使用方式相同。

（三）苏联制（卡庆斯基，1965 年）

土壤质地的基本分类是根据土壤中物理性砂粒（1 ~ 0.01 mm）和物理黏土（< 0.01 mm）的含量确定基础质地的名称（表 8-8）。对于含石砾（3 ~ 1 mm）的土壤，则将石砾含量并入物理性砂粒中。

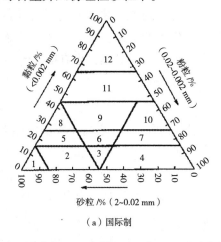

（a）国际制

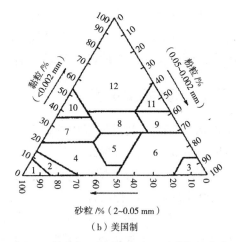

（b）美国制

1—砂土及壤质砂土；2—砂质壤土；3—壤土；4—粉砂质砂土；
5—砂质黏壤土；6—黏壤土；7—粉砂质黏壤土；8—砂质黏土；
9—壤质黏土；10—粉砂质黏土；11—黏土；12—重黏土。

1—砂土；2—壤质砂土；3—粉砂土；4—砂质壤土；5—壤土；
6—粉砂壤土；7—砂质黏壤土；8—黏壤土；9—粉砂质黏壤土；
10—砂质黏土；11—粉砂质黏土；12—黏土。

图 8-9　国际制和美国制土壤质地分类三角坐标

表8-8　土壤质地基本分类（卡庆斯基，1965）

质地分类		物理性黏粒（< 0.01 mm）含量 /%			物理性砂粒（1 ~ 0.01 mm）含量 /%		
		土壤类型			土壤类型		
质地组	质地名称	灰化土类	草原土壤及红黄壤类	碱性及强化土类	灰化土类	草原土壤及红黄壤类	碱性极强碱化土类
砂土	松砂土 紧砂土	0 ~ 5 5 ~ 10	0 ~ 5 5 ~ 10	0 ~ 5 5 ~ 10	100 ~ 95 95 ~ 90	100 ~ 95 95 ~ 90	100 ~ 95 95 ~ 90

质地分类		物理性黏粒（< 0.01 mm）含量 /%			物理性砂粒（1 ~ 0.01 mm）含量 /%		
		土壤类型			土壤类型		
质地组	质地名称	灰化土类	草原土壤及红黄壤类	碱性及强化土类	灰化土类	草原土壤及红黄壤类	碱性极强碱化土类
壤土	砂壤土	10 ~ 20	10 ~ 20	10 ~ 20	90 ~ 80	90 ~ 80	90 ~ 80
	轻壤土	20 ~ 30	20 ~ 30	20 ~ 30	80 ~ 70	80 ~ 70	80 ~ 70
	中壤土	30 ~ 40	30 ~ 40	30 ~ 40	70 ~ 60	70 ~ 60	70 ~ 60
	重壤土	40 ~ 50	40 ~ 50	40 ~ 50	60 ~ 50	60 ~ 50	60 ~ 50
黏土	轻黏土	50 ~ 65	60 ~ 75	40 ~ 50	50 ~ 35	40 ~ 25	60 ~ 50
	中黏土	65 ~ 80	75 ~ 85	50 ~ 65	35 ~ 20	25 ~ 5	50 ~ 35
	重黏土	≥ 80	≥ 85	≥ 65	< 20	< 15	< 35

为详细分类，将土壤颗粒分为石砾、砂粒、粗粉粒、中粉粒、细粉粒及黏粒六组，含量最高和次高的放在基础质地名称之前。砂质土壤又分为粗、中、细砂三个等级，含量最高的等级放在上面。例如，某一草原土壤的黏粒含量为45%，中粉粒和细粉粒为25%，粗粉粒为15%，砂粒为15%，则该土壤的物理性黏粒总量为70%。占优势的粒级为黏粒，占第二位的是粉粒。因此，该土壤的详细名称为"黏质 – 粉质轻黏土"。

（四）我国的土壤质地分类

在《中国土壤（第二版）》（1987）中，根据我国对土壤颗粒分布影响较大的气候条件特点，以及我国山地丘陵的特点，砾质土壤分布广泛，综合地方研究结果，提出了适合我国土壤的质地分类制（表8–9）。由表8–9可知，我国土壤质地可分为三类，共十二种质地名称。

表 8–9 中国土壤质地分类（邓时琴，1979, 1982, 1984）

质地名称		颗粒组成 /%		
		砂粒（1 ~ 0.05 mm）	粗粉粒（0.05 ~ 0.01 mm）	细黏粒（< 0.001 mm）
砂上	极重砂土	> 80		< 30
	重砂土	70 ~ 80		
	中砂土	60 ~ 70		
	轻砂土	50 ~ 60		
壤土	砂粉土	≥ 20	≥ 40	
	粉土	< 20		
	砂壤	≥ 20	< 40	
	壤土	< 20		

质地名称		颗粒组成 /%		
		砂粒（1～0.05 mm）	粗粉粒（0.05～0.01 mm）	细黏粒（＜0.001 mm）
黏土	轻黏土			30～35
	中黏土			35～40
	重黏土			40～60
	极重黏土			≥60

三、不同质地土壤的肥力特点及改良方法

（一）不同质地土壤的肥力特征

1. 砂质土

在砂质土壤颗粒的组成中，砂含量占绝对优势，黏粒含量很少。土壤结构差，土粒间孔隙大，透水性好，但排水快，蓄水量少，持水能力差，蒸发流失快；毛管水上升高度小，地下水通过毛管作用上升，润湿大地，抗旱能力差。

砂质土壤主要由石英、长石等原生矿物组成，次生矿物很少甚至没有。另外，通透性好，好氧微生物活性强，土壤有机质分解快，有机质含量普遍偏低，土壤养分相对缺乏，在生产中经常出现"发小苗，不发老苗"现象。

砂质土胶体含量低，土壤保肥性和缓冲性较差，要经常少施肥料，注意多施有机肥，增加有机质含量，提高土壤的保肥性能。

砂质土壤含水量低，热容量低。接受太阳辐射后，温度升高较快，但夜间散热降温也较快，因此昼夜温差较大；春季气温升高较快，苗期出苗较快。

砂质土壤的黏结性和黏着性较差，在旱地使用时具有较好的可耕性，但水田浸水耕作后易出现"闭砂"结板现象。

2. 黏质土

黏质土颗粒的组成中，黏土颗粒的比例较高。土粒间多为小孔隙，总空隙大，因此蓄水量也大，持水能力强。同时，毛管水上升高度大，地下水通过毛细管上升可以滋润地面，抗旱能力强。

黏质土的矿物组成中次生黏粒矿物占主导地位。此外，通透性差，好氧微生物活性差，土壤有机质分解缓慢，有机质含量普遍较高，土壤养分较丰富，"发老苗，不发小苗"现象常出现在生产中。

黏质胶体含量高，土壤保肥性、缓冲性强，大量施肥一般不会严重烧苗。目前东北部分地区黑土旱作普遍采用的"一炮轰"施肥制度，不存在大的"烧苗"问题，主要原因是黑土的阳离子交换量大，保肥性能强。

由于黏质土的含水量普遍较高，热容量也较大，接受太阳辐射后，温度上升一般较慢，夜间散热降温也较慢，因此昼夜温差小。

此外，黏土的黏结力和黏着力强，旱地时抗耕能力强，适宜耕作期短，耕作性差。

3. 壤质土

壤质土的肥力性质介于砂土和黏土之间。它具有两者的优点，既不黏也不沙，具有优良的栽培性，适用于多种作物，易于管理，产量较高，是农业生产的理想土壤。

（二）土壤剖面的质地排列对土壤肥力的影响

土壤剖面各层次的质地不但影响土壤的潜在肥力，而且影响土壤水分的运动，进而影响土壤中可溶性养分和盐分运动，因此对作物生长产生相应影响。土壤剖面质地的排列一般较为复杂，常由砂粒、粉粒、黏粒层相互交织组成，如砂夹黏、黏夹砂、砂盖黏、黏盖砂等。这有两个主要原因，一是自然因素造成的，如冲积性母质的层次性的形成和土壤中黏化层的形成是自然因素的结果；二是人工栽培的影响，如在水稻土中耕层与下部犁底层上部砂质层的形成。

对于旱田土壤，中层或深层黏土层的存在可以增加土壤的抗旱和抗洪能力，保水保肥，帮助作物根系发育，促进耕作、施肥、灌溉和排水，是一种良好的土壤质地，被群众称为"蒙金地"。

对于水稻土，当土壤质地偏砂质时，土壤保水保肥能力降低；而当质地过于黏时，将难以生长，渗透作用较弱。虽然它的保水保肥能力很强，但有毒物质的积累很容易不利于水稻的生长发育。当土壤剖面质地为无砂、无黏、适宜犁底时，不仅有一定的渗透作用，还能保水保肥，有利于水稻根系发育，适合人工改造，被群众称为"爽水田"。

（三）土壤质地的调节

据统计，目前我国有 1 亿多亩耕地，由于耕层的土壤质地很砂很黏，有待改善。在改良这些低、湿、黏、低产土壤的过程中，我们积累了丰富的经验，其中最有效的措施之一就是客土法改良。所谓客土法，是将过多砂质或黏土质地的土壤（称为客土）转移混合到含砂过多或含黏过多的土壤（本土）中，以改变本土质地的方法。

实施客土法的原则应该是因地制宜，就地取材，逐年实施，逐年改善颗粒形成，达到逐步改善质地的目的。北方除一般客土外，常用粪土和有机肥。南方使用潮泥、河泥、塘泥、湖泥、草泥等泥肥。这有利于加厚耕层和改善土壤物理性质，对化学和生物性质有显著影响。

客土的具体方法主要有以下几种。

（1）搬运客土法。将客土转移到本土上，改良原质地。这种方法需要消耗大量的劳动力或能源，非常不经济。

（2）流水客土法。利用自然地形或临时挖沟，依靠天然雨水或人工引水，将客土立即搅成泥，随水流入本田进行沉积。这种方法可以显著节省劳动力或能源。

（3）翻淤压砂或翻砂压淤法。淤土是一种相对黏稠的土壤。当土壤的底层土和表层土质地完全不同时，可将底土翻耕与表层土混合，以达到调整种植层质地的目的。

（4）引洪漫淤法，又称"淤灌客土法"，与流水客土法相像，不同之处在于该方法是利用自然洪水中运来的淤泥作为外来客土物质。

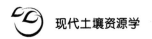

思考题

1. 你是怎么理解土壤微系统的？

2. 土壤微系统的界面如何？

3. 你是怎么理解土壤微系统的相变的？你怎么理解土壤微系统的相变过程？

4. 什么是土壤质地？怎么判断土壤质地？

第九章 土壤微系统的水气热过程

土壤微系统的水气热过程是指存在于土壤微系统中的水气热输入、保持、输出的过程，它们是土壤微系统生物化学过程的前提，是土壤最重要的物理过程。

本章分三节分别阐述土壤微系统中的水、气、热过程规律。

第一节 土壤微系统的水过程

一、土壤微系统中水的保持状态

土壤微系统中的土壤水有四种保持形式，即吸湿水、膜状水、毛管水和重力水，详见第8章第1节相关小节。土壤微系统骨架物质对土壤水的吸力影响其存在状态。

二、土壤水的量度

（一）土壤含水量的表示方法

常用土壤含水量来衡量土壤中的水分含量，有很多种方法表示土壤水含量，根据用途的不同，有不同表示方法，具体如下。

1. 重量含水量

重量含水量也称"质量含水量"，是指每单位质量土壤（kg）的含水量（g），单位为 g/kg，是最常见的表达方式之一，它指的是土壤水分的绝对含量。这里需要注意的是，必须是计算干土的含水量基数。

$$土壤质量含水量（g/kg）=\frac{水分质量（g）}{烘干土质量（kg）}$$

例如，对于耕地，湿土的重量为 0.12 kg，烘干土的重量为 0.10 kg，水的重量为 20 g，那么质量含水量 =20/0.1=200 g/kg，以百分比表示，应为 20%。

2. 体积含水量

体积含水量是指单位体积土壤中含水量占体积的分数和百分比，是无量纲的。它反映出土壤中水分占据孔隙的程度，可据此计算出土壤的三相比。

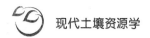

$$土壤体积含水量（\%）=\frac{水分体积}{土壤体积}\times100\%=\frac{水分质量（g）/1\,g/cm^3}{烘干土质量（kg）/密度（g/cm^3）}\times1/1\,000\times100\%$$

$$=含量含水量\times1/1\,000\times100\%\times密度$$

若用百分数表示质量含水量，则体积含水量（%）= 质量含水量（%）× 密度。

例如，某地区耕层含水量为 200 g/kg，土壤密度 1.2 g/cm³，土壤总孔隙率为 54.35%，则土壤体积含水量 =200（g/kg）× 1/1 000×100% × $\frac{1.2（g/cm^3）}{1（g/cm^3）}$ =24%，土壤空气体积

=54.35% – 24% = 30.35%，土粒体积 =100% – 54.35% = 45.65%。三相比为固：液：气

= 45.65 ∶ 24 ∶ 30.35 = 1 ∶ 0.53 ∶ 0.66。

3. 水层厚度

为了方便与大气降水、蒸发和作物耗水量进行比较，通常以 mm 水层深度表示土壤储水量。

$$水层厚度 = 土层深度 × 土壤体积含水量$$
$$= 土层深度 × 土壤含水量 × 1/1\,000 × 密度$$

4. 水的体积

为了和灌水、排水、计算灌水量一致，土壤中的含水量常用立方米 / 亩或吨 / 亩来表示。

$$土壤储水量 = 水层厚度 × 1/1\,000 × 2\,000/3 = 2/3 水层$$

式中，1/1 000 是将 mm 变成 m；2 000/3 是 1 亩地的面积（约 666.7 m²）。

5. 相对含水量

相对含水量是指土壤实际含水量占田间持水量或饱和含水量的百分比。

在农业生产中，更常用的是田间持水量的相对含水量，是一个比较量度。这反映了土壤含水量对作物的有效程度。因为仅仅利用某一含水量，很难反映土壤中的含水量。例如，土壤的自然含水量为 100 g/kg，而对于砂质土壤来说，超过田间持水量（30～60 g/kg）的一倍以上，水多成涝。对于黏土，不到田间蓄水量（250～400 g/kg）的一半，土壤明显干燥。这个缺点可以通过用相对含水量表示来避免，直观性强。适用于一般作物的含水量为田间蓄水量的 70%～80%。水利部门多以饱和含水量表示相对含水量，也可以此研究土壤微生物。

（二）土壤含水量的测定方法

1. 烘干法

烘干法又分为两种。一种是经典烘干法，其简要测定过程是先确定田间有代表性的取样点，根据所需的深度分层取土样，然后立即将土样放入铝盒中（防止失水）并盖好盖子，称取干燥前后铝盒的恒重（W_1 和 W_2）（105～110℃烘烤 6～8 小时），可计算土壤水分质量（W_1-W_2）；再称空铝盒恒重 W_3，W_2-W_3 为土壤烘干重，据土壤含水量（g/kg）的计算公式可得土壤质量含水量。

另一种是快速烘干法，具体包括红外线烘干法、酒精燃烧法、微波炉烘干法等。虽然这些方法可测定烘干时间和缩短烘干时间，但它们会消耗大量药物或需要特殊设备。

2. 中子法

在中子法中，快中子源和慢中子探测器被放置在套管中并埋在土壤中。其中的中子源（如镭、镅、铍等）发射中子速度非常快。当水中的氢原子与快中子发生碰撞时，快中子会改变运动方向并损耗部分能量而变成慢中子。土壤中的水越多，产生的慢中子就越多。慢中子可由探测器量出，经校正后可计算土壤中的含水量。这种方法虽然更准确，但目前的设备只能测量出深层土层的水分，而测量不出表层土的含水量。另外，当土壤中含较多有机质时，有机质中的氢也产生同样的作用，从而会影响到水分测定的结果。中子仪的工作原理如图 9-1 所示。

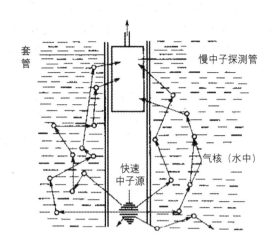

图 9-1　中子仪的工作原理

3. TDR 法

TDR 法是 20 世纪 80 年代初期发展起来用于测定土壤水分的方法，最初用于测定土壤含水量，后来用于测定土壤盐分。TDR 英文全称是 Time Domain Reflectometry，汉语译为时域反射仪，TDR 法在国外使用得较为普遍。

TDR 系统类似于短波雷达系统，可监测土壤水分状况，且快速、直接、可靠、方便。据电磁波理论，电磁脉冲在导电介质中传播速度与介质的介电常数的平方根成反比。通常自由水、土壤颗粒、空气的介电常数分别为 80.36（20℃）、5 和 1。通过这三相的介电常数可以看出，土壤固相是一种低损耗介质，而土壤体积含水量与土壤介电常数（ε_α）相关性极强。ε_α 可由 TDR 测量电磁脉冲在波导棒中传播时间计算得出，然后使用以下经验公式可得到土壤体积含水量：

$$土壤体积含水量 = -5.3 \times 10^{-2} + 2.92 \times 10^{-2} \varepsilon_\alpha - 5.5 \times 10^{-4} \varepsilon_\alpha^2 + 4.3 \times 10^{-6} \varepsilon_\alpha^3$$

TDR 测量水分含量精度高，使用校准参数计算误差可小于 1.3%，水分测量范围为 0% ～ 100%。由加拿大 ESI 公司生产的 MP-917 时域反射仪具有独特的多段探针，可同时测量各土层的含水量。 MP-917 时域反射仪采用多通道配置，可以控制数十个探头。可以连接电脑控制测量。

（三）土壤水分有效性

土壤中水分被植物吸收利用的程度即土壤水分有效性，因为植物通过主动吸收（由蒸腾作用引起）和被动吸收（由细胞渗透压引起）从土壤中吸收水分以维持其生理需要。但并非土壤中的所有水都对植物有效。植物能吸收的部分称为有效水，植物不能吸收利用的部分称为无效水。"萎蔫湿度"的值等于田间持水量的 1/2 ～ 1/3，通常作为土壤有效水的下限。轻质土壤最低有效水量少于重质土壤。萎蔫湿度实际上是土壤的含水量范围，植物从萎蔫到完全枯死的整个死亡过程中，吸水量逐渐减少。例如，对于黏壤质土上的棉花幼苗，土壤含水量107～65 g/kg是其萎蔫湿度的变动范围，107 g/kg是萎蔫初期湿度，而65 g/kg是枯死湿度，大致与最大吸湿量相近，该土壤的萎蔫湿度是曲线转折点的枯死湿度，为86 g/kg。田间持水量通常作为土壤有效水的上限。土壤有效水量可用以下公式计算：

$$土壤最大有效水范围 = 田间持水量 - 萎蔫湿度$$
$$土壤实际有效水范围 = 土壤实际含水量 - 萎蔫湿度$$

土壤质地和结构不同，土壤有效水的范围也大不相同（图9-2）。从图中可以看出，砂土的有效水范围最小，其次是黏土，最大的是壤土。

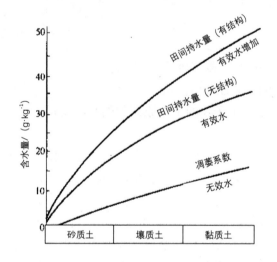

图9-2 不同质地、结构土壤的含水量

大量研究表明，还可以根据其有效程度将有效水分为难效水和易效水两段。易效水是田间持水量至毛管断裂量，难效水是毛管断裂量至萎蔫湿度。毛管断裂量在壤质土中大概相当于田间持水量的70%。所以，低于70%就应灌水，即适宜作物生长的相对含水量必须大于70%。

三、土壤水运动的动力——土壤水的能量

上述土壤水分类型属于形态分类，这是历史上传统的分类。随着科学的发展，特别是近年来，人们在研究环境生态学时发现，上述分类方法在描述水在"土壤-植物-大气"（SPAC）系统中的水分运动状况存在一些不足。在自然界中，不同类型的水之间往往没有明确的界限，如在非常小的毛管中，很难区分吸附水和毛管水。同时，不可能或难以使用统一的概念和尺度来对不同类型水分的运动进行满意的解释。

人们用"能量"的观点来研究土壤水分，以正确反映 SPAC 系统中水分的变化。与自然界中的其他生物一样，土壤水分也含有不同数量和形式的能量：势能和动能。动能一般可以忽略不计，因为水在土壤中的运动非常缓慢，因而势能（由位置和内部条件引起）起支配作用。白金汉（Buckingham）1907 年首先从能量的角度研究土壤水分，1950 年以后，这方面的研究才取得了很大进展。

（一）土水势及其分势

1. 土水势

从物理学上可知，物质的自由能（能做有用功的那部分能量）在受到不同的力作用后会发生变化。在不同力（如吸附力、毛管力、重力和静水压力等）的影响下，相比于相同条件（相同温度、高度和压力等）下的纯自由水（假设势值为零），其自由能定然不同，而这种自由能的差用势能表示，称为土水势（以希腊字母 Ψ 表示）。因此，土水势不是土壤水势能的绝对值，而是一个相对值，即以纯自由水为参比标准的差值。据其力源的性质的不同，土水势也发生变化，包括许多分势，如基质势、压力势、溶质势和重力势等。

2. 基质势

基质势（Ψ_m）是由土壤颗粒(基质)的毛管力和吸附力引起的水势变化。在非饱和土壤水的情况下，水被吸附力和毛管力吸持，自由能水平降低，其水势应比参考标准的水势低（纯自由水）。参考标准的水势为零，因此基质势始终为负。可见，同一土壤的基质势随含水量变化而变化。土壤水分含量愈低，基质势愈小，即基质势（20×10^5 Pa）低于基质势（10×10^5 Pa）。土壤水越接近饱和，基质势就越高，直至土壤水完全饱和，基质势对应于参考标准，基体电位就为零。

3. 溶质势

溶质势（Ψ_s）是土壤水中溶质引起的水势变化。由于含有大量的可溶性盐类，盐化土壤中的盐类溶解成离子，水分子由于离子水化作用被定向并吸引排列在离子周围，失去自由移动的能力。相比于参考标准的纯水，自由能减少，所以溶质势小于零，它的大小与土壤溶液的渗透压相等，但符号与此相反，也称为"渗透势"。只有在土壤水分运动过程中存在半透膜时，溶质势才起作用。土壤中没有半透膜，因此溶质势不大影响土壤水分的运动，但很大程度影响根系的吸水。

4. 压力势

压力势（Ψ_p）是土壤水饱和时的连续水体，土壤水受到静水压力，称为压力势。通常以大气压为参考标准（压力等于零），压力势比参考标准大，所以它是一个正值。当水中含有悬浮物时，引起静水压升高，高于纯水的压力势，那么这部分增加的压力势称为荷载势，也是正值。

饱和土壤水位以下，深度为 h 处，体积为 V 的土壤水压力势 (Ψ_p) 为

$$\Psi_p = \rho_w g h V$$

式中，ρ_w 为水密度；g 为重力加速度。

5. 重力势

重力势（Ψ_g）是土壤中的水分随位置而变化产生的，由地心引力获得的势能是有差异的，由此产生的水势称为重力势。重力势的大小受参比面（参考标准）的位置影响，通常以地下水位作为参比面。当水在参比面以上时，重力势为正，且离参比面越远，重力势越大；当水低于参比面时，重力势为负。

在土体中选参比面上一点为一原点，据此选定垂直坐标 Z，质量为 M 的土壤水分在土壤中某一点所具有的重力势（Ψ_g）可表示为

$$\Psi_g = \pm Mgz$$

垂直坐标 z 在参比面以上取正号，在参比面以下取负号。

6. 土壤总水势

土壤总水势（Ψ_t）为上述各分子势之和，代表土壤水分的总能量水平，用数学公式表示，即

$$\Psi_t = \Psi_m + \Psi_s + \Psi_p + \Psi_g$$

由上可知，土水势的值并非绝对的势值，而是与上述参考标准的差值。在不同的条件下，土水势受不同分势影响，在土壤不饱和和非盐渍土的情况下，$\Psi_t = \Psi_m + \Psi_g$。当土壤饱和时，$\Psi_t = \Psi_p + \Psi_g$。若考虑根系吸水，除重力势和一定条件下的压力势为正值外，上述分势基本为负值。土壤水自由能水平越低，水势绝对值越高，水分运动越快。土壤水总是向着水势降低的方向移动，从而使土壤水的"势能"趋于最小。

四、土壤水吸力

土壤水在承受一定吸力时所处的能态即土壤水吸力，简称"吸力"。其含义与土水势一样。不同的是，土壤水吸力只包括基质势（Ψ_m）和溶质势（Ψ_s），并取绝对值，可以分别称为基质吸力和溶质吸力。由于土壤中没有半透膜，水吸力一般指基质吸力。从概念上讲，可以用土壤水的吸力来表示土壤对水的吸力，虽然它不是土壤对水的吸力，但它与土水势的值相同，符号相反，为正值，使用方便。例如，土水势为 -10^8 Pa，土壤吸力则为 10^8 Pa。也可用水吸力来确定土壤水的运动方向，土壤水总是倾向于从水吸力低的地方流向水吸力高的地方。

（一）土水势的优点及定量表示方法

1. 土水势说明土壤水分问题的优势

（1）显示土壤水分能量的状态，而不是简单的数量关系。将其视为土壤水分运动的驱动力，可用作不同土壤类型之间的标准化指标或尺度。例如，某砂土的含水量为 100 g/kg，水势为 -10^4 Pa，另一黏土为 150 g/kg，水势为 -1.5×10^6 Pa，当两种土壤接触时，水分可由含水量低处流向含水量高处，即从砂土流向黏土。因为在上述条件下，砂土的土水势比黏土高，只有当土水势达到平衡后，土壤水才会停止运动。

（2）水势的数值可以在土壤 - 植物 - 大气之间统一使用。例如，在上面的示例中，在含水量较高的黏土中几乎没水供植物利用，但在含水量较低的砂土中有大量的可以使用的

水。这是因为上述情况中黏土的水势小于或等于植物的根水势或叶水势，而砂土较高，所以水会从砂土流向植物。与大气的关系也是如此，两者之间的水势差对土壤水蒸发到大气中的速度起决定性作用。

（3）可以提供一些更精确的测量方法。可用仪器测定土水势各分势。

2. 土壤水能量的表示方法

常以单位数量土壤中水的势值为基准对土壤水势定量表示。单位数量可以是单位质量、单位重量或单位体积，其中单位体积和单位重量最常见。

可由定义式推出单位质量、单位体积和单位重量土壤水分压力势，分别为 gh、$\rho_w gh$ 和 h，相应的可由定义式推出土壤水分重力势，分别为 $\pm gz$、$\pm \rho_w gz$ 和 $\pm z$。

单位体积土水势的标准单位是帕（Pa），常用巴（bar）和大气压（atm）表示。单位重量土水势常用一定压力的厘米水柱高度表示。它们之间的关系如下：

$$1\ bar = 0.989\ 6\ atm = 1\ 020\ cm\ H_2O$$

（二）土水势的测定

有很多方法可测土水势，以下是常用的测定基质势的方法，如张力计法、水汽压法和压力膜仪法。

1. 张力计测基质势法

张力计又叫"土壤湿度计"，包括一个陶土管、一个负压表和一个集气管（图9-3）。陶土管是装置的感应部件，管壁上有无数个 $1 \sim 1.5\ \mu m$ 的孔隙，在一定的压力下，水和溶质可以渗透，但空气不能渗透。在仪器中装满水分，盖上盖子后插入土壤中。因为陶土管周围土壤基质势低，陶土管中的水由孔隙进入土壤。管内水量减少，会产生负压，使得仪器负压表指针转动。当负压与土壤基质势达到平衡时，指针所指的压力即土壤水势值。当通过降雨或灌溉增加土壤水分时，由于土水势增加，仪器负压不平衡，土壤水分会通过陶土管被"挤压"进入仪器中，导致指针反

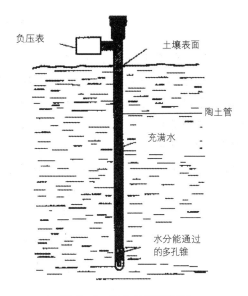

图9-3　张力计测基质势

转。张力计除了可用于研究土壤水势外，还可以实现农田灌溉的自动化和联动管理。用张力计测量基质势，可测范围为 $0 \sim -0.8 \times 10^5\ Pa$，在植物可利用的含水量范围内。

2. 土壤总水势的水汽压测定法

平衡水汽压法是将含水土壤样品置于密闭容器中，使土壤水分自然蒸发。两周后，空气中的水蒸气和土壤水分达到平衡，此时各部自由能相等，可通过热电偶湿度计测量水蒸气的相对湿度（P/Po），通过计算得土壤的总水势值。 $\triangle G = 3.170\ 1 \times 10^2 lg P/P_o$。水汽

压测定法测定的水势范围低于 -3×10^6 Pa。

3. 压力膜仪法

压力模仪（图9-4）包括一个压力室和一组调节气压的输气管，腔室内有一张多孔模，与外界相通，水可经由其孔隙通过，而空气不能。要求薄膜抵抗空气通过的能力随施加的测定压力不同而不同，因此在一定的测定范围内需要更换不同规格的薄膜。当放置在模具上的含水土壤被密封在压力室中时，施加一定的空气压力，土壤中多余的水分慢慢通过薄膜流出。当处于平衡状态时，土样的含水量与该压力下的基质势相对应。

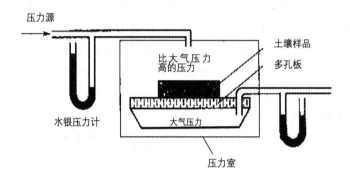

图9-4 压力膜仪

（三）土壤水分特性曲线

土壤水分特征曲线即土壤水分能量指标（在非盐渍土上即土壤水吸力或基质势）与土壤含水量的相关曲线。这个曲线是根据原状土样在不同土壤水吸力或基质势下的相应含水量绘制出来的（图9-5）。它可以表明土壤处于某一含水量时的土壤吸力，也可以利用特征曲线，表明土壤处于一定吸力时相应的土壤含水量（基质势），或者用张力计测量土壤吸水力（基质势），然后在曲线上求出土壤含水量。

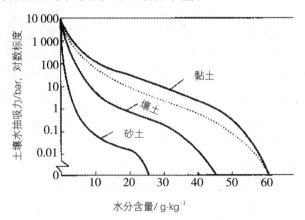

图9-5 几种不同质地的土壤水分特征曲线

（《土壤的本质与性状》，1982）

同一土壤样品土壤水分特征曲线并非单一固定曲线。它受测量过程中土壤处于吸水过程和脱水过程影响。从干土到湿土和从湿土到干土得到的吸水曲线和脱水曲线不重叠。同一吸力值可以有一个以上含水量值，这种不重合的现象称为"滞后现象"。因此，在绘制水分特性曲线时，应注意曲线是由湿变干曲线还是由干变湿曲线。

五、土壤水运动

土壤水运动分为液态水运动和气态水运动，根据土壤水的饱和程度，液态水运动分为饱和流与非饱和流。

（一）液态水运动

液态水的运动发生在土壤的孔隙中。根据土壤液态水含量的不同，其运动形式大致可分为饱和水流和非饱和水流。

1. 土壤水的饱和流

饱和流指土壤的所有孔隙都充满水时的水流。饱和水流推动力有重力势梯度和压力势梯度。土壤水饱和流受达西定律（Darcy's law）支配，以数学式表示：

$$q = -K_S \frac{\Delta H}{L}$$

式中，q 为表示土壤水流通量；ΔH 为总水势差；L 为水流路径直线长度；$\Delta H/L$ 为水势梯度（单位距离水势差）；K_s 为土壤饱和导水率（单位水势梯度下的通量）。

饱和导水率 K_s 的值主要由质地和孔隙状态决定。孔径越大，孔越粗，K_s 值越高，一般来说，砂土＞壤土＞黏土。K_s 值是水利部门设计灌排渠道、灌溉系统和盐渍土浸盐系统时很重要的参数。

饱和水的流动在生产实践中最常见的情况有以下三种：①在水压梯度和重力势作用下的垂直向下流动，饱和流最主要的形式就是这种；②特殊地形中，由水压梯度起主导作用的垂直向上的饱和流动（山间泉水）；③在重力势水压梯度的作用下，向不透水层递降方向水平的饱和流动（土内径流）。

2. 土壤水的非饱和流

非饱和流是指土壤中的某些孔隙充满水时的流动。土壤水非饱和流的主要是由基质势梯度驱动或土壤水吸力梯度，虽然重力势有一定的影响，但其影响很小。也可用达西定律描述土壤水的非饱和运动，一维垂直非饱和流表达式为

$$q = -K(\Psi_m) \frac{\mathrm{d}\Psi}{\mathrm{d}x}$$

式中，$K(\Psi_m)$ 为非饱和导水率，亦称作水力传导度；$\mathrm{d}\Psi/\mathrm{d}x$ 为总水势梯度。

当吸水率低时，土壤孔隙含水量较高，非饱和导水率高；相反，水吸力高时，土壤孔隙中的水分减少，非饱和导水率降低。

在低吸力水平下，砂质土壤的导水率高于黏土，而在高吸力水平时则相反，因为在粗质地土壤中，促进饱和流的大孔隙有优势（图9-6）。相反，黏土比砂土具有更细的孔

隙，这增加了非饱和流。

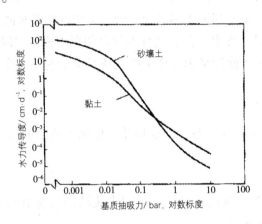

图9-6　沙壤土和黏土水吸力与导水率之间的关系

基质吸力包括吸附力和弯月面力。因此，在非饱和运动中，土壤水总是从薄膜的厚处向较薄的层移动（即膜状水运动），并且总是从较大的弯月面曲率半径向较小的曲率半径的方向（即毛管水）运动。

（二）气态水运动

土壤气态水来自土壤中液态水的蒸发和外界空气中水分子。土壤气态水在土壤孔隙中的运动基本上是水汽分子从一处扩散到另一处的运动。水汽扩散和水汽凝结两种现象是土壤气态水运动的表现形式。

水汽扩散运动由水汽压梯度推动，其扩散量服从扩散定律：水汽扩散量与水汽压梯度成正比，其数学式为

$$q_v = -D_v \frac{\mathrm{d}pv}{\mathrm{d}x}$$

式中，q_v 为水汽扩散速率；D_v 为水汽扩散系数（单位时间、单位水汽压梯度下，通过单位面积的水汽量）；x 为水汽厚度；$\frac{\mathrm{d}pv}{\mathrm{d}x}$ 水汽压梯度（单位距离内的水汽压差变化量）；负号表示水汽向着压力减小的方向运动。

在一般的土壤条件下，D_v 值变化很小，水汽压梯度是水汽运动的主要原因。水势梯度和温度梯度影响水汽压梯度的大小，温度梯度的影响远大于水势梯度。因此，水汽总是从水汽压高的地方移向水汽压低的地方，从温度高的地方扩散向温度低的地方。在土壤中，水汽一般是饱和的（100% 相对湿度），水汽的运动主要由温度决定。温度高，水汽分子运动得快，水汽压力梯度高，水汽移向温度低处。水汽遇冷会凝结成液态水，即水汽凝结。自然界中的"夜潮"和"冻后聚墒"就属于水汽凝结现象。

"夜潮"现象多发生在暖季地下水位较浅的地区。土壤表土层白天干燥，夜间温度下降，底土温度高于表土温度，所以水汽气从底土向表土扩散，遇冷凝结，将水分返回表

土，一定程度上补给作物的需水。

"冻后聚墒"发生在我国北方冬天土壤结冰后。初冬时，表层开始结冰，水汽压下降，未结冰的底层有较高的水汽压，向上扩展，在冻层下缘聚集结冰，冻层的含水量增加。这就是"冻后聚墒"现象。

在干旱期间，土壤水不断地从土壤表面以水蒸气的形式扩散到大气中，称为土面蒸发。土面蒸发强度取决于温度、空气湿度、风等外部因素，而内部因素取决于土壤的质地、结构和孔隙度。一般来说，砂质土壤蒸发快，黏土蒸发慢，大孔隙蒸发快，结构好的小孔隙蒸发慢。水分从饱和土壤中蒸发分为三个不同的阶段。①大气蒸发力控制阶段（蒸发率不变阶段）。此时，因为土壤水分较多，流向土壤表面的导水率就高，足以补偿土壤表面蒸发消散的水量，因此蒸发率保持不变。这个阶段一般持续几天，失水量也很大。②土壤导水率控制阶段（蒸发率降低阶段）。土面蒸发的强度由土壤的导水性质（导水率大小）决定。这个阶段持续时间不长，如果空气干燥，就会变成干土层。③扩散控制阶段。土壤表层干土层形成后，土壤水对干土层的导水率下降到几乎为零。只要土壤表面有 $1\sim2$ mm 的干土层，蒸发率就可以大大降低。因此，保墒重点应放在第一阶段的后期和第二阶段的初期。

六、土壤水的入渗与土壤水的再分布

（一）入渗

入渗是指水进入土壤的过程，通常是指水从土壤表面进入土壤的过程。入渗过程由两个因素决定：供水速度和土壤对水分的吸收能力，简称渗吸能力。渗吸能力主要受基质势、重力势影响。当供水速率比土壤的渗吸能力大，地面形成水层时，入渗过程的强弱就由土壤渗吸能力的大小决定。因此，土壤渗吸能力与土壤的干燥程度、孔隙度和结构密切相关。渗吸速率（cm/s）是表示渗吸能力的定量指标，即单位时间内渗吸的水层厚度。

渗吸速率随时间推移和渗吸的进行，在渗吸过程中，由快变慢，最后达到一个相对稳定的水平（图 9-7）。

入渗过程的持续长短和变化速度与雨水和灌溉水向土壤的入渗以及径流的产生和强度有很大关系。特别是在坡地上，入渗缓慢（渗吸速度小）容易引起水土流失。

（二）土壤水的再分布

地表水层消失后，入渗过程就结束了。但土壤中的水分在重力、吸力和温度梯度的影响下会继续运动，当土壤较深且没有地下水时，

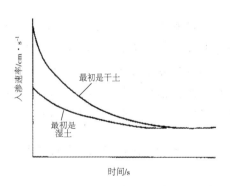

图 9-7　水分入渗速度随时间的变化

这个过程称为土壤水的再分布。随着时间的推移，再分布的速度会逐渐变慢，这个过程时间约 $1\sim2$ 年。分布深度主要由年降水量、地形及植被状况决定。不同深度和不同季节土

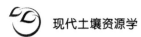

壤中储存的水分受作物可能吸收的水分影响，尤其是在干旱地区，深层储存的水分对作物的抗旱非常重要。

七、土壤－植物－大气水分循环系统

水分在土壤中的运动不仅是一个简单的物理过程，还与植物的根系吸水、叶片的蒸腾、大气水汽压等密切相关。它们相互关联、相辅相成、相互依存，即水从土壤通过植物流向大气，形成一个统一的动态循环系统。在这个系统中，水通过降水和灌溉进入土壤时，一部分从地表蒸发进入大气或通过其他方式返回大气，另一部分被地表的根部通过主动和被动方式吸收。水流的各种过程和路径如下：土壤水流向植物根表，水被根表皮吸收，再通过根、茎的木质部输送到叶，水分在叶细胞间的气孔中气化成水汽，扩散到近叶面的气层，最后再扩散到外层大气（见图9-8），这个系统被称为土壤－植物－大气循环系统（Soil Plant Atomosphere Continuum，SPAC）。

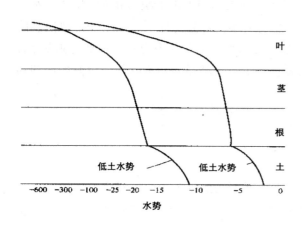

图 9-8 SPAC 中水势的变化

（《土壤和水——物理原理和过程》，1981）

在 SPAC 系统中，系统的各个过程都会用到水势的概念，如土水势、根水势、叶水势等。水分流动的基本规律是，从水势高的地方向水势低的地方流动，流速与水势差成正比。一般情况下，土壤与植物的水势差较小，为 10^5 至（50～80）× 10^5 Pa，而土壤与大气间的水势差较大（400～1000）× 10^5 Pa。

在图9-8右端的水势线上，土水势较高，叶水势略低于土水势，水分容易吸收。此时土水势不小于 -6×10^5 Pa，尚未达到叶细胞膨压丧失的临界点（-15～-20）× 10^5 Pa，可满足植物的蒸腾水量，使叶片不会枯萎。图9-8左端水势线上，土水势低，大气蒸发力超过 -100×10^5 Pa。此时，叶水势远小于临界值，因此植物叶片枯萎，说明当水分供应不足时，土壤的导水率由蒸腾作用决定。当土水势低时，只有当叶水势大得多时才能吸收足够的水分。

八、土壤水分状况与作物生长

（一）土壤水分平衡

土壤水分平衡（soil water balance）是指一定体积土壤中水分的收支平衡。在农业用地中，主要是指根层土壤水的平衡。根层深度一般是指一到两米深度，根层内含水量的变化（Δ水），等于这阶段内土壤水收入（水$_{收}$）减去支出（水$_{支}$），即

$$Δ 水 = 水_{收} - 水_{支}$$

式中，水$_{收}$主要是灌水和降水，此外还有地表径流水和毛管上升水等；水$_{支}$主要有地表径流、渗漏、植物蒸腾以及地面蒸发。

土壤水分平衡原理广泛应用于土壤灌溉，如用于确定灌溉时间、了解作物每日耗水量等。例如，经测量，主要耕层土壤内的水分含量为 50 mm，其中无效水 30 mm。按常年观测结果，这一时期内降水不多，平均为 0.6 mm/d，作物耗水量为 1.6 mm/d，若无地下水供给，便可计算出最迟应在什么时候灌水：（50-30）mm/（1.6-0.6）mm/d=20 d。

再如，某年 4 月 18 日对麦地灌拔节水前，测得土壤含水量为 89.6 mm，然后灌水 45 mm，到 4 月 26 日再次测得的土壤含水量为 100 mm，此期内既无降水，又无渗漏，土壤深层含水量也无变化，则作物平均日耗水（包括土面蒸发）应该是 4.3 mm。计算过程如下：

（89.6+45-100）mm/（26-18）d=4.3 mm/d。

这种水分平衡计算虽然不是很精确，但对于减少农业生产盲目性和合理利用水资源进行排灌具有重要意义。

（二）作物生长对水分的需求

1. 发芽出苗对水分的需求

土壤水分是影响幼苗出苗的重要因素。作物种子的大小各不相同，种子中的淀粉、蛋白质和脂肪含量也不同，对土壤水分和吸水率的要求也各不相同。豆类要求吸收的水相当于种子质量的 90%～110%，麦类为 50%～60%，玉米为 40%，谷子仅为 25%，所以不同作物种子出苗对土壤水分含量的要求也不同（表 9-1）。

表 9-1　种子出苗对土壤水分的需求

单位：g/kg

作物类型	砂　土	砂壤土	壤　土	黏　土
谷子	60～70	90～100	120～130	140～150
高粱	70～80	100～110	120～130	140～150
小麦	90～100	110～120	130～140	160～170
玉米	100～110	110～130	140～160	160～180
棉花	100～120	120～140	150～170	180～200
一般作物出苗最适合水量	120～160	160～200	180～230	220～300

我国北方由于受季风影响，易发生"十年九春旱"，因此春播期间，可根据土壤含水量采取措施保证作物出苗。如果土壤含水量高于出苗最低含水量，就可以放心播种，保证出苗。如果比这个值小，则需要采取相关抗旱播种措施，以保证出苗。

2. 不同作物的需水量

蒸腾系数是指作物整个生育期叶片蒸发所消耗的水分质量与形成的干物质质量之比。其大小体现作物需水总量的差异（表 9-2）。该系数受土壤肥力水平和气候条件影响。表

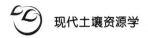

中数值仅供参考。

表 9-2 不同作物的蒸腾系数

单位：g/kg

作 物	蒸腾系数	作 物	蒸腾系数	作 物	蒸腾系数
谷子	311	小麦	513	棉花	646
高粱	322	大麦	534	紫苜蓿	831
玉米	368	马铃薯	636	南瓜	834

3. 作物不同生育期对土壤水分需求

一般作物在苗期和成熟期需水量较少，但在生长盛期需水量较多。作物的生殖器官形成和发育的时期，是作物生命中需水最敏感的时期，称为水分临界期。如果这段时间缺水，农作物的产量会受到严重影响。不同的作物有不同的需水临界期，麦类作物的需水临界期在抽穗至灌浆期，玉米在抽雄期，棉花在开花结铃期，豆类、花生在开花期，水稻在孕穗抽穗期，马铃薯在开花至块茎形成期等，这个时期尤其要注意水分的及时补给。为了使作物有最佳的生长发育，获得高产条件，在农业生产中，需要根据作物的不同发育阶段对水分的不同要求，及时调整土壤水分条件。

第二节　土壤微系统的空气过程

一、土壤空气的组成和特点

土壤空气在土壤微系统的孔隙中。土壤空气的组成和性质参见第八章第一节的相关内容。

二、土壤空气的运动

在土壤空气与大气的交换过程中体现着土壤空气的运动形式。用土壤通气性（soil aeration）来表示土壤空气运动的特征，一般是指土壤与大气进行空气交换的性能，实质上是提高土壤中氧气含量、减少土壤中的二氧化碳和有害气体含量，因此又称"土壤呼吸"。

（一）土壤空气运动的机制

1. 气体的整体交换

由于土壤空气和大气之间存在的总压力梯度，因此引起气体的整体交换。受气压、温度、风、降水、灌溉等影响。当土壤温度比气温高时，土壤中的空气受热膨胀，被排出土壤，大气则沉入土壤，产生冷热气体对流，使土壤空气得到更新。在降雨或灌溉时，水进入孔隙而排出气体，水渗出后，大气进入土壤进行整体交换。风流和气流也增强了整体气流并促进了土壤空气与大气的空气交换。

2. 气体的扩散运动

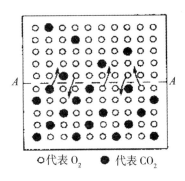

○代表 O_2　　● 代表 CO_2

图 9-9　土壤空气扩散示意图

气体交换的主要形式即气体扩散运动。据气体分压定律："几种气体混合在一起的压力等于各分压力相加。不同的气体放在一起不会相互影响，分压可以单独进行计算。"因为气体之间的分压梯度不同，因此各气体按自身分压大小进行运动。例如，由于土壤中的生物化学作用，土壤空气中二氧化碳分压不断增大，氧气分压不断减小。在整个气体系统中，土壤空气与大气之间 CO_2 分压梯度和 O_2 分压梯度不同。两个梯度的压力方向相反，迫使 O_2 分子向土中扩散（图 9-9），CO_2 分子向大气中扩散。

CO_2 和 O_2 气体在土壤中的扩散过程，服从弗克扩散定律，即气体的扩散速率（dQ/dt）与扩散通道的断面面积（A）和体浓度梯度（即分压梯度 dP_v/dx）成正比。数学式表示如下：

$$\frac{dQ}{dt} = \frac{D \times A \times dP_v}{dx}$$

式中，D 为扩散系数，是单位分压梯度下，单位时间内通过土壤截面单位面积的气体流量；$\frac{dQ}{dt}$ 为气体的扩散速率；A 为 8 个扩散通道的断面面积；$\frac{dP_v}{dx}$ 为浓度梯度。D 的大小取决于土壤的性质、气压状况和温度变化。例如，在相同的土壤和相同的含水量的条件下，不同气体有不同扩散系数，O_2 的扩散系数比 CO_2 大 1.25 倍。D 值随温度和压力而变化，一般 D 值与压力成反比，与绝对温度的平方成正比。

土壤气体主要是通过通气孔隙进行扩散。因此，气体扩散不仅受土壤孔隙影响，还受到孔隙的性质（即孔隙大小、曲直）的影响。用数学式表示如下：

$$\frac{D}{D_0} = \frac{L}{L_e} \times S$$

式中，D 和 D_0 为气体在土壤中的扩散系数和气体在自由空气中的扩散系数（一般大于 D）；D/D_0 为相对扩散系数，它和气体在土中的扩散系数受到自由空气中的扩散系数的大小的影响；L 为土层厚度，即气体扩散时通过孔隙的长；L_e 为气体扩散时真实途径，孔隙的形状由它决定；S 为通气孔隙面积占总断面面积的百分数。L/L_e 和 S 均小于 1，它的具体数值受含水量、结构、质地的影响。一般旱地土壤中的 S 在 10% 以上，才能适应植物生长需要，低于 6% 则感到 O_2 的补给不足。

除了上述气体扩散和整体流动的运动外，土壤空气交换还受到土壤胶体的吸收和解吸。当土壤温度升高时，由于表面能的降低，气体（包括水汽分子）的动能增加并离开土壤表面（解吸），从而增强了土壤的排气能力。反之亦然，当温度下降时，新鲜空气流入土壤。

（二）土壤通气性指数

土壤扩散系数 D 是衡量土壤通气状况的指标，但由于测量难度大，在实际工作中应用并不广泛。以下指标通常用于表示土壤通气状况。

1. 土壤呼吸强度

土壤呼吸强度指单位时间内、由单位面积的土壤上扩散出来的 CO_2 数量（$mg \cdot m^{-2} \cdot h^{-1}$），测定方法如图 9-10 所示。罩内放入一盛有 $Ba(OH)_2$、NaOH 等碱性溶液的培养皿。一定时间后，取出培养皿，用酸滴定剩余碱量，计算二氧化碳含量，可据此计算呼吸强度。它是指示土壤中生物活动和生化过程的良好指标。

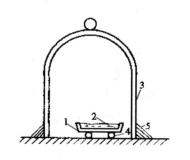

1—培养皿；2—碱性溶液；3—玻璃罩；

4—支杆支起培养皿；5—用土封闭。

图 9-10 测定土壤呼吸的装置

呼吸强度也用"呼吸商"（Respiration Quotient，RQ）表示，是指一定时间内和一定区域内产生 CO_2 和消耗 O_2 的体积比。一般情况下约等于 1，若超过 1，则通风不良。

2. 土壤的氧扩散率

氧气作为植物生存的必要条件之一，是土壤中非常重要的气体成分。根据氧气的扩散速率，可以了解土壤空气中氧气的供给和更新状况，尤其是液相中氧气向根表面的扩散状况，这对调节土壤通气性具有十分重要的意义。

土壤氧扩散率（Oxygen Diffusion Rate，ODR）是指每分钟通过每平方厘米土层扩散的氧的质量，单位为 $g/(cm^2 \cdot min)$。通常用氧扩散仪测定测量氧扩散率，将铂电极和饱和甘汞电极插入土壤中，在电极之间施加一定的电压，扩散氧在铂电极表面还原。这种还原氧会产生与氧的分压成正比的电流，从仪器上读出数后按公式算出：

$$ODR = \frac{6M \cdot i \cdot 10^{-6}}{n \cdot F \cdot A}$$

式中，M 为氧分子量；i 为电流，mA；n 为分子氧还原时电子转移数；F 为法拉第常数（查表可得）；A 为已知电极表面积，cm^2。把各常数代入得 ODR 为 10^{-8} $g/(cm^2 \cdot min)$。当 ODR 维持在 30×10^{-8} $g/(cm^2 \cdot min)$ 时，植物正常生长；当 ODR 降至 20×10^{-8} $g/(cm^2 \cdot min)$ 时，大部分植株停止生长。不同作物根系对 ODR 的要求见表 9-3 所列。一般豆科作物对 ODR 要求较高。

表 9-3　土壤氧扩散率与作物生长情况

单位：10^{-8} g/（$cm^2 \cdot min$）

作物种类	土壤质地	不同深度土壤层的 ODR			生长状况
		10 cm	20 cm	30 cm	
柑橘	砂壤土	64	45	30	根生长很快
棉花	黏壤土	7	9		缺绿症
甜菜	壤土	58	60	16	抑制板尖生长
豆类	壤土	27	27	25	缺绿症

3. 土壤通气量

土壤通气量是指在单位时间、单位压力下进入单位体积土壤的气体总量（CO_2+O_2），单位 mL/（$cm^3 \cdot s$）。通气量代表土壤空气整体流动的情况。因此，通气量大表明土壤通气良好。除上述指标外，土壤通气量还可以用 Eh 的大小（见第 4 章）和通气的孔隙度来表示。一般旱地，土壤通气孔隙要大于 10%，15%～20% 为佳，小于 10% 根系生长不良，应采取中耕、排水等措施促进土壤通气。

三、土壤空气与作物生长

土壤空气对作物生长发育的影响，主要有以下几个方面。

（一）影响根系发育

为了让作物的根部发挥其功能，必须为其提供氧气。对于大多数作物，一旦幼苗期过去，土壤空气就成为根系的氧气供应源。这些作物（水稻和沼泽植物除外）在通风良好的土壤中，根部生长正常，根长，颜色浅，根毛较多。在氧气不足的情况下，根系短而粗，根毛显著减少。当土壤空气中 O_2 的浓度小于 9%～10% 时，会阻碍根系生长。当 O_2 的浓度低于 5% 时，大多数作物根部将停止生长。在缺氧条件下，一般作物根细胞中的葡萄糖会转化为乙醇，从而毒害作物并阻碍其生长。中国农业大学棉花地试验站的测量，也得到了类似的结果。如果空气和土壤中 O_2 和 CO_2 总量大概保持在 21%，当 O_2 占其中 85% 以上时，根系发育良好；当 O_2 降至 70% 以下，CO_2 增至 30% 以上时，根系生长速度减半；如果二氧化碳增加到 60%，根的生长完全停止。

O_2 缺乏不仅对根系生长有影响，还会对根系呼吸和养分吸收有影响，尤其是 N 和 K 的吸收。当通气良好且 O_2 气充足时，作物根系对氮、钾肥的吸收可增加。

（二）影响种子萌发

作物种子发芽时，除了一定的温度、充足的水分外，还需要吸收一定量的氧气。因为氧气可以氧化种子中的蛋白质、淀粉和脂肪，为物质的转化提供能量。如果土壤氧气缺乏，那么不仅能量供应少，还会导致厌氧微生物嫌气活动，中间产生的还原物质（有机酸类和醛类）会毒害种子，抑制种子发芽（表 9-4）。

表 9-4 土壤空气氧浓度与种子发芽率的关系

单位：%

土壤空气中氧浓度		20.8	5.2	2.6	1.3	0.7	0.3	0.0
种子	水稻	100	100	100	100	100	95	88
发芽率	小麦	100	87	76	50	27	7.5	0

（三）影响作物抗病性

土壤通气性差，缺乏 O_2，土壤中容易产生和积聚对农作物生长有害的 H_2S 和 CH_4 等还原性气体。由于 H_2S 是含铁酶（细胞色素氧化酶、过氧化氢酶）的抑制剂，当浓度为 9×10^{-8} $mol \cdot L^{-1}$ 时，可完全阻断原生质的流动。当土壤溶液中 H_2S 含量达到 0.07 mg/kg 时，水稻呈枯黄色，根部变黑。甲烷的存在会减慢麦根的生长速度，完全阻碍番茄等植株的生长。由于土壤中氧气不足，二氧化碳过多，土壤溶液的酸度会增加，导致病霉菌的滋生，作物的抗病能力下降，容易染病。

（四）影响土壤微生物活动和养分状况

土壤通气性好，则氧气充足，有益的好氧微生物活跃。土壤有机质分解快速准确，可以释放更多速效养分，供作物吸收。当土壤通气不良和氧气不足时，不仅抑制根瘤菌、固氮好氧菌和硝化细菌的活动，还有利于反硝化菌的活动，进行反硝化，造成氮素养分损失或导致亚硝态氮积累而毒害根系。

第三节 土壤热过程

土壤热量主要来源于太阳辐射能。土壤中所有生化过程，如有机质的分解、矿物质的风化、养分形态的转化等，都受热量的吸收和释放的影响。土壤温度是土壤热量状况的具体指标，由热量收支关系决定。土壤热量的多少具体由土壤温度体现。因此，生化过程的方向和速率由土壤温度高低决定，了解土壤热量的收支、土温变化和热性质，对调节土壤热状况，提高土壤肥力，满足作物对土壤温度的要求，意义重大。

一、土壤热量的来源和平衡

（一）土壤热量的来源

土壤热量主要来自太阳的辐射能，在地球表面获得的平均太阳辐射能为 8.122 4 × 10^4 J/($m^2 \cdot min$)，即 1.94 cal/($cm^2 \cdot min$)，这个值叫作"太阳辐射常数"。太阳辐射强度因气候带、季节、昼夜而异。我国长江以南地区属热带、亚热带气候，太阳辐射强度大于温带华北平原和寒温带东北地区。太阳辐射穿过大气层时，大气和云层吸收和散射部分热量，大概损失 10% ～ 30%，地面反射投射到地球上的部分辐射能量。只有太阳辐射常数

的 43% 是为加热土壤而实际吸收的太阳辐射能，约为 3.4
所示。生物热量是土壤热量的来源之一，土壤微生物
在分解有机质的过程中会放出一定的热量，其中一半的
热量用于微生物同化作用，另一半用于增加土壤温度。
生物热的用量虽小，但在一定条件下也能发挥很大的作
用，如高温育苗、高温施肥等。另外还有地心热的传
导，地球内部温度在 4 000℃左右。由于地壳导热性差，
地核对地球的热传导很小。每年每平方厘米用于地面增
温的热量只有 226 J，相当于 0.595 J/(m²·min)，约为
太阳辐射热的十多万分之一。

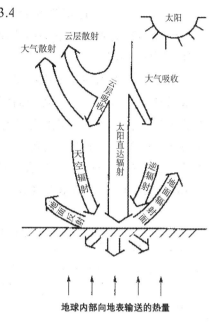

图 9-11　土壤的热量来源

（二）土壤热量平衡

　　一天内的土壤热量的收支情况即土壤热量平衡。
在太阳辐射热到达土壤表面后，部分热量以长波热辐
射的形式返回大气，部分热量用于蒸发土壤表面的水
分，部分热量被利用于其他损失（如对流传导）。只
有其中的一部分实际用于加热土壤，用公式表示：

$$S=W_1+W_2+W_3+R$$

式中，S 为土壤表面接收的太阳辐射能量；W_1 为地面热辐射损失的热量；W_2 为用于土壤增
温的热量；W_3 为土壤表面水分蒸发消耗的热量；R 为其他方面消耗的热量。

　　在太阳辐射能量一定的情况下，若能降低 W_1、W_3 和 R 的热耗，则可提高土壤温度；
否则，土壤温度会下降。在农业生产中，常采用地面覆盖、中耕松土、架设防风林、温室
大棚等措施调节土壤温度。

二、土壤的热特征及其量度

　　土壤温度因土壤接受一定热量而变化，主要是受土壤本身的热学性质影响。土壤热
学性质主要包括热容量、导热性、吸热性和散热性等。

（一）土壤热容量

　　土壤热容量是指当温度升高或降低 1℃时，每单位质量（重量）或单位体积土壤必须
吸收或释放的热量。热容量越小，土壤加热后的温度变化越剧烈。有两种表示方式用来表
示土壤热容量：一是土壤质量（重量）热容量（也称"土壤比热"，用 C 表示），指单位
质量的土壤温度升高或降低 1℃所吸收或放出的热量，单位为 J/(g·K)；二是体积热容量，
指单位体积的土壤温度升高或降低 1℃所吸收或放出的热量，单位为 J/(cm³·K)，用 C_v
表示。上述单位中，J 代表热能，即焦耳，K 代表热力学温度，即开尔文，等于摄氏温度
变化。土壤质量（重量）的热容很容易确定，体积热容量在土壤科学中被广泛使用，它表
示土壤加热或冷却过程中土壤热变化的强度。应用方便，但测量困难。它们之间的关系可
以用下面的公式进行换算：

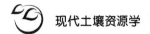

体积热容量（C_v）＝重量热容量（C）× 土壤容重

土壤热容量的大小主要由土壤固、液、气三相物质组成比例决定，因为三相物质有完全不同的热容量（表9-5）。

从土壤的三相物质组成的 C_v 来看，土壤空气的 C_v 最小，水分的 C_v 最大，几乎达到可以忽略不计的程度。土壤中的固体物质（包括矿物和有机物）的 C_v 介于两者之间，大约是水的一半。而且固体物质在土壤组成中一般变化很小，所以土壤热容的大小主要由土壤的含水量决定。土壤湿度越高，土壤的热容量就越高。例如，干土的热容量（比热容）如果是 0.837 J/（g·K），当含水量达到 200 g/kg 时比热容增至 1.395 J/（g·K），含水量为 300 g/kg 的湿土比热容达 1.61 J/（g·K）。

表9-5　土壤三相物质组成的热容量

土壤组成成分	重量热容量 / (J·g⁻¹·K⁻¹)	体积热容量 / (J·cm⁻³·K⁻¹)	土壤组成成分	重量热容量 / (J·g⁻¹·K⁻¹)	体积热容量 / (J·cm⁻³·K⁻¹)
粗石英砂	0.745	2.163	土壤空气	1.004	1.255×10^3
高岭右	0.975	2.410	土壤水分	4.184	4.184
泥炭	1.997	2.515			

当热量输入相同时，热容量大的温度变化小，热容量小温度变化大。砂土含水量低，因此热容量小，早春白天增温快，被称为"热土"，晚间降温也快，温度变化明显。黏土含水多，热容量大，所以增温慢，被称为"冷土"，降温也慢，温度变化也慢。

（二）土壤的导热性

土壤吸收一定的热量后，一部分用于它本身加热，一部分转移到相邻的土层，土壤的这种热传导特性称为导热性。通常用导热率（heat conductivity，λ）表示导热性的大小。导热率是指单位厚度土层，两端温度相差 1℃时，每秒通过单位面积的热量（J）。导热率的单位为 J/（cm·s·K）。土壤热量的传导总是由土温高处传向土温低处。可用下式计算出导热率（λ）：

$$\mathrm{d}Q/\mathrm{d}s = -\lambda A \cdot \mathrm{d}T/\mathrm{d}x$$

式中，Q 为热量；s 为时间；$\mathrm{d}Q/\mathrm{d}s$ 为单位时间内热量的变化，可由实测得到；A 为热量通过的断面积（已知）；T 为土壤温度；x 为土层厚度；$\mathrm{d}T/\mathrm{d}x$ 为土温变化梯度，可以实测；负号"－"表示土壤热传向温度低的方向。代入上述各测值及已知值，即可求出导热率 λ。

土壤固、液、气三相的形成比例也影响土壤的导热率的大小（表9-6）。一般来说，土壤固相的组成在数量上相差不大，所以主要是土壤含水量及其松紧度影响土壤导热率。因为空气的导热系数最小，固相的导热系数最大，大概是空气的 100 倍，水的导热系数是空气的 25 倍。因此，含水量越大，土壤的导热系数越大，容重越大，土壤导热系数越大（图9-12）。这是因为容重大，土壤颗粒接触紧密，热能更容易传导。从图 9-12 可以看出，干土（含水量为 0 g/kg）的导热系数随着容重的增加较平缓，但随着含水量的增加而急剧增加。由此可以得出结论，土壤含水量对土壤导热率的影响比容重对土壤热导率的影响更为明显。

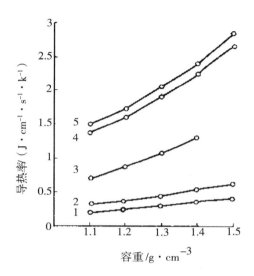

图 9-12　容量、含水量与导热率的关系（曲线 1、2、3、4、5 含水量分别为 0、40、100、200、250 g/kg）

表 9-6　土壤组成成分的导热率

单位：J/（cm·s·K）

土壤组成成分	导热率	土壤组成成分	导热率
石英砂	4.427×10^{-2}	泥炭	6.276×10^{-4}
湿砂粒	1.674×10^{-2}	土壤空气	5.021×10^{-3}
干砂粒	1.674×10^{-3}	土壤水分	2.092×10^{-4}

　　土壤导热性的大小会很大程度上影响土壤吸收与散失热量的速率和数量、土壤中热量的分布以及调节土壤温度的能力。导热性强的土壤具有更均匀的热分布和更多的热量积聚，但热能也会迅速消散。

　　常用导温率表示导热后土壤温度的变化，导温率指在标准条件下，当土层单位距离内有 1℃ 温度梯度，每秒钟流入单位断面积的热量，使单位体积土壤发生温度变化。它与容积热容量成反比，与导热率成正比。用数学式表示为

$$\text{导热率}(\text{cm}^2 \cdot \text{s}^{-1}) = \frac{\text{导温率}(\text{J} \cdot \text{cm}^{-1} \cdot \text{s}^{-1} \cdot \text{K}^{-1})}{\text{体积热容量}(\text{J} \cdot \text{cm}^{-3} \cdot \text{K}^{-1})}$$

土壤导温率的大小也取决于土壤的三相物质比例（表9-7）。一般来说，土壤固体比较稳定，土壤导温率主要由土壤水气比决定。对于干燥的土壤，当土壤的热容量不变时（例如特定类型土壤的含水量不变），导温率与导热率的增加是一致的。如果热容量受含水量变化的影响，两者的性能就会不一致。例如，当干燥土壤含水量开始增加时，初期土壤导温率会随着导热率的增大而增大，但当水分增至一定数量后，此时因为热容量大量增加，导温率反而减小（图9-13）。

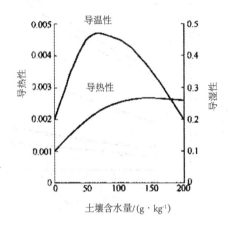

图9-13 土壤导热率和导温率随含水量的变化

表9-7 土壤组成成分的导温率

单位：cm²/s

土壤组成成分	土壤水分	土壤空气	土　粒
导温率	1.2×10^{-3}	1.67×10^{-1}	$(0.5 \sim 1.0) \times 10^{-2}$

（三）土壤的吸热性和散热性

（1）土壤吸热性即土壤吸收太阳辐射能的能力。吸热由吸收和反射因素决定，反射太阳辐射的能力弱的土壤吸热性强，否则吸热性差。土壤吸热性由土壤颜色、地面条件和覆盖物决定。土壤颜色越深，吸热能力越高；地面平坦反射得多，吸热性就小，地面垄作吸热比平就多；山地南坡吸热比北坡多，有植被覆盖的土壤吸热少于无覆盖的土壤。太阳辐射能的65%～90%被土壤吸收。

（2）土壤散热性：土壤向大气散失热量的特性即土壤散热性。它主要受土壤水分的蒸发和土壤本身的热辐射影响。

水在汽化时会消耗热量，其汽化热为2.43 kJ/g（20℃）。因此，当土壤水分蒸发时，可以散发土壤热量，降低土壤温度。土壤水分越高，大气相对湿度越低，蒸发的影响越大，土壤散热越多，土壤降温就越明显。所以，湿度较高的土壤，如草甸土和沼泽土，往往土壤温度较低。夏季土壤温度过高时，可通过灌溉增加蒸发以散热，使土壤降温，防止"烧苗"。

土壤在白天吸收热量使温度升高后，变成一个"热体"，当夜间温度下降时，又向大气散发辐射热能（长波辐射），将热量散发出去。当天空晴朗干燥，地面没有被覆盖时，热量消散得快。当天空有云、尘、烟、水汽或覆盖物时，土壤辐射就弱，散热慢。因此，北方深秋时节，有时采用熏烟、盖草、覆塑料膜等措施来防止早霜冻害，减少土壤辐射散热，减少冻害发生。

三、土壤温度的变化

土壤温度变化不仅主要受土壤本身的土壤颜色、热学性质、平滑和粗糙条件的影响，还受外部环境条件影响。

（一）影响土壤温度变化的环境条件

1.纬度和海拔高度

土壤热量的主要来源是太阳辐射能，在不同纬度获得的太阳辐射能量有差异，地球表面因此分为寒带、温带和热带。海拔不同，接收的热量也有差异，接收到的阳光随海拔升高而增多。因此，山的温度比平地的温度低，土壤的温度也降低。一般海拔每升高100 m，温度会下降 $0.65 \sim 1\ ℃$。

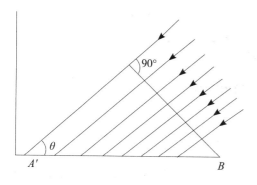

图 9-14　太阳入射角与地面接受辐射的关系

2.坡向和坡度

阳光充足的南坡比阴凉的北坡接受更多的太阳辐射能量，因此早春，北部地区南坡的土壤温度高于北坡，一般高 $5 \sim 8\ ℃$。由于坡度与太阳辐射的角度相关，如图 9-14 所示，坡度 AB 与太阳光垂直，受到强辐射，因此土壤温度较高。A′B 为平地，太阳光与平地形成的辐射角为 θ。如果斜率垂直于太阳光，太阳的辐射能量为 1，则 AB 上的能量就是 1，A′B 上的能量 =1 sinθ，因此它小于 AB 上的能量。

3.地面覆盖情况

地面覆盖能防止阳光直射，也能减少地面因蒸发而造成的热量损失，因此土壤温度变化小。北方冬天下雪对保温有利，秸秆覆盖也对冬季保温、夏季降温有利。地膜覆盖是早春用于保暖保水的重要措施。

（二）土温变化的规律

由于土壤热量主要来自太阳辐射能，土壤温度随太阳辐射强度的昼夜变化和季节变化而变化，类似于大气温度变化，土壤温度每天和每年都在变化。

土壤温度的日变化，每天早晨日出前 5—6 时温度最低，下午 1—2 时温度最高，影响深度约 $30 \sim 40$ cm。从垂直剖面看，表层温度变化幅度较大，向深处（恒温层）逐渐缓和并趋于稳定。

土壤温度的年变化为每年的 7—8 月温度最高，1—2 月温度最低。土壤温度的年变化随土壤深度增加而逐渐减小，最高最低温逐渐延迟（图 9-15）稳定深度（年恒温层），低纬、中纬、高纬地区年恒温层分别为 5～10 m、10～20 m、25 m 左右。土壤温度的年变化对农作物的种植顺序有重要意义，如华北平原在 4 月中旬进行春季播种，此时土壤温度往往在 12～13℃以上。长江中下游 10 月下旬至 11 月上旬进行秋播，后期土温偏低。

适宜的土壤温度有利于植物生长和微生物活动，土壤温度过高或过低都容易造成损害。为调整土壤温度至适宜的温度范围，满足作物生长的要求，应在遵循土温变化规律的前提下，遵循"春提温促播种，夏适温促生长，秋保温促成熟"的原则。从改变地面蒸发、土壤的辐射特性和热对流的方法着手，通过调控土壤水分、地膜覆盖、改良结构、增加土色等措施，改善土壤的温度状况，促进作物生长发育。

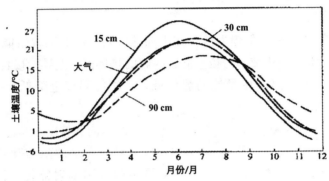

图 9-15 土温的年变化曲线

四、土壤温度与作物生长

植物需要在一定的温度范围才能正常生长，一般植物生长的最低温度大概在 0～5℃，温度越高，生长越旺盛。最适合植物生长的温度为 20～30℃，超过 35～40℃ 植物生长会严重受抑制，甚至停止，直至引起热害。

（一）土温与种子发芽、出苗

种子要在一定的土壤温度范围内才能萌发。在此范围内，发芽和出苗速度随土壤温度的升高而加快。当土壤温度低于此范围时，种子将不会萌发。例如，小麦和大麦种子播种时，土温在 9～10℃时，2～3 d 就萌发了；土温在 5～6℃时，6～7 d 萌发；土温 1～2℃时，需 15～20 d 萌发，种子萌发出苗的土温要求随作物不同而不同（表 9-8）。

表 9-8 不同作物种子发芽出土的平均温度

作　物	对温度要求	能发芽的土温 /℃	备　注
向日葵、甜菜、荞麦等	不高	3～4	6～7℃可出苗
各种麦类、大麻等	较低	1～2	2～5℃可出苗（15～20 d）

作　物	对温度要求	能发芽的土温 /℃	备　注
大豆、土豆、谷子等	较高	6～8	
玉米	高	10～12	
水稻、高粱、棉花、芝麻等	最高	12～14	低温易烂籽

（二）土温与根系生长

一般作物的根系在 2～4℃时生长微弱，10℃以上生长较活跃，超过 30℃时，则根系生长受抑制。根系生长的适宜温度随作物不同而不同：冬小麦、棉花为 25～30℃；春小麦 12～16℃；玉米 24℃左右；豆科作物 22～26℃。成年果树（苹果）根系在 2℃时即可微弱生长，7℃生长活跃，21℃时生长最迅速。

土壤温度既不能过高也不能过低，过低则易造成冻害，如 –3℃时苹果新根会冻死，–15℃时大根容易冻死。过高的土壤温度会加速根组织的成熟，根尖易木质化，降低吸收水分和养分的能力，损害根系和地上部分。

（三）土温与作物的生理过程

土温在 0～35℃之间，温度越高，植物细胞质的流动越快；在 20～30℃，温度越高，养分的运输速率越快。温度低时，向种子转移的氮、磷量少，茎叶中氮、磷的浓度过高，不利于结实。一般而言，在 0～35℃，温度越高，呼吸强度越强，相比而言，光合作用受温度影响较小，因此温度较低时，通常也会有较多的碳水化合物在作物中积累。温度升高时，作物根系对养分的吸收速度也加快。不同作物对生长温度的要求不同，同一种作物不同生育期要求的生长温度也不同。春小麦苗期生长的最佳土壤温度为 20～24℃，后期最佳温度为 12～16℃，很少在 8℃以下或 32℃以上抽穗。冬小麦的生长最适土温大概比春麦低 4℃，24℃以上能抽穗，但不容易成熟。春小麦生长最旺盛期的适宜土温是 16～20℃，冬小麦是 12～16℃，棉花是 25～35℃。

思考题

1. 你对土壤中的水过程是如何理解的？
2. 你对土壤中空气过程是怎么理解的？
3. 你是怎么理解土壤中热量传递过程的？

实习或实验

野外登山，登上山脊时感受山顶谷风，思考土壤水气热过程如何影响谷风的形成。

第十章　土壤微系统的化学过程

土壤微系统中的酸碱过程和氧化还原过程是其中的主要化学过程，这两类化学过程发生的基础是土壤胶体结构及因此而发生的胶体表面过程。本章先讲述土壤胶体基础理论，随后在此基础上解析土壤微系统的酸碱过程和氧化还原过程。

第一节　土壤胶体的构造及表面过程

一、胶体的构造及组成

（一）胶体及土壤胶体的概念

由一种或多种物质分散在另一种物质中组成的体系称为分散体系（如将蔗糖、盐等溶解在水中形成溶液）。分散体系中的分散物质称为分散相或分散质，容存分散相的介质称为分散介质或分散剂。分散体系可根据分散相颗粒的大小进行分类。在胶体化学中，直径为 $1 \sim 100$ nm 的粒子称为胶体粒子，由胶体粒子组成的分散体系称为胶体体系。分散粒子大于胶体粒子的分散体系称为粗分散体系；含有比胶体粒子小的分散粒子的分散体系称为分子分散体系。其实上述分类并不是绝对的，一些粗分散体系常常也具有胶体体系的特点。在土壤科学中，粒径为 $1 \sim 100$ nm 的颗粒皆称为胶体，在长、宽、高三个方向上，粒径 > 100 nm 的黏粒至少有一个方向落入胶体粒子大小范围内，具有胶体的性质，因此也被认为是土壤胶体。

（二）土壤胶体的组成

土壤胶体按化学成分可分为无机胶体（矿物胶体）、有机胶体和有机-无机复合胶体。另外，土壤微生物按大小也可算作胶体。

1. 无机胶体

土壤无机胶体包括各种次生黏土矿物，如高岭石、蛭石、蒙脱石、伊利石、含水氧化铝（$Al_2O_3 \cdot H_2O$、$Al_2O_3 \cdot 3H_2O$、$Al_2O_3 \cdot nH_2O$）、含水氧化硅（$SiO_2 \cdot H_2O$ 及 $SiO_2 \cdot nH_2O$）及含水氧化铁（$Fe_2O_3 \cdot H_2O$、$2Fe_2O_3 \cdot 3H_2O$）等。

在一些由火山灰发育的土壤中，常发现水铝英石及伊毛缟石等无机胶体，石英、长石等原生矿物的细颗粒也属无机胶体。

2. 有机胶体

土壤有机胶体主要是指土壤中腐殖质的各种成分，以及蛋白质、脂肪、纤维素、糖类等各种高分子有机化合物。

3. 有机 - 无机复合胶体

有机和无机胶体很少单独存在于土壤中。它们中的大多数通过形成有机和无机复合物的形式相互紧密结合，以显著减缓微生物对有机胶体的分解。

（三）土壤胶体的构造

土壤胶体结构包括以下几部分（图10-1）。

1. 胶核

胶核是土壤胶体的核心组成部分，主要由上述有机、无机和有机 - 无机复合体组成。

2. 双电层

双电层包括内层（决定电位离子层）和外层（补偿离子层或反离子层）。内层是胶核表面所带的电荷。这个带电离子层中的电荷量决定了凝胶颗粒的电位。比如，如果胶体带负电，那么双电层的内层就一定是带负电。

双电层的外层是由于决定电位离子层的存在，它从介质（溶液）中吸引与电位离子层相

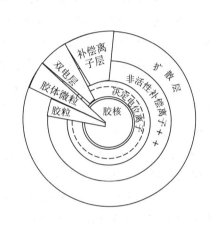

图 10-1 胶体微粒（胶胞）的一般构造图式

反电性的离子（如负电胶体可吸附阳离子），该离子层称为反离子层或补偿离子层。在反离子层中，根据离子所受的引力和距胶核表面的距离又分为两层：靠近决定电位离子层的那部分，受较大静电引力，离子的活动受限制，只随胶核运动，称为不活动层或非活性离子层；而靠外面的那部分补偿离子，距离决定电位离子层较远，受静电引力小，离子的自由度大，不随胶核一起运动，该部分称为扩散层。胶核加不活动层，统称为胶粒；胶粒加扩散层，统称为胶胞。胶体的双电层电性相反，电量相等，故胶胞呈电中性。通常所说的带电胶体，是指不包括扩散层的带电胶粒。

3. 胶胞间溶液

胶胞间溶液指胶胞间的土壤溶液。

二、土壤胶体的表面过程

介质与单位质量分散相物质之间的总表面与分散相的分散度（细碎程度）有关。分散度越高，颗粒越细，粒子数量越多，增加的表面积也越大。用"比表面"来表征土壤胶体的表面状况，它是指单位质量土壤胶体的总表面积，单位为 m^2/kg 或 m^2/g。土壤胶体的颗粒越细，其比表面就越大。

从物理学上可以知道，由于分子间的吸引力，相表面分子的引力与相内部分子的引

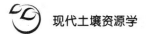

力是不同的。一般来说，相内部的分子在各个方向上均被周围的分子吸引，所以作用在分子上的力是平衡的，但相表面的分子在不同的方向上被周围的分子吸引的力大小不同，不平衡的力使表面产生一定量的残余自由能。由于这种能量是从物质表面产生的，所以称为表面能。表面能与表面积成正比，表面积越大，表面能越高。

由于土壤胶体颗粒细，比表面积一般较大。一些土壤胶体，如 2∶1 型的黏土矿物，不但外表面大，而且内表面丰富。因此，土壤胶体在土壤中可以表现出许多表面化学性质，主要包括表面带电性、由此产生的分散与凝聚及各种吸附性能等，下面分别介绍。

（一）土壤胶体表面电荷的产生

土壤胶体表面通常带有一定量的正电荷或负电荷。这些电荷根据其成因和性质可分为两类：一类称为永久电荷，另一类称为可变电荷。

（1）永久电荷。2∶1 型的黏土矿物一般存在同晶代换作用。当同晶代换发生时，如果是以低价代换高价的话，就会产生多余负电荷。一旦产生这些电荷，它们就不能改变并且不受溶液 pH 值的影响，即它们不会随着溶液的 pH 值而变化。我们称由于同晶代换产生的电荷为永久电荷。

以 2∶1 型黏粒矿物为主的土壤通常带有永久负电荷较多，而以 1∶1 型的高岭石及含水氧化物为主的土壤永久电荷较少。

（2）可变电荷。土壤胶体表面的一些电荷不是由同晶代换引起的，其数量和电性随介质（土壤溶液）的 pH 值而变化，这种电荷称为可变电荷，或 pH 可变电荷。

可变电荷的产生是由于从土壤固相表面释放离子到介质中或从介质吸附离子到土壤固相而引起。最常见的离子是 H^+ 和 OH^- 离子，它们是土壤溶液和固相所共有的。土壤带可变电荷的主要土壤胶体，包括各种含水氧化物（不同结晶水的氧化铝、氧化铁、伊毛缩石、水铝英石等）、土壤有机质以及 1∶1 型黏土矿物（如高岭石）等。据报道，以高岭石、埃洛石为主的土壤，可变电荷可占总电荷量的 50%～70%；以无定形的针铁矿、水铝英石、水铝石为主的土壤，可变电荷占总电荷量的 80% 以上；有机土可变电荷也占总电荷量的 80% 以上。

土壤中不同氧化物胶体产生可变电荷的机理如图 10-2 所示。从图 10-2 中可以看出，如果 pH 值高，Fe—OH 或 Al—OH 释出 H^+，从而产生负电荷。在高 pH 值时，与 Si 结合的羟基可失 H^+ 而带负电荷；与 Fe 配位结合的 H_2O 分子也会失去 H^+ 并带负电荷。在低 pH 值条件下，Al—OH 或 Fe—OH 会获得 H^+，从而使胶体带正电荷。

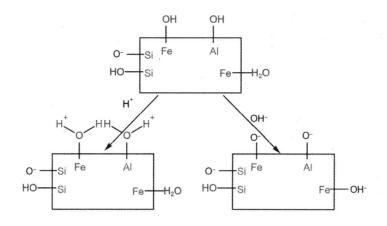

图 10-2　土粒表面可变电荷的产生（R. L. Parfitt, 1981）

1：1 型黏粒矿物（如高岭石）的边面在不同 pH 值下也可产生可变电荷，其机理简示如下：

$$\begin{array}{ccc} \text{酸性} & \text{中性} & \text{碱性} \end{array}$$

这个方程式表明，中性条件下高岭石边面的净电荷为零；碱性条件下带两个净负电荷；酸性条件下带有一个正电荷。土壤腐殖质中含有多种官能团，如酚羟基、羧基（—COOH）、氨基（—NH₂）、醇羟基（—OH）、亚氨基（=NH）和烯醇基（—COH=COOH）等，这些功能团还可以通过氢离子的解离和质子化产生可变电荷，它们的带电机理如下：

上面的前两个方程是解离方程，第三个方程是质子化方程。在正常土壤 pH 条件下，腐殖质基本上带负电荷，主要来自酚羟基和羧基的 H^+ 解离（占负电荷总量 90%～95%）；带正电荷的腐殖质不多，只有氨基更容易质子化而产生正电荷。也有一些科学家认为，黏土矿物晶格上的断裂键也可以产生可变电荷。

（3）土壤中胶体电荷数量表征及影响因素。土壤中胶体电荷量一般以每千克物质的厘摩尔数表示，单位为 cmol(+)/kg。电荷的多少直接影响土壤吸附的离子量，进而影响土壤肥力的保持和养分的供给，同时也影响土壤的许多理化性质。因此，探究土壤胶体电荷量的影响因素很有必要。

① 土壤胶体的组成和电荷数量。不同类型的土壤胶体通常具有不同的电荷数量。在无机胶体中所带负电荷数量，伊利石为 20～40 cmol(+)/kg，高岭石为 3～15 cmol(+)/kg，绿泥石为 10～40 cmol(+)/kg，蛭石为 100～150 cmol(+)/kg，蒙脱石为 80～100 cmol(+)/kg。在酸性条件下游离氧化铁带有正电荷，并且该正电荷数量随着 pH 值的降低而增加。在 pH=3 时，砖红壤中的游离氧化铁对正电荷的贡献约为 220 cmol(+)/kg。

由于土壤类型不同，土壤中的黏土矿物成分和有机质的含量也不同，因此土壤电荷的数量和性质也有很大差异。对于一般土壤，有机与无机胶体中到底哪一类对土壤电荷的贡献大呢？有人统计，表层土壤中，无机胶体提供的负电荷占 80%，而有机胶体仅提供其余的 20%，可见无机胶体贡献了主要的土壤电荷。

② 颗粒组成和电荷数量。不同粒径的土壤颗粒所带负电荷数量有很大差异。超过 80% 的土壤电荷集中在粒径 < 2 μm 的黏粒组分中。一些土壤的负电荷几乎是由粒径小于 2 μm 的颗粒引起的，而粒径大于 2 μm 的部分带的负电荷很少或可以忽略不计。表 10-1 是这方面的一个示例。

③ 不同土壤胶体成分之间相互作用对电荷量的影响。除部分有机和无机土壤胶体通过机械混合外，大部分通过范德华力、离子键、氢键、共价键和配位键结合，形成有机无机复合胶体。一般情况下，所形成的有机复合体所带的负电荷小于结合前有机胶体与无机胶体所带负电荷数量之和，这种现象叫做土壤胶体负电荷的非加和性。形成非加和性的原因主要如下：一是带正电的无机胶体（如铁和铝的氧化物）和带负电的有机胶体发生键合作用，损耗了有机胶体的部分负电荷；二是有机胶体被多价阳离子絮凝而沉淀在无机胶体上，遮盖了无机胶体部分负电荷点位，从而减少了负电荷总量。根据张效年等的研究，我国红壤负电荷的非加和性表现尤其明显。此外有研究表明，土壤吸附磷酸盐、硅酸盐后，负电荷均有增加。

表 10-1　水稻土不同粒径组分的负电荷数量及对土壤负电荷的贡献(于天仁，1976)

地　点	成土母质	负电荷 /[cmol(+)·kg⁻¹]				占负电荷 /%			
		< 2[①]	2～10	10～20	20～100	< 2	2～10	10～20	20～100
广西南宁	红色黏土	18.4	2.4	1.3	1.4	82.6	13.3	1.4	2.7
湖南长沙	同上	18.3	痕量	痕量	痕量	100	0	0	0
云南曲靖	紫色土	23.2	5.6	5.4	4.5	80.8	12.2	3.2	3.8
福建海澄	冲积土	26.6	3.2	3.2	4.1	87.1	8.1	2.6	2.2
广西	石灰岩	16.6	6.3	3.9	1.4	81.5	14.2	2.7	1.6

注：①粒径单位为 μm。

④ pH 对电荷量的影响。因土壤 pH 值能直接影响胶核表面原子团或分子的解离，从而影响可变电荷数量。一般来说，pH 值升高有利于 H^+ 的解离，使土壤负电荷的数量增加；相反，当 pH 值降低时，土壤胶体的正电荷数量增加。

（二）土壤胶体的分散和凝聚

土壤胶体的分散和凝聚是由土壤胶体之间排斥与吸引作用的净能量决定的。排斥作用能与表面电位、表面电荷有关；吸引作用能主要由范德华力决定，不随反离子浓度和价数的变化而变化。因此，决定土壤胶体分散和凝聚的主要因素是排斥作用能，因为排斥作用能的大小与胶体的表面电位有关，所以首先阐述胶体的动电电位与其影响因素。

1. 土壤胶体的动电电位

如上所述，在胶体结构的层间界面处存在电位，土壤溶液与决定离子层之间的电位差通常称为全电位，也称为"热力学电位"，用 ε 表示。反离子层中靠近决定离子层的不活动层与土壤溶液之间形成的电位差，称为动电电位，用 ζ 表示（图 10-3）。ζ 电位的大小直接影响胶体的凝聚和分散，与胶体的电渗、电泳等动电现象密切相关，是胶体双电层性质的重要参数。主要有两个因素影响 ζ 电位。

（1）电解质浓度。液相中简单电解质的浓度越高，反离子的浓度越高。当溶液中的离子数量增加时，反离子层的不活动层中的反离子数量也增加，因此胶体表面的电荷得到有效的补偿，电位下降。当扩散层被压缩至与不活动层重叠时，ζ 电位下降到零（图 10-3）。

（2）离子带电荷数。当浓度一定时，反离子带的电荷数越多，ζ 电位降低越多。例如，当反离子所带电荷数从一个变为二个时，带电胶粒对离子的吸引力增大一倍，因此离子将更接近胶粒的表面，使双电层厚度减小，ζ 电位显著下降（图 10-4）。带相同电荷的离子中，半径越大，水合后半径越小，ζ 电位降低幅度更大（图 10-4）。对于带负电的胶体，电解质阳离子降低 ζ 电位的顺序为 $Fe^{3+} > Al^{3+} > Ca^{2+} > Mg^{2+} > H^+ > K^+ > NH_4^+ > Na^+$。

2. 土壤胶体的分散和凝聚

土壤胶体可以有两种状态：第一种是溶胶，胶体颗粒在溶液中相互排斥和分散；第二种是凝胶，即呈无定形絮状沉淀状态的胶体物质：胶体颗粒聚集在一起形成较大的颗粒，这是形成土壤团粒结构的基础。由于大多数土壤胶体带负电，具有负电位，相互排斥，不易积聚。动电电位越高，排斥力越强，溶胶状态越稳定；相反，凝胶状态越稳定。为了使分散的胶体团聚，必须降低动电电位，使胶体颗粒之间的排斥力小于或等于吸引力。实验证明，动电电位降低到一定程度时，胶体由于引力的存在而开始凝聚。我们将溶胶开始凝聚时的最大动电电位称为临界电位。高于临界电位，溶胶处于稳定状态；等于或小于临界电位时，溶胶会聚沉。

溶液中氢离子与氢氧根离子的数量值（pH）对电解质的凝聚力同样有很大影响。对于带负电的胶体，当存在氢离子时，电解液的聚沉能力显著提高；相反，当存在氢氧根离子时，电解质的聚沉能力降低。高碱性土壤胶体高度分散，物理性质变差，这也与上述原因有关。

胶体的凝聚作用可分为可逆的和不可逆的。一般来说，一价阳离子的凝聚是可逆的，而二价和三价离子的凝聚往往是不可逆的。由于二价或三价阳离子的凝聚力强，它们有两个以上的价键，可以同时结合两个胶体粒子，使胶体粒子结合紧密，水分子不易穿过颗粒间孔隙，分散胶体颗粒。但是，一价 Na^+ 不能同时连接两个胶体粒子，水化能力大。一旦遇到水，它就可以填充水膜并分散胶体颗粒。阳离子团聚的可逆性和不可逆性直接决定了土壤团聚体的稳定性。在富含腐殖质的钙质土壤上，土壤团聚体具有很强的水稳定性；而在钠离子含量高的盐碱土中，土壤团聚体对水不稳定，这即为原因。

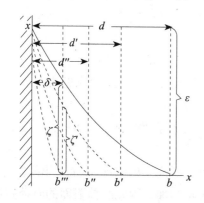
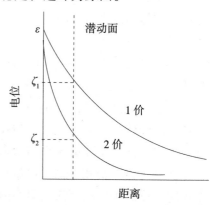

图 10-3　电解质对动电电位 ξ 的影响　　图 10-4　离子价数对动电电位 ξ 的影响（于天仁，1976）

（三）土壤对物质吸收

所谓土壤的吸收性能，就是土壤吸附各种固体、液体和气体物质或增加它们在胶体表面的浓度的性质。其产生及强度与土壤颗粒的组成密切相关，特别是与土壤胶体的含量、类型和表面特征密切相关。它是土壤肥力的重要标志，直接关系到土壤肥力的保持和供肥性能，与土壤的许多理化性质密切相关。因此，了解土壤吸收性能对农业生产中土壤的改良、利用和培肥具有重要意义。

苏联科学家盖德罗依茨对土壤吸收性能进行了重要研究，并根据吸收性能不同的原因提出将土壤吸收性能分为以下五种类型。

（1）机械吸收性能（截留作用）。所谓机械吸收性能也称"截留作用"，是指土壤孔隙对其他小颗粒物质的阻滞（截留）能力。由于土壤是多孔体系，当悬浮物通过土壤孔隙时，不仅可以截留大于孔径的颗粒，还可以阻挡弯曲孔隙中小于孔径的颗粒。机械吸附虽然不能提高可溶性养分的浓度，但对有机肥等原料有一定的保蓄作用。土壤剖面中淀积层和紧实层的形成通常与此相关。一般来说，土壤黏粒胶体含量越高，质地越黏重，机械吸收能力越强。

（2）物理化学吸收特性（离子交换）。物理化学吸收又称"离子交换吸收"。由于胶体颗粒带电，它们可以吸附溶液中带相反电荷的离子，同时等当量的其他带相同电荷的离子在土壤溶液中的胶体上进行交换，达到动态平衡。如果带负电荷的胶体吸收阳离子，则称为阳离子吸收；如果带正电荷的胶体吸收阴离子，则称为阴离子吸收。物理化学吸附是最主要的吸附类型，下面将分别详细介绍它们的功能特性和影响因素。

（3）化学吸收性能（化学固定）。化学吸收性能是指土壤中因化学作用而产生不溶或难溶物质的现象。因此，它对养分有固定作用，故又称"化学固定作用"。例如，土壤中的可溶性磷经常与铝、铁和钙离子发生化学反应，产生许多溶解度低的铁、铝和钙的化合物，从而降低磷的有效性。

（4）物理吸收性能（分子吸收）。物理吸收又称"分子吸收"，主要是指土壤中胶体与溶液界面处溶质分子的增加或减少。它是由界面处的表面能引起的。表面能是表面张力和表面积的乘积。土壤颗粒的表面积在一定时间内是固定的，但是土壤溶液的表面张力经常发生变化，因此土壤的物理吸收量往往随表面张力的增减而变化。当土壤溶液中有机酸、醇类、醚类、碱类等物质增多时，会使土壤溶液的表面张力降低。结果，这些物质集中在土壤颗粒的表面，这种现象称为正吸收；相反，土壤中无机酸、无机盐和糖增加，将使土壤溶液的表面张力增加，从而使这些物质离开土壤颗粒表面进入土壤，这种现象称为负吸收。此外，土壤还可以吸收气态颗粒，这同样是物理吸收的内容。

土壤物理吸收作用会导致土壤溶液浓度各处不均匀，导致作物根系选择性吸收。此外，它可以防止一些能进行正吸收的物质与水一起流失；同时对一些气态营养物质（如氨）也有一定的保蓄作用。一般来说，土壤质地越黏重，腐殖质含量越高，物理吸收越强。

（5）生物吸收性能是指土壤微生物和植物从土壤溶液中吸收各种养分的过程。生物吸收可使植物养分在土壤表层积累，固定大气中的氮，使土壤中存在有机质，促进土壤的形成和发育。

三、土壤的阳离子交换作用

（一）阳离子交换作用及其特点

土壤中带负电荷的胶体可以在其表面吸附阳离子，这些吸附的阳离子在一定条件下可以与土壤溶液中的其他阳离子进行交换，并处于动态平衡状态。在土壤科学中，可以相互交换的阳离子称为交换性阳离子，用土壤溶液中的阳离子置换吸附在土壤胶体表面的阳离子的作用称为阳离子交换作用。可以用下式表示：

$$\text{土壤胶体}{\Large>}Ca + 2NH_4Cl \rightleftharpoons \text{土壤胶体}{\Large<}^{NH_4}_{NH_4} + CaCl_2$$

从该反应可以看出，阳离子交换作用具有以下性质。

（1）阳离子交换反应是可逆反应。上述反应可以从左到右或从右到左开始。溶液中的离子与胶体上吸附的离子保持动态平衡。离子从溶液转移到胶体的过程称为吸附过程，离子从胶体转移到溶液的过程称为解吸过程。

（2）阳离子交换反应以等当量关系进行。不同离子之间的交换按离子所带电荷当量相等的规律来进行。如上述反应，2 mol 离子的铵可交换 1 mol 离子的钙，即 36 g 铵 (1 mol

离子铵重 18 g）可与 40 g 钙（1 mol 离子钙重 40 g）交换。

（3）阳离子交换受质量作用定律支配。在阳离子交换反应中，可交换阳离子的浓度对反应速度有影响，如果低价阳离子的浓度足够大，也可以交换高价离子。

（二）土壤阳离子交换量

在一定 pH 条件下，单位质量土壤中可交换的阳离子总量称为"阳离子交换量"（CEC），单位为 cmol(+)/kg。因为可变电荷的数量受 pH 值影响，所以在测量 CEC 的方法中，特别规定 pH 值应调整为中性（pH=7）。

土壤 CEC 大小直接决定其保肥耐肥性能。一般来说，CEC 大的土壤保肥性能强，同时施肥量大，往往不会造成"烧苗"；相反，CEC 小的土壤保肥耐肥性较差，施肥量不宜过大，以免养分淋失或造成植物"烧苗"，因此施肥宜少施、勤施。

一般，CEC > 20 cmol(+)/kg 的土壤为保肥性强的土壤；CEC 在 10 ～ 20 cmol(+)/kg 时为保肥性中等土壤；CEC < 10 cmol(+)/kg 时为保肥性弱的土壤。

CEC 指标用途广，除作为土壤肥力保持指标外，还可用于计算土壤中各种可交换养分离子的含量，作为合理施肥的依据。

例如，某土壤耕层的 CEC 为 15 cmol(+)/kg，其中交换性 Ca^{2+} 占 80 %，Mg^{2+} 占 15%，K^+ 占 5%，试计算每公顷（ha）耕层土壤（以 2 400 000 g/ha 计）中 3 种交换性阳离子养分的数量（kg）。

1. 交换性钙的含量

（1）每千克土中 Ca^{2+} 的含量：15/100×80 % ×40×1/2=2.4 g/kg。

（2）每公顷耕层土壤中 Ca^{2+} 的含量：2.4/1 000×2 400 000/1 000=5 760 kg/ha。

计算（1）式中，除以 100 是将 cmol 换算成 mol；40 为钙的摩尔质量，即为钙的原子量；钙为二价阳离子，故应该乘上 1/2。

2. 交换性镁的含量

（1）每千克土中 Mg^{2+} 的含量：15/100×15 % ×24.3×1/2=0.27 g/kg。

（2）每公顷耕层土壤中 Mg^{2+} 的含量为：0.27/1 000×2 400 000/1 000=648 kg/ha。

3. 交换性钾的含量

（1）每千克土中 K^+ 的含量：15/100×5 % ×39=0.29 g/kg。

（2）每公顷耕层土壤中 K^+ 的含量：0.29/1 000×2 400 000/1 000=696 kg/ha。

影响土壤 CEC 的因素主要有以下三点。

（1）土壤胶体的数量。胶体的数量与土壤质地有关，质地越黏，胶体含量越大，CEC 值越高，一般不同质地的土壤 CEC 的顺序是黏土＞壤土＞砂土。

（2）土壤胶体类型。不同类型的土壤胶体 CEC 大小不同。如前所述，有机胶体的 CEC 值大于无机胶体；在无机胶体中，蛭石和蒙脱石的 CEC 最大，而高岭石和含水氧化铁、铝的 CEC 最小。我国东北地区的黑土和黑钙土有机质含量较高，黏粒矿物成分主要为 2：1 型黏土矿物中的蒙脱石和伊利石，因此 CEC 较高；而南方红壤中有机质含量较低，黏土矿物成分主要为高岭石、氧化铁和铝，因此 CEC 较低。

（3）土壤 pH 值。pH 值影响土壤中可变电荷的数量，进而影响 CEC 的大小（图 10-5）。对于相同的土壤，碱性条件下 CEC 比中性和酸性条件下增加更多（表 10-2），并且 CEC 增加的程度因土壤成分不同而不同。这主要是由于在碱性条件下，胶体表面的—OH、—COOH 等原子团中的 H^+ 解离，使胶体表面具有较多的可变电荷，从而导致 CEC 增加。不同类型的土壤，由于黏土矿物成分和有机质含量不同，CEC 因 pH 值升高而增大的程度也不同。

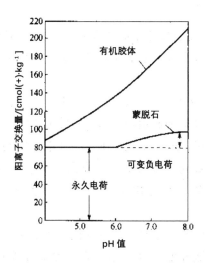

图 10-5 pH 值对蒙脱石和腐殖质的阳离子交换量的影响（Brady, 1988）

表 10-2 pH值对土壤阳离子交换量的影响（Helling等，1964）

pH 值	CEC/[cmol(+)·kg⁻¹]		
	有机质部分	黏土矿物部分	全土壤
2.5	36	38	5.8
3.5	73	46	7.5
5.0	127	54	9.7
6.0	131	56	10.8
7.0	163	60	12.3
8.0	213	64	14.8

（三）交换性阳离子的种类及盐基饱和度

土壤中交换性阳离子主要有 NH_4^+、H^+、Na^+、K^+、Mg^{2+}、Ca^{2+}、Al^{3+} 等。根据其对土壤 pH 影响的不同，通常可分为两类：第一类是 H^+ 和 Al^{3+}，它们进入土壤溶液后直接或间接地增加了土壤酸度，称为酸性离子；第二类是能与酸根离子形成盐类的离子，称为盐基离子，能使土壤向碱性一侧移动，包括 Ca^{2+}、Mg^{2+}、K^+、Na^+、NH_4^+ 等。

当吸附在土壤胶体上的阳离子全部为盐基离子时，土壤胶体处于盐基饱和状态，称为盐基饱和土壤；当土壤胶体吸附的阳离子只有部分盐基离子，其余为可交换性 H^+ 及 Al^{3+} 时，土壤胶体处于盐基不饱和状态，称为盐基不饱和土壤。土壤盐基的饱和程度通常用指标"盐基饱和度（base saturation percentage）"来表示。它表示阳离子交换量中交换性盐基离子总量的百分比：

$$盐基饱和度 =（交换性盐基离子总量／阳离子交换量）\times 100\%$$

也有采用"盐基不饱和度"这一指标的。它是指交换性氢和铝离子含量占土壤阳离子交换量的百分数，即

$$盐基不饱和度 =（交换性氢、铝离子总量／阳离子交换量）\times 100\%$$

从上述概念可以看出，盐基饱和度与土壤 pH 密切相关。盐基饱和度大的土壤 pH 值较高；盐基饱和度低的土壤 pH 值较低。此外，盐基饱和度与土壤形成条件，特别是土壤水分条件有很大关系。一般来说，降水少、蒸发强、淋溶弱的土壤总盐基离子浓度较大，盐基饱和度较高，土壤呈碱性反应；而降水较多，入渗能力强，盐基高度不饱和，土壤呈酸性。

以北纬 35° 为界，我国的土壤可大致划分为两个区，北纬 35° 之南多为盐基不饱和土壤；北纬 35° 之北多为盐基饱和度较高土壤。在盐基离子组成中，交换性 Ca^{2+} 占的比重常常较大，而在西北干旱地区的土壤中往往交换性钠离子含量较高，故其土壤呈强碱性反应。

（四）阳离子的交换力

土壤溶液中一种阳离子往往能将吸附在胶粒上的其他阳离子交换下来，这种能力称为该阳离子的交换力。交换力的大小与该阳离子本身的性质和土壤胶体的类型有关。通常情况，阳离子所带电荷数越高，其交换力就越强。对于带相同电荷数的离子，交换力取决于离子的半径及其水化程度。半径小的离子水化能力强，水化离子半径较大，不易接近胶体表面，其交换力较弱；反之，半径大的离子，水化能力弱，水化离子半径较小，容易接近胶体表面，其交换力较强（表 10-3）。

表 10-3　离子半径及水化程度与交换力的关系

离 子	Li^+	Na^+	K^+	NH_4^+	Rb^+
未水化时半径 /nm	0.078	0.098	0.133	0.143	0.149
水化时半径 /nm	1.008	0.790	0.537	0.532	0.509
交换力大小顺序	5	4	3	2	1

一价阳离子中，H^+ 比较特殊，其水化度很小。它通常在水中形成水合氢离子 H_3O^+。

它的直径与钾离子相似，但其流动性非常大。有些土壤颗粒表面有很强的亲合力，所以有时氢离子的交换力可以排在二价离子的前面，但氢离子若不与土壤颗粒表面发生专性作用，交换力大约与钾离子和钠离子相同。根据多项研究结果，主要土壤阳离子的交换力顺序如下：

$$Fe^{3+}、Al^{3+} > H^+ > Ba^{2+} > Ca^{2+} > Mg^{2+} > Cs^+ > Rb^+ > NH_4^+ > K^+ > Na^+$$

但这种顺序也非固定不变，而是经常随着所使用的实验材料（如吸附剂的类型）而变化。例如，当使用 2∶1 型黏土矿物作吸附剂时，因对 NH_4^+ 和 K^+ 有特殊"晶格固定"作用，所以 NH_4^+ 和 K^+ 在 2∶1 型黏土矿物表面上的交换力比 Ca^{2+} 还强。

（五）交换性阳离子的有效性

吸附在土壤胶体上的阳离子能否被植物吸收利用，即对植物是否有效，除了植物吸收能力外，主要取决于土壤胶体对养分离子的吸附强度，吸附强度大，有效性低。马歇尔（1964）从能量的角度研究了土壤对离子的吸附强度，并提出了平均结合自由能（简称"结合能"）的概念。计算公式为

$$\Delta G = RT \ln C / \alpha = RT \ln 1 / f$$

式中，ΔG 是摩尔平均结合自由能；C 是胶体体系中阳离子的总浓度；α 是胶体体系中阳离子的活度；R 是气体常数；T 是绝对温度；f 是离子的活性分数（活度系数）。

这个公式能由热力学的概念推导出来，如 1 mol 吸附性钾被离解为游离态，则需先对体系做功以克服离子与胶体之间的结合能，若 $\alpha=C$，则 ΔG 为零，离子全部离解。所以，可根据 C 与 α 的比值，计算 ΔG。ΔG 的大小可以表征离子的吸附强度以及对植物的有效性，ΔG 越高，离子的胶体吸附强度越强，离子的有效性越低。影响离子 ΔG 的因素也是交换阳性离子有效性的影响因素，主要表现在以下几个方面。

1. 离子和胶体的种类

一般来讲，离子带电荷数高者，ΔG（结合能）也大。带两个或三个电荷的离子在理想条件下的结合能是带一个电荷离子的两到三倍。例如，在相同的条件下，蒙脱石与钾的 ΔG（结合能）为 2.97 kJ/mol，而与钙的 ΔG（结合能）为 5.85 kJ/mol。在带相同电荷数的离子中，ΔG（结合能）取决于离子水化半径和其他吸附条件。一般来说，离子半径较大，即水半径较小（如 Rb^+、Cs^+）的 ΔG（吸附结合能）大于水和半径较大（如 Li^+、Na^+）的 ΔG（吸附结合能）。

除此之外，不同的黏粒矿物具有不同的 ΔG（离子吸附结合能），这主要与黏粒矿物的表面性质和电荷性质有关。这是因为不同黏粒矿物对阳离子的结合能不完全相同所致。例如，高岭石上二价阳离子的结合能顺序是 $Mg^{2+} > Ca^{2+} > Ba^{2+}$，而在伊利石上是 $Ba^{2+} > Ca^{2+} > Mg^{2+}$。

2. 阳离子饱和度

土壤胶体吸附的某种阳离子数量与整个阳离子交换量的百分比，即为该阳离子的饱和度。通常，阳离子的吸附结合能随着该离子饱和度的增加而降低。然而，结合能的降低和饱和度的增加之间没有明确的定量关系。大多数情况下，在阳离子某一中间饱和度时结

合能最大，在此基础上结合能随着饱和度的增加而急剧下降。因此，在调节吸附养分离子的有效度时，这些养分的饱和度必须超出一定范围，才能提高这些养分的有效性。在农业生产中，化肥的使用多采用穴施或条施等集中施肥方式，原因之一是增加根系附近养分离子的饱和度，以增加肥料的有效性。砂土施肥比黏土见效快，也与前者阳离子交换量比后者小，养分离子的饱和度易于提高有关。

3. 陪补离子的种类

吸附在土壤胶体上的各种阳离子中，对于某一特定离子，其他离子为该离子的陪补离子。例如，胶体上同时吸附有 K^+、Na^+、Ca^{2+}、Mg^{2+}、NH_4^+ 等离子时，对 K^+ 来说 Na^+、Ca^{2+}、Mg^{2+}、NH_4^+ 都是陪补离子。

土壤胶体上共存的不同阳离子之间，由于竞争吸附现象，陪补离子本身与土壤胶体的结合能直接影响特定阳离子与土壤胶体的结合能，进而影响离子的有效性。一般来说，陪补离子和胶体的结合能越高，竞争强度越大，特定阳离子的结合能越低。不同阳离子降低阳离子结合能的作用顺序一般为 $Al^{3+} > H^+ > Ca^{2+} > Mg^{2+} > K^+ > Na^+$；这种排列与阳离子的交换力一致，但通常是与不同类型的土壤胶体有关的。

据研究，高岭石与 H^+ 的结合能大于蒙脱石，而蒙脱石与 Ca^{2+} 的结合能强于高岭石。如以 H^+ 和 Ca^{2+} 作为 K^+ 的陪补离子时，在高岭石胶体上 H^+ 比 Ca^{2+} 更能提高 K^+ 的有效性。在生产实践中，有的土壤施石灰能显著提高钾肥的有效性，而有的土壤则无效。

（六）离子的选择吸附和专性吸附

土壤胶体对离子的吸附通常是由于静电引力。在吸附容量或吸附强度上的顺序一般是：三电荷离子 > 二电荷离子 > 一电荷离子，在带相同电荷的离子中则按水化离子的半径而递减。但这个规律并不是一成不变的，经常会因胶体的种类而变化。例如，1∶1 型黏粒矿物对阳离子的吸附主要依赖于边面的—OH 基团，因此吸附强度与—OH 基团对阳离子的吸引力有关。亲和力大者，则发生偏好吸附。再比如，2∶1 型黏粒矿物表面存在的官能团主要是硅氧烷。硅氧烷中的六个氧离子形成一个六边形孔。这个孔的大小是矿物质优先吸附钾或铵离子的原因。另外，土壤有机胶体由于表面官能团的解离或螯合可以优先吸附一些阳离子。上述由于胶体的种类和性质不同而对离子的优先吸附称为选择吸附。据 Russell（1972）的研究，对于离子浓度相同的 $Ca^{2+}—NH_4^+$ 配对离子，几种胶体对 Ca^{2+} 的选择吸附能力是：腐殖质蒙脱石 > 高岭石白云母；而对 NH_4^+ 的吸附则相反。

为了定量讨论离子交换过程中固相和液相中两种离子的关系，学者们提出了各种离子交换方程。其中，应用最广泛的是基于质量作用定律的方程。Kerr 认为，对于同价离子之间（一价之间或两价之间）的交换反应：

$$A^+(C) + B^+(S) \Longleftrightarrow B^+(C) + A^+(S)$$

反应平衡时：

$$K_A^B = \frac{[B^+_{(S)}][A^+_{(S)}]}{[A^+_{(C)}][B^+_{(S)}]}$$

式中，A^+、B^+ 分别为一价阳离子；C 为黏土矿物；S 为溶液；[] 代表活度，但反应中活度几乎与浓度相等，故可用浓度表示；K_A^B 称为反应的选择性常数（也称相对亲和系数、表现平衡常数等）。

K_A^B 值的大小可反映 A^+ 与 B^+ 对胶体的亲和力或交换力的大小；$K_A^B > 1$ 时，亲和力或交换力的大小为 $B^+ > A^+$；当 $K_A^B < 1$ 时，$A^+ > B^+$；当 $K_A^B = 1$ 时 $A^+ = B^+$。

据研究，碱金属与碱土金属的选择性常数较小，约为 $0.3 \sim 66$，而某些重金属离子对碱土金属的选择性常数却很大。例如，Cu^{2+} 和 Pb^{2+} 对 Ca^{2+} 的选择性常数可达 $1\,000 \sim 10\,000$，说明土壤胶体对 Cu^{2+} 和 Pb^{2+} 有十分显著的选择性吸附。在这种情况下，即使 Ca^{2+} 浓度增加，吸附的重金属离子（如 Cu^{2+}、Pb^{2+}）也很难发生解吸、交换。一般来说，这种吸附后不可逆的吸附称为专性吸附，以区别于普通阳离子的吸附。

产生专性吸附的原因有很多，不仅与离子本身的性质有关，还与胶体的类型和表面官能团的性质有关。例如，Cu^{2+}、Pb^{2+}、Zn^{2+} 等重金属离子的专性吸附主要与土壤黏粒矿物表面的羟基和腐殖质分子中的羧基有关。Cu^{2+}、Pb^{2+}、Zn^{2+} 等可与—OH 及—COOH 通过配位键形成螯合物。

四、土壤的阴离子吸附与交换

土壤中有很多种类的阴离子，如 OH^-、NO_3^-、Cl^-、HCO_3^-、F^-、CO_3^{2-}、$H_2PO_4^-$、SO_4^{2-}、MoO_4^{2-}、$H_3SiO_4^-$、HPO_4^{2-}、$C_2O_4^{2-}$ 等。这些阴离子的状态和数量直接影响土壤的理化性质和植物营养元素的有效性。因此，对阴离子吸附与交换的研究对农业和环境保护具有重要意义。

阴离子的吸附和交换问题比阳离子的复杂得多，人们对其中的许多机制尚未完全了解。目前的文献一般将阴离子的吸附和交换分为两类：一类是阴离子的非专性吸附；另一个是阴离子的专性吸附。

（一）阴离子的非专性吸附

一般来说，土壤胶体主要带负电荷，但也常含有一定量的正电荷，在一定条件下，特别是主要黏粒矿物为高岭石、铝氧化物、水铝英石及水合铁的土壤，正电荷的比例有明显上升。这些黏粒矿物质的端面或表面上的—OH，在溶液 pH 值低于零电荷点的条件下，与溶液中的 H^+ 作用生成 H_2O^+，使胶体带上正电荷。另外，腐殖质中的氨基（R—NH$_2$），因质子化作用而带上正电荷。

带正电荷的土壤胶体可以通过静电引力的作用吸附溶液中的阴离子，叫作阴离子的非专性吸附（也称"阴离子的交换吸附"或"正吸附"）。被吸附的阴离子可以与溶液中的其他阴离子交换，称为阴离子交换。可以用以下形式表示：

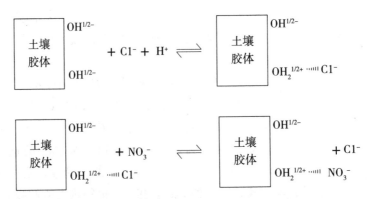

阴离子的非专性吸附主要有以下特点。

（1）阴离子通过静电引力而被吸附。只有当土壤溶液的 pH < ZPC（ZPC 即零电荷点，是指土壤颗粒表面的净电荷为零时土壤溶液的 pH）时，胶体表面才带正电荷，阴离子是作为反离子被吸附的。

（2）吸附阴离子的作用发生在土壤胶体的扩散层，键合弱，很容易被解吸或被水洗出。

（3）非专性吸附的阴离子的可交换性，符合一般交换反应的规律。

（4）吸附发生后，一般对胶体表面的电荷性质无明显影响（表 10-4）。

表 10-4　阴离子两种吸附类型的区分

性　质	非专性吸附	专性吸附
吸附时的表面电荷符号	+	+、0、-
阴离子所起的作用	反离子	配位离子，有时为决定电位离子
吸附机理	离子交换反应	配位体交换反应
吸附时需要体系的 pH	< ZPC	≤ ZPC，> Z PC
吸附发生的位置	扩散层	内层
对表面性质的影响	无	正电荷减少，负电荷增加

（二）阴离子的专性吸附

当铁和铝的氧化物在土壤中用作配位化合物时，Fe^{3+}、Al^{3+} 离子称作中心离子，是电子对的接受体；而—OH、O、—OH_2 是电子对的给予体，称作配位体。氧化物内部的配位原子氧与一种以上的金属离子（如 Al^{3+}、Fe^{3+}）相联结，而表面上的配位氧原子仅与一种金属离子键合，所以在溶液中大多与氢离子结合，形成—OH 或—OH_2。

在合适的条件下，铁、铝氧化物等胶体表面上的部分配位体（如—OH、—OH_2）可与 F^-、某些含氧酸的阴离子发生置代反应，这类反应称为配位体交换反应。这类吸附也称为阴离子的专性吸附。例如，氧化铁水合物与磷酸盐溶液界面处所发生的配位体交换：

$$\left[\ce{Fe<^{OH_2^{1/2+}}_{OH_2^{1/2+}}}\right]^+ + H_2PO_4^- \longrightarrow \left[\ce{Fe<^{OPO_3H_2^{1/2-}}_{OH_2^{1/2+}}}\right]^0 + H_2O$$

体系 pH=3，pH<ZPC

$$\left[\ce{Fe<^{OH_2^{1/2-}}_{OH_2^{1/2+}}}\right]^0 + HPO_4^{2-} \longrightarrow \left[\ce{Fe<^{OPO_3H_2^{1.5-}}_{OH^{1/2-}}}\right]^{2-} + H_2O$$

体系 pH=9，pH=ZPC

$$\left[\ce{Fe<^{OH_2^{1/2-}}_{OH_2^{1/2-}}}\right]^0 + HPO_4^{2-} \longrightarrow \left[\ce{Fe<^{OPO_3^{2.5-}}_{OH^{1/2-}}}\right]^{3-} + H_2O$$

体系 pH=10，pH>ZPC

由上述反应可知，阴离子的专性吸附主要具有以下性质。

（1）专性吸附不但可以发生在带正电或电中性胶体中（体系的 pH ≤ ZPC 时），而且对于一些阴离子，它也可以发生在带负电的胶体中（体系的 pH > ZPC）。

（2）吸附的阴离子直接进入胶体双电层的内层，取代氧化物表面的配位体。

（3）专性吸附的结果是，胶体表面正电荷减少，负电荷增加（表 10-4），有时会引起体系 pH 值升高。例如，高岭石表面发生的配位体交换反应：

$$\boxed{高岭石}\ce{-<^{OH}_{-OH}_{OH}} + H_2PO_4^- \longrightarrow \boxed{高岭石}\ce{-<^{O}_{O}-P=O} + 2H_2O + OH^-$$

（4）专性吸附吸附的阴离子不能被非专性吸附阴离子（如 Cl^- 和 NO_3^-）交换，但可以被专性阴离子（如 F^-）及某些含氧的酸根代换。

以配位体交换为机理的专性吸附已得到广泛地接受，可较好地解释含铁、铝氧化物及水铝英石较多的土壤中产生的对阴离子养料的强烈吸附现象，改变了过去单纯的化学固定观念，对如何提高土壤中某些阴离子养分的利用率具有重要意义。

（三）阴离子的吸附力

土壤胶体对不同阴离子的吸附力差异很大，主要取决于阴离子与土壤胶体表面的亲和力。这种亲和力受阴离子本身的性质影响。一般来说，根据离子被吸附的力量的大小，可将阴离子分为三大类。

第一类是吸附力极弱的阴离子，包括 NO_3^-、Cl^-、ClO_4^- 等。这些阴离子的吸附力比被吸附的水还弱。吸附机理是在扩散层发生静电引力，与胶体表面有 1～2 层的 H_2O 分子相隔，所以结合力弱，容易被水淋失，这种吸附就是前面提到的非专性吸附。

第二类是吸附力中等的阴离子，例如 SO_4^{2-} 离子。它可以代换氧化物表面的水合基（—OH_2），但不能代换—OH，不影响氧化物的表面性质。

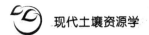

第三类是吸附力强的阴离子，如磷酸根（PO_4^{3-}、HPO_4^{2-}、$H_2PO_4^-$）、钼酸根（MoO_4^{2-}）等。这些阴离子可以紧密结合氧化物，在一定条件下，可以使氧化物表面带更多的负电荷，甚至可以从根本上改变氧化物的表面结构。

另外，有人主张将 F^- 列为第四类，也即吸附力极强的阴离子。它不仅能取代氧化物边缘的—OH 基团，还能破坏内部的 Al—OH—Al 键而引起氧化物分解。

需要注意的是，在上述各种阴离子中，硝酸根离子（NO_3^-）被吸附的力量极弱，容易随水流失；磷酸根离子很容易被土壤专性吸附从而降低其有效性。

第二节　土壤的酸碱过程

土壤的酸碱性发生过程是土壤化学过程最常见现象，因而表现出的酸碱性质也是土壤的基本化学性质之一。它一方面可以反映土壤的许多其他化学性质，特别是盐基组成状况；另一方面制约着土壤中许多物理的、化学的及生物学的过程和性质。对耕作土壤来说，土壤酸碱过程易受耕作、施肥、灌排等一系列人为措施的影响，对自然土壤来说，它主要受成土条件及环境因素的制约。

一、土壤的酸性化学过程

（一）土壤酸性发生机制

在化学上认识到氢离子与溶液的酸性的关系同时提出 pH 的概念后不久，这个概念就被土壤科学引用。因此，过去很长一段时间人们认为土壤的酸度只与氢离子有关，这即为所谓的"交换性氢学说"的实质。

在交换性氢学说占据主导地位之前，一些学者提出了"交换性铝学说"，认为土壤酸度的产生也与交换性铝有关。这一理论被许多学者改进和发展，直到 20 世纪 50 ～ 60 年代才被广泛接受。现在关于土壤酸度的学说，是以氢和铝离子共同存在为基础的。

近年来的研究表明，土壤酸度的形成和发展与降水和土壤淋溶作用密切相关。最初吸附在土壤胶体表面的由岩石和矿物风化产生的盐基离子，当由于某种原因在土壤溶液中产生大量氢离子时，可以与胶体上的盐基离子进行交换。被交换出来的盐基离子会因雨水不断淋失，导致土壤胶体中的盐基离子不断减少，而可交换的氢离子不断增加。当氢离子在胶体表面的饱和度达到一定程度时，氢离子可渗透到八面体片层中，破坏八面体晶格，释放出铝离子。铝离子可以优先吸附在黏粒矿物表面，进而使 H^+ 饱和胶体迅速转变为氢 – 铝质胶体。

吸附在胶体上的可交换铝离子也可以通过交换进入土壤溶液，并按如下过程，解离出 H^+，使土壤进一步变酸：

$$Al^{3+}+H_2O \rightleftharpoons Al(OH)^{2+}+H^+$$

$$Al(OH)^{2+}+H_2O \rightleftharpoons Al(OH)_2^++H^+$$

$$Al(OH)_2^++H_2O \rightleftharpoons Al(OH)_3+H^+$$

因此，H^+ 是土壤酸度的直接表现形式，而 Al^{3+} 则是土壤酸度的间接表现形式。

（二）土壤酸化的原因

1. 降水作用

降水主要通过以下两种方式导致土壤酸化。

（1）雨水的淋洗作用导致土壤酸化。我们知道纯水自动解离过程中产生的 H^+ 量很小（10^{-7} mol/L），但雨水并不是纯水，雨水在下落过程中能溶解大气中的二氧化碳形成碳酸，碳酸解离产生 H^+，可使雨水呈微酸性，pH 值为 6 左右：

$$H_2CO_3 \rightleftharpoons HCO_3^-+H^+$$

$$HCO_3^- \rightleftharpoons CO_3^{2-}+H^+$$

此外，土壤生物和植物根系呼吸作用产生的二氧化碳溶解在土壤水中后，也能产生碳酸，并按上式解离出 H^+。

虽然上述过程产生的 H^+ 量不是很大，酸性也不是很强，但长期多雨环境中，H^+ 可以逐渐将胶体吸附的 Ca^{2+}、Mg^{2+}、K^+、Na^+ 等盐基离子交换出来而淋出土体，同时土壤胶体上的交换性 H^+ 增加，进而出现交换性铝，使土壤呈酸性或强酸性。我国长江以南土壤多为酸性，主要就是由于这个原因。

（2）酸雨使土壤酸化。多年来，随着工业发展，大气中酸性物质增多，雨水 pH 值下降。据介绍，pH 为 3～4 的酸雨已不再罕见，最低的 pH 值可至 2.8。酸雨直接危害植物生长，使土壤酸化，故越来越受到人们的关注。

2. 施肥和灌溉

硫酸钾（K_2SO_4）、氯化钾（KCl）、硫酸铵 [（NH_4）$_2SO_4$]、氯化铵（NH_4Cl）等都是生理酸性肥料。施用后，其阳离子如 NH_4^+、K^+ 被作物吸收利用，在土壤中留下 Cl^- 和 SO_4^{2-}，长期施用能增加土壤酸度。此外，一些工矿废渣、废料等用作肥料时，往往可以将一些酸化物质转移到土壤中，使土壤酸化。例如，明矾 [$Al_2（SO_4）_3 \cdot K_2SO_4 \cdot 24H_2O$]、黄铁矿粉（$FeS$）、硫黄（$S$）等，施入土壤后最终都可形成硫酸。

用酸水灌溉也是土壤酸化的原因。例如，流经硫矿的河水或含硫的泉水和酸性山坡经流水灌溉时，土壤会出现不同程度的酸化。

3. 有机酸的作用

在寒冷和潮湿条件下，土壤有机残留物发生厌氧分解或半厌氧分解，可生成各种有机酸或大分子腐植酸（包括富里酸和胡敏酸）使土壤酸化。例如，灰化土酸性与此有关。此外，稻田施入稻草或绿肥等新鲜有机质后，在淹水初期的低温期也能产生有机酸，降低土壤 pH 值。

（三）土壤中酸的存在及其表征

土壤酸度取决于 H^+ 和 Al^{3+}。它们以两种形式存在于土壤中：一种是存在于土壤溶液中的，即在土壤溶液中自由扩散的 H^+，称为活性酸；另一种物质 H^+ 和 Al^{3+} 吸附在土壤胶体表面，只有通过交换进入土壤溶液并产生 H^+ 时才出现酸性，故称为潜性酸。

1. 活性酸的强度和分级

通常用 pH 来表征活性酸的强度。这里将 pH 定义为氢离子活度（α_H^+）的负对数，即

$$pH = -lg\,\alpha_H^+$$

如果溶液很稀，活度和浓度差不多，那么上面的公式可以写成：

$$pH = -lg\,(H^+)$$

pH 值每差一个单位，氢离子的浓度差 10 倍。pH=7 时，溶液中 H^+ 和 OH^- 的浓度相等，溶液呈中性；当 pH > 7 时，溶液呈碱性；当 pH < 7 时，溶液呈酸性。

需要注意的是，土壤的 pH 和溶液的 pH 有不同的含义。因为在所谓的"溶液"中，H^+ 的分布是均匀的，而在土壤悬液中，H^+ 的分布是不均匀的。对于不均匀的土壤系统，很难准确测定土壤颗粒表面不同位置的氢离子浓度。因此，实际上电极测得的土壤 pH 值只是一个"表现值"或"平均值"。

通常，根据活性酸的强弱，将土壤酸碱度分为几个等级。对此，不同学者的评价标准往往不同。在《中国土壤（第二版）》一书中，土壤酸碱度分为五个等级（表 10-5）。

表 10-5　土壤酸碱度等级

pH	< 5.0	5.0 ～ 6.5	6.5 ～ 7.5	7.5 ～ 8.5	> 8.5
级别	强酸	酸性	中性	碱性	强碱

这种看起来较粗的分类方法，因土壤的 pH 值难以测"准"，是实用而合理的。

我国土壤的 pH 值大多在 4.5 ～ 8.5 之间。在地理分布上有一个"东南酸西北碱"的规律，即以长江为界（北纬 33°），长江以南的土壤多为酸性或强酸性，pH 值大多在 4.5 ～ 5.5，如华南、西南地区广泛分布的红、黄壤；华中、华东地区的红壤的 pH 值在 5.5 ～ 6.5。长江以北的土壤多为中性或碱性，pH 值一般在 7.5 ～ 8.5，少数碱土 pH>8.5，属强碱性。

2. 潜性酸量

吸附在土壤胶体上的交换性氢和铝的量反映了潜性酸量的大小。通常用 1 mol/L 的 KCl 溶液浸提土壤，将土壤胶体上吸附的交换性氢离子和铝离子通过钾离子代换下来，使之进入土壤溶液，然后用 0.01 mol/L 的 NaOH 溶液中和滴定溶液中总酸量。这个总酸量称为交换性酸量，它显然包括交换性氢和铝的总量，是土壤酸度的容量指标。

如果想知道交换性氢和铝离子对土壤酸度的贡献，可以取一部分溶液加入 NaF，使溶液中的铝离子与 F^- 形成络合物而不再进行水解产生氢离子，即：

$$AlCl_3 + 6NaF \Longleftrightarrow Na_3AlF_6 + 3NaCl$$

因此，用碱滴定的交换性氢的量，从总酸度中减去该值，即为交换性铝的量。一般来说，土壤酸性主要由交换性铝引起，交换性氢占交换性酸的比例不到5%。以高岭土为主的土壤条件可能有些特殊。

土壤交换性酸不仅可以用上述容量指标来表示，也可以用强度指标来表示。所谓强度指数，就是将土壤用1 mol/L的KCl溶液浸提土壤，用pH计直接测得的pH值。为了与以水为浸提液测得的活性酸的pH相区别，通常写成"pH（KCl）"，活性酸的pH则写成pH（H$_2$O）。由于pH（KCl）是活性酸的强度和可交换酸的强度之和，因此pH（KCl）一般比pH（H$_2$O）低0.5～1.5（表10-6）。应该注意的是，应用KCl作为浸提剂所测得的交换性酸量，不是潜性酸的全部，而是其中的一部分或大部分。这是因为阳离子交换反应是一种可逆的交换平衡体系，反应不可能单向进行到底。同时，铝离子与土壤胶体结合力很强，有些层间铝很难用中性盐类提取。因此，用KCl溶液提取的交换性铝的量是有条件的。然而，可交换酸的量仍然是计算改善酸性土壤所需石灰量的主要依据。通常根据不同的土壤类型，在一定条件下用氯化钾溶液提取的酸量乘以一个经验系数，计算出土壤中所需的石灰量。

表 10-6　几种土壤的 pH(H$_2$O) 与 pH(KCl) 的比较

土　壤	层　次	pH(H$_2$O)	pH(KCl)	pH(H$_2$O)-pH(KCl)
长白山火山灰土壤	A	5.6	4.5	1.1
	Bw	6.0	4.9	1.1
	C	6.1	5.0	1.1
浙江红壤	A	5.1	4.2	0.9
	B	5.2	4.0	1.2
	BC	5.1	4.1	1.0
浙江黄壤	A	5.4	4.3	1.1
	B	5.2	4.1	1.1
	BC	5.2	4.3	0.9

（四）影响土壤酸碱度的因素

影响土壤 pH 的因素很多，这里主要从以下三个方面进行讨论。

1. 盐基饱和性对 pH 的影响

在土壤科学中，氢、铝离子饱和的土壤常被认为是弱酸性土壤。根据弱酸的酸碱平衡原理，用碱滴定时，会发生中和反应生成盐，其 pH 取决于弱酸与其盐的相对比例：pH=pK+lg(盐/酸)，pK 是酸基解离常数的负对数。具体可以从以下三种特殊情况来讨论。

（1）盐基完全不饱和时的pH。土壤中不含盐基离子而被氢、铝离子完全饱和时的pH，称为极限pH。此时土壤的pH值最低。不同类型的土壤或胶体带不同的负电荷，吸收的氢和铝的量也不同，因此pH极限值也不同。表10-7显示了我国几种土壤胶体和黏粒矿物的最大pH值。可以看出，虽然制备方法不同，不能严格比较，但还是有一定的规律性的。砖红壤的极限pH值最高，红壤次之，黄棕壤最低。这与前两者的矿物组成是一致的，即以高岭石为主，后者以蒙脱石和伊利石为主的矿物组成情况相符。砖红壤去掉有机质后，极限pH值升高，说明有机质可使极限pH值降低。在极限pH值附近，少量碱的加入即可引起pH值的剧烈变化。

表 10-7　土壤胶体和黏土矿物的极限pH（于天仁等，1976）

标　本	制备方法	浓度 /%	极限 pH 值
砖红壤	电渗析	7.56	4.94
	酸洗	3.0	4.66
	酸洗（去铁和有机质）	3.0	5.50
红壤	电渗析	7.78	4.51
	酸洗	2.9	4.61
黄棕壤	电渗析	7.37	3.86
	电渗析	3.0	4.1
蒙脱石	电渗析	1.48	3.68
高岭石	电渗析	4.29	4.82
蛭石	离子交换树脂	0.54	3.0

（2）盐基饱和度为50%时的pH。当土壤用氢和铝离子饱和时用碱滴定使碱饱和度达到50%，即酸中和一半（盐酸比为1）的pH称为半中和pH，此时酸碱的加入对pH影响不大，土壤的pH=pK，即相当于弱酸的pK值。

据研究，我国南方一些水稻土的半中和pH值在5.3左右。但不同地区发育、不同土质的水稻土半中和pH存在明显差异，呈现出由南向北逐渐递减的特点。据统计，由赤红壤（云南、广东）发育的水稻土的半中和pH值平均为5.49；由紫色土（江西、云南）发育者平均为5.52；由第四纪红色黏土（江西、湖南、浙江）发育者平均为5.06；由中性冲积物（湖北、浙江）发育者平均为4.51。这与各土壤的黏粒矿物组成情况相吻合。

（3）盐基饱和度为100%时的pH。土壤中存在的所有酸基都被碱中和，即盐基饱和度达到100%时的pH，称为中和点pH。此时土壤的pH=pK+2，因为土壤中不再含有交换性的氢和铝离子，而pH是由可交换的钠离子水解决定的，所以加酸或加碱对pH的影响最剧烈。由于土壤在自然条件下主要以钙离子饱和为主，因此中和点pH值一般在7左右。

2. 盐基离子的种类对pH的影响

不同的交换性盐基离子在水中的离解不同，对pH的影响也不同。如果离解度大，溶液的pH值也高，反之亦然。一般来说，碱金属离子的离解度大于碱土金属离子的离解度。对于相同价态的离子，半径越小的离解度越大。因此，土壤中常见交换性离子的离解度顺序一般为 $Na^+ > K^+ > Mg^{2+} > Ca^{2+}$。当土壤被这些离子饱和时，在相同的饱和度下，pH的差异也是如此。根据实验，Na^+ 和 K^+ 饱和度分别为30%、65%和85%的黄棕壤，其pH值分别为6.4、6.6和7.1或5.9、6.1和6.3，即被 K^+ 饱和的pH值比被 Na^+ 饱和的pH值低 0.2～0.7。

3. 土壤含水量对pH的影响

水分影响各种离子在固液相之间的分配和某些盐类（如碳酸钙）的溶解，所以当土壤含水量不同时，pH也不同。含水量对pH的影响程度因土壤类型而异。土壤中加水越多，pH值越高，弱酸性土壤与碱性土壤其pH值相差可超过1个pH单位。其原因主要是由于含水量增加，胶体浓度降低，与电极表面接触氢离子被吸收的机会减少；另外也有可能是在电解液稀释后，更多的阳离子在溶液中解离，使溶液的pH值升高。

在田间，土壤含水量一般只有 100～300 g/kg，加之 CO_2 含量高，所以pH值远低于实验室测定的结果。为了使测得的土壤pH能代表田间实际情况，含水量应接近田间含水量，但一般不易做到。国内的分析方法大多是指水土比为 1∶2.5 或 1∶5，随着坚固玻璃电极的出现，国外采用了 1∶1 的水土比，甚至有人提出加水至泥糊状态，使结果内部测量更接近田间条件。

二、土壤的碱性化学过程

（一）土壤碱性发生机制

当土壤溶液 pH＞7（即 OH^- 的浓度大于 H^+ 的浓度）时，土壤呈碱性，土壤呈碱性主要由以下两个原因引起。

1. 土壤中碱式盐的水解

碱式盐在土壤中的种类很多，但主要类型是碱金属和碱土矿物的碳酸盐和重碳酸盐，即 Na_2CO_3、$NaHCO_3$、$CaCO_3$、$Ca(HCO_3)_2$。这些盐中的碳酸是一种很弱的酸，解离度很小，所以碳酸盐的水解常数比较大。碳酸根离子能与 H^+ 结合，促进 H_2O 的解离，增加溶液中 OH^- 的浓度，使土壤呈碱性反应：

$$CO_3^{2-} + H_2O \Longleftrightarrow HCO_3^- + OH^-$$

$$HCO_3^- + H_2O \Longleftrightarrow H_2CO_3 + OH^-$$

上述反应中 CO_3^{2-} 及 HCO_3^- 的浓度直接关系到土壤碱度的大小。不同种类的碳酸盐溶解度不同，对碱度的作用也不同。例如，在含有大量碳酸钙的石灰质土壤中，由于碳酸钙的溶解度不大，溶液中二氧化碳的浓度不会太高，所以土壤 pH 一般小于 8.5；而 Na_2CO_3、$NaHCO_3$ 含量较高的土壤中，由于盐分的溶解度很高，溶液中 CO_3^{2-} 和 HCO_3^- 的浓度很大，所以土壤 pH 也相当高（pH 为 9～10）。另外，土壤是多相体系，溶液的 pH 还与空气中二氧化碳的分压（浓度）有关。石灰性土壤中，土壤 pH 值随着溶液中 Ca^{2+} 浓度的增加和土壤空气中二氧化碳分压的增加而降低。其关系如下：

$$pH + 1/2 \lg[Ca^{2+}] + 1/2 \lg PCO_2 = 4.92$$

这个公式是由碳酸钙的溶解度、二氧化碳在水中的量和碳酸的解离常数推导出来的。土壤中各种碱性盐的存在与土壤形成条件密切相关。其中，气候干燥、盐基丰富是主要原因。在干旱和半干旱气候条件下，大气降水很少，富含盐基的母质风化释放出的 Na^+、K^+、Mg^{2+}、Ca^{2+} 等盐基离子不能被淋洗出土体，大量积累到土壤和地下水中。它还与空气中的二氧化碳反应生成各种碳酸盐。也有科学家认为，高等植物（尤其是一些喜盐植物）的选择性吸收增加了土壤根层中的碱离子浓度，这也有利于土壤碱度的发展。

2. 土壤胶体吸附钠离子的水解

在钠含量高的盐渍土中，当积盐、脱盐过程频繁交替时，会促进钠离子进入土壤胶体，胶体表面具有更多交换性钠离子，当脱盐过程达到一定程度时，胶体表面的钠离子会发生水解，生成氢氧化钠，使土壤呈现碱性反应：

$$\boxed{\text{土壤胶体}} - Na + H_2O \rightleftharpoons \boxed{\text{土壤胶体}} - H + Na^+ + OH^-$$

由于土壤中存在二氧化碳，产生的 NaOH 实际上与 CO_2 反应生成 Na_2CO_3 和 $NaHCO_3$。

在中国北方平原地区，年降雨主要集中在夏季 7—9 月。每次下雨，盐分都会被淋洗一次。雨后天气晴朗，地表因蒸发而重新积聚盐分。在盐分反复上下运动的过程中，可交换的钠离子不断进入土壤胶体，使土壤逐渐碱化。另外，如果在盐渍土地区不注意施肥和合理耕作而进行灌溉，土壤也会呈碱性。土壤呈碱性的最重要原因是母质或地下水中含有碱性钠盐，如硅酸钠、碳酸钠和碳酸氢钠，当这些盐类出现在土壤中时，土壤胶体迅速吸收其中的钠离子。

（二）土壤碱度的衡量指标

土壤碱性的强弱除用 pH 表示外，还常用以下指标来表示。

1. CO_3^{2-} 和 HCO_3^- 的含量

CO_3^{2-} 和 HCO_3^- 的含量一方面可以作为土壤溶液碱度的指标（机理见上文），另一方面也是盐渍土分类的重要参数。

2. 碱化度

碱化度又称为"交换性钠百分率"（Exchangeable Sodium Percentage，ESP），是指土壤阳离子交换量中钠离子所占的百分比，即土壤对钠的饱和程度。它表征盐渍土碱性程度，并用以进行碱土分类。计算式如下：

$$碱化度（ESP）=（交换性钠含量 / 阳离子交换量）\times 100\%$$

土壤碱化度越高，其碱性就越强。常按表 10-8 中的标准对碱土分类：

表 10-8　碱土分类标准

ESP	碱土类型
＜5%	非碱化土
5～10%	弱碱化土
10～20%	碱化土
＞20%	碱土

三、土壤的缓冲性能

当在纯水中加入少量强酸或强碱时，会引起 pH 值的较大变化。但如果在土壤中加入一定量的强酸或强碱，pH 值变化不大，说明土壤具有保持 pH 相对稳定的特性。当酸性或碱性物质加入土壤时减缓 pH 值变化的能力通常称为土壤的缓冲性能。它的大小可以用缓冲量来表示，它表示土壤溶液改变一个单位 pH 所需的酸或碱的量。土壤的缓冲能力可以通过用酸或碱滴定土壤溶液来获知。

（一）土壤具有缓冲作用的原因

1. 土壤溶液中存在弱酸 - 弱酸盐缓冲体系

一些土壤溶液中常含有多种可溶性弱酸，如碳酸、硅酸、磷酸、腐植酸等有机酸和盐类。这样的缓冲系统对酸或碱有缓冲作用。例如，碳酸盐和碳酸的缓冲作用如下：

加入酸时：$Na_2CO_3 + 2HCl \Longrightarrow H_2CO_3 + 2NaCl$；

加入碱时：$H_2CO_3 + 2NaOH \Longrightarrow Na_2CO_3 + 2H_2O$。

2. 阳离子交换作用

对于大多数不含可溶性弱酸及其盐类的土壤，缓冲作用主要来源于阳离子交换。如果在土壤中加入少量强酸（如盐酸），氢离子会与被胶体吸收的矿物离子迅速交换，氢离子被吸附，金属离子进入溶液，生成中性或近于中性的盐类，而使土壤溶液中氢离子的浓度不致有明显的增加。例如：

$$\boxed{土壤胶体} = Ca + 2HCl \Longrightarrow \boxed{土壤胶体} \begin{matrix} —H \\ —H \end{matrix} + CaCl_2$$

反之，若在土壤中加入少许强碱（如 NaOH），会使钠离子与被胶体吸附的氢离子或铝离子发生交换，交换后的氢离子或铝离子会与—OH 相结合生成 H_2O 或羟基铝离子，如 $[Al(OH)_2^+$ 以及 $Al(OH)_3]$。所以，溶液中的 H^+ 浓度基本上保持不变。例如：

$$H—\boxed{土壤胶体} = Al + 4NaOH \Longrightarrow \begin{matrix} Na— \\ Na— \end{matrix}\boxed{土壤胶体}\begin{matrix} —Na \\ —Na \end{matrix} + H_2O + Al(OH)_3$$

此外，在 pH＜5 的酸性土壤中，铝离子因交换作用而自由进入或扩散到土壤溶液中，常被 6 个 H_2O 分子包围，形成带三个正电荷的离子团。此时加入碱性物质时，OH^- 可被

铝离子周围的 H_2O 分子解离出的 H^+ 所中和，起到了对碱的缓冲作用，如下所示：

$$2Al(H_2O)_6^{3+} + 2OH^- \longleftrightarrow [Al_2(OH)_2(H_2O)_8]^{4+} + 4H_2O$$

当 OH^- 继续输入时，上述反应会持续进行，形成较大的羟基铝离子团。

3. 两性胶体的缓冲作用

土壤中存在多种两性胶体，如无机氧化物胶体、蛋白质、腐殖质、氨基酸等。这些胶体表面的羧基（—COOH）、氨基（—NH_2）、羟基（—OH）等在一定条件下可起到酸碱缓冲剂的作用。例如，氧化铁或氧化铝表面的—OH 不仅能接受质子，还能释放质子，在表面电荷发生变化的同时，起到对酸或碱的缓冲作用，即

$$M—OH + H^+ \longleftrightarrow M—OH_2^+$$
$$M—OH + OH^- \longleftrightarrow M—O^- + H_2O$$

又如，蛋白质和腐殖质分子，往往同时含有羟基和氨基，它们分别与加入的 H^+ 或 OH^- 反应，起到缓冲作用。反应机理如下：

（二）影响土壤缓冲性能的因素

1. 土壤胶体的种类和含量

不同种类的土壤胶体具有不同的电荷量和特性，因此其酸碱缓冲能力也不同。一般来说，胶体的阳离子交换量越高，其缓冲能力就越大。不同土壤胶体的缓冲能力大小顺序如下：含水氧化铁、铝<高岭石<伊利石<蒙脱石<腐殖质。

黏粒的含量愈高，土壤的缓冲能力越强。因此，不同质地土壤的缓冲能力顺序为砂土<壤土<黏土。有机质含量越高，土壤酸碱缓冲性能越强。例如，有机质含量分别为 15.6%、4.1% 和 1.3% 的一个红壤剖面的三个土层，其缓冲能力依次递减。

2. 土壤的盐基饱和度

在阳离子交换量相同的前提下，盐基饱和度越高，对酸的缓冲能力越强，对碱的缓冲能力越弱；反之，盐基的饱和度越低，对碱的缓冲能力越强，酸的缓冲能力越弱。当盐基完全不饱和（即被铝和氢离子完全饱和）时，对酸的缓冲能力就丧失了。

（三）土壤的缓冲曲线（滴定曲线）

为了获知土壤对酸或碱的缓冲范围及缓冲能力，可对土壤溶液进行酸碱滴定。以酸

或碱的滴定量为横坐标，以 pH 为纵坐标，绘制成缓冲曲线（图 10-6）。

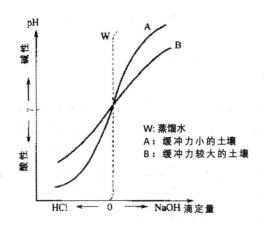

图 10-6　土壤的缓冲曲线

缓冲曲线越陡，缓冲能力越小；相反，曲线越缓，缓冲能力越高。例如，在图 10-6 中，土壤 B 的缓冲能力大于土壤 A 的缓冲能力，而土壤 A 和 B 的缓冲能力都大于水的缓冲能力。

第三节　土壤的氧化还原过程

土壤中存在系列参与氧化还原反应的物质，形成包括有机和无机成分在内的多种氧化还原过程的复杂系统。因此，土壤中发生的氧化和还原过程是非常复杂的。它不仅受土壤理化性质的影响，还受土壤其他一系列性质的影响。例如，适当的氧化、还原条件是土壤有机质不断新陈代谢的先决条件，导致有机氮、磷等养分矿化，提高其有效性；土壤中无机氮的转化和反硝化损失主要受氧化还原条件控制；过强的氧化条件会导致某些有效养分（包括微量元素）缺乏，而过强的还原条件会导致有机和无机物质对某些养分产生毒性，减少元素的吸收。铁和锰等元素的状态和迁移也受氧化和还原条件的强烈影响。因此，控制土壤中的氧化还原条件是培育肥沃土壤和实现作物高产的重要步骤。

一、土壤中的氧化剂与还原剂

物质之间的电子转递导致氧化还原反应。原子或离子失去电子时被氧化，接受电子时被还原。对于物质本身，当它处于能吸收电子的状态时，称为氧化剂，当处于能放出电子的状态时，称为还原剂。氧化和还原过程可以分开讨论，但实际上两者是同时发生的。例如，Fe^{3+} 被还原、S^{2-} 被氧化的反应如下：

$$Fe^{3+} + e^- \rightleftharpoons Fe^{2+}$$

$$1/2S^{2-} \rightleftharpoons S + e^-$$

实际上全反应为

$$Fe^{3+} + 1/2S^{2-} \rightleftharpoons S + Fe^{2+}$$

（一）土壤中的氧化剂

土壤中有机物的分解过程是在微生物的参与下发生的。如果是在氧气充足的好气条件下进行，那么 O_2 就是电子受体，即氧化剂。反应结束后，氧气（O_2）被还原为水：

$$O_2 + 4H^+ + 4e^- \rightleftharpoons 2H_2O$$

当氧气不足时即嫌气状态时，其他氧化价态较高的离子或分子（表示接受电子能力最强的物质）成为电子受体，即氧化剂。这些土壤氧化剂主要包括 NO_3^-、Fe^{3+}、Mn^{4+}、SO_4^{2-} 等，它们接受电子而被还原的过程如下：

$$NO_3^- + 6H^+ + 5e^- \rightleftharpoons 3H_2O + 1/2N_2$$

$$NO_3^- + 2H^+ + 2e^- \rightleftharpoons H_2O + NO_2^-$$

$$NO_2^- + 4H^+ + 3e^- \rightleftharpoons 3H_2O + 1/2N_2$$

$$Fe(OH)(无定形) + 3H^+ + e^- \rightleftharpoons 3H_2O + Fe^{2+}$$

$$2MnO_{1.75} + 7H^+ + 3e^- \rightleftharpoons 3.5H_2O + 2Mn^{2+}$$

$$SO_4^{2-} + 8H^+ + 8e^- \rightleftharpoons 4H_2O + S^{2-}$$

$$H^+ + e^- \rightleftharpoons 1/2H_2$$

上述氧化物还原后的产物有的有毒，有的则不利于作物生长，如 N_2 的损失过程。当土壤中既不存在 O_2 也不存在上述氧化态较高的离子时，微生物通过有机物的厌氧发酵获取能量，同时生成还原性物质，如 CH_4、CO_2 等。

（二）土壤中的还原剂

土壤有机质是土壤中最重要的电子的供给者，即还原剂。新鲜的、未分解的有机物在适当的温度、湿度和 pH 条件下具有最强的还原能力，需要的 O_2 量最大。我们知道，有机质的主要成分是有机碳，平均占有机质的 58%，而植物残留物组成中的碳含量在 61%～64%。因此，有机物的氧化反应可以用最简单的方式表示为

$$C + O_2 \rightleftharpoons CO_2 + 能量$$

如写成电子得失的形式，则为

$$C - 4e^- \rightleftharpoons C^{4+}$$

$$O_2 + 4e^- \rightleftharpoons 2O^{2-}$$

二、土壤的氧化还原电位

对于某一氧化还原体系来说，当处在氧化还原平衡状态时，可用下式表示：

$$氧化剂 + ne^- \rightleftharpoons 还原剂$$

该体系的氧化还原电位（E_h）与物质的活度的关系可用能斯特（Nernst）方程来表示：

$$E_h = E^0 + \frac{RT}{nF} \ln \left[\frac{氧化剂}{还原剂} \right]$$

式中，E^0 为标准电极电位，指氧化剂和还原剂的活度比为 1 时值；R 为气体常数；T 为绝对温度；F 为法拉第常数；n 为参加反应的电子个数；括号表示两种物质的活度，如为稀溶液时，可用浓度代替。

若把各常数项代入上式，则在 25℃时，上式变成：

$$E_h = E^0 + \frac{0.059}{n} \log \left[\frac{氧化剂}{还原剂} \right]$$

由上式可知，对于给定的氧化还原体系，由于 E^0 和 n 为常数，氧化还原电位由氧化剂与还原剂的活度或浓度之比决定。氧化剂的百分比越高，系统中的氧化强度越大，E_h 也就愈高；反之，E_h 愈低。所以，E_h 是体系氧化强度的指标。

土壤中的氧化还原反应较为复杂，除上述反应只涉及氧化剂和还原剂外，大部分反应还涉及 H^+。这些反应的氧化还原电位 E_h 不仅与氧化剂和还原剂的活性有关，还与溶液的 pH 有关。例如，下式表示涉及 H^+ 的氧化还原反应：

$$氧化剂 + ne^- + mH^+ \rightleftharpoons 还原剂 + xH_2O$$

在 25℃时，则有

$$E_h = E^0 + \frac{0.059}{n} \log \left[\frac{氧化剂}{还原剂} \right] - 0.059 \times \frac{m}{n} pH$$

上式表明 E_h 不仅受（氧化剂 / 还原剂）的影响，还与 pH 有关。 pH 对 E_h 的影响大小由 n 或 m 决定。如果（氧化剂 / 还原剂）恒定，则 E_h 随 pH 而变化。如果 m/n 为 1，温度为 25℃，则 $\triangle E_h/pH$ 为 59 mV（毫伏）。表明在此条件下，pH 每增加 1 个单位，E_h 降低 59 mV。事实上，土壤中的氧化还原系统很多，它们的 m/n 也不同，所以整个土壤的 $\triangle E_h/pH$ 有很大的变异范围。

三、E_h 与土壤中物质的数量及转化的关系

通常使用惰性金属电极（如铂电极）测量氧化还原电位。作为强度的指标，它只能反映特定氧化剂的氧化态与还原态的相对比例，而不能表示该物质的绝对量。对于由多种氧化还原组成的复杂系统，如自然条件下的土壤，其电位是表征不同氧化还原混合电位的首要指标。但是，当某种物质的一种形式（如氧化态）的数量和幅度较小，而 E_h 主要由另一种形式（如还原态）的数量决定时，则 E_h 的数量和物质的还原状态之间也必须有一定的相关性。这种联系在土壤中非常明显。例如，如图 10-7 所示，对 43 个稻田的研究表明，扩散电流的对数值（代表还原物质的浓度）与 E_h 之间存在良好的关系。

土壤在不同的成分和使用条件下，由于水分、通气量、有机质和pH等条件的不同，土壤的氧化还原状态完全不同。不同土壤类型的氧化还原电位可以从氧化条件下的 +（600～700）mV 到还原条件下的 -（200～300）mV 变动，包括自然界中的最大变异范围。

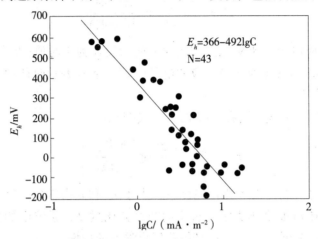

图 10-7　氧化还原电位与还原性物质的数量关系（Ding Changpu, 1982）

理论上，当土壤渍水时，E^0 值最高的系统应先还原，直到该系统的氧化态几乎完全转化为还原态。产品的氧化状态开始下降。这种依次被还原的现象，称为顺序还原作用。一般来说，土壤渍水后，各系统恢复的顺序大致与上述理论相符。例如，如图 10-8 所示，水稻土渍水后，硝酸盐先消失，然后是二价锰的出现，最后是亚铁的出现。这种排列对应表 10-9 所列三种物质的 E^0 值排列。

由于土壤是不均匀体系，每个点的条件都不一样，不同氧化还原体系的反应速度也不同。因此，对于两种 E^0 值差异不大的体系来说，往往在还原顺序下可有某些交叉或重叠。

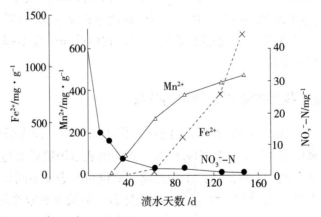

图 10-8　水稻土渍水后硝酸盐、锰和铁的转化

表 10-9　土壤中一些氧化还原体系的 E^0

体　系	E^0/V	体　系	E^0/V
$O+4H+4e^-\!=\!2H_2O$	0.814	$SO_4^{2-}+10H^++8e^-\!=\!H_2S+4H_2O$	−0.214
$2NO_3^-+12H^++10e^-\!=\!N_2+6H_2O$	0.741	$CO_2+8H^++8e^-\!=\!CH_4+2H_2O$	−0.244
$Mn_2+4H^++2e^-\!=\!Mn+2H_2O$	0.401	$N_2+8H^++6e^-\!=\!2NH_4^+$	−0.278
$CH_3COCOOH+2H^++2e^-\!=\!CH_3CHOHCOOH$	−0.158	$2H^++2e^-\!=\!H_2$	−0.413
$Fe(OH)_3+3H+e^-\!=\!Fe^{2+}+3H_2O$	−0.185		

注：pH=7。

四、土壤的氧化还原状况及其与一些土壤性质的关系

E_h 值因土壤类型和使用方法不同而有很大差异，主要由土壤水分状况和有机质含量决定。土壤水分越多，土壤越通气，E_h 值越低。有机物的分解是一个有微生物参与的氧化过程，在一定通气条件下，土壤中易分解有机质含量愈高，微生物活性愈强，耗氧愈多，E_h 值也愈低。

自然植被覆盖下的土壤以氧化过程为主。由于地表有机物的影响，氧化还原电位可比底土低数十至二三百毫伏（图 10-9）。这是由于表层存在一定量的还原性物质所致。不同植物基质中有机物的含量不同，水分的状态也不同，所以还原物的量也不同。

旱田土壤与大气直接接触，土壤 O_2 含量丰富，一般处于氧化状态，氧化电位至少在 200 mV 以上，多数变化在 400～600 mV。

其中，耕地层有时含有少量有机还原物质，氧化还原电位可比底土低至几十毫伏。

水田土壤因渍水而与大气隔绝，一般以还原状态为主，氧化还原电位往往低于 200～300 mV，地下水位较高的土壤可低至 −100～−200 mV。

由于旱田和水稻的氧化还原状态差异较大，几种主要元素的存在情况也不同（表 10-10）。

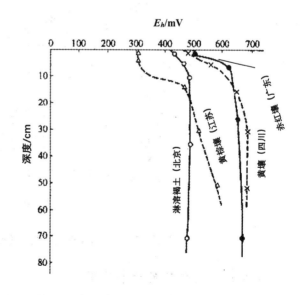

图 10-9　几种代表性土壤的氧化还原电位（于天仁，1987）

表 10-10 旱田和水田土壤中几种元素的存在形态

元　素	旱田 (氧化状态)	水田 (淹水还原状态)	元　素	旱田 (氧化状态)	水田 (淹水还原状态)
C	CO_2	CH_4	Fe	Fe^{3+}	Fe^{2+}
N	NO_3^-	N_2，$NHSO_4^+$	Mn	Mn^{4+}	Mn^{2+}
S	SO_4^{2-}	S，S^{2-}			

土壤的氧化还原性质对其他性质有很多影响，与植物生长的关系十分复杂，可以从以下几个方面简要概括。

（一）水田土壤渍水后 pH 值的变化

水田土壤渍水后 pH 值的变化如图 10-10 所示。土壤呈强酸性，有机质少，浸水后 pH 值迅速上升，半个月左右达到平衡（曲线 1）；对于含有大量有机质的强酸性土壤，浸水后的前三天 pH 值迅速升高，然后略有下降，经过一个最低点后逐渐上升（曲线 2）；中性土壤浸水后 pH 值保持不变（曲线 3）；pH 值为 8 左右的土壤，pH 值反而下降（曲线 4）。酸性土壤渍水后 pH 值升高与 Fe^{3+} 在还原反应中消耗 H^+ 有关，有机物较多时 pH 值下降是由于产生大量有机酸和二氧化碳；碱性土壤 pH 值的降低在一定程度上与二氧化碳的增加有关。

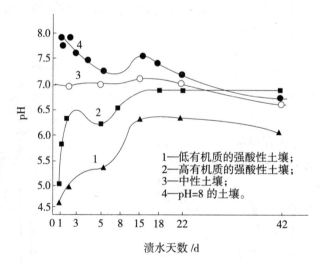

图 10-10 土壤渍水后的变化（于天仁，1987）

（二）强还原条件下的毒害作用

在土壤渍水后，E_h 降低，土壤中还原剂浓度升高，对水稻根系产生毒害作用，影响了根系对养分（尤其是钾离子）的吸收。最主要的有毒物质是 Fe^{2+}、Mn^{2+}、S^{2-} 和各种有机酸。据研究，我国南方水稻腐败的水溶态亚铁临界浓度约为 $50 \sim 100$ mg/kg；H_2S 的临界浓度约为 0.07 mg/kg。

（三）氧化还原状况影响氮素的转化

在还原条件下有利于有机氮的累积，但对于硝态氮而言，反硝化和生物脱氮作用增强，会导致氮从土壤中逸出，以 N_2O、NO 及 N_2 的形式流失。为了减少水稻反硝化，增加氮肥的利用，一些国家开始生产含硫表皮的大颗粒氮肥（如大颗粒尿素），以减缓氮的释放，同时采用深施方法，防止氮素氧化为硝态氮，从而提高氮的利用率。

（四）还原条件下有助于提高磷的有效性

许多试验结果表明，在还原条件下，有效磷的含量较高。其主要原因是在还原条件下，$FePO_4$ 可被还原为 $Fe_3(PO_4)_2$，使得溶解度增大，即

$$3FePO_4 + 3e^- + 3H^+ \rightleftharpoons Fe_3(PO_4)_2 + H_3PO_4$$

此外，在渍水过程中，磷酸铁和磷酸铝可从结晶状态转变为无定形胶体状态，进而增加表面积，增大溶解度，提高有效性。

（五）土壤氧化还原状况的调节

总的来说，适当的还原过程对水稻的生长利大于弊。此时，土壤养分状况和理化条件均对水稻生长有利，还原性物质一般无法达到危害水稻生长的程度。但对于潜育性水稻土，则需要尽量降低地下水位，提高土壤通透性，消除过强的还原性。

对于旱田土壤，氧化条件当然是主要的，但是强度过大的氧化条件并不利于有机物的积累，甚至还会降低一些养分的有效性，故可以通过灌溉等措施进行调整。

思考题

1. 为什么说土壤胶体理论是土壤化学过程的理论基础？对此你是怎么理解的？

2. 为什么中国南方土壤呈酸性而北方土壤呈碱性？

3. 土壤中主要氧化还原体系有哪些？

4. 为什么湿地土壤还原性气体释放较多？

第十一章　土壤微系统的生物过程

土壤最重要的功能是给植物提供良好的生长环境，它不仅给了植物立身之地，同时还是植物水分、养分供应之库。当然，土壤也是植物长期演化过程中改造和适应的产物。那么，土壤中水分和养分的有效化是如何实现的？解剖土壤微系统中的生物过程，即可了解植物水分、养分实现的全部过程。

在自然土壤中，植物所需养分一部分来自生物代谢产物及生物遗体的分解，一部分来自土壤矿物的风化，而上述过程都有土壤生物参与。事实上，自然土有机表层是土壤动物和微生物对植被凋落物共同作用的产物，而在植物根系可达的土壤层，植物可利用的养分除来自表层淋溶和矿物化学风化外，土壤微生物对难溶性矿物的酸解也是重要来源。因此，土壤微系统的生物过程其实就是土壤养分活化并被生物吸收的过程。

土壤养分是指植物从土壤中吸收的、维持正常生理活动必需的营养元素。土壤养分是土壤肥力的重要物质基础，植物体内已知的化学元素达 40 余种，按照植物体内的化学元素含量多少，可分为大量元素和微量元素两类。目前已知的大量元素有 C、H、O、N、P、K、Ca、Mg、S 等，微量元素有 Fe、Mn、B、Mo、Cu、Zn 及 Cl 等。植物体内 Fe 含量较其他微量元素多（100 mg/kg 左右），所以也有人把它归于大量元素。

除上述必需营养元素外，禾谷类作物还需要较多的硅，甜菜需要较多的钠，而一些藻类则需要硒。随着测试手段与分析精度地提高，必需营养元素的种类还会不断增加。植物生长发育所需要的营养元素，除 C、H、O 三种元素主要来自空气和水外，其余的主要来自土壤，不足部分则由肥料补充。

植物所需要的微量元素，除 Fe、Mn 外，大多数在土壤中的含量都很低，由于植物需要的也少，所以一般不缺乏。但砂质土、沼泽土微量元素含量极微，强碱性土壤由于土壤呈强碱性，一些微量元素有效度低，也常有不足。

本章以不同养分在土壤的循环过程为例，解析土壤微系统的生物过程。

第一节　土壤微系统中的氮过程

一、土壤氮素的含量、形态

氮是作物必需的三大营养元素之一，氮在植物生长过程中十分重要，是植物蛋白的主要成分。氮肥对提高作物产量具有重要作用，是目前应用最广泛的化肥。

（一）土壤氮素的含量

据估计，地球上有 1.972×10^{23} t 左右的氮，其中 99.78% 存在于大气和生物体中，形成土壤的母质中不含任何氮。我国土壤中总氮含量发生了巨大变化。据对全国 2 000 多个耕地土壤地统计，其变化范围为 $0.4 \sim 3.8$ g/kg 氮，平均 1.3 g/kg 氮，大部分土壤为 $0.5 \sim 1.0$ g/kg 氮。不同地区不同土壤类型的氮含量不同（表 11-1），土壤中的氮含量与气候、地形、土壤母质、植被、农业利用方式和年份等因素有关。

表 11-1　我国不同地区耕层土壤的全氮含量

单位：g/kg

地　区	利用情况	全　氮	地　区	利用情况	全　氮
东北黑土区	旱地	$1.50 \sim 3.48$	华中红壤区	单地	$0.60 \sim 1.19$
	水田	$1.50 \sim 3.50$		茶园、橘园	$0.67 \sim 1.00$
蒙新地区	旱地	$0.52 \sim 1.95$		水田	$0.70 \sim 1.79$
青藏地区	旱地	$0.52 \sim 2.66$	西南地区	旱地	$0.36 \sim 1.33$
黄土高原区	单地	$0.40 \sim 0.97$		水田	$0.61 \sim 1.92$
黄淮海地区	旱地	$0.30 \sim 0.99$	华南、滇南区	旱地	$0.70 \sim 1.83$
	水田	$0.40 \sim 0.94$		胶园	$0.60 \sim 1.56$
长江中下游地区	旱地	$0.50 \sim 1.15$		水田	$0.80 \sim 2.06$
	茶园	$0.60 \sim 1.08$			
	水田	$0.80 \sim 1.88$			

（二）土壤中氮素的形态

土壤中氮素的形态可分为无机态氮、有机态氮两种（见图 11-1）。

1.无机氮

无机氮包括铵态氮、硝态氮、亚硝态氮和游离氮等。土壤无机氮一般仅占土壤总氮的 1% ～ 2%，变异性很大，是速效氮，易被植物吸收利用。无机氮是直接施于土壤中的化肥或各类有机肥在土壤微生物的作用下通过矿化作用转化所得。其中游离氮一般是指储存在土壤水溶液中的游离氨，呈分子态；铵态氮是指土壤中以铵离子（NH_4^+）形式存在的氮；硝态氮是指以硝酸盐（NO_3^-）形式存在的氮；亚硝态氮是指以亚硝酸盐（NO_2^-）形式存在的氮。可见，土壤中的无机氮主要由铵态氮和硝态氮组成。

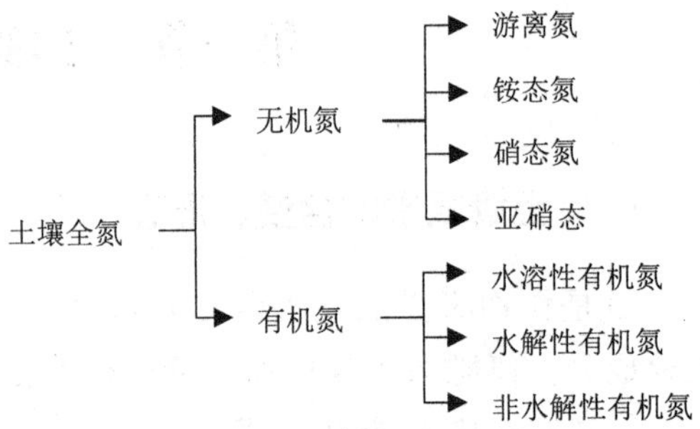

2. 有机氮

图 11-1　土壤中氮的主要成分

有机氮是土壤中氮的主要形式，一般占土壤总氮的 98% 以上。有机氮按其溶解和水解的难易程度可分为水溶性有机氮、水解性有机氮和非水解性有机氮三类。水溶性有机氮主要包括具有简单结构的游离氨基酸、铵盐和酰胺类化合物，一般占总氮的 5% 以下，是易被植物吸收利用的氮源；水解性有机氮主要包括蛋白质类（占土壤总氮的 40% ～ 50%）、核蛋白类（占总氮的 20% 左右）、氨基糖类（占总氮的 5% ～ 10%）以及尚未鉴定的有机氮等，经微生物分解后，均可成为作物氮素的来源；非水解性有机氮主要包括胡敏酸氮、富里酸氮和杂环氮等，其含量约占土壤总氮的 30% ～ 50%。

二、土壤中氮的来源

包括农业土壤在内，土壤氮源主要有施肥、生物固氮、大气尘降、灌溉等。

（1）施入含氮肥料中的氮素是农田生态系统最主要的氮源。随着人口的增加和集约化程度的增加，单位面积氮肥的投入量大体上逐年增加。1998 年我国化肥中纯氮的平均施用量超过 255 kg·ha^{-1}，而北欧等国家化肥施用量相对较低，如挪威东南部农田的氮肥用量仅为 110 kg·ha^{-1} 纯氮。

（2）生物固氮。大气中存在着大量氮源，但它以惰性气体（N_2）的形式存在，不能被高等动植物直接利用。N_2 的三个共价键（N≡N）稳定性极高，只能在高温高压下发生化学分解，而固氮微生物可以在常温常压下完成这项看似不可能的任务。

生物固氮是农业生态系统土壤氮的另一个重要来源，也是地球化学氮循环的重要组成部分。例如，存在于豆科植物根系根瘤内的共生固氮，其固氮量可占生物固氮量的一半。据 Galloway 等的研究，全球陆地生态系统中的生物固氮量在 90 ～ 130 Tg/a（纯氮）间。1987 年，我国生物固氮量超过了 1.17 Tg/a。通过模拟，王毅勇等估计东北三江平原豆田土壤年固氮量可达 160kg·ha^{-1}。

固氮的生物化学过程对农业土壤的肥力有显著影响。尽管氮肥生产得到了很大的发展，但豆类植物根系固定的氮仍然被认为是世界上大多数土壤氮素的主要来源。未来几年，不发达国家作物生产所需的氮仍将来自土壤中的天然氮或由固氮微生物提供的氮。

（3）大气降水中的氮。常见的化合态氮和有机态氮，包括 NH_4^+、NO_3^- 和 NO_2^-，是大气降水的常见成分，大气降水中亚硝酸盐的量非常少。有机氮可以与地面灰尘结合。

　　每年通过大气降水进入土壤的氮量在正常情况下是非常少的，因此对作物生产的重要性不大。然而，这种氮在成熟生态系统的氮供应中非常重要，如未受破坏的原始森林和天然草原。此外，雨水中的氮还可以补充淋溶和反硝化造成的少量氮损失。据监测，在英国洛桑土壤试验站，随着降水归入土壤的氮约为 4 kg/ha。

　　（4）粉尘沉积。每年每公顷以粉尘形式返回地面的氮为 0.1 ～ 0.2 kg/ha。

　　（5）土壤吸附。土壤能吸收空气中的少量 NH_3。当土壤水分充足、有机质丰富、pH 低、土壤阳离子交换量大时，会吸收更多的氮。城市周围和温度较高地区的土壤吸收的氮更多，一般每天可达 25 ～ 100 g/ha。土壤对氮的吸收与黏土矿物的类型和数量有关。黏粒含量越高，交换量越大，吸附的 NH_3 也越多。

　　（6）灌溉水和地下水补给。无论是水田还是旱地，灌溉水的补充都是氮的来源之一。据报道，泰国每年通过灌溉水向土壤输入的氮可达 0.1 kg/ha；而在用污水灌溉的地区，水中的含氮量更高，有时会因含氮过高而导致作物受损。当富含氮的地下水上升时，同样会增加土壤氮含量。

　　此外，动物、植物和微生物残体和粪便也可以为土壤提供氮。

三、土壤中氮的转化过程

　　土壤微系统氮的转化途径（图 11-2）主要包括有机氮的矿化、矿质氮的固定与损失。

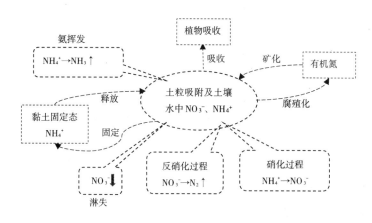

图 11-2　土壤微系统氮素循环

（一）矿化过程

　　土壤中约 50% 的氮以腐殖质类化合物形式存在，约 30% 以蛋白质形式存在。腐殖质、蛋白质等含氮化合物都是后效养分，必须在微生物的作用下逐渐降解，产生各种氨基酸后，才能被作物吸收利用。

　　氨基酸经氨化作用过程生成氨，可简单表示如下：

$$R-NH_2 + HOH \xrightarrow[\text{水解}]{\text{酶}} R-OH + NH_3 + \text{能量}$$

氨溶于水并变成铵盐。铵盐在土壤中被氧化，可以转化为硝酸盐，这个过程也称为硝化作用：

$$2NH_4^+ + 3O_2 \xrightarrow[\text{氧化}]{\text{酶}} 2NO_2^- + 2H_2O + 4H^+ + \text{能量}$$

$$2NO_2^- + O_2 \xrightarrow[\text{氧化}]{\text{酶}} NO_3^- + \text{能量}$$

铵盐和硝酸盐是土壤中两种常见的无机氮化合物，它们也是土壤有效氮的主要形式。当土壤有机质含量高、有机肥用量大、水分充足、温度高、氨化作用旺盛时，土壤释放铵态氮更多。一般来说，土壤温度高、通气性好、湿度充足时，土壤硝化作用强。硝化过程比氨化过程需要更严格的土壤条件，当土壤含氧量下降到 2% 以下，或土壤水分超过田间持水量时，硝化速率将断崖式下降。硝化作用最适宜的温度为 25～35℃，如果温度下降到 10℃，则与 25℃ 时相比其硝化速率将下降 20%。最适宜硝化反应的土壤酸碱度为微碱性到微酸性。当土壤 pH 小于 5 时，硝化作用受到很大抑制；当 pH 超过 8.5 时，硝酸细菌的活性受到抑制，亚硝酸盐容易积累。

（二）氮的固定

在有机氮矿化的同时，另一个与之相反的转化过程也在土壤中发生，即氮的固定作用。氮的固定包括生物固定和化学固定。

1. 生物固定

矿化产生的铵态氮、硝态氮和一些简单的氨基态氮（R—NH$_2$）被微生物和植物吸收，成为生物体的组成部分，这一过程称为氮的生物固定。生物合成的新的有机氮化合物，一部分作为产品输出；另一部分，如微生物的同化产物，再次经过有机氮氨化和硝化作用，进行新一轮的土壤氮循环。从土壤氮循环的一般角度来看，微生物对可用氮的吸收和同化有利于土壤氮的保持和循环。

2. 化学固定

土壤中的有机和无机成分可以固定铵，使高等植物甚至微生物难以利用，它们的固定机制与上述不同。

（1）黏粒矿物对铵的固定。2∶1 型的黏粒矿物可以固定铵和钾，其中以蛭石最强，其次是半风化的伊利石和蒙脱石。蛭石的晶体片层带有许多负电荷，其阳离子容量超过蒙脱石，铵离子和钾离子的大小相近，可渗入晶体片层间的孔隙中，从而被黏粒矿物固定下来，成为非交换性铵离子。

（2）有机质对铵的固定。铵态氮与土壤中的有机物发生反应，形成抗分解的化合物，即铵被有机物固定，其固定机制尚未弄清。有人认为，铵会与芳香族化合物或醌发生反应而被固定，并发现在低 pH，及氮气参与的情况下，反应迅速。

以上两种固氮方式可以防止土壤中速效氮的流失，但固定氮的重新释放非常缓慢，不利于植物吸收。因此，在农业生产中，采用耕耙、晒垡、熏土等措施可加强氮素转化，增加土壤氮素的供给。

（三）氮素的损失

1. 气态氮的散失

（1）反硝化作用。硝态氮被微生物还原，转化为气态氮，称为反硝化作用。这是气态氮的最大损失。反硝化的具体机制尚不清楚，但已知的总体趋势定义如下：

$$2HNO_3 \xrightarrow{-2[O]} 2HNO_2 \xrightarrow{-2[O]} H_2O \xrightarrow{-[O]} N_2$$

大多数研究人员认为，在排水不良或通气不良的条件下，反硝化作用强烈，氮损失急剧增加，即使在管理良好的土壤中，这种损失也是显著的。

（2）化学还原作用。在弱酸性溶液中亚硝酸盐与铵盐接触时会产生气态氮，例如：

$$2HNO_2 + CO(NH_2)_2 \longrightarrow CO_2 \uparrow + 3H_2O + 2N_2 \uparrow$$

（3）铵盐遇土壤碱性物质可反应产生气态氮，如：

$$(NH_4)_2SO_4 + CaCO_3 \longrightarrow CaSO_4 + 2NH_3 \uparrow + H_2O + CO_2 \uparrow$$

（4）挥发性氮肥的自身分解，如：

$$NH_4OH \longrightarrow NH_3 \uparrow + H_2O$$

$$NH_4HCO_3 \longrightarrow NH_3 \uparrow + CO_2 \uparrow + H_2O$$

气态氮的损失受土壤性质和环境条件的影响。当土壤黏重，腐殖质含量高，含水量适宜，石灰等碱性物质含量低时，氨的挥发量较低。相反，挥发性氮增加。高温和大风会加速氮的挥发。因此，深施氮肥和施后覆土可以减少氮素损失。有的地方用氮肥增效剂，如 2- 氨基 -4- 氯 -6 甲基吡啶、6- 氯 -2- 三氯甲基吡啶、硫脲等，可抑制硝化细菌的活性，降低土壤硝化作用，使反硝化过程受到阻碍，对提高氮肥利用率有一定的作用。

2. 硝态氮的淋失

硝态氮是阴离子，不易被土壤胶体吸附。此外，硝酸盐易溶于水，故硝态氮阴离子易随水流失。

硝酸盐淋失通量与气候、土壤条件和栽培措施有关。在多雨地区，硝态氮的淋失是非常严重的，尤其是在经常灌溉和大量施氮肥的地块（如蔬菜地块），大雨后这些地块产生径流。例如，根据施肥水平高的荷兰的统计局的数据，该国每公顷淋失的氮超过 30 kg，占施肥量的 10% 以上。其中，沙土的氮流失量占氮肥用量的 15%，黏土的淋失流失量占施氮量的 4%。

近年来，由于我国各地无机氮肥使用量增加，大量的硝酸盐随水流失，必须加以控制。有的地方用草酰二胺、甲醛缩脲、乙醛缩脲等氮肥抑制剂包覆氮肥，降低氮肥的溶解度，既减缓了氮肥的释放，又提高了施肥效率。此外，改进施肥技术，如制作球粒肥料，也可以减少氮淋失，保证其持续有效供应。

第二节　土壤微系统中的磷过程

一、土壤中磷的含量和形态

（一）土壤中磷的含量

我国土壤磷含量很低，土壤总磷含量（P_2O_5）为 0.3 ～ 3.5 g/kg，变化幅度很大，地域分布趋势明显。从全国主要土壤类型来看，砖红壤类型土壤的总磷含量最低，其次是华中红壤，而东北地区和黄土发育的土壤，磷含量高于一般土壤。耕地土壤总磷含量变化大于一般自然土壤，除了主要受原始土壤类型的影响外，还受栽培和施肥制度的影响。

（二）土壤中磷的形态

1.无机磷化合物

土壤中无机磷的种类很多，组成较为复杂，大致可分为三种形态，即水溶态、吸附态和矿物态。

（1）水溶态磷。土壤溶液中磷的含量取决于土壤的 pH、磷肥的施用量以及土壤中固体磷的含量和结合状态，含量一般在 0.003 ～ 0.3 mg/L。在土壤溶液的 pH 范围内，磷酸根离子可以通过三种方式解离：

$$H_3PO_4 \rightleftharpoons H_2PO_4^- + H^+, \quad pK_1=2.12$$

$$H_2PO_4^- \rightleftharpoons HPO_4^{2-} + H^+, \quad pK_2=7.20$$

$$HPO_4^{2-} \rightleftharpoons PO_4^{3-} + H^+, \quad pK_3=12.36$$

在不同 pH 下，三种磷酸根离子 $H_2PO_4^-$、HPO_4^{2-}、PO_4^{3-} 的相对比例分布如图 11-3 所示。

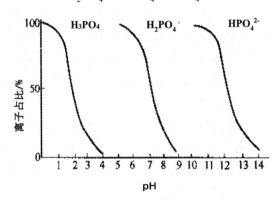

图 11-3　各种磷酸离子的 pH 分布

在一般土壤 pH 范围内，磷酸根离子主要是 $H_2PO_4^-$ 和 HPO_4^{2-}，pH 接近中性（pK_2=7.2），两种磷酸根离子浓度各占 1/2 左右。对于 pH < 7.2 的土壤，$H_2PO_4^-$ 是水溶

性磷的主要形式；对于 pH > 7.2 的土壤，HPO_4^{2-} 是水溶性磷的主要形式。由于植物根系微区土壤酸碱度偏酸性，植物对磷的吸收主要以 $H_2PO_4^-$ 离子的形式存在。除解离或复合的磷酸盐外，水溶性磷还含有部分聚合的磷酸盐和一些有机磷化合物，各组分的含量由其稳定性常数、pH 和相应的溶液浓度决定。

（2）吸附态磷。吸附态磷是指通过各种力（分子引力、库仑力、化学键能等）吸附在土壤固相表面的磷酸根或磷酸阴离子，其中以配位体交换和离子交换吸附为主。土壤黏土矿物交换吸附磷酸阴离子是指吸附在黏土矿物上的其他阴离子（如 OH^-、SO_4^{2-}、F^- 等）与磷酸阴离子（主要是 $H_2PO_4^-$ 和 HPO_4^{2-}）的相互交换，如 Fe、Al 氧化物表面 OH^- 和磷酸阴离子的交换：

$$Fe{\overset{O}{\underset{OH}{=}}} + H_2PO_4^- \rightleftharpoons Fe{\overset{O}{\underset{H_2PO_4}{=}}} + OH^- \qquad Al{\overset{OH}{\underset{OH}{-}}}{-}OH + H_2PO_4^- \rightleftharpoons Al{\overset{OH}{\underset{H_2PO_4}{-}}}{-}OH + OH^-$$

针铁矿　　　　　　　　　　　　　氢氧化铝

根据该反应，磷酸根阴离子与黏土矿物表面的—OH 基团交换生成 OH^-，从而提高溶液的 pH 值。以氧化铁和氧化铝为例，中心离子 Fe^{3+} 和 Al^{3+} 是电子受体，配位体是羟基（—OH）或水合物（—OH_2）。由于配位体的反应性更强，它们很容易受到磷酸阴离子的影响，由其他键代替，反应方程式如下：

$$pH<ZPC, \quad O{\left[{\overset{Fe-OH}{\underset{Fe-OH_2}{}}}\right]}^+ + H_2PO_4^- \rightarrow O{\left[{\overset{Fe-OH}{\underset{Fe-OPO_3H_2}{}}}\right]}^+ + H_2O$$

$$pH=ZPC, \quad O{\left[{\overset{Fe-OH}{\underset{Fe-OH}{}}}\right]}^0 + H_2PO_4^- \rightarrow O{\left[{\overset{Fe-OH}{\underset{Fe-OPO_3H}{}}}\right]} + H_2O$$

$$pH>ZPC, \quad O{\left[{\overset{Fe-OH}{\underset{Fe-O}{}}}\right]} + H_2PO_4^- \rightarrow O{\left[{\overset{Fe-O}{\underset{Fe-OPO_3H}{}}}\right]}^{2-} + H_2O$$

酸性土壤中吸附磷的主要黏土矿物是铁铝氧化物及其水化氧化物。而石灰性土壤中方解石吸附磷酸阴离子的现象也很常见，吸附方程式如下：

$$Ca{-}OH + H_2PO_4^- \rightleftharpoons Ca{-}O{-}\overset{OH}{\underset{HO}{P}}{=}O + OH^-$$

这也是一种配位交换，其原理与前述类似。磷酸根离子首先吸附在方解石表面，然后慢慢转化为磷酸钙化合物。也可以先在溶液中形成磷酸钙化合物，然后沉积在方解石表面。

磷酸根离子与一个—OH 的交换吸附称为单键吸附，与两个或三个—OH 的交换吸附称为双键或三键吸附。随着磷酸根阴离子的吸附能从单键吸附到双键、三键吸附地增加，磷的有效性越来越小。

吸附和解吸处于平衡状态，当磷从土壤溶液中去除（被植物吸收）时，被土壤固相吸收的磷会释放到溶液中。释放量和释放难度取决于表面吸附饱和度、吸附位点类型、吸附量和能量。吸附饱和度越高，吸附磷的效率越高。

（3）矿物态磷。土壤中大约99%的无机磷以矿物形式存在。钙质土壤主要成分为磷酸钙（磷灰石），酸性土壤主要成分为磷酸铁和磷酸铝。

磷灰石可以写成 $Ca_5X(PO_4)_3$，其中 X 代表阴离子 F^-、Cl^- 或 OH^-，有时还代表 CO_3^{2-} 和 O^{2-}。土壤中主要存在三种类型的磷灰石。①氟磷灰石（$Ca_5(PO_4)_3F$），原生矿物残留物，非常稳定，溶解度低，可由其他磷灰石转化形成。②羟基磷灰石（$Ca_5(PO_4)_3OH$），是土壤中含量最多的磷灰石，其形成的原因不仅有氟磷灰石的同晶置换，还有沉淀的磷酸二钙和磷酸三钙的转化。③碳酸磷灰石，因磷灰石中存在的碳酸根而得名，目前尚未确定碳酸磷灰石是否作为单独的化合物存在。土壤矿物磷通常是这三种类型或中间产物的混合物，很难找到单独含有特定类型磷灰石的土壤。土壤中除磷灰石外，还有许多磷酸钙化合物，如磷酸氢钙 ($CaHPO_4$)、磷酸三钙（$Ca_3(PO_4)_2$）、磷酸八钙（$Ca_8H_2(PO_4)_6$）和其系列的水化物。

酸性土壤可形成数十种磷酸铁和铝，但最重要的是磷铝石（$Al(OH)_2H_2PO_4$）和粉红色的磷铁矿（$Fe(OH)_2H_2PO_4$）。它们的成分不是很稳定，Al 和 Fe 可以相互替代，Fe、Al 和 $H_2PO_4^-$ 的比例随着 pH 条件的变化而变化。分子式可写作 $(Al,Fe)(H_2PO_4)_3(OH)_{3\sim n}$（磷铝铁石），$n$ 随 pH 而变。此外，在酸性土壤中发现了包覆有水合氧化铁的磷酸盐矿物，其性质类似于绿磷铁矿（$Fe_2(OH)_3PO_4$），在砖红壤中较常见，称为闭蓄态磷。

2. 有机磷化合物

土壤有机磷含量变幅很大，占土壤表层总磷的20%～80%。在我国的有机质含量为20～30 g/kg 的栽培土壤中，有机磷占总磷的25%～50%。高度侵蚀的南方红壤有机质含量往往低于1%，有机磷占总磷的比例不到10%。东北地区黑土有机质含量为3%～5%，有机磷占总磷的三分之二。黏土比轻质土壤含有更多的有机磷。土壤有机磷化合物的形态结构目前尚不清楚，已知的有机磷化合物主要有以下三类。

（1）植素类。植素是由植酸（环己六醇磷酸）结合了钙、镁、铁或铝等离子形成的植酸盐。它在植物中无处不在，尤其是在植物种子中。在中性或碱性钙质土壤中，主要形成植酸钙和植酸镁，而在酸性土壤中主要形成植酸铁和植酸铝。在植酸酶和磷酸酶的作用下，分解释放部分磷酸根离子，为植物提供活性磷。植酸钙、植酸镁的溶解度比较高，可以被植物直接吸收。但植酸铁和植酸铝的溶解度低，磷酸释放困难，生物利用率较低。土壤中植素有机磷的含量因检测方法不同，其结果也不一致，通常占总有机磷的20%～50%。

（2）核酸类。是一种含有磷和氮的复杂有机化合物。土壤中核酸的组成和性质与动植物和微生物基本相似。大多数人认为土壤中的核酸是由动植物残留物直接降解的，尤其是微生物中的核蛋白。核酸中的磷占土壤有机磷的百分比在 1% ～ 10% 之间。核蛋白和DNA 的水解如图 11-4 所示。

（3）磷酯类。磷酯类是一类能溶于醚和醇的有机磷化合物，常见于动物、植物和微生物组织中。在土壤中的含量不高，一般占有机磷总量的 1% 左右。磷脂易水解，有的可通过天然纯化学反应水解，简单的磷脂可水解生成甘油、脂肪酸和磷酸。复杂的磷脂（如卵磷脂和脑磷脂等）在微生物的作用下通过酶促分解产生磷酸、甘油和脂肪酸。

土壤中有机磷分解是由土壤中微生物活性决定的生物过程。当环境适宜，特别是温度适宜微生物生长时，有机磷的分解矿化速度较快。春季土壤温度较低时，缺磷现象较为普遍，天气转暖时，植物缺磷现象消失。这可能与土壤温度的升高和土壤微生物活动的增加使有机磷的分解增加有关。相比之下，在土壤生

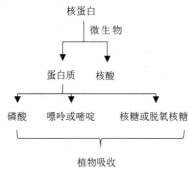

图 11-4　核蛋白和核酸分解示意图

物转化中，微生物可以吸收无机磷形成细胞体，将其转化为有机磷，即无机磷的生物固定，这两个过程同时存在于土壤中。

二、土壤中磷的转化机制

土壤中磷的转化包括磷的固定 (无效化) 和磷的释放过程，它们处于不断地变化之中（图 11-5 ）。

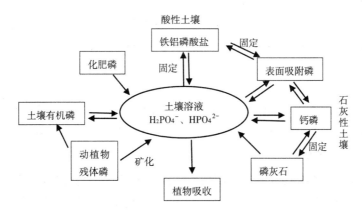

图 11-5　土壤微系统磷的转化

（一）土壤中磷的固定

土壤中磷的固定形式如下。

1.化学固定

由于化学作用，土壤中的磷酸盐转化有两种类型。

（1）在中性、石灰性土壤中，弱酸溶性磷酸盐和水溶性磷酸盐与土壤中的交换性钙镁离子形成沉淀而被化学固定。可用下式表示：

$$磷酸二氢钙 \xrightarrow{\text{快}} 磷酸氢钙 \xrightarrow{\text{慢}} 磷酸八钙 \xrightarrow{\text{慢}} 磷酸十钙$$

（2）在酸性土壤中，弱酸溶性磷和水溶性磷与土壤中交换性铁铝离子作用生成难溶性铁、铝沉淀，如磷铝石（$Al(OH)_2 \cdot H_2PO_4$）、磷酸铁铝 ($FePO_4 \cdot AlPO_4$)、磷铁矿（$Fe(OH)_2 \cdot H_2PO_4$）等。

2. 吸附固定

土壤颗粒表面对土壤溶液中磷酸根离子的吸附称为吸附固定，分为专性非吸附和专性吸附。非专性吸附主要发生在酸性土壤中，由于酸性土壤中 H^+ 浓度较高，黏土颗粒表面的 OH^- 质子化，通过库仑力的作用与磷酸根离子发生非专性吸附：

磷的专性吸附主要在含有大量铁和铝的土壤中发生，其中的磷酸根离子与铁铝氧化物中的 Fe—OH 或 Al—OH 之间发生配位体交换，这是一种化学作用，称为专性吸附。

单键吸附　　　　　　双键吸附

3. 闭蓄态固定

闭蓄态固定是指磷酸盐被无定形铁、铝、钙等胶膜包被的过程或现象。在水稻土、红壤、砖红壤和黄棕壤中，闭蓄态磷占无机磷总量的 40% 以上，是无机磷的主要形式，难以被植物利用。

4. 生物固定

当土壤有效磷不足时，微生物和植物会争夺磷素，从而发生磷生物固定。磷被微生物固定是暂时的，经过生物降解后，磷可以释放出来，供植物吸收利用。

（二）土壤中磷的释放

难溶性无机磷向土壤中的释放主要取决于 pH、E_h 的变化和螯合作用。在石灰性土壤中，在作物、微生物的呼吸和有机肥分解产生的二氧化碳和有机酸的作用下，难溶的磷酸钙盐逐渐转变为更有效的磷酸盐（如磷酸氢钙），直至变成水溶性的磷酸二氢钙：

$$Ca_3(PO_4)_2 + H_2CO_3 \rightleftharpoons 2CaHPO_4 + CaCO_3$$

$$2CaHPO_4 + H_2CO_3 \rightleftharpoons Ca(H_2PO_4)_2 + CaCO_3$$

$$Ca(H_2PO_4)_2 + H_2CO_3 \rightleftharpoons 2H_3PO_4 + CaCO_3$$

植物、微生物和有机肥料分解时产生的螯合物，促使难溶性磷解体，成为有效性磷：

$$CaX_2Ca_3(PO_4)2+螯合剂 \rightleftharpoons H_2PO_4^- + Ca — 螯合化合物$$

（X 为 OH 或 F）

$$A1(Fe)(H_2O)_3(OH)_2H_2PO_4+螯合剂 \rightleftharpoons H_2PO_4^- + A1(Fe) — 螯合化合物$$

渍水后的土壤，土壤 pH 升高，E_h 值降低，促进了磷酸铁盐的水解，提高了无定形磷酸铁盐的有效性；同时也会导致磷酸盐外层包被的部分氧化铁还原为亚铁，包被层去除后，闭蓄态磷可转化为非闭蓄态磷。因此，稻田水旱轮作可促进磷素的释放。

三、土壤磷的调节

（一）调节土壤酸碱度

土壤 pH 是影响土壤固磷的重要因素之一，对于酸性土壤，适当施石灰将 pH 调节至近中性（pH 值为 6.5 ~ 6.8 为宜），可降低固磷作用，提高土壤磷有效性。

（二）增加土壤有机质

含有大量有机质的土壤往往对磷的固定作用较弱。原因是有机质的矿化作用除了能提供部分无机磷外，还有以下作用：①有机阴离子与磷酸盐自由基竞争固体表面专性吸附点，减少土壤对磷的吸收；②有机物分解产生的有机酸和其他螯合剂的作用，使部分固定态磷释放成可溶状态；③腐殖质在铁铝氧化物表面形成保护膜，减少了对磷酸根的吸附；④有机物分解产生的二氧化碳溶解在水中形成 H_2CO_3，从而提高钙、镁和磷酸盐的溶解度。

（三）土壤淹水

土壤淹水后，磷的有效性显著提高，这是由于以下三个原因。① 酸性土壤 pH 值升高会促进铁和氢氧化铝的沉淀，从而降低它们对磷的固定。碱性土壤 pH 值降低，可能会增加磷酸钙的溶解度；相反，如果被淹的土壤干涸，土壤中磷的有效性将降低。②降低土壤氧化还原电位（E_h），高价铁被还原为低价铁，低价磷酸铁的溶解度更高，增加了磷的有效性。③减少了磷酸表面的铁包覆层，有效改善了磷的密闭储存状态。

第三节　土壤微系统中的钾过程

一、土壤钾的含量和形态

我国土壤全钾（K_2O）含量为 0.5 ~ 46.5 g/kg，大部分为 5 ~ 25 g/kg。总的趋势如下：高风化土壤钾含量低于弱风化土壤，砂质土壤高于黏性土壤；从北到南，从西到东，我国土壤钾含量呈逐渐下降趋势。由此可见，东南地区钾肥的使用比其他地区更为重要。

土壤中的钾按植物吸收的难易程度可分为四种形态：水溶性钾、交换性钾、缓效性钾、矿物态钾。

（一）水溶性钾

钾以离子形式存在于土壤溶液中，其含量通常在当量浓度范围的万分之一至千分之一之间，这类钾很容易被植物吸收利用。

（二）交换性钾

吸附在胶体表面的钾离子与水溶性钾保持动态平衡，没有严格的界限。一般含量为 40～200 mg/kg，高的可超过 300 mg/kg，低的低于 10 mg/kg，相差悬殊。水溶性钾和交换性钾合称为速效钾。交换性钾是土壤中速效钾的主要来源。

（三）缓效性钾

缓效钾主要是指陷于三八面体黏土矿物层间及矿物边缘的部分钾。这类钾有效性显著降低，但在一定条件下可以缓慢释放，供植物吸收。

（四）矿物态钾

矿物态钾是指存在于矿物晶层中并参与晶层结构的钾，如长石和云母中的钾。植物不能吸收和利用这种钾。这种钾只有经过长期的风化和分解，才会逐渐变成有效钾。

土壤中各种形态钾的相对含量如下：速效钾占 0.1%～0.2%，缓效性钾占 2%～8%，矿物钾约占 90%。它们可以互相转化，速效钾可以被固定，缓效性钾、矿物态钾也可以被释放。

这些形式中任何一种钾的变化都会导致其他形式的钾发生变化。如果植物吸收速效钾，缓效钾则会释放钾以达成新的平衡。钾肥用量的增加会导致土壤溶液中钾离子浓度的增加，从而促进钾的吸附和固定。

二、土壤中钾的转化机制

土壤中钾的转化包括钾的固定和钾的释放两个过程（图 11-6）。

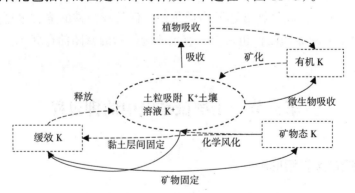

图 11-6　土壤微系统钾素循环

（一）土壤中钾的固定

钾的固定是指水溶性钾或交换性钾转化为不可交换钾的现象，难以用中性盐溶液提取，从而钾的有效性降低的现象。地壳中钾（2.6%）、钠（2.8%）含量相近，但海水中钾的浓度不超过钠的 1/10，其原因在于土壤对钾的固定作用远远超过对钠的固定作用。

固钾机制较为复杂。一般认为钾被固定主要是由于钾离子渗入了三八面体硅酸盐矿物层间所致。在库仑力的影响下，黏土矿物表面的钾离子尽可能靠近黏土矿物内部的负电荷点。2：1 型矿物晶体片层的顶面和底面都由硅氧四面体构成，片层表面每六个四面体平面相连围合形成一个蜂窝状六边形孔穴，上下两面片层叠合而形成封闭孔穴，穴径（0.28 nm）与脱水钾离子粒径（0.27 nm）相近，故脱水钾离子一旦进入晶体片层间，即很容易陷于封闭的六边形孔穴中，从而失去活性而被固定。可见，钾的固定是可交换性钾在一定外力（如干燥和脱水）的作用下，被困在黏土矿物的层间孔穴结构中，产生封闭的机械储存结果。只有 2：1 的黏土矿物有固定钾的作用，而 1：1 的黏土矿物不具有上述特殊的晶格结构，因此不能固定钾。

在 2：1 型黏土矿物中，蛭石、贝得石和伊利石的固钾能力最强。这是因为在这些矿物中，同晶置换（如 Al^{3+} 取代 Si^{4+}）主要发生在硅氧四面体中。蒙脱石的同晶置换主要发生在铝氧八面体中。前者产生的负电荷与晶面钾离子的距离为 0.219 nm，后者产生的负电荷与晶面钾离子的距离为 0.499 nm。由于吸引力与距离的平方成反比，前者电荷产生的吸引力较后者大 5 倍。因此，蛭石和其他矿物晶体表面的可交换钾离子比蒙脱石上的钾离子更容易被"困"在蜂窝状孔隙中，成为更稳定的钾离子。至于蒙脱石上交换性钾的固定，则是干湿土壤的交替作用增强，使晶格层之间的空间不断膨胀和收缩，以及钾离子在孔隙中的"挤压"。因此，2：1 型黏土矿物的固钾能力依次为蛭石 > 贝得石 > 伊利石 > 蒙脱石。除了可以固定钾的层状硅酸盐外，水铝英石和沸石也可以固定大量的钾，风化长石表面也能固钾。

固钾速度较快。48 h 后钾的固定量比 10 min 时的固定量高 50%（表 11-2），且随着温度升高、pH 升高和土壤含水量降低，这一速度加快。

表 11-2　钾固定量和时间的关系

作用时间 /d	0.5	2	7	30	60
总固定量的 /%	71	83	86	96	97

以上论述表明在固钾过程中存在物理和化学作用。事实上，一些试验表明，固钾作用减少了土壤阳离子交换量。交换性阳离子是固定作用的基础。例如，土壤中的部分"吸附位点"是非活性阴离子时，钾的固定量相应减少；当钾与土壤中另一种具有强交换能力的阳离子（如钙离子）竞争吸附位点时，钾的固定量也降低。根据这些结果的比较，可推知钾的固定包括两个步骤：溶液中的钾离子先转化为可交换性钾，然后转入晶格内部成为固定态钾。

固钾作用不仅与黏粒矿物的种类和含量等内在因素有关，还与水分条件、土壤酸度、铵离子、钾肥的种类和用量等外在因素有关，它们对钾转变为不可交换状态有重要影响。

土壤在干、湿条件下均会发生固钾，但程度不同，这也与黏土矿物的种类有关。例如，风化云母、蛭石、伊利石即使在潮湿条件下也能固钾，而蒙脱石只能在干燥条件下固钾。

当土壤干湿交替时，钾的固定很重要，温度越高，钾的固定量越高。试验证明，温度本身并不重要，重要的是土壤干燥的效果。如果在高压灭菌器中加热到120℃，不会导致钾过度固定，因为它不会引起脱水。相反，在升温干燥过程中，会产生强烈的固钾现象。可见干燥是固定钾的重要因素，因为干燥增加了土壤溶液中钾的浓度，加大了它到达交换位置的机会，而且钾离子脱水，晶层关闭，所以钾易被晶格层间孔穴所固定。

干湿对土壤固钾的影响随土壤原始可交换性钾含量的变化而变化。当交换性钾含量高时，干燥导致固定。如果交换性钾含量低，不仅不能固定，反而还会促进钾释放。根据学者的数据，缺钾的翻耕底层土壤晒干后可显著提高有效钾含量，有时可提高3.5倍。

当土壤pH值降低或用酸处理时，钾的固定量也会减少，如果土壤变成酸性土壤，钾的固定量可以减少到几乎为零。这是因为在酸性条件下钾的选择性结合位点可能被铝和羟基铝离子及其聚合物占据。其次，H_3O^+的半径与钾的半径接近，会相互竞争结合位点。从表11-3可以看出，当弱淋溶黑钙土的pH值从5.3减少到3.0时，钾的固定量从47.7%下降到18.4%。随着土壤pH值的增加，钾的含量也会增加。很多资料表明，在土壤中加入Na_2CO_3、$Ca(OH)_2$、NaOH等，可以增强固钾作用。有人认为酸化条件下钾的固定会减少，增加钾的活性，但在碱性条件下情况相反。因此，在碱性盐渍土中固钾作用最强，其次是中性黑钙土，在酸性粉状土壤中较弱。

表11-3 pH对钾固定的影响

土 壤	pH		钾的固定量/%
	H_2O	HCl	
弱淋溶黑钙土	6.0	5.3	47.7
弱淋溶黑钙（用0.025 mol/L HCl饱和）	4.2	3.0	18.4
生草-中度灰化重壤土	5.2	4.4	35.2
生草-中度灰化重壤土（用0.065 mol/L HCl饱和）	4.3	3.2	26.7

铵离子和有机质对钾的固定也有一定的作用，由于铵离子的半径（0.148 nm）与钾离子的半径（0.133 nm）相近，可以像钾离子一样固定在土壤中。这两种离子的固定机制非常相似。2∶1膨胀型矿物底部氧网六边形孔的直径为0.28 nm，大于铵离子半径，使铵离子容易进入晶格孔穴，被孔穴中的负电荷俘获。它们紧密结合成为固定态铵离子，同时铵离子可以交换固定态钾。由于铵离子可以与钾竞争钾的结合位点，应在施用铵态氮肥后施用钾肥，以降低土壤对钾的固定。但也有人认为，铵离子可以代替层间较大的钙或镁离子，使晶层间的间隙减小，使钾紧紧地封闭在孔隙中，降低了固定态钾的释放能力。相反，它变得更加缺钾。

钾盐的种类和浓度对钾的固定有显著影响。根据 Volk 等的研究，随着钾肥用量的增加，钾的固定量会增加。关于阴离子对固钾的影响，资料表明氯化钾、硫酸钾和碳酸氢钾中钾的固定强度几乎相同，但施用磷酸钾后显著增加。这是由于黏土矿物中 $H_2PO_4^-$ 和 OH^- 的交换，增加了黏土矿物的电荷。

在土壤水分恒定的情况下，土壤中各种形态钾肥的固定作用的强弱如下：K_2HPO_4 $< KNO_3 < KCl < K_2CO_3 < K_2SO_4$。

在土壤干湿交替情况下则为 $K_2CO_3 < K_2SO_4 < KNO_3 < K_2HPO_4 < KCl$。

（二）土壤中钾的释放

土壤钾释放一般是指土壤中的缓效钾转化为速效钾，成为植物可以利用的形式。土壤类型不同，其释放钾的能力和性质也不同，这主要与含钾矿物的种类有关。黑云母易风化，钾的释放较快；钾长石和白云母受天气影响较小，钾释放也较慢。从表 11-4 可以看出，钾的供给能力远高于白云母和正长石。用 1 mol/L HNO_3 连续萃取，可分别萃取 95.9%、23.1% 和 4.0% 的总钾。幼苗试验结果还证明，播种 30 天后的小麦幼苗从黑云母中吸收的钾占总钾的 10.2%，白云母为 3.5%，正长石为 0.5%。固钾能力强的矿物质释放钾的能力很小。例如，蒙脱石固钾能力不强，固定的钾容易释放；蛭石不但固钾能力强，而且释放固定钾的难度也比蒙脱石大；水云母介于两者之间。土壤 2：1 型黏土矿物按释放钾的能力的排序为蒙脱石＞伊利石＞拜来石＞蛭石。

表 11-4　矿物含钾形态及释放能力

样　品	全钾 (K_2O)/%	缓效钾 /(mg·kg^{-1})	速效钾 /（mg·kg^{-1}）	1 mol/L HNO_3 提取		
				次数	K_2O/%	占全钾 /%
黑云母	8.54	1.03	48.5	17	8.19	95.9
白云型	10.34	1.35	62.5	19	2.39	23.1
正长石	8.58	<0.1	8.0	8	0.34	4.0

研究表明，土壤中钾的释放本质上是将缓效钾转化为速效钾的过程，一般来说，缓效钾的释放是非常缓慢的。Wiklander 用 ^{42}K 同位素试验，温度为 87℃时，14 h 后交换性钾仅为 5%。曾有作物生长的土壤比抛荒地土壤释放钾的速度更快。这可能是由于作物对钾的吸收，破坏了动态平衡，导致部分缓效钾转化为交换性钾。这也说明，只有当土壤中原有的交换性钾含量降低时，缓效性钾才作为交换性钾释放出来。这种释放随着交换性钾水平的降低而加剧，直到恢复原来的交换性钾含量水平。一般来说，如果土壤中的缓效性钾含量高，其释放量和释放速度就大。因此，一些土壤科学家建议将土壤中缓释钾含量作为潜在土壤钾供应的指标。测定方法是用 1 mol/L HNO_3 浸提、消煮 10 min，从总浸提液中减去水溶性钾和交换性钾，即为缓效钾的近似值，并以此作为合理施用钾肥的依据。

此外，干烧和冷冻对土壤钾的释放有显著影响。一般来说，潮湿土壤往往会因干燥而促进钾的释放，但如果土壤中富含有效钾，则情况可能逆转。高温（＞100℃）灼烧，如焚烧土壤、烟熏土壤，可大幅增加土壤中的速效钾。土壤灼烧后，不仅缓效钾被释放成速效钾，包裹在长石等原生矿物中的一部分非活性钾也被分解成速效钾。此外，冷冻作用，特别是冻融交替作用，可以促进钾的释放，交替冻融可使晶格体积增大，促进离子从晶格孔隙中释放出来。

因此，在生产实践中，为防止和减少固钾，促进钾素向土壤中释放，钾肥最好在根系附近适当深施和集中施用。如果施肥过浅，由于土壤水分变化大，容易固钾。此外，加施有机肥，可以提高土壤吸收和保持交换性钾的能力，减少蒙脱石的膨胀和收缩，在黏土表面形成有机层，减少固钾。有机物分解过程中产生的二氧化碳和有机酸也能增强含钾矿物质的风化作用，提高钾的供给水平。

第四节　土壤微量元素过程

微量元素是指土壤中含量极低的化学元素，其含量从百分之一到十万分之一不等。土壤微量元素的含量主要与土壤的原始构成物质和土壤矿物成分有关，同时还受气候、地形、植被覆盖等土壤形成因素的影响。因此，不同地区甚至同一地区不同土壤中不同微量元素的含量差异很大（表11-5）。

表 11-5　东北地区发育在不同母质上的土壤中微量元素含量比较（《中国东北土壤》）

土　类	成土母质	微量元素含量 /(mg·kg⁻¹)													
		Ba	Si	Mo	Mn	Cu	B	Co	Zn	Ti	Cr	V	Ni	Pb	Sn
暗棕色森林土	玄武岩风化物	430	320	13	1 150	40	18	72	190	7 900	370	170	320	11	7
暗棕色森林土	花岗岩风化物	680	200	4	1 300	19	41	25	102	1 300	71	81	51	37	8
黑钙土	砂土	680	330	0.8	260	9	30	16	26	3 300	60	74	74	14	3
黑钙土	黄土性黏土	660	400	2	1 200	34	55	25	93	7 000	102	106	68	34	8

有机肥料中含有多种微量元素，化肥、农药中往往也含有一些微量元素。灌溉、降水和大气也是土壤微量元素的来源。

土壤中若缺乏微量元素，植物将出现各种病害，严重时会导致生理机能异常。近年来，人们发现一些地方病与当地土壤和饮用水中某些微量元素缺乏有关。

土壤微系统中微量元素循环过程的机理如图11-7所示。这里我们以硼、钼、锰、锌和铜为例分别叙述。

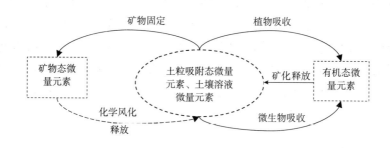

图 11-7　土壤微系统微量元素循环

一、硼

我国土壤中硼含量为 0 ～ 500 mg/kg，变化范围很大，主要由母质和土壤类型决定。一般来说，海洋沉积物的硼含量（20 ～ 200 mg/kg）高于火成岩（约 300 mg/kg）。干旱地区的土壤比湿润地区的土壤含硼量多，这是因为其淋溶作用弱，表土中的硼酸钠、硼酸钙等含硼物质流失少。从全国来看，土壤含硼量自北向南呈逐渐降低的趋势。西藏珠穆朗玛峰地区土壤含硼量最高，西北和长江中下游下蜀地层的黄土次之，华南地区的赤红壤和砖红壤含量最低。

硼主要以水溶态、吸附态、矿物态形式存在于土壤中。矿物态硼风化后，硼酸（H_3BO_3）分子解离成 BO_3^{2-} 并进入土壤溶液。水溶性硼是有效硼，其含量一般较低。

土壤中硼的有效性受土壤酸度和有机质含量等因素的影响，其中土壤酸度影响最大。一般来说，pH 在 4.7 ～ 6.7 时硼的有效性最高。随着 pH 值增加，硼的有效性降低。在 pH ＞ 7 的土壤中大多数作物缺乏硼，潮湿地区的弱酸性土壤由于强烈的淋失作用而缺乏有效硼。一般来说，富含有机质的土壤中有效硼较多，而且由于有机质能吸附硼，所以能减少硼淋失，据测定腐植酸钙可吸附硼 1.4 ～ 1.8 mg/g。

水溶性硼也可以被黏土矿物、氢氧化铝和铁吸附和固定。当石灰施用于酸性土壤时，OH^- 的浓度会增加，这会增强硼的固定并降低硼的有效性。

据介绍，在缺硼的土壤上施硼肥，可以提高粮、棉、油、糖等的产量和品质，特别是甜菜等块根作物、豆类和十字花科植物。禾本科植物对硼肥不是很敏感，但如果土壤缺硼严重，施肥效果好。硼肥对提高蔬菜、果树的产量也有一定的作用。

二、钼

我国土壤钼含量为 0.1 ～ 6 mg/kg。土壤钼主要来自含钼矿物，如辉钼矿、橄榄石等。土壤钼含量与成土母质有关系：由花岗岩母质发育的土壤钼的含量比较高，而由黄土母质发育而成的土壤中钼的含量比较低。含钼矿物风化后，钼以阴离子形式存在，如 MoO_4^{2-} 或 $HMoO_4^-$。

土壤中的钼不仅受土壤母质的影响，还受土壤酸碱度的影响。虽然酸性土壤中钼含量较高，但有效钼含量并不多。在酸性环境中，钼很容易被高岭石、铁和氢氧化铝以及铁、铝、锰和钛的氧化物吸附和固定。因此，当 pH 值较低时，土壤对钼的吸附增加，经常出现缺钼现象。植物对钼的吸收量受土壤环境的影响大。在酸性土壤上施石灰可使 pH 值从 5 提高到 5.5，使土壤中钼的有效含量提高 10 倍，从而改善植物的钼营养。

三、锰

我国土壤中锰的含量为 42～3 000 mg/kg。土壤中锰的含量主要来源于土壤母质，母质不同，锰含量完全不同。例如，玄武岩上发育的红壤含锰 1 000～3 000 mg/kg，而花岗岩上发育的红壤锰含量则低于 500 mg/kg。在片岩和页岩沉积物上发育的红壤含锰 200～5 000 mg/kg，花岗岩上发育的赤红壤含锰量最低。

土壤中的锰包括矿物态、水溶态、交换态和还原态锰。后三类为有效态锰。它们主要以二价、三价和四价离子化合物的形式存在。大多数矿物锰是四价和三价的氧化锰，植物不能利用，但植物可以利用还原成二价锰的化合物。三价氧化锰很容易从锰中还原出来。

土壤中锰的价态转换由土壤 pH 和氧化还原条件决定。土壤 pH 值低，酸性强，二价锰增加；接近中性，生成三价锰（Mn_2O_3）；当 pH＞8 时，变成四价锰（MnO_2）。在氧化条件下，锰由低价转为高价。因此，锰在酸性土壤中比在石灰性土壤中更有效。在轻质、通风良好的土壤上，二价锰被氧化成高价锰，这也会降低锰的有效性。在淹水条件下，有机物和微生物引起的还原作用将高价锰还原为低价锰，从而增加了锰的有效性，因此水田土壤中可利用的锰更多。

豆科作物和豆科绿肥对锰肥反应良好。棉花、油菜籽、烟草等也因施锰肥而增产。

四、锌

我国土壤中锌含量为 3～790 mg/kg，其含量与形成土壤的母质有关，如基性岩发育的土壤和石灰石母质发育的土壤含锌较多。在同一土壤类型中，发育于石灰岩和花岗岩中的红壤含锌量最多（85～172 mg/kg），发育于砂岩母质中的红壤含锌量最少（28～63 mg/kg）。

在酸性土壤中，锌以二价阳离子形式存在。在中性和碱性土壤中，锌离子变成带负电荷的络离子，也可以以氢氧化物、磷酸盐、碳酸盐等形式沉淀，降低锌的溶解度。因此，酸性土壤中可利用的锌较多，而缺锌多发生在 pH＞6.5 的土壤中。在北方土壤上施锌肥，可提高玉米、水稻、棉花、马铃薯和甜菜的产量。除了大田作物外，果树缺锌也很常见，如北方的桃树、梨树、苹果树和南方的橘树等，喷施锌肥可提高其产量。

五、铜

我国土壤铜含量为 3～300 mg/kg。除长江下游部分土壤类型外，不同土壤类型的平均含量在 20 mg/kg 左右。富含有机质的土壤表层富含铜。然而，沼泽土壤和泥炭土壤中的植物容易缺铜。

土壤中植物可利用的铜一般在 1 mg/kg 以上，成土母质的差异往往会造成一定的变异。

目前，我国铜肥试验相对较少。根据目前的试验结果，叶面施用铜肥和用铜肥处理种子有时会增加水稻、小麦、甘薯、棉花和马铃薯的产量。

思考题

1. 土壤微系统氮素的生物过程中，涉及哪些微生物？
2. 在土壤微系统磷素的生物过程中，微生物是如何帮助植物吸收磷的？
3. 在土壤微系统钾素的生物过程中，钾素循环有何特点？
4. 微量元素在土壤微系统中主要通过什么途径被生物同化？

第四篇

社会－自然复合系统背景下的土壤演化

自从人类进入游牧和农业文明后即开始有目的地利用土壤。游牧民族的人们驱赶牲畜逐水草而居，大批牲畜通过啃食牧草、踩踏草原等干扰方式改变草原土壤的演化；农业生存方式形成以后，人们有目的地种植庄稼改变了地表原有植被形态，同时通过耕作、施肥、灌溉等人为措施改变了表层土壤的结构，使原有自然土壤演化的方向发生了根本改变。这是传统社会系统背景下土壤演化的特点。

　　进入工业文明后，人类的生产、生活方式发生了根本改变。诸如，人类聚落规模空前扩大，大规模基础设施产生的硬化地面隔绝了水、空气等资源向土壤地输入；人类生活废弃物、生产废弃物集中输入土壤，造成土壤污染，从而使产自土壤中的植物产品品质低劣、有毒化；土壤中有毒物质外溢使水体毒害化；等等。凡此种种，无一不体现当代工业化社会人类生活方式对土壤的不当干扰。这也说明当前人类的工业化生活方式还没找到一条合理的与自然系统和谐相处之道。笔者在这一篇章提出相应现象和问题，一则警示社会系统的干扰已然对土壤健康和安全造成了严重影响；二则提醒青年学子，针对列举的问题要深入思考和研究，开拓并学会与自然和谐相处之道。

　　该篇包括三章，即第十二章、第十三章、第十四章，第十二章讲述传统农牧业 - 自然复合系统背景下土壤的演化规律，第十三章讲述现代工业社会 - 自然复合系统背景下土壤的演化规律，第十四章则讲述土壤污染的防治。

第十二章　农牧业－自然复合系统的土壤演化

人类进入文明社会以来，共经历了三类文明，即游牧文明、农业文明和工业文明，工业文明的历史不过几百年，而人类农牧业文明历史则近万年。人类农牧业的直接作用对象是土壤，因此人类农牧业的生产方式对土壤产生的影响是最直接的，农牧业环境下，土壤的演化方式与自然土壤截然不同。

本章分三节，即农业土壤的形成与演化、游牧区土壤的演化及人工林地土壤的演化。

第一节　农业土壤的形成与演化

广义上的农业包括种植业、林业、畜牧业、渔业以及副业五种产业形式；而狭义的农业是指种植业，包括生产经济作物、粮食作物、饲料作物和绿肥等农作物的生产形式。本节所指的农业特指狭义农业，即种植业。植物产品的生产，根据生产条件的不同分为水耕和旱作。水耕农业最典型的并且面积最大的是水稻生产，旱作农业的内容则广泛得多，可分为多种形式的植物产品生产。不同的农业生产方式对农业土壤演化的影响不同，本节将具体讲述水耕农业与旱作农业方式下的土壤的演化。

一、水稻土的形成与演化

水稻土形成之前都为自然土。哪些类型土壤最先成为水稻土呢？那就是长江中下游的河湖冲积土壤。据考古研究结果，在江西仙人洞遗址和吊桶环遗址中发现了距今约12 000年的稻作遗存；5 000多年前的良渚文化及河姆渡稻作文化即是成熟的农业文明。这些地区都邻接湖滨湿地。人们在近水低平地区定居后，将沼泽或湖滨湿地中的水排干，修圩堤，整田埂，建排灌渠道，即成可种植水稻的稻田。至今尚存的南方湖区"圩田"即是早期人类垦殖湖区稻田的证明（图12-1）。

图 12-1　圩田

人类在早期取得湖滨圩田建设的经验后，陆续在湿润气候的平原、丘陵及山区开垦稻田，形成了现代不同地区不同母土类型基础上的水稻土。

水稻土是在水稻长期栽培条件下，受到人为的水耕熟化和自然成土因素的双重影响而形成的。经过水耕熟化和氧化与还原交替，水稻土具有"水熟层（W）- 底部防护层（A_{p2}）- 过滤层（B_e）- 水沉淀层（B_{shg}）- 栽培层（B_r）"的独特剖面。

（一）水稻土的分布与形成条件

水稻生产的历史悠久，在中国占有重要的地位。中国种植水稻的历史可以追溯到万年以前。水稻土分布面积大，其中以长江中下游平原、四川盆地、珠江三角洲的面积最大，形成的水稻土类型较为复杂。

我国南方雨水较多，可利用江河湖水灌溉，也可以用蓄存于坑池中雨水灌溉，所以在低平洼地或突兀的山坡都有水田。各地习惯将它们称为低谷地中的冲田或间田，丘陵窄谷中的垄田或坑田，坡地上的傍田。除了低平洼地外，还可以在坡地的黄棕壤、红壤、黄壤、紫色土和石灰土上修筑梯田种植水稻，如云南、广西的梯田。

我国北方地区降雨量少，水稻种植多利用河水或井水灌溉，水稻土也多分布在草甸、沼泽、盐碱区。在西北沙漠边缘地区，也有利用山上的雪融之水灌溉种植水稻的，因此这些地方偶尔也能发现水稻土分布。

（二）形成过程、剖面形态、基本性状

1. 形成过程

在水耕熟化期对水层进行灌溉和排水管理，使土体发生还原和氧化的交替作用，进而形成水稻土。

（1）氧化还原过程。灌水前，水稻土 E_h（氧化还原电位）一般在 $450 \sim 650$ mV，灌水后则快速降到 200 mV 以下，特别是在土壤有机质强烈分解期，E_h 可最低降到 100 mV。

水稻成熟后土壤落干，E_h 又可回升至 400 mV 以上。在同一个水稻土剖面，由于各土层微环境不同，E_h 也不同。水稻土表层很薄的土层（几毫米到 1 厘米）与淹水接触并在灌溉水中溶解氧（7.9 毫克／升）的作用下氧化，E_h 在 300 ～ 650 mV；由于犁底层水分饱和和微生物活动耗氧，E_h 可降至 200 mV 以下，成为还原层。犁底层以下土壤层氧化还原状况取决于地下水的深度。例如，如果地下水位较深，则该层不受地下水的影响。并且由于犁底绝缘，水没有饱和，所以处于氧化状态，E_h 可达 400 mV 以上；如果地下水位高，则该层处于还原状态。水稻土的 E_h 特性决定了水稻土的组成及一系列相关性质。图 12-2 显示了稻土浸泡后各层的氧化还原状态。

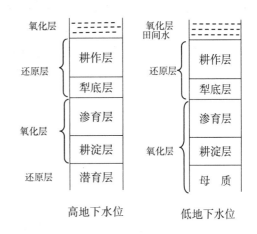

图 12-2　水稻土淹水后各层次的氧化还原状况

（2）有机质的合成与分解。与原始天然土壤相比，水稻土有利于有机物质的积累，有机物质含量高于原始土壤，但黄腐酸的比例增加。

（3）盐基淋溶与复盐基作用。种植水稻后，交换性土壤基质的离子重新分布，一般饱和土壤的基质渗入，而非饱和土壤具有双重基质效应，尤其是在酸性土壤上施石灰后。

（4）铁、锰的淋溶与淀积。在还原条件下，低价铁锰开始大量增加，特别是与土壤中的有机质复合并沉降，开始沉积在沉积层中（形成含水沉积层），沉积深度为锰低于铁。一般来说，栽培品种层的铁锰含量较低，沉淀层较高，沸腾层最低。铁和锰的浸出会导致"白土"的形成，这方面可以参考铁溶解学说。

（5）黏土矿物质的分解与合成。水稻土的黏土矿物质与原始天然土壤基本相同，但源自钾矿物质含量高的原始土壤（如灰紫色土）的水稻土，降低了水云母的含量，增加了钾的含量。

2.剖面形态

水稻土的剖面形态通常为 W—A_{p2}—B_e—B_{shg}—C。

（1）水耕熟化层（W）。原天然土层经淹水耕作而成，灌水时泥烂，落干后可分为两层：第一层厚约 5 ～ 7 cm，表层（小于 1 cm）由分散土粒组成，表面以下以小团聚体为主，多根系及根锈；第二层土色暗且凹凸不平，夹大土团及大孔隙，缝隙壁上附有铁、锰斑或红色塑料薄膜。

（2）犁底层（A_{p2}）。相对坚硬，片状，带有铁和锰的斑纹和薄膜。

（3）渗育层（B_e）。它是在季节性灌溉水渗淋下形成的，它既有物质的淋溶，又有耕层中下淋物质的淀积。一般可分为两种情况：一种可发育成水相沉积层；另一种是强烈淋溶并发展成白色土层（E），后者可被认为是铁分解的结果。

（4）水耕淀积层（B_{shg}），简称"耕淀层"。含有较多的黏粒、有机质、铁、锰与盐基等。铁的结晶速率高于其上方土层的结晶速率，也可按氧化还原强度来划分。

（5）潜育层（B_r）。即一般的潜育层。

（6）母质层（C）。因原土和水稻土的发展过程的不同而不同。

起源于不同母土的水稻土，若通过长时间的水耕熟化，也可以向着较典型的方向发展，如图 12-3 所示。

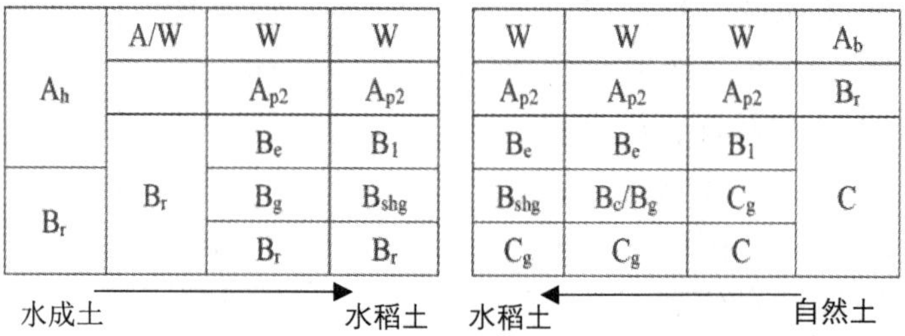

A_h	A/W	W	W	W	W	W	A_b
		A_{p2}	A_{p2}	A_{p2}	A_{p2}	A_{p2}	B_r
		B_e	B_1	B_e	B_e	B_1	
B_r	B_r	B_g	B_{shg}	B_{shg}	B_c/B_g	C_g	C
		B_r	B_r	C_g	C_g	C	

水成土 ← → 水稻土　　水稻土 ← → 自然土

图 12-3　不同母土上的水稻土发育模式示意

3. 水稻土的一般性状

（1）水稻土中的有机质和氮素。

①水稻土中的有机质。水稻土有利于有机质的积累，与旱作土壤相比，水分系数更高。据沈阳农业大学观测，经腐殖质处理的鲜猪粪、牛粪和马粪施于旱地土壤，其腐殖质化系数分别为 27.5%、37.6% 和 32.0%，而水稻土分别为 38.4%、69.8% 和 48.0%。

②水稻土中的氮素。由于有机质含量高，水稻土壤中的氮营养主要来自土壤。研究表明，在施氮肥的情况下，水稻吸收的氮有 60% ～ 80% 来自土壤，20% ～ 40% 来自化肥，可见水稻土壤施肥的重要性。

（2）水稻土中的磷、钾与硅。

①水稻土通常缺磷，一是早春土壤温度低，微生物活动较弱，不利于有机磷的转化，因此早春容易僵苗；二是后期水稻土水层的落干管理，Fe^{2+} 转变为 Fe^{3+} 并与 PO_4^{3-} 结合，形成难溶于水的 $FePO_4$。

②水稻土往往缺钾，主要是因为 Fe^{2+} 在土壤中交换钾，产生置换磷，导致幼苗缺钾。

③水稻土中的硅虽多，但溶解度小。硅酸以单分子 $Si(OH)_4$ 的形式溶于水，但可被两性铁－铝胶体吸附，并可与 $Fe(OH)_3$ 结合形成复盐。这种化合物可以通过淹灌增加其还原性并增加其硅的有效性，以满足水稻的生长需求。

（3）水稻土中的硫。水稻土有机态硫含量为 85% ～ 94%，通气不好时易转化为 H_2S，引起水稻中毒，临界浓度为 0.07 mg/kg。中毒的标志之一是水稻根部发黑并覆盖有硫化铁，因此水稻土壤的通气条件更为重要。通气良好的迹象是根部呈嫩白，根孔上覆盖着一层红色塑料薄膜。

（4）水稻土中的铁和锰。如水稻土壤成分部分所述，水稻土壤中的铁和锰随着 E_h 值的变化而移动。但在为水稻的营养状况考虑时，只有在酸性强、排水不畅的"锈水田"中，铁含量才能达到 50 ～ 100 mg/kg。

（5）水稻土的 pH。水稻土的 pH 不仅受原母土的影响，还与水层的管理有关。一般来说，酸性水稻土或碱性水稻土浸水后 pH 变为中性，即 PH 值由 4.6 ～ 8 变为 6.5 ～ 7.5。灌溉可使高碱性水稻土中的碱性物质流失，导致土壤 pH 值降低。

（6）水稻土的一些特殊的水分物理性状与耕性。

①油性。它是腐殖质和黏土含量适中的一种表现，有机质含量约 29.2 g/kg，黏粒含量一般在 16% 左右。油性也指具有良好结构和高整体肥力的土壤的性质。

②烘性与冷性。是指土壤温度变化的综合反映，烘性是指有机质较多，C / N 比较高；冷性是指有机质含量较低，C / N 比较低。

③起浆性与僵性。一般质地黏重，黏土矿物不同，在水分物理性状方面的反映不同。核心是 2：1 型的矿物，硬度主要是由 1：1 型的黏土矿物体现。

④淀浆性与沉砂性。一般来说，质地比较砂，不同的水分物理性质主要是由于粗粉砂与黏粒的比例不同而形成的。淀浆性的水稻土的粗粉砂与黏粒之比约为 2：1，而沉砂性的水稻土的粗粉砂与黏粒之比高达 5：1。

⑤刚性与绵性。是土壤水分处于风干状态时，黏土和淤泥含量不同的一种土壤结构；固体黏土含量 > 40%，干燥时坚硬；海绵粉泥含量 > 40%，干时不太坚硬，比较松脆。

（三）亚类的划分

根据第二次全国土壤普查的分类体系以及水稻土的水文状况，水稻土分为淹育型、渗育型、潴育型、潜育型、脱潜型、漂洗型、盐渍型等亚类。

（1）淹育型水稻土。分布于丘陵岗地的坡麓及沟谷的上部，不受地下水的影响，供水不充足，周年淹水时间较短，土体构型为 W—A_{p2}—C，属幼年型水稻土。

（2）渗育型水稻土。主要分布于平原高地、平缓丘陵坡地，受地面季节性灌溉水影响。土体构型为 W—A_{p2}—B_e—B_{shg}—C_g。渗育层（B_e）厚度在 20 cm 以上，棱块状结构，有铁锰物质淀积。渗透层中的铁晶胶率远高于剖面中的其他层。

（3）潴育型水稻土。分布于平原、丘陵和河谷的中下部，水稻种植历史悠久，排灌条件良好，受地表灌溉和地下水的影响。土体构型为 W—A_{p2}—B_e—B_{shg}—C_g。下部有明显水耕淀积层（B_{shg}）或潴育层，厚度 > 20 cm，该层棱块或棱柱状结构发育得很好，有橘红色的铁锈及铁锰结核等。与其他层相比较，铁的活化程度低，晶胶率高，其盐基饱和度也高。

（4）潜育型水稻土。分布于山地河谷下部低洼洼地，地下水位高或近地表，土体构型为 A_1—A_{p2}—B_e—B_r。青灰色的潜育层活性铁高，铁的晶胶率 < 1。

（5）脱潜水稻土。主要分布于河湖平原及丘陵河谷下部地区，经兴修水利，污水条件得到改善，地下水位降低，土体构型为 W—A_{p2}—B_e—B_{shg}—B_r。原来犁底层下的潜育层（B_r）变成了水耕淀积层（B_{shg}），该层在青灰色土体内出现铁锰锈斑，活性铁变少，铁的晶胶率却成倍地增加。

（6）漂洗型水稻土。主要分布在地势明显倾斜的地区，土壤中存在不透水层，受侧向渗水影响，如白浆水。土体构型为 W—A_{p2}—E—B_{shg}—C 或 W—A_{p2}—E—B_e—B_{shg}—C。即在上层 40 ～ 60 cm 处出现白色漂洗层（E），其厚度 > 20 cm，粉砂含量高，黏粒及铁锰均比上、下层含量低。

（7）盐渍性水稻土。主要分布在盐渍土地区，是水稻在盐渍土中种植后形成的。主要成分一般与水稻肥沃土壤相同，但由于水稻栽培期短，表层可溶性盐分含量高，大于1 g/kg。

二、旱作土壤的形成与演化

自人类开始种植粮食、蔬菜等农作物后，原先的自然土壤经人类耕作措施转变成轻、中、高成熟土壤，适宜种植的农作物也从最初的几种耐瘠耐旱作物转变为较广泛的作物，农作物产量显著增加。

自然土壤变成旱作土壤后，土壤的性质和形态逐渐发生变化。耕作层形成，熟化土层加厚，土壤颜色转为灰暗色。由于机械淋溶黏粒加速向心土层淀积，心土层黏粒含量会增加，随着成熟度的增加，黏粒淀积的位置会逐渐下移（图 12-4）。同时，心土层滞水能力加强，心土层呈现黄色的水化特征。

以红壤为例，从物理性质上看，红壤被开垦、翻耕施肥、种植农作物后，表层团块结构逐渐消失，逐渐形成土壤团聚体，碎块、粒状结构逐渐增加，质量得到改善；土壤容重变小，孔隙度增大，可塑性降低，黏性降低，提高了土壤的通透性、蓄水性、耕性，未开垦红壤的黏重、紧实、板结等不良物理性状得到改善。

从化学性质上看，红壤开垦之后，土壤酸性降低，土壤熟化后，pH 值提高，交换性铝含量降低，其盐基离子含量增高（表 12-1）

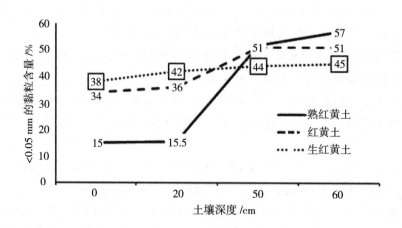

图 12-4　不同熟化程度红壤旱土剖面黏粒分布（《湖南土壤》，1987）

表 12-1　不同熟化程度红土壤的理化性质（摘自《湖南土壤》，1987）

土壤名称		熟红黄土	红黄土	生红黄土
母质		第四纪红土	第四纪红土	第四纪红土
pH 值		6.1	5.9	5.3
有机质 /%		2.02	1.91	1.71
全 N 占比 /%		0.136	0.119	0.109
C/N		8.6	9.3	9.2
全磷（P_2O_5）/%		0.143	0.144	0.091
全钾（K_2O）/（mg·kg^{-1}）		2.01	1.8	1.9
碱解氮 /（mg·kg^{-1}）		115	112	98
速效磷 /（mg·kg^{-1}）		8.6	5.3	2.1
速效钾 /（mg·kg^{-1}）		140	134	98
交换性盐基组成 /（mg/100 g 土）	K^+	0.66	0.58	0.17
	Na^+	0.13	0.09	0.1
	Ca^{2+}	5.9	8.6	1.22
	Mg^{3+}	2.12	1.93	0.25
交换性酸 /（mg/100 g 土）	Al^{3+}	0.04	1.02	0.79
	H^+	0.04	0.03	1.39
容重 /（g·cm^{-3}）		1.28	1.38	
采样深度 /cm		0～20	0～15	0～20

第二节　游牧区土壤的演化

一、草原土壤的性状

草地土壤是指在半干旱地区的草地和草地植物下发育的土壤。草地土壤广泛分布在温带、暖温带以及热带的大陆内地，约占全球陆地面积的 13%。在我国，主要分布在小兴安岭和长白山以西、长城以北、贺兰山以东的广大地区。在我国，由东向西，在温带范围内依次有黑钙土、栗钙土、棕钙土，在暖温带范围内依次有黑垆土、灰钙土。

草坪土壤的共同特点如下：①土壤淋溶作用较弱，剖面底部有钙积层；②土壤中含有丰富的盐基物质，交换性盐基处于饱和状态；③土壤多为中性或碱性；④有机质主要来源于植物根系，故腐殖质含量由表层向底层逐渐减少。

草地土壤的主要成土过程包括腐殖质积累过程和钙化过程，但两个过程因土类差别而有不同表现，随着土壤干旱程度的增加，前者减弱，后者则增强。由于缺水，草原土壤不适宜农业，但适宜畜牧业发展，是重要的畜牧业基地。

腐殖质积累过程是指腐殖质在土壤中，特别是在土壤表层进行的腐殖质的积累过程。它是土壤形成中最为常见的一个土壤形成过程。由于植被类型、覆盖度和有机质分解的不同，腐殖质的积累特征也不同。由于腐殖质积累，土壤发生分化，通常在土壤上部形成一个暗色腐殖质层。

钙化过程是指土壤中碳酸钙的淋溶、淀积的过程。在干旱和半干旱气候条件下，土壤淋溶作用弱，为季节性淋溶，易溶性盐类会大部分淋失，而硅、铝、铁等基本不移动，而钙成为化学迁移中的标志性元素。残留在土壤表面的钙和植物体分解释放的钙，在雨季以碳酸氢钙的形式向下移动，随着条件的变化，在土壤中以碳酸钙的形式沉淀出来，形成钙积层。由于自然条件（主要是气候条件）的不同，钙积层出现的深度和厚度随土类而不同。

二、游牧对草原土壤演化的影响

牧民在草原上游牧对草原土壤有以下影响：第一，牲畜对牧草的啃食导致草原土壤有机物质的输入减少；第二，牲畜对草原土壤的踩踏改变了表层土壤的物理性质。

（一）有机物质输入的减少对草原土壤性状的影响

与原始草原土壤相比，由于游牧活动对草原牧场的啃食或收割，游牧区土壤有机质的输入减少，表现为土壤有机碳、有机氮、有效氮、有效磷等指标含量显著降低。以草地围封研究为例，有相关研究表明，围封草地 0 ～ 10 cm 土层有机质、全氮、速效氮、全磷和速效磷含量分别是因游牧而重度退化的草地的 1.8、1.07、1.14、1.74 和 2.92 倍；10 ～ 30 cm 土层分别是 5.86、1.14、1.17、2.03 和 3.28 倍。这里的草地围封是指由于游牧而退化的草地被围封禁止放牧使土壤质量得到恢复的措施。

有机质的减少加剧了草地土壤的盐渍化。例如，与围栏封育草地相比，科尔沁地区重度退化草地土壤的 0 ～ 10 cm 和 10 ～ 30 cm 土层的 pH 值分别升高了 10.8% 和 11.8%，可溶性盐含量分别上升 16.4% 和 29.9%，其中对 10 cm 以下土壤的影响则更为明显。

相比之下，自由放牧土壤的微生物生物量和微生物活性远低于正常土壤。研究表明，与围封草原土壤相比，放牧区土壤细菌、放线菌和革兰氏阳性菌的含量显著降低，土壤转化酶和脲酶活性显著降低。但研究表明，轻度放牧会增加土壤酶活性，重度放牧会降低土壤酶活性。例如，轻度放牧和中度放牧土壤中的脲酶和过氧化氢酶活性高于不放牧和重度放牧中土壤的脲酶和过氧化氢酶的活性。它与牲畜排泄物引起的土壤氮增加相关。

减少有机物进入土壤表层会弱化下层重碳酸钙的淋淀。减少有机质进入土壤表层会减弱微生物和植物根系的呼吸作用，减少二氧化碳的产生和碳酸氢盐的形成量，从而使钙的淋淀过程减弱。

（二）游牧践踏对草原土壤的物理性质的影响

研究发现，与自由放牧草原土壤相比，草地围封土壤的含砂量，随着封育年限的增加而显著降低，黏粒含量显著增加，土壤容重呈下降趋势，土壤含水量和总孔隙度显著增加。表土（0～10 cm）是对土壤容重变化敏感的层。封闭几年后表土＜0.1 mm 的细颗粒组成显著改善，表层土壤性质变化无明显规律。

（三）游牧对草原土壤演化的影响机制

人类在草原上的游牧活动减少了植物回归土壤的有机质，直接降低了土壤有机质含量，降低了有机氮含量，减少了土壤中有效氮磷养分的释放。由于有机物含量的降低，土壤 pH 缓冲作用降低。同时，由于表层土壤含盐量增加，pH 值升高，土壤电导率随之增加。游牧活动还使地表植物生物量及土壤中有机质含量降低，加大土壤蒸发，从而增强了土壤盐渍化过程，抑制了脱碱化过程，使 pH 值和含盐量得以提高。除此以外，有机物输入减少、有机质含量降低，使土壤有机－无机复合结构体减少，土壤趋向于沙化。

游牧活动也增加了牲畜对草地土壤的破坏。土壤表层趋于板结，表层土壤变得疏松，通透性变低，水分和养分的流通性变差，土壤质量趋于退化。

第三节　人工林地土壤的演化

一、森林土壤的性状

森林土壤是指在木本植被下发育的各类土壤的总称。它不同于林业土壤，前者具有土壤发生学含义；后者主要描述土壤利用上的特征，用于指天然林、次生林、人工林下的土壤，以及宜林的荒山、荒地等。

森林土壤遍布世界各个纬度，而以温带和寒温带针、阔叶林下发育的土壤（如暗棕壤、棕壤和灰化土）面积最大；热带、亚热带森林下发育的各类土壤（如红壤、黄壤、砖红壤等）的面积大约为前者的 1/4。除冻原、沼泽、草原和荒漠外，世界上大约一半的土壤是森林土壤，但其上现在仍然覆盖着森林的土壤仅占陆地总面积的 30% 左右，约 3.8×10⁷ km²。在我国，森林土壤主要分布于东北和西南地区的山地。林地总面积约 2.5×10⁶ km²，其中 1.2×10⁶ km² 为现有林地，森林覆盖率仅 12% 左右；其他是各种疏林、小林地、荒山荒地和耕地荒地，面积约 100 万多平方千米。

（一）森林土壤的分布

森林土壤的组成与潮湿的气候、大量的森林凋落物（林木的枯枝落叶）、根系脱落物有密切关系。在中国，每年热带雨林的凋落物为 23.1 t/hm²，热带次生林大约为 20.4 t/hm²；亚热带次生林（白栎、枫香）大约为 10.4 t/hm²；温带阔叶红松林为 3.8～4.5 t/hm²。森林植被根量也很可观，为 25～50 t/hm²，每年的根系脱落物数量非常大。其中一些物质在土壤表面积累并缓慢分解，形成森林土壤特有的一层死地被物层；其中一些在微生物的作用下形成各种酸性物质，溶解和分解表层土壤中的矿物质，从而释放出许多盐基和金属元素，随水从土壤表层移动到土壤底部，导致土壤因表层出现明显的淋溶作用而趋于酸性。但由于森林土壤分布广泛，土壤形成因素变化较大，每种类型的森林土壤除具有森林土壤的一般特征外，还具有自身的特点。

（二）森林土壤形成特征

森林土壤通常具有以下特征：①有一层死地被物层（又被称为"枯枝落叶层"），由覆盖在土壤表面的未分解和半分解凋落物组成，厚度通常为 1 ～ 10 cm，根据凋落物分解的程度，可分为粗有机质层和半分解有机质层；②表层腐殖质含量远高于底层；③淋溶作用强，土壤中盐基离子淋溶殆尽，土壤盐基饱和度低；④呈酸性反应，淋溶作用越强，酸性越明显。

（三）森林土壤类型

森林土壤分布广泛，且土壤形成因素不同，是一个巨大的土壤系列，包括在不同气候条件和森林植被下发育的不同特征的不同土壤。我国主要有灰化土、暗棕壤、棕壤、黄棕壤、红壤（黄壤）、赤红壤、砖红壤以及褐土等。

二、人工林地土壤的演化

人工林地是指在无林土地上人工植树或在原有天然林的基础上人工改造森林而形成的林地。无林土地树造林形成的人工林地，其土壤特征将向森林土壤的共同特征演进；在原有天然林地基础上进行森林改造形成的人工林地，其土壤性质的演化方向与人为对土壤的干扰程度及栽种林木种类相关。

（一）无林地土壤造林对土壤性质的影响

森林的生长与土壤的含水量密切相关。只有当土壤水分足以支持林木的蒸腾作用时，它们才能发育成森林。因此，森林土壤必须具有一定的厚度，以保持足够的水分供森林树木吸收和循环利用。在原来无林的土地上种植人工林，当地需要具备一定的年降水量，其次土壤要有一定的厚度，以保存来自空中的降水。

在原无林地实施人工林营造后，地表植被恢复，植物群落多样性增加，土壤有机质输入增加，土壤微生物数量和多样性增加，从而提高了土壤养分含量。因此，在实际研究中，可以观察到植被在恢复过程中，土壤微生物多样性和土壤养分含量呈现出增减协同的规律。杨阳在对黄土高原小流域植被恢复的研究过程中发现，与耕地土壤相比，人工林木的土壤全量养分、有效养分更丰富。土壤细菌和真菌更具多样性，物理特性更优（表12-2～表12-5），这些结果充分说明了人工林营造对土壤生物和养分特性具有改善作用。

表 12-2　黄土高原典型小流域土壤养分特性

土地利用类型		有机碳 SOC /(g·kg⁻¹)	全氮 STN /(g·kg⁻¹)	全磷 STP /(g·kg⁻¹)	速效氮 SAP /(mg·kg⁻¹)	铵态氮 NH₄⁺-N /(mg·kg⁻¹)	硝态氮 NO₃⁻-N /(mg·kg⁻¹)	微生物量碳 SMBC /(mg·kg⁻¹)	微生物量氮 SMBN /(mg·kg⁻¹)
纸坊沟	耕地	7.52 ± 0.95	1.01 ± 0.13	0.86 ± 0.05	16.25 ± 1.69	35.67 ± 3.46	29.54 ± 2.16	184.56 ± 26.35	55.26 ± 6.32
	退耕草地	11.36 ± 1.23	1.52 ± 0.26	0.84 ± 0.03	25.36 ± 1.58	56.39 ± 3.58	35.26 ± 2.03	256.98 ± 30.25	75.36 ± 5.21
	人工草地	5.69 ± 1.15	1.23 ± 0.23	0.78 ± 0.04	18.76 ± 2.31	36.98 ± 2.58	28.13 ± 2.18	185.02 ± 34.18	59.78 ± 5.48
	人工林地	8.73 ± 1.58	1.05 ± 0.24	0.79 ± 0.06	23.16 ± 2.26	43.02 ± 6.35	26.58 ± 3.01	195.36 ± 36.32	56.03 ± 3.59
	人工灌丛	10.28 ± 1.63	1.34 ± 0.19	0.83 ± 0.05	22.47 ± 2.24	49.23 ± 5.34	33.02 ± 3.24	233.01 ± 26.98	62.31 ± 6.24
	自然灌丛	10.14 ± 2.01	1.32 ± 0.25	0.82 ± 0.03	20.89 ± 2.15	47.35 ± 4.02	31.59 ± 3.16	229.89 ± 35.46	63.58 ± 5.78
坊塌	耕地	6.98 ± 1.69	0.98 ± 0.26	0.81 ± 0.04	13.25 ± 2.58	31.58 ± 4.89	25.14 ± 2.58	176.23 ± 23.57	50.23 ± 5.31
	退耕草地	11.01 ± 1.34	1.46 ± 0.24	0.79 ± 0.06	23.06 ± 1.98	53.24 ± 5.31	34.02 ± 2.67	242.30 ± 30.14	72.03 ± 6.01
	人工草地	7.03 ± 1.47	1.02 ± 0.19	0.78 ± 0.06	15.62 ± 1.62	32.02 ± 5.36	27.89 ± 3.26	198.54 ± 36.58	51.77 ± 2.25
	人工林地	9.48 ± 0.98	1.13 ± 0.18	0.82 ± 0.07	21.14 ± 2.36	48.26 ± 4.59	26.20 ± 3.15	187.96 ± 26.99	69.78 ± 3.46
	人工灌丛	9.56 ± 1.01	1.29 ± 0.23	0.81 ± 0.05	19.78 ± 3.02	51.77 ± 4.78	32.59 ± 2.24	215.78 ± 24.14	65.36 ± 5.26
	自然灌丛	8.67 ± 1.23	1.19 ± 0.32	0.77 ± 0.06	$19 63 \pm 1.47$	50.69 ± 4.62	30.17 ± 2.59	203.69 ± 28.75	64.12 ± 5.49
董庄沟	人工林地	11.25 ± 1.45	1.27 ± 0.19	0.79 ± 0.05	19.85 ± 2.25	52.07 ± 4.01	34.02 ± 2.16	210.57 ± 30.25	69.58 ± 3.02
	退耕草地	13.29 ± 1.62	1.42 ± 0.26	0.83 ± 0.04	26.98 ± 3.26	62.13 ± 5.18	38.97 ± 2.35	268.98 ± 31.29	83.26 ± 5.89
	耕地	6.57 ± 1.02	1.03 ± 0.34	0.79 ± 0.05	16.27 ± 3.58	40.89 ± 4.18	28.97 ± 2.47	186.25 ± 34.57	59.21 ± 6.04
	灌丛	9.78 ± 098	1.38 ± 0.35	0.85 ± 0.08	25.24 ± 2.78	53.47 ± 3.69	35.12 ± 2.58	253.47 ± 36.99	75.03 ± 2.35

续表

土地利用类型		有机碳 SOC /(g·kg⁻¹)	全氮 STN /(g·kg⁻¹)	全磷 STP /(g·kg⁻¹)	速效氮 SAP /(mg·kg⁻¹)	铵态氮 NH_4^+—N /(mg·kg⁻¹)	硝态氮 NO_3^-—N /(mg·kg⁻¹)	微生物量碳 SMBC /(mg·kg⁻¹)	微生物量氮 SMBN /(mg·kg⁻¹)
杨家沟	人工林地	9.78±0.52	1.19±0.29	0.80±0.03	23.02±2.14	43.17±3.57	31.02±3.01	199.57±30.21	61.28±3.36
	退耕草地	10.03±1.14	1.33±0.28	0.79±0.06	25.88±2.56	56.42±3.56	36.23±3.26	256.23±28.75	79.12±5.57
	耕地	5.78±1.47	1.04±0.24	0.78±0.04	16.27±2.36	38.79±3.47	25.78±3.59	176.03±29.18	56.03±4.23
	灌丛	8.63±0.69	1.24±0.18	0.81±0.07	18.75±3.65	51.30±5.02	34.29±2.88	234.48±32.04	75.03±5.16

表 12-3 黄土高原典型小流域土壤细菌序列统计及多样性指数

土地利用类型		读数	OTU 聚类分析	Ace 指数	Chao 指数	0.97 水平		
						Coverage 指数	Shannon 指数	Simpson 指数
纸坊沟	耕地	10 258±235	5 879±93	4 189±162	3 652±155	95.12±1.26	9.23±0.65	0.87±0.06
	退耕草地	12 568±306	6 582±116	4 325±136	4 826±133	95.95±1.32	12.35±0.94	0.96±0.05
	人工草地	9 023±259	5 714±136	3 978±152	3 351±126	95.11±1.65	8.10±0.85	0.86±0.03
	人工林地	10 574±247	6 023±125	4 206±147	3 897±194	95.16±1.54	10.78±0.61	0.94±0.04
	人工灌丛	12 054±169	6 235±114	4 269±152	4 562±184	95.68±1.98	11.58±0.73	0.95±0.06
	自然灌丛	11 395±250	6 128±97	4 217±136	4 319±183	95.62±1.54	11.27±0.59	0.95±0.08

续表

土地利用类型		读数	0.97 水平						
			OTU 聚类分析	Ace 指数	Chao 指数	Coverage 指数	Shannon 指数	Simpson 指数
坊塌	耕地	8 547 ± 165	5 523 ± 125	3 746 ± 154	3 571 ± 126	95.23 ± 1.50	8.76 ± 0.57	0.86 ± 0.05
	退耕草地	11 589 ± 125	6 023 ± 162	4 152 ± 156	4 615 ± 103	95.87 ± 1.63	12.03 ± 0.61	0.95 ± 0.06
	人工草地	8 104 ± 139	5 401 ± 120	3 711 ± 123	3 204 ± 152	95.11 ± 1.26	7.12 ± 0.68	0.84 ± 0.03
	人工林地	9 265 ± 152	5 813 ± 156	3 854 ± 147	3 978 ± 162	95.76 ± 1.48	10.27 ± 0.63	0.87 ± 0.04
	人工灌丛	11 230 ± 201	6 014 ± 147	4 075 ± 159	4 329 ± 140	95.84 ± 1.46	11.49 ± 0.75	0.92 ± 0.05
	自然灌丛	10 247 ± 187	5 879 ± 123	3 914 ± 158	4 217 ± 159	95.84 ± 1.30	11.03 ± 0.72	0.91 ± 0.06
董庄沟	人工林地	11 456 ± 180	6 491 ± 129	4 325 ± 123	4 013 ± 130	95.34 ± 1.52	11.04 ± 0.94	0.91 ± 0.06
	退耕草地	13 026 ± 163	6 621 ± 144	4 416 ± 125	4 903 ± 169	95.96 ± 1.46	13.26 ± 0.82	0.97 ± 0.08
	耕地	10 253 ± 152	6 207 ± 132	4 217 ± 143	3 572 ± 146	95.21 ± 1.38	8.77 ± 0.61	0.86 ± 0.04
	灌丛	12 478 ± 147	6 519 ± 156	4 391 ± 165	4 579 ± 183	95.67 ± 1.57	12.48 ± 0.53	0.95 ± 0.05
杨家沟	人工林地	12 410 ± 203	6 357 ± 118	4 207 ± 195	3 701 ± 172	92.34 ± 1.84	9.51 ± 0.58	0.86 ± 0.06
	退耕草地	13 698 ± 241	6 598 ± 125	4 302 ± 149	4 702 ± 153	95.91 ± 1.30	12.78 ± 0.95	0.95 ± 0.06
	耕地	10 251 ± 216	6 230 ± 120	4 015 ± 163	3 524 ± 161	95.05 ± 1.62	7.02 ± 0.74	0.82 ± 0.03
	灌丛	13 257 ± 259	6 401 ± 163	4 218 ± 150	4 216 ± 157	95.72 ± 1.75	10.46 ± 0.73	0.93 ± 0.02

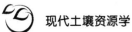

表12-4 黄土高原典型小流域土壤真菌序列统计多样性指数

土地利用类型		读数	OTU聚类分析	Ace指数	Chao指数	Coverage指数	Shannon指数	Simpson指数
						0.97 水平		
纸坊沟	耕地	13 857±236	8 752±156	490±16	562±23	98.75±1.03	4.87±0.69	0.87±0.06
	退耕草地	15 236±256	8 956±123	563±25	623±16	99.62±1.56	6.23±0.65	0.95±0.06
	人工草地	13 023±239	8 503±145	487±29	553±19	98.57±1.24	4.52±0.84	0.84±0.05
	人工林地	14 269±245	8 746±160	519±34	587±26	99.34±1.09	5.86±0.75	0.89±0.09
	人工灌丛	15 024±213	8 823±169	537±16	604±27	99.53±1.48	6.02±0.91	0.94±0.04
	自然灌丛	14 789±258	8 814±158	521±15	598±32	99.51±1.23	5.94±0.85	0.92±0.05
坊塌	耕地	12 984±169	8 516±145	478±18	561±33	98.62±1.25	5.13±0.52	0.82±10.05
	退耕草地	14 988±247	8 716±172	552±23	611±31	99.25±1.78	6.03±0.53	0.94±0.03
	人工草地	12 147±263	8 417±132	463±25	540±26	98.54±1.43	4.08±0.61	0.80±0.05
	人工林地	13 260±284	8 543±156	509±34	582±29	98.98±1.62	5.76±0.58	0.88±0.06
	人工灌丛	14 523±215	8 602±158	531±28	604±34	99.13±1.39	5.98±0.61	0.91±0.007
	自然灌丛	13 289±236	8 594±147	524±27	593±28	99.05±1.02	5.87±0.59	0.90±0.05
董庄沟	人工林地	15 247±248	8 816±163	543±16	586±27	99.21±1.47	6.14±0.57	0.91±0.06
	退耕草地	16 203±216	9 012±129	598±25	635±19	99.78±1.55	6.98±0.65	0.95±0.04
	耕地	15 023±255	8 725±187	501±23	551±18	99.14±1.26	5.46±0.68	0.85±0.06
	灌丛	15 987±247	8 870±156	572±29	629±26	99.53±1.50	6.57±0.54	0.92±0.08

续表

土地利用类型		读数	OTU 聚类分析	0.97 水平					
				Ace 指数	Chao 指数	Coverage 指数	Shannon 指数	Simpson 指数
杨家沟	人工林地	15 247 ± 213	8 713 ± 142	509 ± 24	567 ± 24	98.67 ± 1.79	5.68 ± 0.91	0.87 ± 0.07
	退耕草地	16 569 ± 205	8 913 ± 144	576 ± 21	623 ± 23	99.57 ± 1.67	6.54 ± 0.83	0.93 ± 0.05
	耕地	1 5 423 ± 269	8 549 ± 165	498 ± 19	540 ± 25	98.05 ± 1.42	5.32 ± 0.82	0.82 ± 0.06
	灌丛	16 250 ± 248	8 746 ± 183	541 ± 18	609 ± 27	99.24 ± 1.36	6.27 ± 0.75	0.91 ± 0.07

表 12-5　黄土高原典型小流域土壤物理特性

土地利用类型		pH 值	土壤含水量 SM/%	容重 BD /(g·cm^{-3})	电导率 Ec /(μm·cm^{-1})	水稳性团聚体 / %					
						> 5	5 ～ 2	2 ～ 1	1 ～ 0.5	0.5 ～ 0.25	< 0.25
纸坊沟	耕地	7.86 ± 0.25	9.02 ± 0.65	1.23 ± 0.26	93.26 ± 8.69	19.26 ± 2.03	46.12 ± 2.16	14.23 ± 2.16	3.25 ± 0.69	6.03 ± 0.69	11.11 ± 1.69
	退耕草地	6.68 ± 0.32	11.23 ± 0.95	0.85 ± 0.35	73.01 ± 5.32	9.23 ± 1.56	13.12 ± 2.56	23.36 ± 2.06	6.98 ± 0.98	23.46 ± 2.01	23.85 ± 1.53
	人工草地	7.98 ± 0.36	8.13 ± 0.62	1.34 ± 0.31	96.32 ± 6.69	19.63 ± 1.69	29.56 ± 2.14	17.99 ± 1.58	13.02 ± 1.36	7.14 ± 1.26	12.66 ± 1.24
	人工林地	7.03 ± 0.26	8.16 ± 0.72	0.97 ± 0.29	92.01 ± 5.89	32.26 ± 2.02	25.19 ± 1.98	6.39 ± 1.96	7.23 ± 0.85	9.78 ± 2.03	19.15 ± 1.56
	人工灌丛	6.98 ± 0.28	9.96 ± 0.71	0.89 ± 0.24	70.25 ± 6.01	8.16 ± 1.58	15.19 ± 2.54	21.02 ± 1.75	9.23 ± 0.96	21.14 ± 1.56	25.26 ± 2.03
	自然灌丛	6.25 ± 0.30	10.03 ± 0.83	0.92 ± 0.18	65.03 ± 6.32	7.36 ± 1.67	21.03 ± 2.36	19.20 ± 2.13	16.23 ± 0.95	26.01 ± 1.57	10.17 ± 2.14

续表

土地利用类型		pH 值	土壤含水量 SM/%	容重 BD /(g·cm⁻³)	电导率 Ec /(μm·cm⁻¹)	水稳性团聚体 /%					
						＞5	5～2	2～1	1～0.5	0.5～0.25	＜0.25
坊塌	耕地	8.01±0.24	9.03±0.35	1.26±0.32	86.32±6.47	23.69±1.03	42.03±2.98	10.24±2.17	9.85±1.02	7.23±0.98	6.96±1.57
	退耕草地	6.42±0.28	12.57±0.63	0.91±0.36	76.96±7.23	8.36±1.25	16.25±2.47	20.13±1.63	9.12±1.25	25.98±0.95	20.16±1.68
	人工草地	8.23±0.31	7.26±0.29	1.37±0.35	98.32±9.25	18.26±1.78	45.03±2.06	13.26±1.68	8.14±0.96	4.03±1.03	11.28±1.42
	人工林地	6.88±0.36	7.03±0.96	1.13±0.24	83.01±5.34	23.69±1.96	36.03±3.01	16.03±1.54	5.01±0.99	6.24±1.25	13.00±1.79
	人工灌丛	7.03±0.35	11.63±0.68	0.93±0.29	62.30±5.63	8.15±1.03	9.23±3.15	21.47±1.59	15.03±1.23	21.47±1.14	24.65±123
	自然灌丛	6.99±0.39	10.78±0.67	0.89±0.24	61.89±6.87	8.63±1.25	13.24±3.25	21.03±1.49	12.03±1.02	9.02±1.78	36.05±2.56
董庄沟	人工林地	7.23±0.35	7.26±0.53	1.13±0.26	83.21±7.89	19.23±3.06	35.36±1.98	16.02±1.32	9.26±0.56	3.12±0.65	17.01±2.16
	退耕草地	7.16±0.32	8.26±0.61	0.84±0.19	76.54±6.36	8.23±1.25	15.26±2.14	21.01±2.16	8.97±0.68	8.02±1.34	38.51±2.54
	耕地	8.23±0.24	9.16±0.94	1.18±0.20	88.03±6.98	15.23±1.48	49.32±2.57	15.03±2.34	6.32±1.23	5.13±1.26	8.97±1.13
	灌丛	7.32±0.28	9.05±0.82	0.97±0.15	75.01±9.21	8.46±1.03	12.03±2.61	19.65±2.59	15.02±1.24	9.13±0.98	35.71±2.25
杨家沟	人工林地	7.01±0.29	8.03±0.83	1.08±0.16	73.16±6.03	21.23±1.06	39.78±3.02	6.25±1.01	15.03±1.97	7.02±0.86	10.69±2.17
	退耕草地	6.56±0.31	12.37±0.71	0.97±0.11	63.90±5.87	12.25±1.89	9.78±3.15	18.26±1.25	16.03±1.62	8.95±0.63	34.73±3.02
	耕地	7.89±0.30	9.13±0.72	1.17±0.23	68.21±7.02	13.12±1.02	46.19±4.14	13.26±1.39	9.78±1.67	11.01±1.11	6.64±0.65
	灌丛	6.83±0.36	11.55±0.26	0.85±0.17	61.10±7.13	8.63±1.47	16.32±3.02	12.32±1.58	23.05±2.03	8.97±1.03	30.71±3.14

人工林地的营造会使土壤趋于中性，土壤中水的稳定大团聚体含量增加，土壤毛细孔率增加，有效持水量增加（表 12-6），这些特性的改善通常得益于有机物质和土壤微生物（特别是土壤真菌）对土壤微观结构的改变。

在黄土高原等半干旱地区，由于土壤含水量有限，人工林的形成会增加土壤水分的输出（林木根系对土壤水的吸收），可能使土壤含水量低于无林土壤。

表 12-6　黄土高原典型小流域土壤持水特性

土地利用类型		总孔隙度 TP /%	毛管孔隙度 CP /%	非毛管孔隙度 NP /%	最大持水量 MW /(t·hm⁻²)	有效持水量 EW /(t·hm⁻²)
纸坊沟	耕地	43.26 ± 3.26	16.98 ± 2.03	32.15 ± 3.15	763.02 ± 36.02	132.57 ± 16.59
	退耕草地	56.39 ± 3.65	20.13 ± 2.26	28.47 ± 3.02	1 023.56 ± 52.31	263.69 ± 20.31
	人工草地	46.61 ± 4.02	21.56 ± 2.54	30.69 ± 3.63	756.21 ± 42.16	103.44 ± 29.58
	人工林地	45.23 ± 4.13	19.78 ± 2.98	32.58 ± 2.59	695.87 ± 38.96	126.58 ± 23.34
	人工灌丛	50.78 ± 2.56	18.54 ± 1.65	27.02 ± 2.45	956.68 ± 32.25	289.34 ± 24.17
	自然灌丛	52.12 ± 2.89	18.99 ± 3.03	26.89 ± 2.14	1 102.37 ± 40.32	251.32 ± 24.36
坊塌	耕地	45.63 ± 3.26	19.58 ± 2.57	33.62 ± 2.89	802.24 ± 41.58	129.32 ± 25.69
	退耕草地	52.58 ± 3.54	20.13 ± 2.67	25.64 ± 3.01	1 206.49 ± 36.89	231.04 ± 32.20
	人工草地	47.26 ± 2.69	16.25 ± 2.15	31.26 ± 3.23	766.13 ± 32.05	106.25 ± 23.69
	人工林地	48.03 ± 5.14	17.79 ± 3.02	30.78 ± 4.36	789.02 ± 38.79	117.99 ± 25.63
	人工灌丛	52.30 ± 5.23	19.02 ± 2.47	26.89 ± 3.03	958.77 ± 25.62	201.47 ± 26.78
	自然灌丛	51.47 ± 2.36	20.34 ± 2.59	29.77 ± 1.26	1 026.64 ± 31.26	229.78 ± 26.31
董庄沟	人工林地	47.16 ± 5.36	21.03 ± 3.06	32.59 ± 1.98	1 052.36 ± 35.8	271.02 ± 25.47
	退耕草地	50.99 ± 5.64	19.98 ± 3.12	27.56 ± 2.56	1 256.78 ± 40.21	286.34 ± 32.14
	耕地	43.69 ± 6.01	18.67 ± 2.57	34.06 ± 2.04	869.31 ± 41.26	185.36 ± 29.78
	灌丛	52.67 ± 4.23	16.35 ± 2.49	28.98 ± 2.13	1 103.71 ± 36.98	198.51 ± 26.35
杨家沟	人工林地	47.12 ± 2.57	17.89 ± 3.06	33.16 ± 2.34	1 263.22 ± 36.02	302.58 ± 26.47
	退耕草地	52.36 ± 3.03	20.13 ± 2.04	28.54 ± 2.25	1 187.96 ± 48.57	289.35 ± 32.25
	耕地	46.03 ± 3.69	21.45 ± 3.26	30.89 ± 2.27	846.32 ± 36.78	201.47 ± 30.58
	灌丛	54.17 ± 6.18	20.77 ± 2.17	27.16 ± 2.03	1 123.07 ± 52.39	274.15 ± 24.75

（二）人工改造对自然林地土壤演化的影响

人们常常渴望实现自己的经济目标，他们经常将天然林改变成他们心仪的人工林，这将会对土壤产生什么影响呢？

在黄土高原的不同小流域区域，人工林地的养分性状、微生物多样性指数、土壤总孔隙度、土壤含水量、有效持水量均低于天然林地，这表明人工的干扰破坏了天然森林土壤的生态系统之间的平衡（表12-2～表12-6）。

在南方湿润的地区，以广西猫儿山，国家级自然保护区中的毛竹林（MF）、人工杉木林（CF）、天然次生林（NF）为例（表12-7～表12-10），人工林植物的多样性会远低于天然次生林，土壤微生物多样性指数同样是前者低于后者，土壤容重与植物多样性呈负相关，以上结果说明在湿润地区对自然林地的人工改造同样会减弱土壤的生态功能。

表 12-7　不同林分的植物种指数（S_{plant}）和Shannon多样性指数

指数	MF	CF	NF
S_{plant}	18.0 ± 1.0a	5.7 ± 0.6b	17.3 ± 2.9a
H_{plant}	1.53 ± 0.18b	0.82 ± 0.17c	1.98 ± 0.24a

注：同行不同字母表示不同林分类型差异显著（P<0.05）。S_{plant}—植物物种多样性；H_{plant}—植物 Shannon 多样性。

表 12-8　土壤微生物群落功能多样性指数

林分	H	S	D	U
MF	3.00 ± 0.07ab	18.0 ± 3.00a	0.95 ± 0.01a	2.96 ± 0.53b
CF	2.84 ± 0.17b	10.3 ± 3.06b	0.92 ± 0.02b	1.45 ± 0.46c
NF	3.13 ± 0.08a	23.3 ± 2.08a	0.94 ± 0.01a	4.33 ± 0.73a

注：H—Shannon 多样性（Shannon diversity）；S—Shannon 丰富度（Shannon abundance）；D—Simpson 优势度（Simpson dominance）；U—McIntosh 指数（McIntosh index）。下同。

表 12-9　不同林分土壤的理化性质

林分	含水量 WC/%	容重 BD / (g·cm⁻³)	pH 值	有机碳 TOC/(gkg⁻¹)	速效氮 AN/(mgkg⁻¹)	速效磷 AP/ (mg·kg⁻¹)	速效钾 AK/(mgkg⁻¹)
MF	30.23 ± 6.66a	0.85 ± 0.10b	4.94 ± 0.10a	59.9 ± 10.3a	36.6 ± 149a	1.53 ± 0.55a	41.80 ± 9.00b
CF	33.42 ± 1.37a	1.16 ± 0.02a	4.50 ± 0.18b	63.5 ± 8.9a	36.7 ± 40a	2.33 ± 0.81a	66.37 ± 2.90a
NF	39.40 ± 3.86a	0.69 ± 0.06c	4.10 ± 0.01e	86.7 ± 20.7a	63.1 ± 176a	3.10 ± 0.98a	78.07 ± 9.50a

表 12-10　土壤微生物多样性和植物多样性与土壤理化性质的相关系数

项目	H_{plant}	S_{plant}	容重 BD/ （g·cm⁻³）	含水量 WC/%	总有机碳 TOC/ （g·kg⁻¹）	速效氮 AN/ （mg·kg⁻¹）	有效磷 AP/ （mg·kg⁻¹）	速效钾 AK	pH 值
H	0.658	0.796*	-0.808*	0.645	0.619	0.619	0.277	0.254	-0.361
S	0.773*	0.976**	-0.944**	0.743*	0.555	0.574	0.402	0.188	-0.359
D	0.707*	0.735*	-0.823**	0.661	0.300	0.419	-0.057	-0.001	-0.010
U	0.957**	0.744*	-0.965**	0.788*	0.675*	0.718*	0.504	0.317	-0.426

注：* P<0.05；** P<0.01。H_{plant}—植物 Shannon 多样性（Shannon diversity of plant）；S_{plant}—植物物种多样性（Species divrsity of plant）。

思考题

1. 水稻土壤是怎样形成的？
2. 旱耕土壤是怎样形成的？
3. 放牧对草原土壤的影响机理是怎么样的？
4. 人工林地土壤与天然林地土壤有何区别？

第十三章　工业社会－自然复合系统中土壤污染的发生与土壤功能的异化

　　工业社会的特点是生产规模空前集中，而生产集中的前提是生产要素集中，包括劳动力资源、生产场地、原材料供应等的集中组织。劳动力资源的集中导致人口聚落规模扩大，人口消费产生的废弃物骤然增多；集中生产也使工业生产废弃物空前增多。大量的生活、生产废弃物输出的环境必然包括土壤，因此来自人类社会废弃物的污染也必然改变土壤的演化方向（图13-1）。此外，人类的生产设施和生活设施等规模巨大，它们占地广，使地表硬化，使土壤与外在环境隔绝，因而土壤本有功能废弃，土壤的演化方向也因此发生改变。

　　本章包括三节，分别介绍人类废弃物向土壤的输出、土壤微系统中污染物的转化、土壤污染物导致的土壤功能异化。

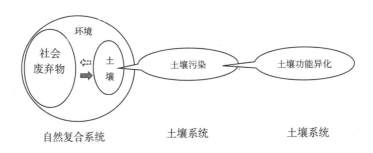

图 13-1　工业社会－自然复合系统背景下土壤功能的异化

第一节　人类废弃物向土壤的输出

一、废弃物向土壤的输出及危害

　　土壤覆盖于岩石圈表层，是岩石圈风化物与生物圈代谢残留物有机融合形成的高度适应陆地生物生存和繁衍的环境物质，换言之，土壤的形成与演化是应陆地生物的生存与演化之运而生，是陆地生物生存的环境基础。追根溯源，土壤中的物质与能量循环囿于地球浅表层，与陆地生物生存空间高度统一，故土壤于陆地生物有益无害。

然而进入工业文明以后，人类生产使用的工业品主要原料掘采于地下深处，如石油、煤炭等化石燃料，金属或非金属矿物等。这些材料在冶炼、合成、加工、生产、产品流通以及产品使用消费等环节过程中，分别以不同废弃物的形式陆续汇入地表环境，而土壤则是其中的主体。因此，土壤中掺入了大量原本不存在或含量极微的物质，土壤微系统结构及功能异化。此外，工业文明背景下人类生存方式趋向规模化，如城镇规模膨胀，牲畜养殖规模扩大，人类生活废弃物在局部空间骤增，输入土壤的有机物超过土壤消纳能力，导致土壤功能失调。以上情况的发生和发展造成土壤污染加剧。

二、污染物的种类及污染源

不可否认，人类带入土壤中的废弃物是土壤污染物。进入土壤环境的物质有很多种，有的有用，有的有害，有的少量时有益，大量时有害，有的无用但也无害。我们将土壤环境中影响土壤环境正常功能、降低作物产量和生物品质、危害人体健康的物质，统称为土壤环境污染物质，其中主要包括对人和生物体有害的"三废"物质，以及化学农药、病原微生物等。土壤环境主要污染物质见表 13-1 所列。

表 13-1 土壤环境主要污染物质（摘自《土壤污染与防治》，洪坚平，2005）

污染物种类			主要来源
无机污染物	重金属	汞（Hg）	制烧碱、汞化物生产等工业废水和污泥、含汞农药、汞蒸汽
		镉（Cd）	冶炼、电镀、染料等工业废水、污泥和废气，肥料杂质
		铜（Cu）	冶炼、铜制品生产等废水、废渣和污泥，含铜农药
		锌（Zn）	冶炼、镀锌、纺织等工业废水和污泥、废渣、含锌农药、磷肥
		铅（Pb）	颜料、冶炼等工业废水、汽油防爆燃烧排气、农药
		铬（Cr）	冶炼、电镀、制革、印染等工业废水和污泥
		镍（Ni）	冶炼、电镀、炼油、染料等工业废水和污染
		砷（As）	硫酸、化肥、农药、医药、玻璃等工业废水、废气、农药
		硒（Se）	电子、电器、油漆、墨水等工业的排放物
	放射性元素	铯（^{137}Cs）	原子能、核动力、同位素生产等工业废水、废渣，核爆炸
		锶（^{90}Sr）	原子能、核动力、同位素生产等工业废水、废渣，核爆炸
	其他	氟（F）	冶炼、氟硅酸钠、磷酸和磷肥等工业废水、废气，肥料
		盐、碱	纸浆、纤维、化学等工业废水
		酸	硫酸、石油化工、酸洗、电镀等工业废水、大气酸沉降

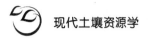

续表

污染物种类		主要来源
有机污染物	有机农药	农药生产和施用
	酚	炼焦、炼油、合成苯酚、橡胶、化肥、农药等工业废水
	氰化物	电镀、冶金、印染等工业废水，肥料
	苯并（α）芘	石油、炼焦等工业废水、废气
	石油	石油开采、炼油、输油管道漏油
	有机洗涤剂	城市污水、机械工业废水
	有害微生物	厩肥、城市污水、污泥、垃圾
	多氯联苯类	人工合成品及生产工业废气、废水
	有机悬浮物及含氮物质	城市污水、食品、纤维、纸浆业废水

（一）无机污染物

重金属（镉、铅、汞、铬、铜、锌、镍及类金属砷、硒）、放射性元素（铯-137、锶-90等）、氟、酸、碱、盐等是主要的污染土壤环境的无机物。其中，重金属和放射性物质的污染风险最为严重，因为这些污染物具有潜在的威胁性，一旦污染土壤，难以完全消除，容易被植物吸收，通过食物链进入人体，危害人体健康。

（二）有机污染物

污染土壤环境的有机物主要有合成有机农药、酚类、氰化物、石油、稠环芳烃、洗涤剂，以及高浓度耗氧有机物等。其中，有机氯农药、有机汞制剂、稠环芳烃等性质稳定难降解的有机物，易在土壤环境中积累，造成污染。

（三）土壤生物污染物

土壤生物污染是指一种或多种有害生物群从外部环境侵入土壤，大量繁殖，破坏原有的动态平衡，对人类健康和土壤生态系统造成不利影响。土壤生物污染的主要来源是未经处理的粪便、垃圾、城市生活污水、医院污水、饲养场和屠宰场的污物等。其中，传染病医院未经消毒处理的污水和污物危害最大。土壤生物污染不仅可能威胁人类健康，一些长期生活在土壤中的植物病原体还会严重危害植物，减少农业生产。

（四）固体废弃物与放射性污染物

固体废弃物来源广泛，包括工业废渣、污泥和城市垃圾等。一般来说，城市生活污水处理厂的污泥可以作为肥料使用，但如果与含有有害物质的工业废水或工业污水处理厂的污泥混合，放置农田中，势必造成土壤污染。一些城市一直向农田输入大量垃圾，因为垃圾中含有大量的烧灰、砖块碎片、玻璃、塑料甚至重金属等，如果长期施用，土壤的理化性质逐渐变差，土壤遭受破坏，重金属等有害成分积累增多。

放射性污染物会导致人类和动物发生放射性疾病，从而致畸和致癌。随着原子能工业的发展，核技术广泛应用于工业、农业和医药，核泄漏甚至核战争的潜在威胁即放射性污染物污染土壤环境，引起人们的关注。土壤中含有 ^{40}K、^{87}Rb 和 ^{14}C 等天然放射性核素，而放射性核裂变尘埃产生的 ^{90}Sr 和 ^{137}Cs 在土壤中有很大的稳定性，半衰期分别为 28 年和 30 年。矿物质元素磷、钾中常含有放射性核素，可随化肥进入土壤，通过食物链进入人体。磷矿主要含有铀、钍、镭等天然放射性元素，实验测得其 α 放射强度平均为 1.554 Bq/g，成品磷肥的总 α 放射强度平均为 3.219 Bq/g。对全国 22 个矿的磷矿石测定结果表明，含 ^{239}U 0.13~1 000 μg/g，多数为 10~154 μg/g，最高含量为 0.12%。我国食品标准规定，^{238}U 和 ^{226}Ra 的限制浓度为 100 μg/g，相当于 ^{238}U 251.6 Bq/g 和 ^{226}Ra 259 Bq/g。钾盐矿中放射性核素元素主要是 ^{40}K，其半衰期为 12.6 亿年，主要辐射 γ 和 β 射线。

（五）土壤环境污染源

从表 13-1 可以看出，土壤环境污染物的来源非常广泛，这与土壤环境在生物圈中发挥的特殊功能和作用密切相关。第一，人类将土壤作为获取生命能源的生产基地。为提高农产品的数量和质量，每年不可避免地向土壤中施用大量的化肥、有机肥和化学农药，从而使一些重金属、病原微生物、农药本身和分解残留物等被带入土壤。而且，许多污染物随着农田灌溉水进入土壤，直接灌溉农田的未经处理或处理未达标的城市废水和工矿企业废水，是土壤有毒物质的重要来源。第二，土壤总是作为废物（生活垃圾、工矿垃圾、污泥、污水）堆放、处理的场所，大量有机污染物和无机污染物进入土壤，是土壤环境污染的重要原因。第三，由于土壤环境是一个开放的系统，土壤与其他环境要素之间存在着物质和能量的不断交换。大气、水或生物体中污染物进行迁移转化，进入土壤，使土壤环境遭到二次污染，这是土壤环境污染的又一重要原因。例如，工矿企业排放的气体污染物首先污染大气，随后在重力的作用下以干湿沉降的形式进入土壤。上述由人类活动所形成的各类污染源，统称为人为污染源。根据人为污染物来源的不同，人为污染源大致可分为工业污染源、农业污染源和生物污染源。

工业污染源是指工矿企业排放的废水、废气和废渣。一般来说，工业"三废"直接造成的土壤环境污染仅限于工业区周边几十公里范围内，属点源污染。工业"三废"造成的大规模土壤污染往往是间接的，是长期作用导致污染物在土壤环境中积累的结果。例如，将废渣、污泥等用作农田的肥料或因空气和水污染对土壤环境造成二次污染。

农业污染源主要是由于农业生产本身需要，施用于土壤的化学农药、化肥、有机肥，以及残留于土壤中的农用地膜等。

生物污染源是指各种含有致病的病原微生物和寄生虫的生活污水、医院污水、未经处理的粪便、垃圾，还有被病原菌污染的河水等，这些是土壤环境生物污染的主要污染源。

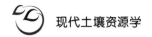

三、污染物进入土壤的传播途径

（一）污水传播途径

工业废水、城市生活污水和受污染的地表水体是主要污染源。经过预处理的城市废水或一些工业废水灌溉农田，如果使用得当，可以提高整体产量，因为废水中含有许多植物所需的营养物质，同时可以节约灌溉用水，土壤对这些污水有一定净化作用，降低污水处理成本。但因城市污水、工矿废水含有较多有毒有害物质，成分复杂，如果污水和废水直接输入农田，可能对土壤环境造成严重污染。

水污染造成的土壤环境污染的分布特点是污染物质大多因污水灌溉从地表进入土体，所以一般集中在土壤表层。不过，随着污水灌溉时间的延续，一些污染物会随水自上部向土体下部迁移，以至达到地下水层。这是最主要的土壤环境污染类型。它的特点是沿受污染的河流或主要干渠呈树枝状或片状分布。

（二）大气传播途径

土壤环境污染物源于被污染的大气。大气污染造成的土壤环境污染主要表现在以下几个方面。

（1）工业或民用煤燃烧排放的废气中含有大量酸性气体，如 SO_2、NO_2 等；汽车尾气中的铅化合物和氮氧化物由降雨、降尘带入土壤中。

（2）工业废气中的粒状悬浮颗粒，如含铅、镉、锌、铁、锰等的颗粒，降尘后落入土壤中。

（3）炼铝厂、磷肥厂、砖瓦窑厂、氰化物生产厂等产生的含氟废气，一是直接影响周围的农作物，二是会造成土壤氟污染。

（4）原子能工业和大气层核武器试验产生的放射性物质随降水和降尘进入土壤，造成土壤环境放射性污染。

大气污染造成的土壤环境污染以大气污染源为中心呈椭圆或条状分布，长轴沿主风向分布伸长。污染面积和扩散距离由污染物的性质、排放量和排放形式决定。例如，西欧和中欧工业区采用高烟囱排放形式可使 SO_2 等酸性物质扩散到北欧，令该地区的土壤酸化。汽车尾气则是低空排放，仅污染道路两侧的土壤。大气污染型土壤的污染物质大部分集中于土壤表层（0～5 cm），耕作土壤则集中于耕层（0～20 cm）。

（三）固体废弃物污染途径

固体废弃物是指固体状物质和泥状物质，包括工矿废渣、污泥，以及城市垃圾。固体废物和废渣在土壤表面的堆积、处理，不仅占用了大面积的耕地，而且通过大气扩散或降水淋滤，污染了周边地区的土壤，此为固体废弃物污染途径。其污染的特点是点源性质，主要是重金属对土壤环境的污染，以及油类、病原菌和一些有毒有害有机物的污染。

（四）农业污染物的传播途径

农业污染路径，是指因农业生产需要，持续使用化肥、农药、城市垃圾堆肥、污泥等造成的土壤环境污染路径。其中主要污染物质是化学农药和污泥中的重金属。而化肥不但是植物生长发育提供必需营养元素的来源，而且是日益增长的环境污染因子。农业污染造成的土壤环境污染的严重程度与污染物种类、施药成分和施肥方式有关。污染物主要集中在地表或耕层，分布广泛，属于面源污染。

（五）综合传播途径

对于同一地区的污染土壤，污染源可能同时来自被污染的地表水和大气，也可能同时受到固体废物、农药、化肥的污染。因此，土壤环境污染往往属于综合污染型。但对于一个地区或一个区域的土壤，它可能以一种特定的污染类型或两种类型的污染为主。

四、土壤的自净功能及能力

外来物质进入土壤使土壤物质的组成和功能产生异化，造成土壤污染，而土壤本身具有减少或淡化土壤污染的功能，这种功能就是土壤的自净功能。土壤自净作用是指在自然因素的影响下，土壤通过自身的作用，改变土壤环境中污染物的数量、浓度或形态，从而降低其活性和毒性的过程。土壤环境具有一定的缓冲作用和较强的自然净化作用，土壤自净作用对维持土壤生态平衡具有重要作用。由于土壤具有这种特殊功能，少量有机污染物进入土壤后，被生化分解，活性降低，成为无毒物质；通过吸附、沉淀、配合反应和氧化还原反应等一系列反应，重金属变成不溶性化合物，部分重金属暂时脱离食物链，退出生物循环。根据其作用机制不同，土壤自净作用可分为物理净化作用、物理化学净化作用、化学净化作用和生物净化作用。

（一）物理净化作用

土壤是由固、液、气三相物质组成的疏松多孔体，就像一个巨大的天然过滤器。各种固相胶体具有很强的表面吸附能力，因此土壤可以机械阻留进入土壤的难溶性固体污染物；可溶性污染物可以被土壤水稀释以降低毒性，或被吸附在土壤颗粒表面，但它们也可能随水迁移到地表水或地下水，特别是那些呈负吸收的污染物（如硝酸盐和亚硝酸盐），以及呈中性分子态和阴离子形态存在的蓝紫农药等，更有可能随水迁移；有些污染物会挥发或转化为气态物质，在土壤孔隙中移动和扩散，直至进入大气。这些净化都是物理过程，被统称为物理净化作用。

但是，物理净化只能降低土壤中污染物的浓度，而不能将其从整个自然环境中消除，本质只是污染物的迁移。一些有机污染物可以通过挥发和扩散进入大气，挥发和扩散主要由蒸汽压、浓度梯度和温度决定。大气农药污染的重要原因之一是农药从土壤迁移到大气。水的迁移与土壤颗粒的形成和吸收能力密切相关，因此如果大量污染物进入地表水或地下水，就会造成水源的污染。同时，难溶性固体污染物被机械阻留在土壤中，是污染物在土壤中积累的过程，构成潜在威胁。

（二）物理化学净化作用

土壤环境的物理化学净化作用，其实是指污染物的阳、阴离子与土壤胶体原本吸附的阳、阴离子之间的离子交换吸附作用。这种净化作用是一种可逆的离子交换反应，服从质量作用规律（同时，上述作用也是土壤环境缓冲作用的重要机制）。其净化能力可以用土壤的阳离子交换量或阴离子交换量来衡量。污染物的阳离子和阴离子在土壤胶体中进行交换和吸收，降低了土壤溶液中这些离子的浓度（活性），相对减少了有害离子对植物生长的有害影响。由于一般土壤中带负电荷的胶体较多，因此一般土壤对带正电荷的阳离子或污染物具有较高的净化能力。当废水中污染离子浓度不大时，土壤的物理化学净化作用可以获得较好地净化效果。土壤胶体，特别是有机胶体的含量增加，可以提高土壤的物理化学净化效果。此外，土壤酸碱度的增加有利于对污染物的阳离子进行净化；相反，土壤酸碱度的降低有助于污染性阴离子的净化。对于各种不同的阳离子和阴离子，如果它的相对交换能力大，则很可能被土壤的物理化学作用净化。然而，物理化学净化作用只能降低土壤溶液中污染物离子浓度（活度），相对降低风险，而并不能从根本上去除土壤环境中的污染物。如果用城市污水灌溉，污染物从水体迁移到土壤中，只对水体有很好的净化作用。但是经交换吸附到土壤胶体上的污染离子，还可能被其他相对交换能力更大的，或浓度较大的其他离子交换下来，然后再转移到土壤溶液中，恢复原有的毒性和活性。因此，物理化学净化的效果只是暂时且不稳定的。同时，对于土壤本身而言，这是污染物在土壤环境中积累的过程，将会构成严重的潜在威胁。

（三）化学净化作用

污染物进入土壤后，将会发生一系列的化学反应，如凝聚反应、沉淀反应、氧化还原反应、络合反应、螯合反应、酸碱中和反应、同晶置换反应、水解反应和化合反应，或由太阳辐射和紫外线能量引起的光化学降解作用等。通过这些化学反应，这些污染物要么变成难溶性、难解离的物质，降低破坏程度和毒性，要么被分解成无毒的物质或营养物质，这些净化作用统称为化学净化作用。酸碱中和反应和氧化还原反应在土壤自净过程中起主要作用。许多重金属在碱性土壤中容易沉淀，同样在还原条件下，大多数重金属离子可以与 S^{2-} 离子形成难溶性硫化物沉淀，降低污染物的毒性。

土壤环境的化学净化反应机理非常复杂，受多种因素影响，不同的污染物有不同的反应过程。一些性质稳定的化合物，如多氯联苯、稠环芳烃、有机氯农药以及塑料和橡胶等合成材料，很难在土壤中通过化学方法净化。重金属在土壤中只能发生凝聚沉淀反应、氧化还原反应和同晶置换反应，而不能被降解。当然，上述反应发生后，可能会改变土壤环境中重金属的迁移方向。例如，富里酸与一般重金属形成可溶性螯合物，则在土壤中更有可能随水迁移。

（四）生物净化作用

有机污染物因微生物及其酶作用，经过生物降解，被分解为简单的无机物而消散。土壤生物（土壤微生物、土壤动物）对污染物的吸收、降解、分解和转化过程和作物对污染物的生物性吸收、迁移和转化过程，是土壤生态系统的两个重要的能量转移和转化过程，也是最重要的土壤净化功能。土壤净化作用的强度取决于生物净化作用，生物净化作用的强弱取决于土壤生物和作物的生物学特性。从净化机理来看，生物净化才是真正的净化。然而，不同化学成分的物质在土壤中的降解过程不同。污染物在土壤中的半衰期差异很大，一些分解中间体可能比母体毒性更大。

由于土壤微生物种类繁多，不同有机污染物在不同条件下的分解过程也不尽相同，主要过程是有机污染物通过氧化还原反应、水解、脱烃、脱卤、芳环羟基化和异构化、环断裂过程最后被转化为无毒残留物和二氧化碳。一些无机污染物在土壤微生物的参与下也会发生一系列化学变化，从而降低活性和毒性。然而，微生物不能净化重金属，它们反而可能会富集土壤中的重金属，这也是重金属成为土壤环境中最危险的污染物之一的根本原因。

土壤环境中的污染物被土壤中生长的植物吸收降解，并随茎、叶、种子而离开土壤，或者被土壤中的蚯蚓等软体动物所食用；某些微生物吞食污水中的病原菌等，都属于土壤环境的生物净化作用。因此，选育栽培对某些污染物具有特别强的吸收和分解能力的植物，或利用具有特殊功能的生物或微生物等，也是提高土壤环境生物净化能力的重要措施。

总之，土壤自净作用是各种化学过程相互作用和相互影响的结果，这些过程相互交错，它们的强度总和构成了土壤环境容量的基础。土壤环境即使具有上述各种净化作用，也可以通过各种措施来提高环境的净化能力，但土壤的自净能力是有一定限度的，其与土壤的环境容量相关。

五、土壤背景值与环境容量

环境容量是环境的基本属性。该领域的研究不仅可以在理论上增强环境地学（环境地质学、环境地球化学、土壤生态学、污染气象学等）、环境化学、环境工程、生态学等学科的交叉和渗透，而且在实践中，可作为制定环境标准、污染物排放标准、污泥应用和污水灌溉量和浓度标准，以及区域污染物控制和管理的重要依据，有利于对工农业合理的规划和发展规模做出判断，有利于区域环境资源的综合开发利用和环境管理规划的制定，实现既发展经济又发挥环境自净能力，确保区域发展体系处于良性循环。

（一）环境容量

环境容量是指环境在一定条件下对污染物的最大容纳量。

过去，污染物控制往往仅限于一定的允许浓度标准，这些标准只限制了其排放的允许浓度，但并不限制其排放数量。因此，尽管污染源排放污染物的浓度没有超过控制标准，但过大的排放量，仍会造成严重的环境污染。故在环境污染的控制和管理中，除了控制污染物的允许排放浓度外，还需要将排放量限制在一定的数量范围内。因此，相关科学家将环境容量定义为在不影响人类生存和自然环境的前提下，某一环境单元或成分所能吸收的污染物的最大负荷量。

综上所述，如何拟定环境中的最大允许污染物数量是确定环境容量的关键，其前提条件与生态环境不致受害相关。

（二）土壤环境容量

结合环境容量的定义，可得出土壤环境容量的定义：土壤环境单元所能接受的污染物的最大数量或负荷量。从定义可以看出，土壤环境容量实际上是土壤污染初始值与最大负荷值之间的差值。如果以土壤环境标准作为最大允许土壤环境容量，则土壤环境容量的计算值为土壤环境标准值减去背景值或本底值，即上述土壤环境的基本容量。然而，在土壤环境标准尚未建立的情况下，环境工作者对土壤环境污染的生态效应进行试验研究，以拟定土壤环境所允许容纳污染物的最大限值——土壤环境的基准含量，这个量值（即土壤环境基准减去土壤背景值）被称为土壤环境的静容量，与土壤环境的基本容量对应。

土壤环境的静容量虽反映了污染物生态效应所容许的最大容纳量，但没有考虑土壤环境的自净作用和缓冲性能，即外源污染物在土壤中的积累过程还受土壤的环境地球化学背景以及迁移转化的影响和制约。例如，污染物输入与输出、吸附与解吸、固定与溶解、积累与降解等过程，这些过程是动态变化的，其结果都会影响土壤环境中污染物的最大容纳量。因此，当前环境科学界认为静容量加上这部分土壤的净化量，才是土壤的全部环境容量或土壤的动容量。

对土壤环境容量的研究正朝着更全面的方向发展，即强调其环境系统和生态系统效应。根据近年的研究进展，土壤环境容量被定义为在一定时期内，土壤的某一生态单元符合环境质量标准，既保持土壤生态系统的自然结构和功能，又保证农产品的生物产量和质量，在生态系统不受污染的前提下，土壤环境能容纳污染物的最大负荷。

研究土壤环境容量的首要目的是控制进入土壤的污染物量，因此可在评价土壤质量、制定农用地"三废"排水标准、灌溉水质标准、污染施用标准、元素微量累积施用量等方面产生效果。土壤环境容量充分反映该地区环境特征，是实现污染物全面控制的重要依据。在此基础上，人们既能经济合理地制定污染物总量控制计划，又可充分利用土壤的污染承载能力。

土壤元素背景值与土壤环境容量是研究土壤环境现状与其演变的重要内容。对土壤环境现状的研究非常重要，这是检验过去和预测未来土壤环境演变的基础数据，也是判断化学品行为所需的基础数据。在土壤和环境质量方面，它包括土壤、植物的元素背景值，有机化合物的类型与含量，动物区系，微生物种群及活性等生物多样性资料及对外源污染物的负载容量等，在大量原始数据积累的基础上，建立土壤环境数据数据库，以确保研究资料的系统性、准确性以及可比性，并在这个基础上使其发展成一个实用的、具有数据检索、环境质量模拟和评价、环境规划和决策辅助功能的国家土壤环境信息系统，使土壤环境管理工作逐步科学化、程序化和规范化。

第二节 土壤微系统中污染物的转化

一、土壤组成与污染物毒性

污染物质进入土壤后，与土壤的各种成分发生物理、化学和生物作用，主要包括吸附与解吸、沉淀与溶解、络合与解络、同化与矿化、降解与转化等反应过程。这些过程和土壤污染物的不溶态或交换态的有效浓度有关。有效浓度越高，其对生物体的毒性越大；相反，如果专性吸附态、氧化态或矿物固定态含量越高，则其毒性越小。

（一）黏粒矿物对污染物毒性的影响

土壤黏粒矿物如层状铝硅酸盐和氧化物，极大地影响污染物的吸附、解吸行为及其毒性。例如，铝硅酸盐对重金属和离子态有机农药的吸附；氧化物对氟、铝、砷、铬等含氧酸根的吸附（尤其是专性吸附），这些吸附过程对这些污染物具有固定作用或能使其暂时失活。氧化物交换量与氧化物对重金属的专性吸附无关。重金属的生物毒性降低与专性吸附显著相关。重金属浓度低时，专性吸附量比例较大。表 13-2 是不同土壤组分对重金属选择性吸附和专性吸附的排序。

表 13-2 土壤成分对重金属选择吸附和专性吸附的排序

土壤成分	选择性吸附和专性吸附排序
黏粒	$Cr^{3+} > Cu^{2+} > Zn^{2+} > Cd^{2+} > Na^+$
土壤	$Pb^{2+} > Cu^{2+} > Cd^{2+} > Zn^{2+} > Ca^{2+}$
泥炭土和灰化土	$Pb^{2+} > Cu^{2+} > Zn^{2+} > Cd^{2+}$
针铁矿	$Cu^{2+} > Pb^{2+} > Zn^{2+} > Co^{2+} > Cd^{2+}$
氧化铁凝胶	$Pb^{2+} > Cu^{2+} > Zn^{2+} > Ni^{2+} > Cd^{2+} > Co^{2+} > Sr^{2+}$
氧化铝凝胶	$Cu^{2+} > Pb^{2+} > Zn^{2+} > Ni^{2+} > Co^{2+} > Cd^{2+} > Sr^{2+}$
土壤有机物	$Fe^{2+} > Pb^{2+} > Ni^{2+} > Co^{2+} > Mn^{2+} > Zn^{2+}$
富里酸（pH=3.5）	$Cu^{2+} > Fe^{2+} > Ni^{2+} > Pb^{2+} > Co^{2+} > Ca^{2+} > Zn^{2+} > Mn^{2+} > Mg^{2+}$
富里酸（pH=5.0）	$Cu^{2+} > Pb^{2+} > Fe^{2+} > Ni^{2+} > Mn^{2+}=Co^{2+} > Ca^{2+} > Zn^{2+} > Mg^{2+}$
胡敏酸（pH=4）	$Zn^{2+} > Cu^{2+} > Pb^{2+} > Mn^{2+} > Fe^{3+}$
胡敏酸（pH=5）	$Zn^{2+} > Cu^{2+} > Pb^{2+} > Mn^{2+} > Fe^{3+}$
胡敏酸（pH=6）	$Zn^{2+} > Cu^{2+} > Pb^{2+} > Fe^{3+} > Mn^{2+}$
胡敏酸（pH=7）	$Zn^{2+} > Cu^{2+} > Pb^{2+} > Fe^{3+} > Mn^{2+}$
胡敏酸（pH=8）	$Pb^{2+} > Zn^{2+} > Fe^{3+} > Cu^{2+} \geqslant Mn^{2+}$
胡敏酸（pH=9）	$Zn^{2+} > Pb^{2+} > Fe^{3+} > Cu^{2+} \geqslant Mn^{2+}$
胡敏酸（pH=10）	$Zn^{2+} > Fe^{3+} > Cu^{2+} > Pn^{2+} \geqslant Mn^{2+}$

土壤中的铁铝氧化物是 F^- 的主要吸附剂。氧化物胶体表面与中心金属离子配位的碱性 A 型羟基（$—OH_2^{-0.5}$ 或水合基 $—OH_2^{-0.5}$）可与 F 发生配位交换反应，降低氟的毒性。氧化物对 F^- 的最高吸附量是 SO_4^{2-} 或 Cl^- 的 3 倍，也高于其他阴离子如 PO_4^{3-}、AsO_3^-、

$Cr_2O_7^{2-}$ 等。当吸附平衡溶液中 F 的浓度相同时，$Al(OH)_3$ 胶体吸附的氟量分别比埃洛石和高岭石高出数十倍甚至数百倍，因此红黄壤中氟毒低、残留氟容易富集累积。

黏粒矿物对 Cu^{2+} 的吸附顺序为高岭石＞伊利石＞蒙脱石。这是由于铜通过硅酸盐表面的配位体被专性吸附，与矿物表面的羟基群及 pH 值有关，并不直接依赖于黏粒矿物的 CEC，而与盐基饱和度密切相关。土壤中被吸附铜的解吸难易取决于不同种类矿物和氧化物对铜的吸附和结合强度。当用 1 mol/L NH_4Ac 或螯合剂作为解吸剂时，98% 吸附在蒙脱石上的 Cu^{2+} 能较快解吸，而专性吸附在铁、铝和锰氧化物上的 Cu^{2+} "惰性"极强，一般条件下很难被置换，很大一部分 Cu^{2+} 不能被同位素取代，只能通过强烈的化学反应被激活和释放。

黏粒矿物的类型会影响土壤对农药的吸附。黏粒吸收农药后，其毒性大大降低。土壤对农药的吸附不仅会影响农药的迁移，还会减慢化学分解和生物降解的速度，所以当吸附量大时，残留量也高。表 13-3 显示了不同类型黏粒矿物和土壤 pH 值对某些除草剂吸附量的影响。

表 13-3　不同类型黏粒矿物和土壤pH对某些除草剂吸附量的影响

化合物	用量 / (mg·hm⁻²)		在溶液中的浓度 / (mg·kg⁻¹)			吸附的百分数 /%		
		pH	5.5	6.5	7.3	5.5	6.5	7.3
DNC	4	伊利石	0.07	0.19	6.70	99.0	97.0	0
		高岭石	2.50	6.70	6.70	63.0	0	0
		蒙脱石	0.06	0.18	6.70	99.1	97.0	0
		伊利石	0.02	0.05	1.70	99.0	97.0	0
2，4- 滴	4	伊利石	0.05	0.09	1.70	97.0	95.0	0
2，4，5- 涕	4	蒙脱石	1.70	1.70	1.70	0	0	0
灭草隆	1	伊利石	0.07	0.07	0.08	96.0	96.0	95.0
敌草隆	1	蒙脱石	0.03	0.03	0.03	98.0	98.0	98.0
三嗪	1	伊利石	0.01	0.02	0.04	99.6	99.6	99.0
西玛津	1.5	高岭石	0.07	0.14	0.14	97.0	97.0	95.0

（二）土壤有机质对污染物毒性的影响

土壤有机质组分可以通过静电吸附和络合或螯合影响污染物毒性。土壤有机质主要通过含氧官能团吸收重金属。酚羧基和羟基是腐植酸的主要官能团，分别占总官能团总量的 50% 和 30%，成为腐殖质 - 金属络合物的主要配位基。

在二价离子中，Cu^{2+} 与富里酸形成的络合物的稳定常数在 pH=3.5 时，Cu^{2+} (5.78)

$> Fe^{2+}$ (5.06) $> Ni^{2+}$ (3.47) $> Pb^{2+}$ (3.09) $> Co^{2+}$ (2.20) $> Ca^{2+}$ (2.04) $> Zn^{2+}$ (1.73) $>$ Mn^{2+} (1.47) $> Mg^{2+}$ (1.23)；在 pH=5.0 时，Cu^{2+} (8.69) $> Pb^{2+}$ (6.13) $> Fe^{2+}$ (5.77) $> Ni^{2+}$ (4.14) $> Mn^{2+}$ (3.78) $> Co^{2+}$ (3.69) $> Ca^{2+}$ (2.92) $> Zn^{2+}$ (2.34) $> Mg^{2+}$（2.09）。

胡敏酸和富里酸能与金属离子形成可溶性和不溶性络合物（螯合物），这主要与饱和度相关。富里酸金属离子化合物的溶解度大于胡敏酸金属离子化合物的溶解度，这是因为前者具有高酸度和低分子质量。金属离子还以不同方式影响腐殖质的溶解特性。当胡敏酸和富里酸溶于水时，羧基解离。由于带电基团的排斥作用，粒子处于伸展状态。而当外来金属离子进入时，电荷减少，分子收缩凝聚，导致溶解度降低。金属离子还可以将胡敏酸和富里酸分子桥接起来成为长链结构化合物。金属胡敏酸络合物在低金属／胡敏酸比例下可溶于水，但增加了链结构，当游离羧基由于矿物离子的桥合作用变为中性时，会发生沉淀，并受离子强度、pH 和土壤中胡敏酸浓度等因素的影响。

二、土壤酸碱性与污染物转化和毒性

土壤酸碱度既通过影响组分和污染物的带电性质、沉降与溶解、吸附与解吸、络合和解络平衡等来改变污染物的毒性，也通过土壤中微生物的活动改变污染物的毒性。

土壤溶液中的大多数金属元素（包括重金属）在酸性条件下以游离态或水化离子态存在，毒性较大，而在中、碱性条件下易形成难溶性氢氧化物沉淀，很大程度上降低了毒性。

金属离子可以与 OH^- 等阴离子形成沉淀，这可以通过溶度积常数（Ksp）进行估算。表 13-4 显示了常见金属离子和一些阴离子的溶度积常数。土壤酸碱度影响阴离子和阳离子的浓度，因为 pH 的增加会导致 OH^- 浓度的增加，从而显著降低重金属离子的毒性（活度）。

表 13-4　某些重金属沉淀的溶度积常数（pKsp，18~25℃）

	Cd	Co	Cr	Cu	Hg	Ni	Pb	Zn
AsO_4^{3-}	32.66	28.12	20.11	35.12		25.51	35.39	26.97
CN^-	8.0			19.49	39.3（1价）	22.5		12.59
CO_3^{2-}	11.28	9.98		9.63	16.05（1价）	6.87	13.13	10.84
CrO_3^{2-}	4.11			5.44	8.7（1价）		13.75	
$Fe(CN)_6^{4-}$	17.38	14.74		15.89		14.89	18.02	15.68
O^{2-}				14.7（1价）	25.4		65.5（4价）	53.96
OH^-（新）	13.55	14.8	30.2	19.89		14.7	14.93	16.5
OH^-（陈）	14.4	15.7				17.2		16.92

	Cd	Co	Cr	Cu	Hg	Ni	Pb	Zn
S^{2-}	26.10	20.4（α）		35.2	52.4（红）	18.5（α）	27.9	23.8（α）
		24.7（β）		47.15（1价）	51.8（黑）	24.0（β）	26.6	21.6（β）
PO_4^{3-}	32.6	34.7	17.0	36.9		30.3		32.04
HPO_4^{2-}		6.7			12.4		9.90	

注：未说明价数者为金属正常价态（Cr 为 3 价，其他为 2 价）。

pH 显著影响土壤中金属离子的水解及其产物的形成和电荷。在 pH<7.7 的溶液中，锌主要以 Zn^{2+} 存在；在 pH>7.7 时，以 $ZnOH^+$ 为主；在 pH>9.11 时，则以中性的 $Zn(OH)_2$ 为主。在土壤 pH 值范围内，$Zn(OH)_3^-$ 和 $Zn(OH)_4^{2-}$ 不会成为土壤溶液中的主要络离子。对于铅，当 pH 值小于 8.0 时，溶液中以 Pb^{2+} 和 $Pb(OH)^+$ 为主，其他形式的铅，如 $Pb(OH)_3^-$、$Pb(OH)_2$、$Pb(OH)_4^{2-}$ 较少。对 Cu 而言，当 pH<6.9 时，溶液中主要是 Cu^{2+}，pH>6.9 时，主要是 $Cu(OH)_2$，而 $Cu(OH)_3^-$、$Cu(OH)_4^{2-}$ 和 $Cu_2(OH)_2^{2+}$ 在土壤条件下一般不重要。Hirsh 等用模型预测了土壤溶液中一系列 Cd 络合离子，包括 Cd^{2+}、$CdOH^+$、$Cd(OH)_2$、$CdCl^+$、$CdCl_2$、$CdSO_4$、$CdHCO_3^+$、$CdCO_3$、$CdNO_3^+$、$Cd(NO_3)_2$ 的形成与 pH 的关系，结果发现，自由 Cd^{2+} 离子往往只占溶液中可溶性 Cd 的 40%～50%；在 pH=7.5～8.0 时，$CdHCO_3^+$ 络合离子占 35%～40%，当 pH 较高或二氧化碳分压较高时，重碳酸盐的增加导致自由 Cd^{2+} 减少，而 $CdOH^+$ 和 $Cd(OH)_2$ 络合物离子占主导地位。因此，可认为在高 pH 值和高二氧化碳条件下，镉形成更多的碳酸盐络合物可以降低其有效性。但是，在酸性土壤中（pH 值为 5.5 以下）总可溶性镉含量相同的情况下，即使二氧化碳分压增加，溶液中的镉离子仍保持在较高水平。改变 pH 值不仅直接影响金属离子的毒性，还会改变其吸附、沉淀、络合等性质，间接改变其毒性。

pH 对土壤中有机农药等有机污染物的积累、转化和降解有两方面影响。第一，不同的土壤 pH 和不同的土壤微生物群落对土壤微生物对有机污染物的降解产生影响。这种生物降解途径主要包括生物氧化还原反应中的脱氯、脱氯化氢、脱烷基化、芳香环或杂环破裂反应等。第二，改变污染物和土壤成分的电荷特性，进而改变两者的吸附、络合、沉淀等特性，导致污染物有效度的改变。

三、土壤氧化还原状况与污染物转化和毒性

土壤氧化还原状况是一个综合性指标，主要由土体内的水气比决定。但土壤微生物活动、易分解有机质含量、易氧化及易还原的无机物质含量、植物根系代谢作用、土壤 pH 与 E_h 关系密切，对污染物毒性有显著影响。

（一）有机污染物

热带和亚热带地区间歇性阵雨和干湿交替条件有利于厌氧菌和好氧菌的繁殖，比简单的还原或氧化条件更能降解有机农药的分子结构，特别是有环状结构的农药，如地亚农的代谢产物嘧啶环的裂解等需要氧的参与。

大部分有机氯农药只能在还原环境中加快新陈代谢。

（二）重金属

土壤中重金属污染元素多为亲硫元素，在农田厌氧还原条件下易生成难溶性硫化物，毒性和危害降低。土壤中的低价硫 S^{2-} 来源于有机物的厌氧分解和硫酸盐的还原反应。当水稻田土壤的 E_h 低于 -150 mV 时，S^{2-} 生成量可达 20 毫克每 100 克土。当土壤变为氧化状态或变干或干旱时，难溶性硫化物逐渐转变为易溶性硫化物，其生物毒性增加。

将镉、磷和锌添加到黏质土中并在水中浸泡 5—8 周后，可能会生成 CdS。在相同镉含量的同一土壤中，如果水稻在整个生育期内淹水种植，即使土壤中 Cd 的浓度为 100 mg/kg，糙米中 Cd 浓度不到 1 mg/kg；但若在幼穗形成前后此稻田落水搁干，此糙米含 Cd 量可高达 5 mg/kg。这是因为在淹水条件下，土壤中 Cd 溶出量下降与 E_h 下降同时发生。Cd 的毒性降低是生成 CdS 的缘故。

土壤中硫化物的形成也会影响 Cu 的溶度，当氧化还原度（pe+pH）>14.89 时，Cu^{2+} 受土壤中 Cu 的控制。pe+pH 每降低一个单位，Cu^{2+} 活度增加 1 个 lg 单位。当 pe+pH 为 $11.5 \sim 4.73$，磁铁矿控制铁的活度，pe+pH 每降低一个单位，l g Cu^{2+} 就降低 2/3 lg 单位，而 l g Cu^{2+} 则增加 1/3 lg 单位。

砷可以以四种价态存在：-3，0，$+3$，$+5$。其中，三价砷的毒性是五价砷的几倍，甚至几十倍。在土壤溶液中，$+3$ 和 $+5$ 价态砷氧化还原状况相当敏感，根据 Nerst 方程：

$$E_h = E_0 + \frac{RT}{nF} lg \frac{\left[氧化态\right]}{\left[还原态\right]} - \frac{RT}{nF} \times m \times \text{pH}$$

因此，在酸性条件下，在 25℃时，As（V）和 As（Ⅲ）互相转化的临界 E_h 可用下式估算：

$$E_h = 0.059 + 0.02951 \times lg \frac{\left[H_3AsO_4\right]}{\left[HAsO_2\right]} - 0.059\text{pH}$$

可以看出，E_h 不但决定于砷的标准氧化还原电位 E_0，而且还与 pH 和不同价态砷的浓度比有关。

研究土壤中含砷矿物稳定性的热力学方法表明，在通风良好的碱性土壤中，$Ca_3(AsO_4)_2$ 是最稳定的含砷矿物，其次是 $Mn_3(AsO_4)_2$，在碱性和酸性环境中后者都可能形成。在还原性 [（pe+pH）<8] 和酸性（pH<6）土壤中，砷硫化物和 As（Ⅲ）氧化物都是稳定的。在还原性 [（pe+pH）<8] 溶液中，As（Ⅲ）含量丰富。AsH_3 只有在土壤溶液酸性很强、氧化还原电位极低时才产生。

土壤矿物质对 As（Ⅲ）的氧化作用见表 13-5。土壤中的 δ-MnO_2 对 As（Ⅲ）的氧

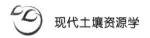

化反应在开始 1 h 内反应速率较快，之后反应速率较慢，并符合以下方程：

$$\ln[As(Ⅲ)]=-K_t+C$$

式中，K 为反应速率常数；C 是常数。

表 13-5　土壤物质对 As（Ⅲ）的氧化

处　理	平衡溶液中 As（Ⅴ）/（mg·kg⁻¹）
0.05 g 氧化铁 +35 mL 100 mg/kg As（Ⅲ）	0.0
0.05 g 氧化铝 +35 mL 100 mg/kg As（Ⅲ）	0.0
0.05 g 氧化锰 +35 mL 100 mg/kg As（Ⅲ）	54.3
0.05 g 氧化钙 +35 mL 100 mg/kg As（Ⅲ）	0.0
0.05 g 高岭石 +35 mL 100 mg/kg As（Ⅲ）	0.0
0.05 g 蛭石 +35 mL 100 mg/kg As（Ⅲ）	0.0
0.05 g 青紫泥 +35 mL 100 mg/kg As（Ⅲ）	10.4
100 mg/kg As（Ⅲ）溶液贮存 4 个月	0.0

注：pH=7.0, 25℃，平衡时间 12h，水 / 土壤物质 =700。

土壤中 As（Ⅲ）被氧化为 As（Ⅴ）表明其毒性降低。浙江农业大学在绍兴青紫泥水稻田研究砷污染防治措施时发现，淹水处理在幼穗分化期时，紫支英处理的土壤氧化还原电位（即 pH=7 时的 E_h）最低，只有 −54 mV，砷在土壤中的总溶解度最高，且其中 As（Ⅲ）占 90.1%，水稻植株平均高度仅 35.7 cm，比对照组的高度 36.5 cm 降低 2.2% 左右。添加氧化铁和二氧化锰后，土壤中水溶性总砷较对照组下降约 25%，As（Ⅲ）也从 39.5% 下降到 7% 左右，水稻后期平均高度为 46.4 cm，比对照组增加 27% 左右。原因很明确：一是添加铁和锰，增加了土壤固定和吸收砷的能力，减少了水溶性砷；二是土壤氧化还原电位不同 As（Ⅲ）所占比重不同，对水稻生长的影响不同。土壤的氧化还原电位高和铁锰物质的添加有利于消除水稻中的砷带来的危害。

铬也是变价元素，六价铬的毒性大于三价铬。土壤氧化还原状态对土壤中铬的转化和毒性有显著影响。铬通常以四种化学形式存在于土壤，即两种三价铬离子 Cr^{3+}、CrO_2^- 和两种六价铬离子 $Cr_2O_7^{2-}$、CrO_4^{2-}。其在土壤中的迁移转化主要受土壤 pH 和氧化还原电位的限制，此外还受土壤有机质含量、无机胶体组成和土壤质地的影响。三价铬和六价铬在适宜的土壤环境下可以相互转化：

$$2Cr^{3+}+7H_2O =\!\!=\!\!= Cr_2O_7^{2-}+14H^++6e^-$$

由上式根据 Nernst 方程式可得

$$E_h=E_0+0.059/6 \lg[H^+]^{14}$$

据此可根据不同土壤 pH 来估算三价铬和六价铬转变的土壤临界氧化还原电位 E_h。根据计算结果，当土壤 pH 值分别为 3、4、5、6、7、8、9、10、11 时，E_h 分别为 920 mV、779 mV、640 mV、504 mV、366 mV、352 mV、273 mV、194 mV、164 mV。

土壤中的氧化锰对 Cr（Ⅲ）有氧化能力，其强弱顺序为：$\delta^-MnO_2 > \alpha^-MnO_2 > \gamma^-MnOOH$。氧化锰作为 Cr（Ⅲ）氧化的主要电子接受体，其机制为 Cr（Ⅲ）从溶液被吸附到 MnO_2 表面释放到溶液中：

$$Cr(OH)_2^- + MnO_2 \longrightarrow MnO_2 \cdot Cr(OH)_2^-$$
$$MnO_2 \cdot Cr(OH)_2^- \longrightarrow Mn^{2+} + HCrO_4^- + H_2O$$
$$MnO_2 + Cr(OH)_3 \longrightarrow MnO_2 \cdot Cr(OH)_3$$
$$MnO_2 \cdot Cr(OH)_3 \longrightarrow Mn^{2+} + HCrO^{4+} + H_2O$$
$$MnO_2(S) + Cr(OH)_2^+ \longrightarrow HCrO_4^- + MnOOH$$

土壤对 Cr(Ⅲ) 的氧化能力与土壤中易还原性锰氧化物的含量呈显著正相关，MnO_2 对有机 Cr（Ⅲ）的氧化速度明显慢于对无机 Cr（Ⅲ）的氧化速度，其氧化量也相对应减少。沉淀态 Cr 和吸附态 Cr 可以转移到 MnO_2 表面而被氧化为 Cr（Ⅳ）。沉淀态 Cr 的溶解速度和吸附态 Cr 的释放速度决定了 Cr（Ⅲ）的氧化速度。反过来，外源性 Cr（Ⅳ）进入土壤后，也可被土壤特别是土壤有机质还原剂还原为 Cr（Ⅲ），形成不溶性氢氧化铬沉淀或被土壤胶体吸附。几种土壤对 Cr（Ⅳ）的还原速率为青紫泥＞黄筋泥田＞黄棕壤＞旱地红壤。

四、土壤质地和土体构型与污染物迁移和转化

土壤质地的差异形成了不同的土壤结构和通透性，对环境污染物的截留、迁移和转化产生不同的效应。黏质土颗粒细小，黏粒多，比表面积大，黏重，大孔隙少，透气透水性差，能把污水悬浮物阻留在土壤表层。由于黏质土中含有丰富的黏粒，土壤具有较强的物理吸附、化学吸附、离子交换作用，具有较强的保肥保水性能。同时，进入土壤的有机污染物和无机污染物的离子被吸附到土壤颗粒中，保持在表面，增加了污染转移的难度。

土壤黏粒主要由 2：1 型的蒙脱土组成，土壤吸附能力大，被吸附的重金属处于相对稳定的状态。例如，表 13-6 表明，0.001 mm 的黏粒百分含量从 13.4% 到 66.4%，土壤汞含量百分比从 1% 增加到 2.72%；而麦粒中汞含量随着土壤黏粒的增加而降低，麦粒中汞含量的百分比从 1.0% 下降到 0.65% 甚至痕量。

表 13-6　矿物黏粒的数量和 Hg 的含量与迁移（摘自《灌溉水污染及其效应》白瑛、张祖锡，1988）

土壤编号	< 0.001 mm 黏粒含量 /%	Hg 含量比值 /%	
		土壤 Hg	麦粒 Hg
1	13.4	1.00	1.00
2	28.4	1.90	0.95

土壤编号	< 0.001 mm 黏粒含量 /%	Hg 含量比值 /%	
		土壤 Hg	麦粒 Hg
3	34.5	2.60	0.65
4	66.4	2.72	痕量

初步研究表明，由于土壤质地不同，进入土壤的砷污染物中的砷被转化的种类和对生物的毒性也不同。土壤质地越细，黏粒的数量越多，被转化为五价砷的量就越大，而转化为水溶性砷越少，而三价的砷的转化率增加了土壤的通气孔隙与黏粒含量关系不大。

在黏土中加入砂粒相对减少了黏粒的含量，从而减少了对污染物的分子吸附，增加了淋溶的强度，增强了污染物的转移。但要注意可能由此导致的地下水污染。砂质土黏粒含量较低，砂粒量多占优势，透气性强，透水性强，分子吸附、化学吸附、交换作用差，对进入土壤的污染物吸附能力差，贮存量小。同时，由于通气孔隙大，污染物很容易随水淋溶、迁移。砂质土壤的优点是污染物容易从地表淋溶进入下层，减少表土污染物的数量和危害；缺点是可能进一步污染地下水，造成二次污染。研究结果表明，在施氮量相同的情况下，砂土类土壤的氮素远大于壤质和黏质土壤。因此，如果常年对砂质土壤施氮肥，氮（主要是 NO_3^-）会在深层土层蓄积，造成地下水污染。壤土的性质介于黏土和砂土之间，性质的差异取决于壤土中砂、黏粒含量比例，黏土含量较多，性质偏向黏土类，而砂粒含量较多则偏向砂土类。

土壤质地在剖面上的分布不同，构成了不同的土体构型，从而导致通气性和透水性存在差异。常见的土壤质地剖面类型有如下几种。

（1）上砂下黏（上松下紧）土壤。上层的质地以砂质为主，透水性好，通气性好，能迅速接收大量雨水，防止地面径流，减少水土流失。下层的质地偏黏，起到保水保肥作用，减少养分流失和下渗流失，具有回润水分的能力。这种质地剖面既发小苗又发老苗，对土壤水、肥、气和热的调节较好，适合作物生长。

（2）上黏下砂土壤。上层为黏质土，毛管孔隙多，持水能力强，渗透性差。如果缺乏有机质，晒干后容易板结成大土块，耕性不良，不利于幼苗的生长。下层是砂质土，易漏水漏肥，作物根部到达砂层后，水分和养分供给不足。这种质地剖面不发小苗或老苗，土壤肥力低。

（3）砂夹黏或黏夹砂（夹层型）土壤。砂黏层次相间排列，砂层和黏层的厚度不大，30～50 cm，或更薄。砂层与黏层交替适当，既能透水透气，又能保水保肥，对调温和调节养分有很好的效果。但如果夹层过厚，会变成上砂下黏或上黏下砂型土壤。

（4）特殊夹层型土壤。剖面中夹一层特殊的坚实层，如红壤的铁结核层以及铁盘层，坚硬牢固，作物根部难以穿过。如果这一层的位置太高，将严重危害农作物的生长。另一个例子是碱土亚表土的碱化层，它是一个黏稠的、坚硬的、强碱性的层。反之，漂洗性水稻土剖面有一层白色的粗粉质，土质坚硬，缺乏养分，如果位置浅，会影响植物的生长。

（5）均一的砂土型或黏土型土壤。孔隙单调而大小配合不当，应因地制宜种植，如花生、芝麻、马铃薯等适合砂质土生长的作物。

自然土壤中淋溶土类的淀积层和农业土壤的犁底层，由于黏粒、沉积物质多或犁底挤压，土层紧实，且通透性差，成为表层淋溶物质的接纳层，防止可溶性和非可溶性物质的下移；而在污染区，也会引起土壤污染物的富集。打破土壤黏土和犁底层屏障，可以增加渗透性，改善土壤渗透强度和污染物质向下运动的条件。

五、土壤生物活性与污染物转化

土壤中数量庞大的不同动物在消化、搬运动植物残体的过程中，起到拌和土壤和分解有机质的作用，还可促进土壤形成，改善土壤环境质量。

微生物在土壤环境的形成中起着重要和关键的作用。这是因为土壤微生物分解有机物并释放营养元素，同时制造腐殖质，增加土壤中有机－无机胶体含量，改善土壤的物理化学性质。固氮微生物可以固定大气中的游离的氮素；而化能细菌能分解、释放矿物质中的元素，提高土壤环境的养分含量。

土壤微生物是污染物的"清洁工"。土壤微生物参与污染物的转化，在土壤自我净化过程和减轻污染物危害的过程中发挥着重要作用。例如，氨化细菌可以降解和转化污水和污泥中的蛋白质和含氮化合物，可以快速消除蛋白质分解过程中产生的难闻的污秽气味。农药被微生物分解，可使土壤彻底净化农药。

综上所述，土壤环境中的生物体系是土壤环境的重要组成部分，是物质和能量转化的重要因素。土壤生物是土壤形成，养分转化，物质迁移，污染物降解，转化和固定的重要参与者。它们支配着土壤环境的物理、化学和生化过程、特性和结果。土壤微生物的活性显著影响土壤中污染物的转化、降解和归宿。

第三节　土壤污染物导致的土壤功能异化

土壤在陆地环境中最重要的功能是它是植物生长的基础。这种让生命得以延续的基本环境，一方面是植物和微生物的养分库；另一方面则含有微生物、水、空气、热量等物质或能量，通过微系统空间中的物理和化学及生化过程完成了土壤微生物和植物所需的养分和能量的循环，使土壤微生物和植物生命健康可持续。这就是土壤的正常环境功能。

污染物进入土壤后，在土壤微系统中与土壤原有成分发生吸附作用或络合或螯合作用，或发生同晶置换作用，或在土壤水环境下发生溶解－沉淀作用，使土壤微系统的物质结构异化；在土壤微系统结构异化的基础上，出现了新的吸附－解吸、络合－固定、螯合－迁移、溶解－沉淀、氧化－还原等过程平衡。与此相关联，微系统中微生物、植物根系等生命体因吸收土壤溶液及土壤颗粒表面吸附的污染物，抑制了污染物的生物活性，

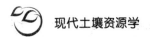

从而在微系统中建立物质流和能量流，并改变了通量。土壤微系统过程异化、土壤微观结构及其过程的异化，从土壤功能上可归结为土壤的净化功能弱化。

一、土壤污染背景下的土壤微系统结构

土壤污染物侵入后，经过复杂的土壤过程，土壤会发展成为一个新的、稳定的土壤微系统。这种新的土壤微系统的特点是土壤骨架物质的结构、土壤孔隙中的水溶液及土壤空气中掺入了新的污染物。

（一）污染物在土壤微系统骨架中的结构特点

1. 黏土矿物对污染物的吸附

如前所述，土壤污染物主要包括无机污染物和有机污染物。黏土矿物是土壤微系统的主要结构材料，它们结合无机污染物的方式主要包括交换性吸附和专性吸附。交换性吸附指土壤黏粒通过分子引力或静电引力吸附离子态无机污染物，土壤溶液中的污染离子可以通过竞争吸附位点被其他离子置换。专性吸附是指由黏土矿物表面的羟基或羧基与污染物上的配位基或基团的混合物组成的紧密结构。重金属进入土壤后与铁锰氧化物产生专性吸附。有机污染物在土壤微系统中，一是通过分子引力被黏土矿物吸附，如农药残留物通过分子表面张力被黏土颗粒表面吸附；二是通过有机官能团与黏土颗粒表面的—OH 或 COO—等基团结合形成紧密的有机–无机复合结构。

2. 土壤有机质对污染物的吸附结构

土壤有机质富含多种有机官能团，与有机、无机污染物结合形成稳定的结构。土壤有机质与无机污染物结合形成有机–无机化合物，使土壤无机污染物保持有机结合状态，这种形式相对稳定，常使无机污染物失去活性。就像土壤中的重金属与有机物质结合形成有机结合态重金属。土壤有机质与有机污染物结合形成新的土壤有机质，它们之间主要靠有机官能团的配位吸附结合在一起。

土壤对污染物的吸附主要包括化学吸附、物理吸附、离子交换，具体包括离子交换、氢键、电荷转移、共价键、范德华力、配体交换、疏水吸附和分配。对于农药的吸附，腐殖质的吸附能力远远超过其他土壤成分的吸附能力。经证实，土壤对污染物的吸附能力主要由土壤有机质决定，也就是决定于它的高分子相——胡敏酸和富里酸（占总吸附的74%）。当大分子有机质超过几个百分比时，土壤矿物质表面就会被堵塞，起不到吸附作用。在这种情况下，农药和土壤的吸收能力取决于土壤中有机质的类型和含量。土壤对农药的吸收能力还与土壤质地、矿物黏土类型和 pH 有关。

3. 土壤溶液中的污染物沉淀

在酸碱因子的作用下，重金属离子和水溶液性阴离子如 CO_3^{2-}、SO_4^{2-}、PO_4^{3-} 等形成沉淀。沉积物颗粒集中在土壤颗粒的表面。例如，镉在土壤溶液中沉淀的常见转化形态有 $Cd_3(PO_4)_2$、CdS、$CdCO_3$、$CdSO_4$ 等。前两种不溶于弱酸，在研究中被视为矿物态 Cd，后两者溶于弱酸，被视为弱酸溶态 Cd。

4. 土壤矿物质中存在的污染物

残渣态重金属存在于土壤矿物质的结晶层中，或作为原生矿物质残留，或重金属离子通过同构置换过程进入土壤板结构。

（二）土壤溶液中的污染物

1. 土壤溶液中的无机污染物

土壤溶液中的无机污染物主要是离子态存在的水合离子以及与小分子有机物结合形成的有机－无机复合污染物。前者为水溶性重金属，后者为与小分子有机物相结合的重金属，如稻田中较常见的与富里酸结合的 Cd，水体中的甲基汞等。土壤溶液中的无机污染物具有很强的生物活性，是生物吸收的主要对象。此外，土壤溶液中的无机污染物可以通过土壤和地下水流的渗流作用向外传播，是无机污染物的主要传播途径。

2. 土壤溶液中的有机污染物

土壤溶液中的有机污染物主要包括亲水性有机污染物，如水溶性洗涤剂、溶于水的农药等。这些污染物容易迁移，是杀死土壤生物的重要物质，因此很容易成为其他环境污染类型的污染源。

（三）土壤空气中的污染物

1. 土壤空气中的无机污染物

污染物进入土壤后，土壤孔隙中的空气中可能存在无机污染物。例如，土壤被汞污染后，因为汞可以以零价状态存在，会蒸发到土壤中，并且随着土壤温度的升高，其挥发速度加快。

2. 土壤和空气中的有机污染物

有机污染物进入土壤后，部分可能蒸发形成气态物质，排出土壤，如有机农药。

（四）固体废物对土壤微系统结构的影响

固体废物是指在生产、建设、日常生活等活动中产生的，在一定时间和地点无法被利用而丢弃的污染环境的固体、半固体废弃物质。

固体废物的堆放不仅占用了大面积的土地，还污染了土壤。由于垃圾堆积和填埋不当，经阳光暴晒及雨水淋滤后其中的有害成分会直接进入土壤，导致土壤中毒、酸化和碱化，从而降低土壤质量，影响土壤的活性微生物，抑制植物的生长，使草本植物不再生长。由此产生的污染面积往往是被占领土面积的数倍。例如，固体废物中的塑料地膜或塑料袋，一旦进入土壤，就会有大量的塑料碎片残留在土壤中，阻碍土壤的透水性和透气性，影响土壤结构。

固体废物进入土壤，将其有害成分释放到土壤微系统中。如上所述，它们会影响土壤的性质，危害土壤的生态质量。同时，作为固体颗粒，固体废物进入土壤后会改变土壤的结构和组成，影响土壤的质地，使土壤发生根本上的变化。

二、土壤微系统物质流、能量流发生的改变

土壤溶液中的污染物与土壤骨架材料中的污染物之间存在吸附－解吸动态平衡（图

13-2）。土壤骨架材料中存在交换吸附态、专性吸附态、生物态和矿物态污染物。生物污染物是指被土壤生物吸收的污染物，水溶性污染物是指土壤溶液中的污染物。水溶性污染物可以转化为前四种形式。从水溶性状态到交换状态的污染物主要是水溶性离子。它们通过竞争土壤颗粒上的吸附位点以交换最初被土壤颗粒吸附的离子而被吸附。当然它们也可被其他与土粒更亲和的离子交换下来。水溶性污染物转化为生物性污染物主要是通过土壤生物吸收水溶性离子或小分子并在生物体内蓄积实现的，而土壤生物则通过生理代谢或死亡将原始污染物释放到土壤溶液中。水溶性污染物通过专门的吸收途径与土壤结构材料紧密结合，很少释放到土壤中。土壤溶液中的部分重金属离子和阴离子通过沉淀反应转化为不溶于酸的沉淀物，这类包含了污染物的沉淀物即为污染物的矿物态，其不再向土壤溶液释放原污染成分。

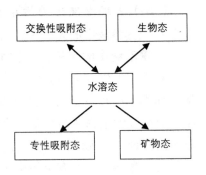

图 13-2　土壤微系统中污染物平衡动态示意图

（一）土壤溶液污染物的迁移和转化

土壤溶液中的污染物不仅通过动态平衡转化为交换吸附态、生物态、专性吸附态和矿物态，而且还通过壤中流、重力水途径向土壤微系统外迁移。壤中流途径主要是指通过土壤微系统的毛管，土壤溶液从水势高的土壤空间向水势低的土壤空间迁移；重力水途径则是指通过通气孔隙，土壤水溶液从土壤微系统向下层地下水空间迁移。

（二）土壤空气污染物的迁移和转化

土壤孔隙空气中的污染物，如有毒气体 H_2S、HF，又如汞蒸气等，会通过土壤孔隙向土体外扩散。

三、土壤微系统功能的异化

污染物侵入土壤微系统后，土壤微系统会经历一系列转化过程，其结构和组成将发生变化，必将导致土壤净化功能的异化和土壤环境容量的降低。

（一）物理净化功能减弱

土壤的物理净化功能主要体现在土壤对污染物的吸附截留，使其无法分散。随着污染物进入土壤并被土壤颗粒吸附，土壤的颗粒有效吸附面会逐渐减小，土壤的物理净化功能变差。

（二）物理化学净化功能

物理化学净化功能指土壤微系统颗粒表面对污染离子交换性吸附的能力。随着在土壤颗粒表面交换性污染离子吸附量增加，颗粒表面的吸附位点会减少，从而降低土壤的物理化学净化功能。

（三）化学净化功能

土壤化学净化功能是指土壤为降低污染物的毒性、影响污染物的生物活性、分解有毒污染物而进行的化学转化过程。当污染物侵入土壤微系统时，土壤的化学转化潜力会逐渐耗尽，化学净化功能进而减弱。

（四）生物净化功能

生物净化功能是指土壤有机污染物的生物降解作用。土壤生物主要指土壤微生物、土壤动物和土壤中的植物根系。当污染物侵入土壤时，土壤生物的生命活力就会降低，这对土壤生物的有机污染物降解具有直接影响。

思考题

1. 人类向土壤转移的污染物主要包括哪些类型？主要来源有哪些？

2. 怎么理解土壤污染的动态平衡概念？

3. 无机污染物与有机污染物在土壤中的转化过程有哪些异同点？

4. 土壤被污染后，土壤微系统的结构有哪些变化？对土壤功能有何影响？

第十四章　土壤污染的防治

第一节　工矿业导致的土壤污染防治

一、工矿业导致的土壤污染

工矿业对土壤的污染包括厂矿企业排放的废水、废气、废渣对自然环境土壤造成的污染，污染物包括有机、无机化学废弃物，放射性废弃物，如矿场选矿后的矿渣、冶炼后的废渣、粉末状矿石尾渣、油矿开采运输加工过程中滴漏的石油等。污染区土壤若不被治理并改善到可利用的标准，所在区块是不可以作为农业用地的。由于工矿污染导致的结果，要么是造成绿色植物难以生长发育，要么是导致绿色植物商品污染，因此为避免有害物质进入生物链，对重污染区土壤一方面要尽可能地治理，另一方面要通过合理利用方式避免污染物的排放。

对污染区土壤复垦利用前，要进行详尽的调查测试，分析土壤污染的原因、种类、全过程、阶段和程度，特别要对比与原地形地貌土壤的区别；并对复垦土壤的母质来源作深入分析化验，尤其要分析对植物的生长有影响的汞、铬、镉、铅、砷、铜等污染元素与氮、磷、钾、硼、铁、钼等营养元素，明晰土壤来源与环境背景值，结合复垦规划，制定复垦利用总目标。

二、重污染区土壤的修复方法

（一）物理修复方法

1. 客土法

客土法即将干净无污染的土壤倾覆于污染土表面或与污染土壤混匀，减少污染物与植物根系接触的机会，从而达到减轻污染物对生态环境的危害的目的。如果客土与原污染土混合，则应使混合后污染物浓度值小于环境危害浓度，只有这样才能真正达到修复的效果。对于水稻等浅层作物和铅等移动性较差的污染物，采取覆盖的方法较好。客土应尽量选择黏重或有机质含量高的土壤，这可以提高土壤环境容量，减少客土用量。生长植物为草本植物的客土厚度应大于 10 cm，一般以 20～30 cm 为佳；若为木本植物，则必须达到 2 m。覆盖物可以用天然土壤和土壤代替物，但土壤水的迁移会使底层有毒金属盐由毛管到表层，应用砂土或粉砂土也会带来类似的表层污染问题。在富含金属的基质上种植的地被植物，除非已明确了植物器官积累的有毒物质未达到毒害标准，否则不能用于饲喂牲畜。

2. 换土法

换土法即置换土壤，取走污染土壤，代之以干净土壤。对于小面积污染较重、污染物易扩散且难降解的土壤，这种方法是适宜的。这种方法可以阻止污染物大面积扩散，危害生态系统健康。例如，被放射性物质污染的土壤表层就需迅速被剥离。但是要注意，移出的土壤要妥善处理，不能发生二次污染。

3. 翻土法

翻土法就是将表层污染土壤翻入土壤深处，达到降低表层的污染物浓度，使其分散到更深层次的目的。

4. 隔离法

隔离法是利用各种防渗材料，如水泥、黏土、石板、塑料板等，将污染土壤与未污染土壤或水体隔开，以减少或防止污染物扩散到其他土壤或水体的做法。这种方法适用于污染严重、污染物易扩散且经过一段时间后污染物会降解的情况，如较大规模事故性农药污染的土壤。

（二）化学修复方法

1. 清洗法

清洗法是用干净的水或溶解了特定化学品的水从土壤中清洗污染物的方法。如果污染物对水体造成重大污染，冲洗液应集中处理。溶解一些特殊的化学品通常可以增加清洁效果，如在被重金属污染的土壤中加入合适的络合剂，以增加重金属在水中的溶解度。清洗法更适用于轻质土壤，如砂土、砂壤土、轻壤土。

2. 热处理法

热处理法是将已经隔离或未隔离的污染土壤加热，使其中的污染物受热分解的方法。加热的方式有很多种，特别从经济和实用的角度考虑，推荐红外线辐射加热、管内水蒸气传输加热。热处理法通常用于处理有机污染土壤，也适用于一些受重金属（如汞等挥发性重金属）污染的土壤。

热处理法主要利用了热解吸技术和焚烧技术。

（1）热解吸技术。热解吸技术包括两个过程：第一，污染物通过挥发从土壤中转移到蒸气中；第二，将蒸气中的污染物以浓缩或高温破坏的形式清除。将土壤污染物转化为蒸气所需的温度取决于土壤类型和污染物的物理状态，通常为 150～540℃。

典型的热解包括预处理、解吸、固相后处理和气体后处理等。预处理包括过筛、脱水、中性化和混合等步骤。中性化步骤在于降低处理过的土壤的酸度和减少酸性废气的排放。热解吸技术适用的污染物，包括挥发性和半挥发性有机污染物、卤化或非卤化有机污染物、多环芳烃、重金属、氰化物、炸药等，不适用于多氯联苯、二噁英、呋喃等污染物，也不适用于除草剂和杀虫剂、石棉、非金属、腐蚀性物质。热解吸技术也不适用于泥炭土。

热解吸技术较难处理紧密团聚的土块，因为土块中心的温度总是低于表面温度。待处理土壤中有挥发性金属时会产生废气污染控制困难的问题。处理富含有机质的土壤也更加困难，因为反应器中污染物的浓度必须低于爆炸极限。高 pH 土壤会腐蚀处理系统的内部。

（2）焚烧技术。在高温（800～2 500℃）下，通过热氧化作用以破坏污染物的异位热处理技术被称为焚烧技术。典型的焚烧系统通常包括预处理、单级或两级燃烧室、固体和蒸气后处理工艺系统。可处理土壤的焚烧炉包括直接点火和间接点火的燃烧器、液体化床式燃烧器和远红外燃烧器。其中科林燃烧器最为常用。焚烧的效率取决于燃烧室的三个关键要素：温度、废物在燃烧室内的停留时间和废物的紊流混合程度。大多数有机物的热破坏温度在1 100～1 200℃。大多数燃烧器的燃烧区温度为1 200～3 000℃。固体废物停留时间为30～90 min，液体废物停留时间为0.2～2 s。紊流混合非常关键，因为它可以让废物、燃料和燃气充分混合。焚烧后的土壤按废物处置规定处理。

适用焚烧技术的污染物包括挥发和半挥发性的有机化学污染物、卤化和非卤化有机化学污染物、苯系物、多氯联苯、二噁英、咪唑、除草剂、化肥、氰氢、火药、石棉、腐蚀性组分等，不适合非金属和重金属。所有土壤类型都可以用焚烧方式处理。

3. 电化法

美国路易斯安那州立大学研究出一种净化污染土壤的电化法，即在水分饱和的黏土中插入一些电极，通入低强度直流电后，阴极附近产生的 H^+ 便向土壤毛孔移动，并把污染物释放到毛管溶液中。水溶液以电渗透的方式移到阳极附近，并被吸到土壤表层。

电迁移是指在外部直流电场的影响下，离子和离子型络合物向相反电极的移动。电迁移的速度取决于土壤孔隙中水流的密度、颗粒的大小、离子行动性、污染物的浓度和总离子浓度。电迁移过程的效率更多地取决于孔隙水的电导率和土壤中的传导路径长度，而较少地依赖于土壤液体的通透性。由于电迁移率不取决于孔隙大小，因此它适用于粗糙和细质地的土壤。当潮湿的土壤含有高度可溶的离子化的无机组分时，电迁移就会发生。电动力学技术是去除土壤中这些离子化污染物的有效方法，它具有修复低渗透性土壤的潜力。

当直流电场施加到充满液体的多孔介质时，液体相对于带静电的固体表面移动，即电渗透。当表面带负电（大多数土壤带负电）时，液体向负电极移动。这个过程适合在饱和的、细质地的土壤中进行，其中溶解的中性分子可以很容易地通过电渗透移动，因此可用电渗透去除土壤中的非离子化的污染物。将清洁液体或清洁水倒入阳极，可以提高污染物去除效率。影响土壤中污染物电渗透移动的因素有土壤水中离子和带电颗粒的移动性和水化作用、离子浓度、介电常数和温度。

土壤离子的电渗透和电迁移过程如图 14-1 所示。

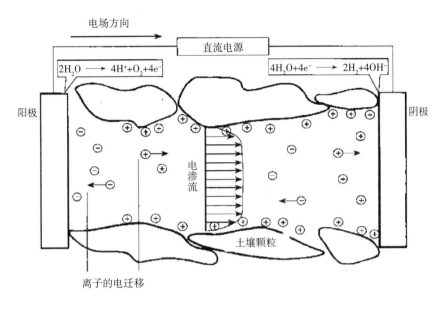

图 14-1 土壤离子的电渗透和电迁移示意图

电泳是指带电离子或胶体在电场作用下的移动，结合在可移动粒子上的污染物也随之移动。在电动力学过程中发生在电极的最重要的电子迁移作用是水的电解作用：

$$H_2O \longrightarrow 2H^+ + 2e^- \qquad 阴极反应$$
$$2H_2O + 2e^- \longrightarrow 2OH^- + H_2 \qquad 阳极反应$$

电解产生的氢离子在电迁移和扩散的作用下向阳极移动，降低了阳极附近的 pH 值。与此同时，电解产生的 OH^- 向阴极移动，提高了阴极附近的 pH 值。

富集于电极附近的污染物可以通过沉淀/共沉淀、泵出、电镀或采用离子交换树脂等去除。

电动力学修复技术主要是针对低渗透性的、黏质的土壤。适合于重金属、放射性核素、有毒阴离子、稠的非水相的液体、氰化物、石油烃、炸药、有机/离子混合污染物、卤代烃、非卤化污染物、多核芳香烃等污染物，其中最适合处理的污染物是金属污染物。

4.施用抑制剂降低污染物的活性

在某些污染土壤中加入一定的化学物质能有效降低污染物的水溶性、扩散性和生物有效性，从而降低它们进入植物体、微生物体和水体的能力，减轻对生态环境的危害。对于重金属污染的土壤施用石灰、生物质炭等能提高土壤 pH 值，降低重金属的溶解性，从而有效降低植物体内的重金属浓度。

（三）生物修复方法

利用某些特定的动植物和微生物能够较快地吸走或降解土壤中的污染物质，达到净化土壤的目的，如利用微生物降解有机农药。

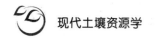

三、重污染区土壤的利用模式

（一）可作为建筑用地

污染严重的土地被修复后若满足建房标准，可以考虑作为建筑用地，进行工业、房地产开发。

（二）发展用材林

为了防止污染物进入食物链，并最终危害到人类，可以利用这些被污染而无法农用的土地来发展用材林。一些绿色植物对土壤层中某些类型的污染物具有特别强的吸收能力。我国地域辽阔，气候环境条件差异大，全国各地可因地制宜采用适合当地条件的抗性品种。

（三）种植超富集植物

一些超富集植物可以在重度污染的土壤层上有目的地被种植，它们可以用来降低土壤层中污染物的浓度。如羊齿类铁角蕨属对土壤镉的吸收能力很强，吸收率可达10%。又如香蒲绿色植物，对铅的耐受性和吸收性均很强，可用于净化被铅锌矿污水严重污染的土壤。由于绿色植物的根系中通常含有高浓度的重金属，因此在割除植物时应尽量连根收走。同时，对收获的植物应进行妥善处置。最好焚烧后回收其中的重金属，以减少土层或水质中重金属含量，完成治理目标。它具有投资和维护成本低、实际操作简单、无二次污染且具潜在或明显的经济效益等优点。

（四）用作绿化林、草地，发展花卉、草皮等产业

对工矿区尤其是生活区四周的重污染土壤，可用通过绿化改善环境，或者发展花卉、草皮等产业。一般来说，工程措施和生物措施能去除土壤中的污染物，效果较好。但工程措施费用较高，也费时，主要用于重污染土壤。其余的治理利用方法不直接去除土壤污染物，主要使它们加速分解，降低活性，减少植物吸收等。

（五）重污染区土壤的农业利用

若重污染土地确需作为农用，当污染土壤上覆盖物的厚度较大，农作物的根系不会下扎至污染土层时，可恢复为农业用地。但应格外谨慎，为防止污染物随地下水上升，再度产生危害，必须对农产品进行分析监控。

四、重污染区土壤的修复案例

（一）石油污染土壤的修复

在石油矿山以及输油管道经过的地区经常发生石油泄漏事故，使周围的土壤受到污染。处理石油污染的土壤修复技术有物理、化学和生物方法。

目前，物理修复主要是指热处理方法，即通过燃烧或煅烧来净化土壤中的石油类污染物。这种方法去除污染物的效率高，但破坏了土壤的结构和组分，且价格昂贵而难以实施。化学处理主要是化学浸出和水洗，这种方法也能取得较好的效果，但所用化学试剂的

二次污染限制了该方法的应用。

生物修复是在生物降解的基础上发展起来的新兴清洁技术，它是对传统生物处理方法的发展。与物理、化学修复污染土壤技术相比，具有成本低、不破坏植物生长所需的土壤环境、污染物氧化分解安全彻底、无二次污染、操作简单等优点。目前，处理石油污染土壤的生物修复技术有两类：一类是微生物处理技术，按修复的地点可分为原位修复和异位修复；第二类是植物修复技术。

原位生物修复是指在污染源原址实施某种工程程序，但不进行人为转移污染物，不开挖土壤或抽取地下水，不使用生物曝气、生物淋洗等方法。异位生物修复是通过将污染物运输到附近的场地或反应堆，使用工程措施来控制污染。植物修复是指利用植物修复受污染的环境。

（二）矿山废渣的利用

矿山废渣要利用的原因主要有如下三点。第一，矿山产生大量的废渣，会占用和破坏土地，如一个大型矿山，平均占地 $18 \sim 20 \ hm^2$，小型矿山也可以达几公顷。据统计，矸石占地达上万公顷。迄今为止，我国采矿和破坏的土地已达 133 万～201 万 hm^2。第二，矿山废渣往往会造成水土流失和土壤沙化。矿业活动，特别是露天采矿，使山坡植被和土壤遭到破坏，矿区产生的废石、废渣等松散物质使矿区生态环境非常脆弱，极易造成矿区水土流失、土地沙化、荒漠化。据对全国 1 173 个大中型矿山的调查，产生水土流失和土地荒漠化的面积分别为 1 706.7 hm^2 和 743.5 hm^2。第三，重金属具有较大危害。采矿过程中产生的废水和废矿石经雨水或各种水源淋滤、浸泡后形成的淋滤液，对矿区地表水和地下水环境造成破坏，进而易造成矿区土壤环境污染的问题。废石的性质和其中所含的金属元素不同，其淋滤液对水生环境的影响也不同。例如，金矿废渣长期堆积在地表，在氧化、微生物分解及雨水淋洗等综合作用下，会产生含有大量金属离子的酸性废水。在选矿过程中还会产生含有重金属的废水，这些污水未经处理直接排放，对地表水、地下水和土壤都会造成不同程度的污染。

矿渣的理化性质和组分与建筑材料相似，所以目前矿业废物主要应用于建筑行业。此外，部分废渣可优选用作建筑材料，其余可回填至井下空区。在矿山建设和生产初期，产生的废渣应选择集中堆放。在生产期间，要根据开采工艺要求进行合理采矿，对于空场采矿法形成的空地，可在开采作业完成后利用堆放的废渣和生产中产生的废渣充填。从综合利用出发，从尾砂中回收硫、铁等大量元素后，剩余部分可通过旋流分级，约 60% 的粗砂可直接作为井下空区填充料。当井下空白区仍能接受填料时，还可把溢流尾矿进一步浓缩，掺入速凝固化剂后，充填到井下空区。此外，一些废弃矿渣也可作为建筑材料加以利用。

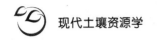

第二节　农牧业导致的土壤污染防治

一、肥料污染的控制措施与防治对策

随着肥料特别是化肥用量地不断增加，化肥对农业环境的负面影响日益明显，这引发了人们对化肥大量使用所带来的环境问题的思考。国际上掀起了以低投入、重有机，将化肥、农药施用保持低的水平，保障食品安全和环境安全为中心的持续农业运动。它提倡尽可能减少化肥和农药地投入，以尽量减少对环境的破坏，保持尽可能高的农产品产量及食品品质的农业生产方法。由于化肥在农业生产中有高效增产作用，如果单纯依靠化肥的使用来控制污染的影响是不现实的。关键是要根据当地土壤生态条件，制定相应对策，采取综合措施，科学合理使用化肥，提高肥料利用率，减少各种途径的损失。

（一）加强对肥料的监督管理，从肥料的质量上抑制污染

一是要制定和完善相关法律、法规、标准和政策，积极支持和保护无公害肥料的生产，加大施用和推广力度，确保政策倾斜和资金保障，真正从思想政治角度解决化肥污染问题。二是化肥生产、销售、经营企业必须遵守国家、行业部门和地方政府制定的无害化指标规定，真正从源头上杜绝污染物的产生。三是肥料的管理部门要加强对肥料的综合监控，杜绝劣质肥、污染肥、假肥的存在。四是建立长期稳定的肥料监控网络，定期报告不同类型耕地的肥效现状及演变趋势，为制定施肥政策、肥料生产规划和有关决策，为宏观调控肥料的生产、分配与施用提供依据。

（二）经济合理施肥，严防过量施肥

施肥用量不应当超过土壤和作物的需要量。不同的土壤和同一土壤的不同地块，其养分含量往往存在显著差异，不同的作物和同一作物的不同品种，其生长特性不同，它们在生长发育过程中所需要的养分种类、数量和比例也都不一样。因此，在拟定施肥建议时，要严格按照作物的营养特性、潜在产量和土壤的农化分析结果，选择最合适的施肥量。

（三）氮、磷、钾肥配合施用

养分平衡供应是作物正常生长和增加产量的关键。目前我国氮、磷、钾的配比和土壤养分状况与作物对养分吸收的状况不相协调，需要从宏观上调整肥料结构，在配方施肥的基础上，采取"适氮、增磷、增钾"的施肥技术。利用土壤剖面残留硝态氮推荐施用氮肥。研究结果表明，土壤剖面中的硝态氮在北方旱地土壤中可以较好地表征有效氮的供应水平。在推荐氮肥施用量时，应考虑残留在根层土壤剖面中的硝态氮，以阻止更多的硝态氮在土壤剖面中进一步累积淋洗到地下水。

（四）化肥与有机肥配合施用

有机肥料所含营养元素齐全，含有作物所需的大量元素和微量营养元素，还含有丰

富的有机物质，可改善土壤的物理性状，增加土壤保肥和供肥能力，改善因偏施化肥而造成的土壤养分失调的状况。有机肥是微生物的主要能量来源，而化肥则可以为微生物的生长发育提供无机养料。因此，两者结合可以增强微生物的活性，促进有机质的分解，增加土壤中的速效养分，以满足作物生长的需要。化学氮肥与有机肥料配合施用还能有效降低作物和蔬菜中的硝酸盐含量，提高品质，减少化肥流失，防止土壤污染。根据我国不同地区长期施肥试验结果表明，用氮、磷、钾肥处理土壤，能显著提高土壤有机质含量。使土壤中有机质含量增加得最多最快的方式是无机肥与有机肥相配合。

（五）推行施肥新技术，提高肥料利用率

针对过量施用氮肥引起的 NO_3^- 污染，可使用缓释、控释肥料，如使用硝化抑制剂、脲酶抑制剂来降低土壤中的 NO_3^- 含量。为提高施肥效果，可改地面浅施为开沟深施和叶面喷施，改粉肥扬施为球肥深施和液氨深施，改分散追肥为重施底肥等，通过减少施肥次数，减少肥料流失机会。为减少蔬菜中硝酸盐的积累，可采用"攻头控尾、重基肥轻追肥"的施氮技术。对于施肥造成的土壤重金属污染，首先要降低重金属的活性，降低其生物有效性。可以通过调节土壤氧化还原电位，施用石灰、有机物质等改良剂来控制土壤重金属的毒性；严重污染的土壤可以用客土、换土以及生物修复方法来处理。

（六）优化肥料品种结构，研制新型无污染肥料

目前全国生产施用的化肥品种中，低浓度产品占很大比例。今后要大力发展各类高效、高浓度肥料，研制开发高效复合肥、复混肥、腐植酸肥、精细有机肥等新型无公害肥料，推广应用长效肥料、缓释肥、控释肥以及生物菌肥，以满足我国高产优质高效现代化农业发展多样化的需求和科学施肥的需要。我国有机肥资源丰富，全国农作物秸秆总量的 6 亿 t，人畜粪便约 43 亿 t，生活垃圾约 4 亿 t，养分氮、磷、钾约 3 600 万 t。因此，从我国无公害农业、实现农产品清洁生产的需要出发，需要尽快出台国家耕地培育法，在肥料资源的统筹管理上走出一条以综合养分管理为主，充分发挥养分再循环利用的养分高效利用之路。具体的实施方法包括：大力发展秸秆还田或过腹还田；积极推动畜禽粪便等动植物废弃物快速无害化处理技术；将绿肥兼肥料饲料纳入种植计划；选择养分浓度较高、来源和剂型稳定、无异味的有机物料作为有机肥的原料，生产商品化的有机肥或有机–无机复合肥；在解决好高效菌株筛选、菌株活力保护的前提下，对特定作物适量施用微生物肥料。

（七）加强水肥管理，实施控水灌溉

减少田面排水是减少农田氮和磷流失的关键。大水漫灌、田埂渗漏导致氮磷肥在被作物吸收或被土壤固定之前被水带走，因此大量的肥料溶解在灌溉回归水中，还有其他物质如污染地表水，使水质恶化。通过加强田间水肥管理，浅水频繁灌溉，干湿交替，减少排水量，可有效减少农田氮、磷的排出量。在农灌区，逐步推广喷灌、滴灌、渗灌等技术，以减少水的下渗量，从而减少氮素的淋溶损失。

（八）培育高效低累积硝酸盐的蔬菜品种

尽管蔬菜中硝酸盐含量较高，但不同种类、不同品种、不同部位的蔬菜也存在明显

差异。这些现象为我们提供了很多有用的信息，在寻找减少和控制蔬菜本身带来的大量硝酸盐的方法时，我们可以从形态学上去筛选低富集型的品种。

（九）保护生态环境，防止水土流失

水土流失是化肥特别是磷肥影响环境的重要途径，因此对坡耕地要进行退耕还林还草，增加植被覆盖度，保护生态环境，减少地表径流，控制和减少水土流失，以减少肥料对地表水污染的根本途径。

二、污水灌溉的污染防治措施

（一）全面调查，科学规划，统一管理

我国幅员辽阔，污水灌溉的地区分布广泛。不同污水灌区的情况不同。因此，防治污水灌区土壤污染，需要了解污水灌溉土壤的污染情况：对污灌水源、水质、污灌面积、灌溉作物及污水灌溉方式等进行全面调查。在此基础上，对污水灌溉区进行科学规划，明确哪些区域适合进行污水灌溉，哪些区域应该控制，哪些区域不适合进行污水灌溉。

（二）推行灌溉污水预处理技术，控制污水水质，禁止用原污水直接灌溉

影响污水灌溉区环境质量的主要因素是污水灌溉质量。控制灌区土壤污染，首先要控制灌水的水质。从宏观上看，在大力提高废水处理达标率的基础上，提高各污水灌区灌溉污水的质量。在当前形势下，大力推广一些简单、易操作、经济可靠的污水预处理技术。在我国，氧化塘或氧化沟处理法、污水土地处理技术、污水生态处理系统等污水预处理技术已经成熟，推广应用这些可以有效减少原污水或仅经过初级处理的污水对土壤和农作物的危害。

（三）重视开展污水灌溉技术和污水土地利用的科学研究

（1）研究污水对土壤肥力、作物生理生化以及农产品的产量质量的影响，研究不同类型污水和不同灌溉定额条件下的土壤肥力的变化、作物生长和发育状况以及作物产量和质量的变化，对于污灌历史长、污染严重的灌溉地区，应停止污水灌溉，重新调整种植结构。

（2）研究不同土壤–植物系统对污水中有机物和主要有害物质的安全承受量，即系统的最大环境容量，为科学制定不同土壤–植物系统的污灌定额和污灌水质量标准提供依据。

（3）研究主要农作物污水灌溉技术规范。在综合应用上述研究成果的基础上，根据不同作物对废水的适应程度，确定不同污水类型、不同土壤条件下主要作物的污灌方式、频率、最佳灌溉期和灌溉定额。建议实现科学、适度的污水灌溉。在作物莲藕、秧苗拔节期、分蘖期等容易受污水危害的敏感期尽量避免使用污水灌溉。

（四）加强监测管理，建立健全污水灌溉的规范化管理体系

（1）建立污水灌区水土环境评价指标体系及监测信息系统，本着简便易行的原则研究确定污灌农田地下水及土壤环境评价指标，以水利系统为基础，建立污灌区水土环境监

测体系以及全国污灌区信息网。

（2）加强污灌水质标准研究，完善污水灌溉标准体系。

（3）吸收和借鉴国内外污水灌区管理的成功经验，建立统一的污水灌区规范化管理体系，实行清污混灌制度，减轻其负面效应。即充分发挥污水灌溉的地方作用，促进污水灌区农业的可持续发展。

三、畜禽粪便对土壤环境的污染与防治

我国畜禽粪便的产生量很大，研究表明，畜禽养殖场排放的污水中含有大量污染物，其生化指标非常高。如猪粪尿混合物排出物的 COD（化学需氧量）值达 81 000 mg/L，笼养蛋鸡场冲洗废水的 COD 达 43 000 ～ 77 000 mg/L，BOD（生化需氧量）为 17 000 ～ 32 000 mg/L，NH_4^+—N 浓度为 25 000 ～ 4 000 mg/L。在土壤中使用高浓度的畜禽粪便作为肥料会增加土壤中的氮含量。部分氮被作物吸收和利用，过量的氮不仅随地表水流入江河湖泊，污染地表水，而且会渗入地下，污染地下水。粪便污染物中的有毒有害成分进入地下水后，降低了地下水中溶解氧的百分比，增加了水体中有毒成分含量。此外，未经处理的畜禽粪便和畜禽养殖场废水的过度使用，会造成土壤空隙堵塞，造成土壤透气、透水性能地下降以及板结，严重影响土壤质量；它会导致作物徒长、倒伏、晚熟或不熟，造成减产，甚至使作物出现大面积腐烂。

此外，畜禽粪便中含有大量的致病菌、抗生素、化学合成药物、微量元素和重金属元素，这些也是不容忽视的污染因素。在传统的配合饲料中，为满足畜禽的生长需要，人们通常不考虑饲料本身中微量元素的含量，而添加的剂量过大，容易导致微量元素超标。同时，为了提高畜禽生产性能和产品产量，往往大剂量地使用抗生素和化学合成药物，不仅影响肉、蛋、奶等的质量和畜禽的安全以及健康，也直接影响人的生命安全和身体健康。如长期使用高剂量的砷、铜制剂作为添加剂，除了造成畜禽中毒外，使用这些畜禽的粪便给农田施肥，还会导致大量重金属在土壤表层的积累，从而影响植物生长，并且容易引起砷和铜对人体健康的直接危害。

1.畜禽粪的资源化

（1）用作肥料。在我国传统的农业生产中，畜禽粪便只是简单地堆放后用于农田。随着养殖业的集约化和化肥的广泛使用，人们逐渐摒弃了这种惯常做法，不仅造成了畜禽粪便的污染，而且由于经常使用化肥还造成土壤有机质含量和土壤质量下降。将畜禽粪便加工成肥料是其资源利用的主要途径，也是世界上许多国家最常用的方法。

（2）用作饲料。畜禽粪便作为饲料处理。以鸡粪为例，由于鸡肠功能不足，对饲料的消化吸收能力较差，饲料中70%的营养物质没有被消化吸收而排出体外。鸡粪粗蛋白含量达到25% ～ 28%，高于大麦、小麦和玉米的粗蛋白含量。此外，鸡粪中的氨基酸种类齐全，含量也较高，矿物质和微量元素含量丰富。表14-1和表14-2为鸡粪高温干燥后的氨基酸和无机酸含量。

表 14-1　烘干鸡粪中氨基酸的含量（占干物质的比重）

单位：%

赖氨酸	组氨酸	精氨酸	苏氨酸	丝氨酸	谷氨酸	脯氨酸	天冬氨酸	甘氨酸
0.52	0.24	0.59	0.58	0.66	1.68	0.78	1.15	1.66
丙氨酸	胱氨酸	缬氨酸	蛋氨酸	异亮氨酸	亮氨酸	酪氨酸	苯丙氨酸	总含量
0.68	0.33	0.68	0.18	0.54	0.95	0.44	0.49	12.15

表 14-2　烘干鸡粪中矿质元素含量（占干物质的比重）

钙	镁	磷	钠	钾	铁	铜 /(mg·kg^{-1})	锰 /(mg·kg^{-1})
6.16	0.86	1.51	0.31	1.62	0.20	15	332

高温烘干不仅可以使鸡粪中水分含量达到要求，而且具有消毒、杀菌、除臭的作用。经检测，经处理的干制鸡粪中铅、砷总含量低于国际标准，也达到相应的鸡粪饲料卫生标准。

（3）用作燃料。将畜禽粪便和秸秆一起厌氧发酵产生沼气。这种方法不仅可以提供清洁能源，解决我国广大农村地区燃料缺乏与大量秸秆燃烧的矛盾，还可以解决大型畜牧养殖业畜禽粪便污染问题。畜禽粪便发酵产生的沼气可直接为农户提供能源，沼液可直接肥田，沼渣还可用于养鱼，形成养殖业与种植业、渔业紧密结合的物质循环的生态模式。

（4）养殖蝇蛆和蚯蚓。一些低级生物可以降解粪便中的物质，合成生物蛋白质和多种营养物质。例如，鸡粪适合将蝇的卵发育成蛹。据研究，每千克蛋鸡鲜粪可孵化0.5 ~ 1.0 kg 卵。利用牛粪养殖蚯蚓也取得了显著成效。

2. "猪粪发酵 - 蚯蚓 - 林下鸡"模式

选择养猪场附近的 4 667 m^2 林地，在 667 m^2 左右开阔、阳光充足、供水条件好的疏林地搭建鸡棚、2 000 m^2 林地养殖蚯蚓，2 000 m^2 林地放养成鸡，蚯蚓养殖林与成鸡放养林按季度轮换。

（1）猪粪发酵。收集猪粪，晒至七成干，加入适当比例的草屑、米糠、发酵菌剂或泥土，调节湿度为 65% ~ 70%，垒堆，用塑料薄膜严封，然后等待粪堆内和堆外的颜色变深时，发酵过程结束。

（2）蚯蚓养殖。在预选的林木中挖一个宽 0.6 m、深 0.4 m、长度适中的土槽，在槽内铺 5 cm 厚的浸过水的稻草，放良种蚯蚓，再将经堆制发酵后的猪粪混合物加入槽内，保持湿度在 70% 左右，在 20 ~ 30℃ 的情况下，40 天后猪粪即可被蚯蚓处理完。土槽内处理猪粪后，应及时收集蚯蚓粪和蚓卵。用湿稻草盖住蚓卵以避光保温，幼蚓可在大约20 天内孵化。该地区土壤温度 5 ~ 10 月为 20 ~ 30℃，适宜蚯蚓生长的时期一年可达180 天。用 2 000 m^2 林地养蚯蚓，可加工 370 ~ 400 t 猪粪，可充分处理年出栏 1 000 头生猪养殖场产生的猪粪（每年约 360 t）。每吨干猪粪可产活蚯蚓 20 kg（相当于 3.33 kg

干蚯蚓）和 0.9 t 蚯蚓粪，蚯蚓粪的营养成分较高（表 14-3），可作为有机肥出售。

表 14-3　蚯蚓粪基本理化性质

单位：g·kg⁻¹

容重 / (g·cm⁻³)	有机质	全氮	碱解氮	全磷	有效磷	全钾	速效钾	pH 值	EC/（μS·cm⁻¹）
1.35	195	9.6	0.188	3.6	0.256	9.7	0.228	7.1	455.9

（3）林下养鸡。首先要建好鸡棚，在鸡棚内布置育雏舍和成体鸡舍，布置喂水设施和保温设施。在森林里养出一茬蚯蚓后，就可以轮作林下鸡放养林。在养过蚯蚓的林地中，仍然有大量的蚯蚓生活。将鸡放养林中，蚯蚓、林中的草、树叶、虫、落果、植物种子等都成为鸡的重要饲料。为保护森林生态多样性，生态林养鸡密度每平方千米不超过75 只；经济林养鸡密度每平方千米不超过 150 只。林下鸡的平均生长周期为 160 天，每亩生态林地每年可产禽 114 只，经济林每年可产禽 228 只。

第三节　人类生活废弃物导致的土壤污染防治

一、生活垃圾的利用与处置

（一）生活垃圾的堆肥化处理

生活垃圾中含有许多新鲜有机物，如动物残体、鱼骨、菜叶、厨余垃圾等，可以在受控的条件下对这些物质进行堆肥处理，将它们转化为稳定的腐殖质，这个过程就是微生物的发酵过程。这种腐殖质与黏土结合形成黏土腐殖质复合物，不仅能有效减少生活垃圾，解决环境污染，降低无害化垃圾总量，还能为农业生产提供适宜的腐殖土，从而促进自然界的物质良性循环。如果把我国每年产生的 1.4 亿 t 生活垃圾用作肥料，再加上人畜粪便、秸秆和细菌，那么每年可以生产 1.5 亿 t 堆肥，可以创造 2 500 亿的财富。

（二）生活垃圾的焚烧处理

焚烧是一种对垃圾的高温热化学处理技术，也是将垃圾实施热能利用的资源化形式。焚烧是指在高温焚烧炉内（800 ～ 1 000℃），垃圾中的可燃成分与空气中的氧气发生剧烈化学反应，变成高温燃烧气体和稳定固体残渣的过程，并释放热量。燃烧产生的燃烧气可作为热能回收利用，性质稳定的残渣可直接掩埋。焚烧后，垃圾中的细菌、病毒被彻底消灭，带恶臭的氨气和有机废气经高温分解，因此经过焚烧工艺处理的垃圾能以最快的速度实现无害化、稳定化、资源化和减量化。

（三）生活垃圾的热解处理

热解技术最早用于生产木炭、煤干馏、石油重整和炭黑制造。20 世纪 70 年代初，全球石油危机对工业化国家经济的影响逐渐使人们认识到发展可再生能源的重要性，热解技术开始应用于垃圾的资源化处理和燃料生产，成为一种很有前景的垃圾处理方法。热解又被称为"干馏"、"热分解"或"炭化"，是指在厌氧或缺氧条件下，高温分解固体物质中的有机成分，使其最终转化为可燃气体、液体燃料和焦炭的热化学过程。

垃圾热解是一个复杂的、同步的、连续的热化学反应过程，反应过程涉及复杂有机键的裂解和异构化等反应。热解一方面将大分子分解成小分子直至气体，另一方面又使小分子聚合成大分子。由于分解反应的操作条件不同，热解产物也不同。它们主要有 H_2、CO、CH_4 等低分子碳氢化合物为主的可燃性气体，以 CH_3COOH、CH_3COCH_3、CH_3OH 等化合物为主的有机液体以及纯炭与金属、玻璃、泥沙等混合物形成的炭黑。

垃圾的热解过程因供热方式、产品状态、热解炉结构的不同而不同。根据设备的特点，垃圾热解方法主要有移动床熔融炉方法、回转窑方法、流化床方法、多管炉方法。回转窑方法是最早发展起来的城市垃圾热解处理方法。代表系统为 Landpard 系统，主要产品为燃气；多管炉主要用于处理高含水量的有机污泥；流化床有单塔式和双塔式两种，双塔式流化床已达到工业化生产规模；移动床熔融炉法是城市垃圾热解技术中最为成熟的方法，代表性的处理系统有新日铁、Purox、Torrax 等系统。

（四）厌氧消化技术

厌氧消化是微生物在厌氧条件下分解有机物，将其转化为甲烷、二氧化碳等，合成自身细胞物质的生物过程。垃圾中含有大量易腐解的有机物，容易进行厌氧发酵，腐烂变质。因此，厌氧消化是实现垃圾无害化、资源化的一种有效方法。垃圾被掩埋和封闭，垃圾被厌氧发酵，用类似于采集天然气的方法采集还原性气体并供应给内燃机这样的引擎燃烧。这种方法也适用于有机质含量低、热值不高的垃圾。

（五）蚯蚓处理技术

垃圾中含有大量有机物，可用于饲养蚯蚓。100 万只蚯蚓每月可吞食 24～36 t 垃圾，它们排出的蚯蚓排泄物是极好的天然肥料，蚯蚓还可以变成动物饲料。

生活垃圾的处理需要大量的设备投资，因此目前城市生活垃圾的处理方式多为填埋。在地面上选择一个合适的自然场所或人工改造的合适场所，在垃圾上覆盖一层土层，同时做好防渗工作，尽可能避免环境污染。

二、污泥的利用与处置

污泥是废水处理产生的沉淀物和污水表面漂浮的浮沫等残渣，是一种介于有机物和无机物成分之间的半固体废物。由于废水来源、污水处理厂处理工艺和季节不同，污泥的成分差异很大。不同类型污泥的成分及含量见表 14-4。从表 14-4 可以看出，污泥的营养成分较高，重金属的积累也很严重。另外，由于城市污水中含有大量的病原微生物，在污水处理过程中，大部分病原菌被保留或与颗粒结合，使污泥中大量微生物被感染，其中以沙门氏菌、蛔虫卵、肠道病菌和细菌最为常见。

表 14-4　不同污泥组成（摘自《土壤污染及其防治》，夏立江，2001）

组　成	生污泥		生活性污泥		消化污泥	
	范　围	中　值	范　围	中　值	范　围	中　值
总固体 /%	3～7	5	1～2	1	6～12	10
挥发性固体 /%	60～80	70	60～80	30～60		40
养分（占干重）/%						
N	1.5～8	3	4.8～6	5.6	1.6～6	3.7
P	0.8～2.7	1.6	3.1～7.4	5.7	0.9～6.1	1.7
K	0～1	0.4	0.3～0.6	0.4	0.1～0.7	0.4
pH 值	5～8	6			6.5～7.5	7.0
重金属 /（mg·kg^{-1}）						
As					3～30	14
Cd					5～2 000	15
Cr					50～30 000	1 000
Cu			380～1 500	916	250～17 000	1 000
Pb					136～7 600	1 500
Hg					3.4～18	6.9
Ni					25～8 000	200
Zn			950～3 650	2 500	500～50 000	2 000

（一）污泥处理的目的

（1）减少水分，减少体积，便于后续加工、利用和运输。

（2）使污泥卫生化、稳定化，减少对环境的污染和病菌传播。

（3）通过处理可以改善污泥的成分和性质，有利于污泥资源的利用。

（二）污泥的利用

1. 土地利用

污泥中含有大量的有机质、氮、磷、钾和微量养分，是良好的土壤调理剂，可以提供植物生长所需的营养元素。被沉淀污泥中含有大量有机氮，适宜作底肥；消化污泥和生活性污泥中氨态氮、硝态氮较多，适用于追肥。此外，污泥中的腐殖质能有效改善土壤结构，增强土壤的保水保肥能力。

2. 回收能源

污泥的主要成分是有机物，其中一部分可以被微生物分解，另一部分具有热值，污泥中的能量可以通过燃烧、沼气生产、燃料生产等方式回收。例如，污泥焚烧产生的尾气可以作为余热回收，通常以蒸汽的形式被使用。污泥经过厌氧消化产生含有 50%～60% 甲烷的沼气，经过处理的污泥有助于植物吸收营养。

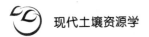

3. 材料利用

污泥的材料利用主要指创造建筑材料。污泥材料的真正利用对象是其中的无机成分，因此，不同类型的污泥具有不同的建筑利用价值。对于大部分污泥，由于前处理过程较为复杂，所以直接经济效益并不显著。处理后的污泥可以通过烧结制成污泥砖、地砖、混凝土填料等。

（三）污泥土地施用的控制措施

污泥含有丰富的有机和无机养分，污泥是当前农业生产中潜在的肥料来源。但由于污泥中含有大量有毒有害物质，在污泥的土地利用过程中，应严格控制污泥中重金属的浓度、氮磷养分的平衡以及污泥的施用量；同时对土地利用污泥进行有效的预处理，积极控制污泥中有害有机物、病原菌和盐分含量，避免对周围环境和人类食物链的安全造成负面影响。

1. 提高污泥施用的安全性

目前，我国的污泥基本为沉淀污泥，其中含有多种病菌。据李兴隆研究发现，活性污泥中大肠杆菌数约为 1.6×10^5 个每升，沙门氏菌、志贺氏菌、粪链球菌、真菌孢子、放线菌孢子等细菌总数为 $10^3 \sim 10^5$ 个每毫升。因此，应对污泥进行杀菌处理，以减少有害物质的危害。通常用辐照来灭菌，不仅能杀菌，还能提高污泥中的速效养分，提高污泥的稳定性。在没有辐照条件的情况下，可用高温肥料进行杀菌。

2. 控制污泥用量

我国环境保护部门制定了农业污泥控制标准。但由于污泥中有毒成分的含量不同，土壤的环境容量差异很大，在实际应用中，污泥的施用量必须根据当地生产情况和土壤条件确定。污泥施用流向遵循优先原则：先非农地后农地，先旱地后水田，先贫瘠地后沃地，先碱性地后偏酸性地，先禾谷作物后蔬菜。

3. 发展污泥安全施用技术

污泥安全施用技术包括与化肥混配施用，在基肥和追肥中优先安排以及施用方法等问题。污泥应主要用作基肥，在施用时若与粉煤灰、石灰等混施可起到相互促进、降低有害物质危害的作用。

 **思考题**

1. 怎么理解土壤污染防治要制度化管理？
2. 怎么理解土壤污染的防治与废弃物资源化利用的关系？
3. 工业废弃物导致的土壤污染的治理方法有哪些？
4. 请思考农业导致的污染的有效防治措施有哪些？
5. 请思考生活废弃物导致的土壤污染的有效防治途径。

参 考 文 献

[1] 潘根兴. 地球表层系统土壤学 [M]. 北京：地质出版社，2000.

[2] 王建. 现代自然地理学 [M]. 2 版. 北京：高等教育出版社，2014.

[3] 毕思文. 新概念地质力学 [M]. 北京：地质出版社，2001.

[4] 赵澄林，朱筱敏. 沉积岩石学 [M]. 北京：石油工业出版社，2001.

[5] 伍光和，田连恕，胡双熙，等. 自然地理学 [M]. 3 版. 北京：高等教育出版社，2000.

[6] 金煜，姜效典. 岩石圈动学 [M]. 北京：科学出版社，2002.

[7] 黄美元，徐华英，王庚辰. 大气环境学 [M]. 北京：气象出版社，2005.

[8] 秦大河. 中国气候与环境演变 [M]. 北京：科学出版社，2005.

[9] 芮效芳，陈界仁. 河流水文学 [M]. 南京：河海大学出版社，2003.

[10] 王兴奎，邵学军，王光谦，等. 河流动力学 [M]. 北京：科学出版社，2004.

[11] 卢升高，吕军. 环境生态学 [M]. 杭州：浙江大学出版社，2004.

[12] 王如松，周鸿. 人与生态学 [M]. 昆明：云南人民出版社，2004.

[13] 李志洪，赵兰坡，窦森. 土壤学 [M]. 北京：化学工业出版社，2005.

[14] 湖南省农业厅. 湖南土壤 [M]. 北京：农业出版社，1989.

[15] 杨德保，尚可政，王式功. 沙尘暴 [M]. 北京：科学出版社，2009.

[16] 徐敏，陆培东. 波流共同作用下的泥沙运动和海岸演变 [M]. 南京：南京师范大学出版社，2005.

[17] 黄昌勇. 土壤学 [M]. 北京：中国农业出版社，2000.

[18] 殷秀琴. 生物地理学 [M]. 北京：高等教育出版社，2004.

[19] 李志洪，赵兰坡，窦森. 土壤学 [M]. 北京：化学工业出版社，2005.

[20] 黄蓉，王辉，王蕙，等. 围封年限对沙质草地土壤理化性质的影响 [J]. 水土保持学报，2014，28（1）：183-188.

[21] 文海燕，赵哈林，傅华. 开垦和封育年限对退化沙质草地土壤性状的影响 [J]. 草业学报，2005，14（1）：31-37.

[22] 李军保，曹庆喜，等. 围封对伊犁河谷春秋草场土壤理化性质及酶活性的影响 [J]. 中国草地学报，2014，01：84-88.

[23] 薛博，胡小龙，刘静，等. 围封对退化草地土壤肥力及植被特征的影响 [J]. 内蒙古林业科技，2008，34（2）：18-21

[24] 单贵莲，初晓晖，罗富成，等．围封年限对典型草原土壤微生物及酶活性的影响 [J]．草原与草坪，2012，01，1-6

[25] 斯贵才，袁艳丽，王建，等．围封对当雄县高寒草原土壤微生物和酶活性的影响 [J]．草业科学，2015，32（1）：1-10．

[26] 杨阳．黄土高原典型小流域植被与土壤恢复特征及生态系统服务功能评估 [D]．西安：西北农林科技大学，2019．

[27] 宋贤冲，王会利，秦文弟，等．退化人工林不同恢复类型对土壤微生物群落功能多样性的影响 [J]．应用生态学报，2019，30(3): 841 – 848．

[28] 洪坚平．土壤污染与防治 [M]．2 版．北京：中国农业出版社，2005．

[29] 何遂源，金云云，何芳．环境化学 [M]．3 版．上海：华东理工大学出版社，2001．

[30] 李学垣．土壤化学 [M]．北京：高等教育出版社，2001．

[31] 陈怀满．土壤–植物系统中的重金属污染 [M]．北京：科学出版社，1995．

[32] 刘俊华，王文华，彭安．土壤性质对土壤中汞赋存形态的影响 [J]．环境化学，2000, 19(5): 474-477．

[33] 王焕校．污染生态学 [M]．北京：高等教育出版社，2002．

[34] 夏伯成．污染物与微生物降解 [M]．北京：化学工业出版社，2002．

[35] 杨惠娣．塑料农膜与生态环境保护 [M]．北京：化学工业出版社，2002．

[36] 何品晶．城市污泥处理与利用 [M]．北京：科学出版社，2003．

[37] 李淼照．中国污水灌溉与环境质量控制 [M]．北京：气象出版社，1995．

[38] 周启星，宋玉芳．污染土壤修复原理与方法 [M]．北京：科学出版社，2004．